U0898158

工业化进程与资源、环境、节能

曾建文　孙焱婧　编著

机械工业出版社

资源、环境、节能等问题随着工业化进程的深入发展，越来越受到世人的关注。人们在享受越来越丰富的物质生活的同时，也受到了环境恶化、资源越来越匮乏的困扰。

本书针对上述情况，从工业化进程的角度，科学地阐述了资源、环境、节能等概念与知识；介绍了鉴于人类社会发展越来越受制于环境，即正面临资源逐渐枯竭的困境，并随着能源价格日益飙升和消费量增加而更加突显的能源危机问题，及为了人类生存和发展而采用各种节能、绿色制造等问题，进而形成工业化进程中相互联系又相互制约的诸多因素，并由此确立全面、协调、可持续发展的观念。

本书可帮助各领域、各阶层的广大读者了解资源（资源配置）、环境、节能等与人类的关系，进而从自身做起，实现和谐发展。

图书在版编目（CIP）数据

工业化进程与资源、环境、节能/曾建文，孙焱婧编著. —北京：机械工业出版社，2010.10

ISBN 978-7-111-32127-9

Ⅰ.①工… Ⅱ.①曾…②孙… Ⅲ.①工业化—关系—自然资源—研究②工业化—关系—环境保护—研究③工业化—关系—节能—研究 Ⅳ.①X②TK01

中国版本图书馆 CIP 数据核字（2010）第 194074 号

机械工业出版社（北京市百万庄大街 22 号 邮政编码 100037）
策划编辑：沈 红 责任编辑：沈 红 版式设计：霍永明
责任校对：张玉琴 封面设计：姚 毅 责任印制：李 妍
北京振兴源印务有限公司印刷
2011 年 1 月第 1 版第 1 次印刷
169mm × 239mm · 22.75印张 · 452千字
0001—3000 册
标准书号：ISBN 978-7-111-32127-9
定价：45.00 元

凡购本书，如有缺页、倒页、脱页，由本社发行部调换

电话服务
社服务中心：（010）88361066
销 售 一 部：（010）68326294
销 售 二 部：（010）88379649
读者服务部：（010）68993821

网络服务
门户网：http：//www.cmpbook.com
教材网：http：//www.cmpedu.com
策划编辑：（010）88379778

前　言

资源、环境问题随着工业化进程的进一步深入发展，越来越受到世人的关注。人们在享受越来越丰富的物质生活的同时，也受到了环境恶化、资源越来越匮乏的困扰。人们已经越来越意识到资源、环境、节能等重大问题已远不是专家学者的问题，也不是单纯的自然科学与技术问题，它与科学技术、经济、社会、教育、文化乃至人们日常的思维方式密切相关。

为实现全面、协调、可持续发展的战略，满足经济与社会发展的紧迫需求，必须使更多的人在了解资源、环境现状的前提下，提高忧患意识，同时在高技术的进步不断带给人们惊喜和憧憬时，也引发人们对一些相关负面问题的新的思考。

我国已成为世界制造业大国，并正处于经济高速增长和资源消耗高峰期。基础制造业发展迅速，而制造业能耗占全国一次能耗的63%。但我国制造业与国际先进水平相比尚有较大差距，资源利用率和生产率较低，对环境污染严重，这些因素已严重制约了经济与社会的发展。我国要成为制造业强国，必须从解决资源与环境可持续发展的瓶颈问题入手，加速制造业的绿色化改造，降低资源消耗率，采用环境友好技术，依靠技术进步实现增长方式的转变。

本书将从工业化进程的角度，科学地阐述资源、环境、节能等概念与知识；同时，从工业化进程的角度阐述了人类社会发展越来越受制于环境，正面临资源逐渐枯竭的困境，并随着能源价格日益飙升和消费量增加而更加突显的能源危机；为了人类生存和发展而采用的绿色制造等问题。进而形成工业化进程中相互联系又相互制约的诸多因素，由此确立全面、协调、可持续发展的观念。

本书由曾建文、孙焱婧编著，其中曾建文编写第1章，第2章的第1、2、4节，第4章，第5章的第3~5节，第6章的第5节；孙焱婧编写第3章，第2章的第3节，第5章的第1、2节，第6章的第1~4节。全书由曾建文统稿，王一兵审稿。

由于作者水平有限，本书难免有不妥之处，敬请读者指正。

编　者

2010年12月

目　录

第1章 工业化进程

第1节 欧美工业化进程

1. 英国工业革命的兴起

18世纪工业革命的兴起，首先逐渐改变了欧洲和北美的社会面貌。而当工业革命在19世纪末结束时，欧美已告别了漫长的农业社会时代，进入了工业社会，千百年来的传统生活发生了巨变。

（1）棉纺织业的机器发明与使用　18世纪下半叶和19世纪，一场影响深远的大革命把世界带入了工业时代，这场大变革就是工业革命。所谓工业革命，简单地说，就是以机器生产取代手工劳动，以工厂制度取代家庭作坊与手工工厂的过程。工业革命不仅使社会生产力飞跃发展，而且有力地促进了社会变革。18世纪60年代，工业革命首先在英国发生，然后在欧洲其他国家和北美扩散开来。

工业革命首先从棉纺织业的机器发明与使用开始。最初，棉纺织业是一种农村家庭手工业，在家庭的茅屋里操作，一次纺一根纱。织布用的梭子要用手从一端掷到另一端，织出的布幅面窄，质量不高。1764年，木匠哈格里夫斯发明多轴纺纱机（珍妮机）。珍妮机最初可纺8根纱线，后来，经过改进每次能纺出80根甚至更多的纱线，大大提高了功效。1769年，阿克莱特制造了水力纺纱机，用水轮机推动。这种机器纺出来的纱线坚韧结实，克服了珍妮机的缺点。1771年，阿克莱特与人合作在德比郡的克隆福德建立了英国第一座水力纺纱厂，到了18世纪末和19世纪初，纺纱厂在英格兰西北部地区如雨后春笋般地建立起来。工厂制度的诞生，吹响了工业时代的号角，从此一种全新的生产组织形式和生产方式诞生了。阿克莱特被后人誉为近代工厂制度之父，在阿克莱特之后，纺织行业的技术革新不断深化。1779年，纺纱工人克隆普顿发明走锭精纺机；1785年，牧师卡特莱特制成了水力织布机；同时，棉纺织业中的净棉、梳棉、漂白、染整等一系列工序采用了新技术，毛、麻、丝等纺织也逐渐走上了机械化道路。

（2）蒸汽机的广泛使用与钢铁冶炼进入了规模化生产阶段　英国工业革命的另一个重大成就是蒸汽机的广泛使用。用蒸汽力作为机械动力的活动很早就开始了，1698年和1705年，英国人莎维利和纽康门先后发明了蒸汽抽水机，不过将蒸汽力变为大工业的机械动力的任务是由詹姆斯·瓦特完成的。瓦特是在吸收了前人研究成果的基础上经过不断改进，在1769年取得蒸汽机专利的。他之后制成了复动式蒸汽机，这种机器通过传动装置可以带动各种机器转动，后来成为广泛使用的机器动力。

瓦特的发明开创了蒸汽动力时代，而机械化大工业的普遍发展和最终胜利还有赖于冶金业的技术革新。长期以来，英国的冶铁业一直以木炭作为燃料，发展十分缓慢，不仅如此，还造成了英国森林资源的枯竭。如果把树木都砍光了，以后英国人拿什么来做船舶的桅杆呢？冶铁业如何继续发展呢？因此寻找新的燃料刻不容缓。1709 年，亚伯拉罕·达比采用了煤焦冶铁的方法，以后经过达比后代的不断改进，煤焦炼铁技术日益成熟，为冶铁业的发展开辟了广阔的前景。随着铁产量的增加，在生产和生活中铁的用途不断扩大，如用铸铁制造桥梁等。与此同时，炼钢技术也取得重大进步。1740 年，钟表匠亨茨曼发明了坩埚炼钢法；1856 年，贝塞麦发明了酸性转炉炼钢法；19 世纪 60 年代，法国人马丁与德国人西门子发明了平炉炼钢法；1878 年，英国人托马斯又发明了碱性转炉炼钢法。钢铁冶炼由此进入了规模化生产阶段，钢铁生产量成十倍、成百倍的增长。钢铁冶炼方法的革新，无疑是材料科学的一次伟大革命。

（3）交通运输业的变革与机器制造作为一个独立的工业部门发展起来　工业部门的重大飞跃，始终伴随着交通运输业的变革。为了运输煤炭等笨重物品，英国人首先掀起了开凿运河的热潮。1761 年，煤矿主布里奇沃特公爵在两位工程师的帮助下，建成了英国第一条运河，把煤运到了曼彻斯特。到 19 世纪初叶，英国大大小小的河流已经被运河连接了起来，形成了全国范围的水运网。18 世纪后，人们开始将蒸汽动力用于水上运输试验。1788 年出现了船用蒸汽机，1802 年第一艘实用汽船试航成功。1838 年以后，明轮推动逐渐被螺旋桨推动取代，船体也逐渐改用铁板和钢板制造。陆上交通的改善是从改进公路开始的。过去道路质量非常差，一遇下雨泥泞不堪，马车根本无法通行。工业革命开始后，英国工程师梅特卡夫、特尔福德、麦克达姆等人发明了用石块和碎石修筑硬路面的新技术，改进了公路的质量；无论白天黑夜、晴天雨天，公路都通行无阻，而且使车辆的行进速度大大提高。如过去从爱丁堡到伦敦要 14 天，在新公路上乘快速马车只要 40h 就能到达。19 世纪初，人们又开始了用蒸汽机牵引车辆的试验。1804 年，特里维西克发明了火车头，10 年后斯蒂芬逊也发明了机车。在 1852 年，斯蒂芬逊制成了世界上第一台客运机车，并负责建成了从斯托克顿到达林顿的铁路，这是世界上第一条铁路，从而开创了铁路运输时代。19 世纪三四十年代，英国出现了修建铁路的热潮，到 1850 年建成通车铁路近 1 万 km，这时，英国铁路网的主十结构已初步形成。

在工业革命过程中，各工业生产部门的机械化有赖于机器制造本身的机械化。18 世纪下半叶开始出现简单的工作母机。1825 年，克莱门特发明了刨床和车床；1839 年，詹姆斯·纳斯密斯发明了蒸汽锤；1848 年，罗伯茨发明了镗床。制造机器所需要的主要工作母机都先后被发明出来，19世纪40年代，机器制造作为一个独立的工业部门发展起来，到这时，英国工业革命已基本完成。

（4）工业革命带来的深刻变化 历时将近一个世纪的工业革命彻底改变了英国的面貌，工业领域首先发生了翻天覆地的变化，机器大生产逐渐取代了昔日的手工作坊和手工工厂。工业革命改变了英国的经济布局，经济重心向工业地区转移，英格兰西北部成了英国的经济中心。工业向城市的集中，推动了城市化的发展，农村人口大量向工业地区和工商业城市流动，一大批新兴的工业城市迅速崛起。到1851年，英国的城市人口超过了农村人口，英国成了初步实现城市化的国家。城市文明取代了乡村文明，这一巨大变革使人们的思想观念和生活方式都发生了深刻的变化。

工业革命推动了英国生产力的飞速发展，工业劳动生产率不断提高，工业产值在国民生产总值中的比重日益上升。到19世纪中叶，英国已成为世界上工业化程度最高的国家，英国的经济地位发生了根本变化。1850年，英国生产了世界煤产量的60.2%，铁产量的50.9%，加工了世界棉花产量的46.1%，英国被称为“世界工厂”。

工业革命引发了英国社会的全面变革，社会阶级结构发生了巨大变化。在19世纪的100年中，英国的人口增长了3倍，但是按照人口平均计算的人均收入却增长了4倍。另一方面，工业革命开始以后，国际之间的交往日渐密切，日渐频繁。

2. 欧洲与北美的工业化进程

在英国发生的工业革命像一股强劲的东风，很快席卷了欧洲和北美大地，这是新兴工业文明的胜利扩张。在它所到之处，资本主义纷纷从手工工厂时代进入工业时代和蒸汽时代。继英国工业革命之后，19世纪在西欧和北美的主要资本主义国家，如法国、德国、比利时、俄国和美国等国，都先后掀起了技术革命的浪潮，发生了以机器生产为主的工厂取代手工工厂及家庭作坊的重大经济和社会变革。

最先传到国外的是英国的纺纱和织布技术，英国纺纱机发明后不到20年的时间，美国、德国、比利时和法国等国家都先后引进英国的珍妮纺纱机，开办了自己的机械纺纱厂。1790年，美国自己制造的纺纱机开始运转，这在美国具有划时代的意义。英国的蒸汽机也很快传到了欧洲大陆和美国，大约在1801年，美国纽约的一家锯木厂和费城的一家燃料厂开始使用蒸汽机，1804年，美国费城的奥利弗·埃文斯研制成功美国式的蒸汽机，此后蒸汽机传播的速度加快，法国仅在1840~1870年30年间，蒸汽机的马力数就增加了近10倍，普鲁士蒸汽机的拥有量从1826年的58台增加到1857年的984台，增加近16倍。

新型陆上交通工具火车，像它所开创的速度一样，迅速传播到世界各地。英国第一条铁路建成后不到10年的时间，美国、法国、德国都开始修筑自己的铁路，其中美国的铁路建设在世界交通史上留下了辉煌的一页。美国地域辽阔，1869年，连接东西部海岸的第一条横贯大陆的铁路通车。在以后10余年的时间，美国又建成了4条贯穿东西的铁路干线，到1880年，美国已有铁路9万多km；到第一次世界大战开始时，美国铁路总长度超过20万km，相当于世界铁路总长度的1/3。19世纪五六十年代，法国和德国也完成了铁路网的建设。

3. 工业革命与技术进步

（1）第二次技术革命 19世纪是人类智慧创造力喷发的时代，各种科学发现和技术发明层出不穷，生产力迅猛发展。19世纪下半叶发生了以钢铁冶炼、电力、内燃机、合成化工为中心内容的第二次技术革命，欧洲、北美国家借第二次技术革命的强劲东风，把工业革命引向了更高的发展阶段。19世纪60年代，德国工程师奥托试制成功了四冲程内燃机，后来，内燃机经过不断改进，成为一种轻便、高效，容易控制的新兴动力机，在许多方面取代了蒸汽机。内燃机被用来推动车辆，从而开创了汽车时代。19世纪晚期，内燃机被广泛用做农业机械的动力机，安装在拖拉机、收割机、播种机、脱粒机等机械上，农业机械化迅速推进，机器的轰鸣声打破了田野的宁静。美国人发明的联合收割机，把谷物收割的速度提高了几十倍，后来推广到世界各国。

20世纪初，内燃机被用做飞机的发动机。1903年，美国的莱特兄弟制造和驾驶了世界上第一架动力飞机，实现了人类翱翔蓝天的伟大梦想。在电磁学发展的基础上，德国人西门子于1882年发明了直流发电机，后经过不断改进，技术趋于完善，为发电厂的建立奠定了基础。紧接着电动机应运而生。1882年，美国发明家爱迪生，在美国建立了第一座火力发电厂，廉价的电能通过变电站和输电线路源源不断送往工厂和千家万户。发电站在欧美国家如雨后春笋般地建立起来，电开始广泛用于工业生产和日常生活。电动机不仅被用来推动车辆，出现了电车，而且广泛用于带动各种机床、电梯、电锯等，利用弱电的电话和其他电器也相继发明出来。电灯给黑夜的世界带来了无限的光明。

新的炼钢法，解决了规模化炼钢的技术难题。欧美国家采用新的炼钢技术，使钢的生产量迅猛增加，世界钢产量，从1870~1879年的平均年产量172万t，增加到1910~1914年的6503万t，40年间增加了约37倍。在第二次技术革命浪潮中，美国和德国在采用新技术成果方面走在了前面，后来居上，很快赶上和超过工业上的霸主英国。19世纪下半叶，美国和德国等后起的国家采用平炉和转炉炼钢技术，实现了钢铁冶炼的规模化生产，使钢的生产量迅猛增长。美国钢的平均年产量，从1870~1879年的38万t，增加到1910~1914年的2657万t，增加68.9倍。同期德国年产量从31万t增加到1479万t，增加46.7倍，而英国仅从66万t增加到703万t，只增加了9.65倍，比美德两国慢很多。

（2）新型工业部门的兴起 美国和德国在发展化学工业、电力工业、汽车制造业方面也走在世界的前列。

19世纪下半叶，一个新的工业部门——合成化工工业诞生了，化学家用人工合成的方法生产染料、人造丝、塑料、化肥、药品及基础化工原料。

美国人不仅善于吸收别国的先进技术，而且善于对已有的技术进行改进，并不断发明新技术。1792年，F·惠特尼发明轧棉机，实现了棉花脱籽工序的机械化。这项技术很快又传到了英国和其他国家。1803年，美国人罗博特·富尔顿发明了汽船，从此，汽船航行于大江大河之上，穿越于大洋两岸之间。在现代通信技术方面，美国发明家有独特的贡献。1838年，莫尔斯发明了电磁式电报机，并发明了著名的莫尔斯电码；1875年，亚历山大·贝尔研制成功能够传递声音的机器——磁石电话机；1895年，意大利人马科尼发明了无线电报装置。这些发明实现了意义深远的通信技术革命，它们使地处遥远的人们能够瞬间传递信息，这等于拉近了地球空间的距离，为全球经济联系提供了强有力的通信工具。缝纫机的发明是美国对世界服装工业的一大贡献。1832～1834年间，沃尔特·亨特研制成功世界上最早的缝纫机，以后各种型号的缝纫机相继发明出来，并在1845年建立了最早的缝纫机制造厂，并开始成批地生产。19世纪50年代，由于缝纫机的广泛使用，使以机械化生产为主的缝纫业蓬勃地发展起来。在这一时期，美国还发明了制鞋机，使制鞋业逐步实现了机械化。

(3) 管理成为一门科学　美国在对工厂实行科学管理方面也有很多创新。机器零部件的标准化和机器组装的流水线的作业方式是生产流程上的最大革新。泰勒发明的管理方法，对每道工序所需的劳动时间进行精确的计算，目的在于最大限度地提高工人的劳动生产率。

4. 工业革命与生活方式

(1) 工业化促进了社会变革　欧洲北美的工业革命具有划时代的意义，对世界历史进程产生了深刻影响。工业革命打破了经济缓慢发展的状况，使物质财富的生产成十倍、成百倍地增长，为资本主义的工业化奠定了坚实的基础。工业化从根本上改变了国家的经济结构，把以农业为基础的农业社会改造为以工业为基础的工业社会。城市工业、商业和其他服务业的发展，促使农村人口大量向城市迁移，结果造成城市数量和城市人口急剧增加。工业化促成了城市化，工业化还促进了国家的民主化和社会生活的全面变革。

欧美国家的工业革命使欧美国家的经济走上了快速发展的轨道，加强了他们的经济和军事实力，从而改变了各国力量的平衡，使世界的政治、经济和文化的重心从古老的东方转移到欧洲和北美。工业化代表了世界物质文明发展的方向，推动了历史车轮的前进。

英国和欧美工业革命也带来了诸多负面影响，其中环境污染是一个危害久远的问题，直到今天，这个问题也没能得到根本解决。不可再生资源被大量的消耗，制造成五花八门的各类制成品供人们享用，致使今天的人们陷入了可持续发展与资源即将枯竭相矛盾的困境之中。

（2）工业化深刻地影响着人们的生活内容和生活方式 18世纪前期，欧洲及北美的人们，生活在少有变化的农业社会中，衣、食、住、行等各个方面与前人相差无几。在1700年的欧洲，交通工具只有马车、木船和自己的双腿，如果道路不好就要费力走上几天，甚至更长时间，才能到达今天看来并不远的地方。夜晚，人们只有用昏暗的油灯或蜡烛来照明。在这样的传统社会里，绝大多数人都是农民。而200年后，即工业革命以后的1900年，人们发现工业革命中的工业化和城市化已经使欧美社会完全改观。人们可以乘坐火车或轮船，使出行方便快捷，而一种叫汽车的交通工具也出现在街道上。还能与千里以外的人用电报迅速通信，用电话进行直接交谈。晚上可以用煤气灯或电灯照明，城市的夜晚也变得绚丽多彩。可以进电影院看无声电影，享受电影带来的快乐与刺激。大量发行的报纸杂志，传播着各类信息。商店里供应着各类工业产品，包括留声机、缝纫机、自行车、钢笔，甚至冷冻食品等。日常生活中，煤炭取代了木材，火柴取代了千百年来的火石和火绒，洗衣肥皂也被广泛使用，工业产品已经彻底改变了人们的生活。在这里，不仅人们的衣、食、住、行大为改观，社会行为和思想意识也发生了巨大变化，其深层原因是科技革命促成了生产力的飞跃发展，工业社会的形成为社会创造了巨大的社会财富，涌现出各种各样的发明创造，这些变化都深刻地影响着人们的生活内容和生活方式。

工业化中涌现的大量发明创造是科技革命的成果，一方面丰富了人们的物质生活，另一方面也满足了人们的精神需求。1814年，德国人发明了滚筒式蒸汽动力印刷机，大大提高了印刷速度与印刷质量，降低了印刷成本，促进了报刊书籍的大众化，书报不再是可望而不可及的贵重物品，而成为了知识大众化的传播工具。

（3）工业化促进了城市化进程 随着工业化的生产方式和经济体制的确立，千百年来作为社会主体的传统农民越来越少，开始走向消亡。在英国的劳动力中，从事农业、林业、渔业的劳力在1770年占42%，到1901年就只有8.7%，与此相反，聚集在城市和工厂里的劳动者则越来越多。城市化犹如一台巨大的抽水机，从农村吸入数以百万计的农民。工业化改变了社会的经济地理，使一个个乡村和小镇变为工业城市，乡村开始成为一个怀旧的字眼，而有着机器轰鸣和大烟囱的工厂和城市则越来越为人们所熟悉。在英格兰和威尔士的人口中，城市人口1750年占25%，到1851年达到50.2%，1911年则达到了78.1%。1800年，伦敦是欧洲第一个突破100万人口的大城市，随后伦敦加速膨胀成一个庞然大物，1851年有250万人口，1900年达到500万人口，巴黎、柏林、纽约等也都成了百万人口的大城市。工业城市作为工业革命的最大产品之一，是近代社会生活的集中体现。

首先引人注目的是物质生活的进步。欧美城市出现了大量的新建筑，比如为举办世界博览会建造的伦敦水晶宫和巴黎埃菲尔铁塔等。城市有了更宽阔的街道，比如雄心勃勃的拿破仑三世改建巴黎后的香榭丽舍大街、里伏尼大街等。新建的大城市也出现了，比如俄国的圣彼得堡。18世纪初，城市街道在夜晚很少有照明，1783年，巴黎还在用蜡烛或火把照明街道，此时伦敦用有玻璃罩的鱼油或石油街灯照明，然而到了19世纪末20世纪初，许多城市已经在家或街道使用明亮的煤气灯甚至电灯了。城市交通更有进步，1818年，公共马车在巴黎开始出现，1883年，更快捷和载客量更大的有轨电车在纽约出现；1880年，纽约的有轨电车替代了马车；不过更重要的是在1863年，伦敦开通了世界上第一条地铁，后来又出现了汽车。城市中还洋溢着浓厚的文化生活气息。公共图书馆在18世纪还不多见，而到了1844年，法国、美国、普鲁士和奥地利则各有上百个公共图书馆，剧院、音乐厅、博物馆，还有19世纪末的电影院已在城市普遍出现。咖啡屋和酒吧的兴旺发达是近代城市生活的一大特色。在伦敦、巴黎和纽约，大量的咖啡馆和酒吧不仅是寻常人的去处，更是文学家、艺术家和思想家的光顾之地和社交场所。各种各样的时尚也流行开来。在西方各国讲究的西装外套、马甲、礼帽，到19世纪中叶成为男装的主流，巴黎更以时髦服装和名贵香水闻名于世。到19世纪中期以后，中产阶级还流行使用室内的冲水厕所以及用热水洗澡。

（4）工业化诞生了雇佣劳动者群体　但是，撕开温文尔雅的面纱，城市生活也有丑陋可怕的一面。一位英国近代作家说：一个好的社会有红葡萄酒和天鹅绒地毯，有歌剧和交际舞。但是，这样的社会是用巨大的代价换来的，包括许多人的节衣缩食，震耳欲聋的工厂，苦难的矿井、磨房和铁匠炉，以及贫瘠土地上的茅草小屋。工厂制度使劳动者变成依附机器和金钱资本的奴隶，对依靠出卖劳力勉强维持生活的工人来说，12h的工作时间是普遍的情况，工人收入微薄、身心疲惫、健康恶化，城市中贫穷人口迅速增加，形成了大量的贫民窟。18世纪初，格拉斯哥只有万名居民，是英国最清洁美丽的城市之一，到1840年，它成为30多万人的工业城市，政府调查官员发现，它是充满肮脏、犯罪、痛苦与疾病的地方。

（5）工业化加速了资源枯竭与环境污染　自18世纪中叶产业革命以来，由于工业化的需要，矿产资源已经成为国民经济的重要物质基础，工业化进程的加快，使得社会对能源和原材料等矿产品的需求大量增加，矿产资源已经成为决定经济繁荣、社会进步和国家富强的重要因素之一。

人们有理由为过去科技成果和工业化推动文明进步而感到自豪，然而在科学技术推动下的工业革命对人类的生存与发展提出了一系列的挑战。在人们享受着工业化带来的日益丰富的物质和精神生活的同时，环境遭到了前所未有的破坏。作为人们食物主要来源的土地正遭到侵蚀，人类的生活和生产还消耗着地球几十亿年发展过程中形成的煤炭、石油、铁、铜、铝等各类能源、金属矿产资源和非金属矿产资源，并且还在以更大的规模吞噬着所剩无几的有限资源。据计算，按目前的规模与速度，稀缺资源再过几十年将面临着枯竭的危险。尽管技术的进步使人们可能会找到一些替代的方法，人们的生产方式和生活方式也会作出某些改变，社会发展方向也会作出某些调整，但绝大部分资源的稀缺性和不可再生性的性质却不会改变。尽管技术乐观主义者对未来充满着信心，描绘着美好的图景，但这仅仅是对不确定的未来作出肯定的判断，或者说作出较为乐观的估计而已，但那还不是事实。人们应当未雨绸缪思考如何发展、怎样发展、人们的生活方式应该是怎样的，才会使人类有更长久的生存空间。因此我们面临的真正问题是人类的可持续生存问题，作为地球人，每个人都将面临着这个相同的问题。

第2节 工业化进程带来的挑战

1. 指数增长问题

(1) 指数增长的基本特性 现在几乎所有的人类活动，从城市的扩大到人口的增长，资源的消耗到经济的增长等都可以用指数增长曲线来表示，它们每年以数学家称为指数增长的模式增长着。许多研究报告所提出的人口、粮食生产、工业化、污染和不可再生的自然资源的消耗还在继续增长。由于人类活动中将大量涉及指数增长曲线，所以理解它们的一般特征对我们理解工业化进程带来的挑战是有帮助的。

大多数人习惯地以为，增长是一个线性的过程。当一个量在一个既定时间周期内按常量增长时，这个量才是线性增长。例如，一个孩子每年长高1cm，就是线性增长。又如，一个人每年在他的床垫下藏十块钱，他秘藏的钱也是以线性方式增长的。每年增长的量显然不受孩子的大小，也不受已经在床垫下的钱数的影响。

当一个量在一个既定的时间周期中，其百分比增长是一个常量时（如每年增长1%或2%等），这个量就显示出指数增长。例如，在一个酵母细胞群体中，每一个细胞每10min分裂为两个就属于指数增长，其增长率是100%。在下一个10min以后，就会有4个细胞，然后是8个、16个等。如果一个人从他的床垫下取出100块钱，按年息7%投资（结果是总量的积累以每年7%的速度增长），这种投资的增长会比床垫下的贮存的线性增长快得多。银行账簿上每年增加的数量或酵母群体每10min增加的数量不是常量。随着积累起来的总量增长，它在不断地增长。这种指数增长，对于生物系统、财政系统和这个世界的其他许多系统来说，是一种共同的过程。

在通常的情况下，指数增长可以产生惊人的结果，这种结果许多世纪以来都使人类迷惑不解。有一个古老的波斯传说：有一个聪明的朝臣献给他的国王一个精美的有64个方格的棋盘，并请求国王给他在这棋盘的第一个方格上放1粒米，在第2个方格上放2粒，在第3个方格上放4粒，如此等等作为报答。国王立刻同意了，并下令从他的仓库里取米。这棋盘的第4个方格需要8粒，第十方格需要512粒，第15方格需要16384粒，而国王在第21个方格给这个朝臣的米超过100万粒。到第40个方格必须从仓库里取出1万亿粒米，在到达第64个方格以前国王储备的全部米粒已经耗尽了。指数增长具有欺骗性，因为它很快就产生巨大的数量。

指数增长是一种动态现象。也就是说，它所包括的各种因素是随时间变化的。在简单的系统里，像银行账目或者细胞数量，指数增长的原因及其未来进程是比较容易理解的。可是，当许多不同的量在一个系统里同时增长时，以及当所有的量以复杂的方式相互联系时，分析这系统的增长原因和未来趋势确实变得很困难。人口增长引起工业化吗？或者工业化引起人口增长吗？这两个因素中单独一个是否应对增加污染负责呢？还是两个因素都应当负责呢？更多的粮食会造成更多的人口吗？如果这些因素中任何一个增长得较慢或较快，那么所有其他因素的增长率会怎样呢？今天世界上许多地方正在讨论这些问题。通过对构成全部复杂系统的全部重要因素进行分析与理解，其趋势是可以找到的。

在麻省理工学院已经发展了一种理解复杂系统的动态行为的新方法。这种方法叫做系统动力学。在J·W·福雷斯特的《工业动力学》(Industrial Dynamics)和《系统原理》(Principles of Systems) 中提出了系统动力学分析方法的详细描述。这种方法的基础是认识到任何系统的结构的组成部分之间都存在着许多循环的、连锁的、有时滞后的关系。这种结构在决定其行为时，常常像个别组成部分本身一样重要。这本书中描述的世界模型就是一个系统动态模型。

动态模型指出：任何按指数增长的量，以某种方式包含了一种正反馈回路。正反馈回路有时叫做“恶性循环”。人们熟悉的工资-价格螺旋就是一个例子。工资增加引起价格增加，价格增加又导致更高工资的要求等。在正反馈回路中，因果关系的链条本身是封闭的，以致增加回路中的任何一个因素都会引起一系列变化，结果使最初变化的因素增加得更大。假定在账目上存了100元钱，第一年的利息是100元的7%，或者7元，加在账目上，总数成为107元。第二年的利息是107元的7%，或者7.49元，使新的总数成为114.49元。一年以后，这总数的利息将超过8元。账目上的钱愈多，每年加上的利钱就愈多，加上的利钱愈多，下一年账目上的钱也就愈多，从而引起利钱增加得更多等。当我们环绕着回路一圈又一圈地走时，账目上积累起来的钱在按指数增长。利率（按7%不变）决定着环绕这回路的所得，或者说银行账目上的数量按利率增长。

前面已经提到过的一些量按指数增长的基础是正反馈回路，我们可以通过寻找这种正反馈回路，开始对这世界的长期形势进行动态分析。这些因素中有两个因素——人口和工业化的增长率令人感兴趣，因为许多发展政策的目标是鼓励工业人口按比例增长。这两个基本的正反馈回路说明，人口和工业化按指数增长在原理上是简单的，在下面将描述它们的基本结构。在这两个正反馈回路的行动之间有许多相互联系，增强或削弱回路的作用，使人口和工业化的增长率结合或分离。

（2）指数增长的结果 指数增长问题是罗马俱乐部在1972年公开发表的《增长的极限》一文中提出的这份研究报告所提出的全球性问题，如人口问题、粮食问题、资源问题和环境污染问题（生态平衡问题）等，已成为世界各国学者专家们热烈讨论和深入研究的重大问题。这些问题也早已成为世界各国政府和人民不容忽视，亟待解决的重大问题。对此，在思想上必须高度重视，在实际行动上必须高度负责，切实解决，否则，人类社会就难以避免在严重困境中越陷越深，为摆脱困境所必须付出的代价将越来越大。

研究报告中的观念和论点，现在听来，不过是平凡的真理，但在当时，西方发达国家正陶醉于高增长、高消费的“黄金时代”，对这种惊世骇俗的警告不以为然，甚至根本听不进去。现在，经过全球有识之士广泛而又热烈的讨论，系统而又深入的研究，有越来越多的人取得了共识。人们日益深刻地认识到：产业革命以来的经济增长模式所倡导的“人类征服自然”，其后果是使人与自然处于尖锐的矛盾之中，并不断地受到自然的报复，这条传统工业化的道路已经导致全球性的人口激增、资源短缺、环境污染和生态破坏，使人类社会面临严重困境，实际上引导人类走上了一条不能持续发展的道路。

在英文版序言中，罗马俱乐部给出了这样的结论：到目前为止，从我们的工作中已经得出了以下一些结论。但我们绝不是阐明这些结论的第一个团体。在过去几十年中，用长期的全球观点来观察这个世界的人已经得到了类似的结论。然而，绝大多数政策制定者所积极地追求的目标，看来同这些结果是不一致的。我们的结论是：①如果在世界人口、工业化、污染、粮食生产和资源消耗方面，按现在的趋势继续下去，这个行星上增长的极限有朝一日将在今后100年中发生。最可能的结果将是人口和工业生产力双方有相当突然的和不可控制的衰退。②改变这种增长趋势和建立稳定的生态和经济的条件，以支撑遥远未来是可能的。全球均衡状态可以这样来设计，使地球上每个人的基本物质需要得到满足，而且每个人有实现他个人潜力的平等机会。③如果世界人民决心追求第二种结果，而不是第一种结果，他们为达到这种结果而开始工作得愈快，他们成功的可能性就愈大。这些结论是如此深刻，而且为进一步研究提出了这么多问题，以致我们十分坦率地承认已被这些必须完成的巨大任务所压倒。我们希望，这个结论将适合于许多研究领域和世界上的许多国家，引起其他人的兴趣，提高他们所关心的事情的空间和时间的水平，和我们一起理解和准备这个伟大的过渡时期，即从增长过渡到全球均衡。

2. 人口增长与粮食问题

（1）世界人口的超指数增长　据估计，地球的人口在原始社会时期，约3万年才翻一番，在1万年前只有约10万人；埃及法老建金字塔时约只有几百万人，罗马帝国时期（公元5世纪）约1亿人。此时，大概每千年增长一倍。1650年，全球约有2.5亿人，1750年约有5亿人，1850年约有10亿人。以后人口爆炸，目前世界人口约33年翻一番。因此，不仅人口在按指数增长，而且增长率也在增长。可以说，人口增长已经"超"指数了，人口曲线甚至比严格按指数的增长上升得更快。

是什么引起最近世界人口的超指数增长呢？在工业革命以前，出生率和死亡率都比较高，而且不规则。出生率一般只是略超过死亡率，人口按指数增长，但是速度很慢，并且不稳定。在1650年，世界大多数人口的平均寿命在30岁左右。从那时以来，人类许多实践活动的发展，对人口的增长系统，尤其是对死亡率产生了深刻的影响。随着现代医学、公共卫生技术的发展，以及粮食生产和分配的新方法的传播，全世界的死亡率已经下降。估计现在世界平均寿命大约是71岁，而且还在上升。按世界平均计算，在人口系统中死亡率在减少的同时，出生率却只有少量减少，结果是在人口系统中的优势增长和出现，人口按指数急剧增长。

1987年7月11日，联合国宣布世界第50亿个居民在原南斯拉夫克罗地亚共和国首府萨格勒布市作为"和平一代"降生。到了20世纪后半叶，人类猛然发现，如果放纵自身繁衍，马上就要超过地球能够容纳的限度，我们的家园——地球，已经到了"最后一天"！现在地球上的人口已经从60亿向70亿迈进。

（2）人口问题已经成为第一号全球问题　美国科普作家、未来学家阿西摩夫在1972年就人口未来写道："目前，世界人口正以每日20万或每年7000万人的速度增长着……完全有理由担心，到公元2000年，全球人口将超过60亿……如果地球继续像现在这样每过35年就增加一倍，那么，到公元2570年（也就是500多年以后）人口将增加10万倍……到公元3550年（也就是1500多年以后），人类机体的总质量就会等于地球的质量……到公元7000年（也就是大约将近5000年后），人类质量就会等于已知宇宙的质量！……看来很明显，如果目前的趋势持续下去……将造成不可估量的恶果。"

尽管上述的描述有些夸张，但现在，全世界都承认，人口问题是第一号全球问题。当前，粮食不足、人均资源不足、资金不足、生态平衡破坏等世界性紧迫问题都与人口过多有关，或者说人口过多是其直接原因之一。人口压力首先会产生生态压力和资源匮乏，导致过度的开荒、耕作、捕捞、放牧和对环境的破坏；

然后又转化为经济压力：产量低、效率差、失业、通货膨胀、分配困难；接着又转化为社会压力：饥饿、社会福利和保障水平低下、教育困难、道德败坏、管理混乱；最后转化为政治压力，甚至引起冲突和战争。中国在这一堆全球问题中负有重大的责任。显然，在日前国家的超负荷运转中，在未来国家进一步发展的人口困境中，问题将更为严重。

（3）足够的粮食是人类生存的基本条件之一　如果要列出支持世界经济和人口增长必需的组成因素表是很长的，但是可以粗略地将它分为两大类。

第一类包括维持所有生理活动和工业活动所需要的物质的必需品：粮食、原料、矿物燃料和核燃料等，以及地球上吸收废料、并使重要的基本化学物质再循环的生态系统。这些组成因素原则上是有形的，属于可以计算的项目。例如，可耕地、淡水、金属、森林、海洋等。这些物质资源的世界贮存量，最终决定这个地球的增长极限。

增长所必需的第二类是由社会必要因素构成的。即使地球的物质系统能支持大得多的、经济上更加发达的人口，但是，实际上经济和人口的增长还要依赖于诸如和平和社会稳定、教育和就业，以及稳定的技术进步等因素。要估计和预测这些因素更加困难，因为现阶段分析世界经济发展的模型还不能明确地处理这些社会因素，主要是因为关于物质供应量及其分布的信息还不能提出未来社会可能面临的问题。

粮食、资源和健康的环境是增长所必需的条件，但不是充分的条件。即使他们是丰富的，增长也可能由于社会问题停下来。不过可以暂时假定，最好的社会条件将普遍出现，那么，这物质系统能维持多大的增长呢？

粮食是人类赖以生存的重要物质基础，是人类文明得以发展的先决条件。第二次世界大战以后，世界粮食生产发展很快。1950～1984 年，世界粮食总产量从 6.3 亿 t 增至 18 亿 t，增长了 180% 还多。此期间，世界人口从 25.1 亿增至 47.7 亿，增长约 90%。由于粮食增长速度快于人口增长，所以世界人均粮食呈增长趋势。然而，世界粮食生产地区不均，发达国家人口占世界 1/4，生产粮食占世界 1/2，发展中国家人口占世界 3/4，生产粮食占世界 1/2，因此人均产粮少、消费少。由于发展中国家人口增长过快，许多国家缺粮问题日益严重。1970 年，发展中国家饥饿和营养不良人口约为 5 亿。另一方面，少数发达国家又苦于粮食“过剩”卖不出去，例如美国、加拿大、澳大利亚、法国等，每年需花费大量金钱保管粮食，甚至想法减少粮食生产。据联合国粮农组织 1992 年 6 月 2 日的新闻公报透露：贫穷困扰着大约 10 亿人，而约占世界人口的 10% 的 5 亿多人营养不足，其中约 5000 万人面临饥饿。

然而，由于受全球人口数量不断增长、自然资源持续减少、气候变化、地区发展不平衡等因素影响，世界农业和粮食生产形势十分严峻。特别是近年来粮食价格高涨、金融危机蔓延导致世界贫困现象加剧，全世界饥饿人口数量已突破10亿，创下历史新高。

粮农组织在《2009年世界粮食不安全状况》报告中指出，由于受金融危机和食品价格暴涨等因素影响，2009年全球饥饿人口估计达10.2亿，比2008年增加了11%。目前全世界人口约为67亿，这意味着全球约六分之一的人口正在遭受饥饿威胁，而这些饥饿人口几乎全部来自发展中国家。其中，亚洲太平洋地区的饥饿人口最多，约为6.42亿；非洲撒哈拉以南地区的饥饿人口约为2.65亿；拉丁美洲和加勒比地区的饥饿人口约为5300万；近东和北非地区饥饿人口约为4200万；发达国家饥饿人口约为1500万。此外，非洲撒哈拉以南地区饥饿人口的比例最高，约为32%。

粮农组织指出，国际金融危机引起的饥饿浪潮严重冲击了发展中国家的贫困人口，全世界亟待对粮食体系进行改革，增加农业投资，建立农业安全保障体系。粮农组织预测，受金融危机影响，2009年，包括农业领域在内的对发展中国家的直接投资比上年减少了32%，政府开发援助也减少了约25%，直接影响了发展中国家的财政状况。据悉，失业人口的增加和在发达国家工作的移民向祖国的汇款减少，也导致了食品购买力下降。另一方面，粮食价格虽然受全球经济不景气影响而比2008年上半年最高峰时略有回落，但和2006年相比上涨了24%，依然处于高位。粮农组织总干事迪乌夫指出，忽略对农业项目的投资是造成饥饿的重要原因。因此，他呼吁世界各国领导人在积极应对国际金融危机的同时，应当采取有效措施解决饥饿和贫困问题，而增加农业领域投资正是解决粮食安全问题最具体、最实际的目标。

（4）土地资源制约着粮食生产 生产粮食所需要的首要资源是土地。最近的研究指出，地球上适合于农业的土地，大约最多有32亿公顷（78.6亿英亩）（注：1公顷=100公亩或2.471英亩或15市亩。1英亩=40.47公亩或6.07市亩。1公顷=$10^4 m^2$）。目前，最富饶的大多数可以生产粮食的土地约占总数的一半，已经耕种。其余土地在生产粮食以前，需要投入大量资金，加以清除、灌溉，或者施肥，才能生产粮食。最近，开垦新土地的费用每公顷在215美元到5275美元不等。在荒无人烟的地区开垦土地，平均费用是每公顷1150美元。按照粮农组织的一份报告，即使目前世界上迫切需要粮食，开垦更多的土地进行耕作，在经济上也不是可行的。

在南亚、东亚、近东和北非的一些国家里，以及在拉丁美洲和非洲的部分地区，几乎没有扩大可耕地面积的可能。在比较干旱的地区，把边远的和不值得开垦的土地恢复为永久性的牧场是必要的。在拉丁美洲和非洲撒哈拉沙漠南部的大部分地区，扩大耕作面积的可能性仍旧很大，但是，开发费用很高，加强利用已经定居的地区往往比较经济。

如果世界人民真的决定付出很高的资金费用来耕种一切可耕地，并生产尽可能多的粮食，在理论上可以养活多少人呢？国外有人估计，世界的粮食增长只能维持约100亿人口的需要，加上其他考虑，世界人口以70亿为限度。也有人认为地球只能养活80亿人。按此，到2030年前后，按最乐观的估计，地球人口容量也已接近极限值。而据一般的预测，到2040年，世界人口将在100～110亿之间。

宋建等科学家对中国的情况也作出过相应的预测，结果显示：如果在百年左右时间里，我国饮食水平要达到美国和法国目前水平的话，那么我国的理想人口数量就应该在6.8亿以下。按另一种简单的方法估计，以世界人均耕地5亩计，我国人口以3亿为合适；以人均粮食应为1000斤/年计，我国人口应为6亿；以水资源估计，人口以7亿为宜。综合起来考虑，我国人口以5亿为佳。可惜我们在1963年（总人口6.9亿）就突破所有估计的界线了。

3. 不可再生资源问题

（1）不可再生资源　所谓不可再生资源是指人类开发利用后，在相当长的时间内，不可能再生的自然资源，主要指自然界的各种矿物、岩石和化石燃料，例如金属矿产、非金属矿产、煤、石油、天然气等。这类资源有的是地球形成之初的物质构成所决定，有的是在地球长期演化历史过程中，在一定阶段、一定地区、一定条件下，经历漫长的地质时期形成的。与人类社会的发展相比，其形成非常缓慢，与其他资源相比，几乎不能再生，或再生速度极其缓慢。

人类对不可再生资源的开发和利用，只会消耗掉，而不可能保持其原有储量或再生。以铁矿为例，铁元素聚集成具有工业利用价值的矿床是一个漫长的地质历史过程，它们多形成于距今26～30亿年的太古时代。远古时代时期，成矿期均以亿年计算。与此相反，人类开采、消耗矿物却十分迅速，一个矿区开采期仅为百年、数十年，以至几年，因此，从人类历史的角度看，矿产资源是不可再生的。其中，一些资源可重新利用，如金、银、铜、铁、铅、锌等金属资源，但重新利用过程中会有损耗，如此反复资源总量也会越来越少，最终无法规模利用。另一些是不能重复利用的资源，如煤、石油、天然气等化石燃料，当它们作为能源利用而被燃烧后，尽管能量可以由一种形式转换为另一种形式，但作为原有的物质形态已不复存在，其形式已发生变化。

（2）最富有的不可再生资源也可能耗尽　现在，即使考虑到随着可利用资源减少而涨价这样一些经济因素，铂、金、锌和铅的数量似乎也都不足以应付需求。按现在的发展速度，银、锡和铀再过几十年即使按更高的价格也可能供应不足。如果现在的消费率继续下去，到2050年，更多的矿物可能被耗尽。尽管近来有引人注意的发现，但也只剩下有限数量的地方可寻找到大多数矿物了。地质学家们否定关于找到大的、新的、富矿矿床的前景。从长远来看，对这样一些发展持有信心是不明智的。

以目前世界储量比较丰富的铁为例，1970年时的储量为1×10^{11}t，如果消耗量在1970年的基础上按平均每年增长1.8%指数地增长，其可使用年限为93年。从短期看还比较乐观，因为人类离没有铁矿石的时代还很远，工业化产品还会继续由用钢铁制造的机器生产出来，供人们享用。如高楼、高速公路、汽车等仍在被大量的建造和生产出来，呈现一派繁荣的景象。另外，人类还会指望有新的大矿藏被发现出来，新的技术或价格上涨还会使原先无法利用的贫矿得以开发利用，新材料在某些领域替代钢铁的应用等，这些都是有可能的，但这只能延长可使用年限。从人类发展历史来看，几百年只是弹指一挥间，何况人口增长所带来的消费需要，世界经济指数增长，的效应，铁矿石这种不可再生资源总有枯竭的一天，危机也许在100年后或几百年后悄悄地来临。

（3）如果消费量也按指数增长，不可再生资源将提前耗尽　1970年时，铬的世界已知储量大约是77500万t，现在每年开采大约185万t。因此，按1970年的利用率，可知储量大约能维持420年。假定消费不变，预期储量会按线性耗尽。可是，铬的真正的世界消费率每年按2.6%在增长。如果这种增长率继续下去，资源储备会怎样耗尽呢？将不是像线性假设的在420年中耗尽，而是在95年后耗尽。如果我们假定还没有发现的储量能使现在已知的储量增加五倍，也只能把储量的寿命从95年延长到154年。即使从1970年起，可以使铬100%再循环利用，而最初的储量一点也不损失，在235年后需求也会超过供应。

这表明，资源消费量在指数增长条件下，静态储量指标（就铬而言是420年）这个可以得到的资源的量度，会使人产生误解。有专家提出应当规定一个新指标，一个“指数储量指标”，这个指标给每一种资源提出可能有的寿命，并假定在消费量方面，现在的增长率会继续下去。例如，指数增长的作用，导致铝的可利用时期从100年减少到31年，如果储量增加5倍，则是55年。铜，按现在的利用率有36年寿命，按现在的增长率实际上只能维持21年，如果储量增加五倍，则是48年。现在在大规模经济增长的情况下，以这些原料为基础的可利用时间长度，由于按指数增长的利用率而缩短，这是很清楚的。

（4）价格、资金投入、技术进步等因素能改变耗尽的命运吗　在今后几十年中，实际上可以得到的不可再生的资源，要比用简单的静态储量指标或指数储量指标表示的因素来得更为复杂得多。如变化着的矿石等级、生产成本、新的采矿技术、消费需要的弹性和其他替代资源等。例如铬，在1970年有420年静态储量指标，最初铬的年消费量呈指数增长，资源储备迅速耗尽。铬的价格保持低水平而且不变，因为采矿技术容许有效地利用品质越来越低的矿石。可是，需求继续增加，技术进步虽快，但不足以抵消上升着的发明、开采、加工和销售费用。价格最初是慢慢地，然后很快上涨。更高的价格促使消费者更有效地利用铬，每当可能时，就用其他金属来代替铬。在125年以后，剩下的大约原有供应量5%的铬可用，成本高得使人不敢问津，新的供应的开采基本上已趋于零。因此，未来利用铬的比较现实的动态假定所产生的寿命可能是125年，它比根据静态假设（420年）计算出来的寿命短得多。但比根据指数增长不变的假设计算出来的寿命要长（95年）。利用率在这个动态模型中既不是不变也不是连续增长，而是钟形的，有增长阶段和下降阶段。

地球含有大量不可再生资源，人类已经学会开采这些不可再生资源，并转化为有用的东西。不过，不可再生资源的量也许很大，但不是无限的。现在已经看到，一个按指数增长的量多么突然地接近确定的上限。罗马俱乐部的研究者发出下述声明：在目前，既定的资源消费率增长的规律中，从现在起大多数很重要的不可再生的资源在100年中会是极其昂贵的。只要对资源的需求继续按指数增长，尽管对尚未发现的储量、技术进步、代用品或者再循环等有最乐观的设想，上述声明仍然是正确的。那些静态储量指标最少的资源的价格已经开始上涨。例如，汞的价格在最近20年中，已经涨了500%；铅的价格在最近30年中，已经涨了300%。

因为资源储藏和资源消耗在全球都不是平均分布的，这就使问题进一步复杂化了。工业化消费国的工业基础严重地依赖国际协定网络供应它们原料。由于剩下的储量变得集中于更加有限的地理范围之中，又由于资源贵得使人不敢问津，以及生产国和消费国之间的关系中无法估计的政治问题，又加剧了各种工业在经济上的困难。20世纪70年代，南美矿山国有化和中东对提高油价施加压力成功，使人们有理由推测，政治问题可能在最终的经济问题发生以前很早就出现了。

到21世纪初，经济发展是否有足够的资源，使70亿人获得高的合情合理的生活水平？回答必须是有条件的。它取决于资源消费团体如何预先做出某些重要决定，他们可能按照现在的模式继续增加资源消费量；可能学会把抛弃了的材料收回来和再循环；可能发展新的设计，以增加用稀有资源制造的产品的耐久性；可能促进或形成各种能满足个人需要的社会经济模式，即他们所占有和消费的不可代替的资源是最少而不是最多。

所有这些可能的进程都包括对不能同时兼顾的因素的权衡，而这种权衡包括对眼前利益和长远利益之间做出的选择，因而使得这种权衡特别困难。为了保证将来有适量的资源可用，必须采取减少使用现在所用资源的政策，这些政策大多数靠提高资源成本起作用。今天，在世界上大多数地区，认为再循环和更好的产品设计是昂贵的，是“不经济的”。可是，即使这些政策已有效地实行，只要人口增长和经济增长继续产生更多的人和更高的人均资源需求，这系统就被推向它的极限，那就是耗尽地球上不可再生的资源。

（5）人类面临的挑战　为了人类社会美好的未来，我们再也不能为所欲为地向自然界贪婪地索取，恣意地掠夺了。因为，“我们不只是继承了父辈的地球，而是借用了儿孙的地球”，这句话寓意深刻，《联合国环境方案》曾用这句话来告诫世人。1981年，当代科学家、思想家莱斯特·布朗又在他的影响深远的著作《建设一个可持续发展的社会》的扉页上引用了这句话来呼唤人类猛醒，呼吁人类社会采取有效措施，努力稳定全球人口规模，保护自然资源，开发和利用可再生资源，自觉地改变价值观念，努力探索一条人与自然协调发展的新路，建设一个可持续发展的社会。

世界环境与发展委员会提出“可持续发展是既满足当代人的需要，又不对后代人满足需要的能力构成危害的发展。它包括两个重要的概念：‘需要’的概念，尤其是世界上贫困人民的基本需要，应将此放在特别优先的地位来考虑；‘限制’的概念，技术状况和社会组织对环境满足和将来需要的能力施加的限制”。

因此，世界各国包括发达国家或发展中国家，市场经济国家或计划经济国家，其经济和社会发展目标必须根据可持续性的原则加以确定。解释可以不一，但必须有一些共同的特点，必须从可持续发展的基本概念上和实现可持续发展的大战略上的共同认识出发。

4. 环境与污染问题

（1）什么是污染呢？ 从地球中取出的金属和能源被利用和抛弃以后将发生什么呢？从某种意义上讲，它们绝不会消失，组成它们的原子被重新排列，并以稀释的形式在空气、土壤和水中消散了。天然的生态系统能吸收人类活动排放出来的许多东西，并把它们重新处理成对其他生命形式有用或者至少是无害的物质。可是，当这些东西是以足够大的规模排放出来时，天然的吸收机制便可能成为饱和的。人类文明的废料可以在环境中集结，直到它们变得可以看见、令人烦恼，甚至有害。如海洋中的汞、城市空气中的铅粒子、城市垃圾堆积成山、海滩上的油膜，这些都是从人类手中进出的各种资源流量增加的结果。于是，污染就成为这个世界系统中另一个按指数增长的量，这是不足为怪的。

人类关心自己的活动对自然环境的影响，仅仅是最近几十年的事情，科学地量度这种影响的尝试甚至是更近的事，而且还很不完善。当然我们还不可能对地球吸收污染的能力得出最后的结论，但我们可以提出四个基本问题。这些问题说明，根据动态的全球观点，要理解和控制生态系统的未来状态是多么困难。这些问题是：①实际上对少数几种污染，已经测量了一段时间，它们似乎是按指数增长的。②这些污染增长曲线的上限应当在什么地方，我们几乎不知道。③生态过程存在自然滞后情况，可能增加低估控制措施的必要性，因而也可能因疏忽而达到上限。④许多污染遍及全球，它们的有害影响在离它们产生的地点很远的地方出现。

（2）按指数增加的污染与不知道的上限　事实上，作为时间函数来量度的每一种污染物质看来都是按指数增加的。下面所示各种例子的增长率很不相同，但是大多数比人口增长得更快。有些污染物质，显然与人口增长相关（如农业活动就与人口增长相关）。其他污染物质与工业增长和技术进步密切相关。这个复杂的世界系统中的大多数污染物质以某种方式受到人口增长和工业化的影响。

让我们来看看因人类利用能源日益增加而产生的污染。经济发展的过程，实际上是利用更多的能源，以提高人类劳动生产率和效能的过程。事实上，全人类财富的最好指标是每人消耗的能源数量。世界上人均能源消耗量在按每年1.3%的速度增加，如果包括人口增长在内，则每年增加3.4%。现在，人类的工业能源生产大约有97%来自矿物燃料（煤、石油和天然气）。当这些燃料在其他物质当中燃烧时，释放出CO_2进入大气。目前，由于燃烧矿物燃料，每年都释放出CO_2，2003年时大约是245亿t。大气中测量到的CO_2的数量很明显以每年约0.2%的速度按指数增加。由于燃烧矿物燃料释放的CO_2大约只有一半确实已经在大气中出现，其余一半显然已经被吸收了，主要是被海洋的水面吸收了。人们希望，有一天人类的能源需要由核动力，而不是继续由矿物燃料来供应，大气中CO_2的增加在还没有对生态或气候发生影响以前能最终停止，当然这只是一种期望。

可是，利用能源还有另一个副作用，它不取决于燃料来源。根据热力学定律，人类利用的一切能源，实质上最终必然地消散为热。如果能量来源不是与太阳能伴随而来的某种东西（例如矿物燃料或原子能），不论是直接地还是间接地通过冷却为目的而利用的水的热辐射，都能使大气变暖。河流中的废热或者“热污染”使局部水域中水生生物的平衡被破坏。城市周围的大气废热使都市形成“热岛”，许多气象上的反常现象会在“热岛”范围内发生。当热污染增大到按常规地球从太阳中吸收的能量的一部分时，对气候就会有严重影响。

核能还会产生另一种污染物质——放射性废料。由于核能现在只提供人类所利用能源的很小部分，所以对核反应堆所产生的废料，对环境可能产生的影响只能作些推测。可是，根据今天已建立的核动力工厂实际释放出和预期释放出的放射性同位素可以得到某些概念。美国现在正建设一个160万kW的电厂，预计每年排放到环境中去的废料，包括烟囱气体中的放射性氪有42800居里（1居里是1g镭的放射性当量，这是一个很大的辐射量，所以环境放射性浓度通常是用微居里（1/百万居里）来表示的，半衰期几小时到9.4年，取决于同位素），以及废水中的氚有2910居里（半衰期12.5年）。

CO_2、热能和放射性废料是人类按指数增长率输送到环境中的许多扰乱因素中的三种，其他例子还有很多。

例如：北美一个大湖中由于可溶解的工业、农业和城市废料的积累而发生的化学变化，使得这个湖的有商业价值的渔业生产随之减少。由于有机废料的增加，对鱼的生命产生这样一种灾难性的结果。在波罗的海中溶解的氧（鱼“呼吸”这种氧）是时间的函数，随着进入水的废料数量增加和腐烂，溶解的氧就耗尽了，对于波罗的海的某些部分来说，氧的标准实际上已达到零。

有毒金属铅和汞通过汽车、火化炉、工业过程和农药进入水和大气。美国1946~1968年在汞消费量方面呈指数增长，这种汞只有18%在用后被回收并使之再循环。从格陵兰冰帽中取样深度逐渐加深，已发现空降铅的沉积是按指数增长的。

有专家指出：各种污染的所有这些指数曲线都可以外推到未来，就像前面外推土地需要和外推资源利用那样。它们都存在一个指数增长曲线最终达到一个上限——可耕地总量或者在地球上可以经济地得到的资源总量。可是，对于环境污染来说并没有为污染物质的指数增长曲线指出上限，因为并不知道我们对地球上的天然的生态平衡可以扰乱到什么程度而没有严重后果，也不知道可以释放多少CO_2或热污染而不引起地球上气候的不可逆变化，以及植物、鱼类或人类在生命过程被严重地打断以前可以吸收多少放射性、铅、汞或农药。

（3）生态过程中的自然滞后与污染物质的全球分布　对地球吸收污染物质的能力的界限无知，应当是在排放污染物质方面小心谨慎的充分理由。达到这些界限的危险特别大，因为在排放污染物质进入环境和对生态系统显示其消极结果之间有一种很典型的长期滞后。DDT作为一种农药使用以后，通过的环境渠道，可以说明这种滞后作用的动态含义。这个一般结论（以及其中包含的确切数学方面的某些改变）适用于所有长期存在的有毒物质，例如汞、铅、镉、其他农药、聚氯联苯（PCB）和放射性废料。

DDT是人造的有机化学品。作为一种农药，20世纪70年代时以10万t的速度排放，进入环境。在DDT使用以后，由于喷洒，部分DDT蒸发。在它最后沉淀，回到陆地上或进入海洋以前，在空气中长距离传播。在海洋中，某些DDT被浮游生物吸收，某些浮游生物被鱼吃了，而某些鱼则最后被人吃了。DDT在这个过程的每一步中可以变为无害物质，也可以排放回到海洋，或者可以在活的有机体组织里积聚，在每一步中都包含一些滞后现象。

如果世界DDT使用率在1970年开始逐渐减少，直到2000年达到零，会发生什么？因为这系统固有的滞后，鱼类中DDT的水平，在使用DDT开始下降以后，继续上升10年以上，而且在作出减少使用DDT的决定以后20年以上，即直到1995年，鱼类中DDT的水平都不会恢复到1970年的水平。

从排放污染物到它以有害形式出现，在任何时候都有一个滞后过程。从控制那种污染物质到它的有害影响最终减少，也有一个滞后过程。也就是说，只有当某些害处已经被察觉的时候才开始控制，以此为基础的任何控制系统很可能在问题改善以前会变得更糟。这类系统很难控制，因为这类系统需要把现在的行动建立在对遥远未来的预期结果上。

现在虽然世界上大多数国家对污染都极为关注，采取各类措施减少污染物的排放。可是，不幸的特征在于许多类型的污染最终会在世界上广泛扩散。虽然格陵兰离任何大气铅污染源都很远，可是，在格陵兰冰块中沉积的铅的数量，自1940年以来，每年增加300%。DDT则已经在全球的每一部分，从阿拉斯加的爱斯基摩人到新德里的城市居民的人体脂肪中积聚起来。

（4）污染极限　由于产生污染是人口数量、工业化和特定的技术发展的复杂函数，很难确切地估计排污总量的指数曲线上升得多么快。地球的自然系统能支撑这种巨大的侵入吗？我们没有概念。有些人相信，人类已经使环境退化，已经对大自然系统产生了不可逆转的损害。我们现在还不知道地球吸收一种污染的能力的确切上限，更不必说地球吸收各种污染相结合的能力。可是，我们确实知道存在一个上限。而许多地区的环境已经超过这个上限了。人数和每个人的污染活动都按指数增长是全球达到上限的最基本的途径。

世界系统的环境部分中包括的对不能同时兼顾的因素的权衡完全像农业和自然资源部分一样难以解决。产生污染活动的利益通常在空间和时间上与成本完全无关。因此，要做出公正的决定，就必须考虑空间和时间因素。如果把垃圾倒进上游，下游谁会受到损害吗？如果现在使用含汞的杀菌剂，海洋鱼类中在什么程度上、什么时候和什么地方会出现这种汞呢？如果把污染工厂放在偏僻的地方以“隔离”污染物质，那些污染物质10年或20年以后会在哪里呢？

技术发展也许会使工业扩大而污染减少，但是要付出高昂的代价。美国环境质量委员会已经要求从1970～1975年有1050亿美元预算（其中42%由工业支付）用于美国一部分的空气污染、水质污染和固体垃圾污染的净化。任何国家都可以推迟支付这样的费用，以增加工厂的资本实现目前的增长率，但是这样做的话，要以未来环境恶化为代价。环境恶化是可逆转的，但费用是高昂的。

（5）一个有限的世界　我们涉及了粮食生产、资源消耗，以及污染的产生和净化等许多难以权衡的因素。到现在应当清楚，所有这些难以权衡的因素都是由一个简单的事实引起的——地球是有限的，任何人类活动愈是接近地球支撑这种活动的能力限度，对不能同时兼顾的因素的权衡就要变得更加明显和不可能解决。当没有利用的可耕地很多时，就可以有更多的人，每个人也可以有更多的粮食。当所有土地都已利用，在更多的人或每人更多的粮食之间权衡就成为绝对的选择。

一般地说，现代社会还没有学会清楚地认识和权衡这些不能同时兼顾的因素。现在世界系统的明显的目标是要使更多的人中的每个人有更多的产品（粮食、物质的商品、清洁的空气和水）。应当说现在已经注意到，如果社会继续追求这个目标，它最后会达到地球上的许多极限中的某一个极限。要确切地预言哪一种极限会首先发生，或者后果会是什么是不可能的。因为人类对这样一种形势有许多可以想象的和不可预见的反应。可是，要研究在这个世界系统中，什么条件和什么变化会导致社会同有限世界的增长极限迎头相撞或互相适应是可能的。

第3节 工业与制造业的内涵与构成

1. 产业分类

(1) 产业发展的历史进程 在人类漫长的历史发展过程中，绝大部分时间里人们只是依靠采集和狩猎活动来维持生存。根据考古发现，大约在公元前4000年，人们逐步掌握了高温（950℃）加工技术，从此人类进入熔化铜和铁的金属时代，逐步制造出金属农具，从此结束了迁徙不定的采集和畜牧生活，进入“自给自足”的农业社会。那时虽然人们掌握了一些加工制造技术，有的至今仍然使当代人叹为观止，敬佩古人的高超技艺，但与建立在现代科学技术基础之上的规模化工业不能相提并论。因此人类在几千年的漫长历史中占主导地位的产业是农业，其消耗和使用的资源大部分是可再生的自然资源，同时相对于今天不多的人口与较低生产率，尚不存在或还未意识到资源的短缺。

从18世纪英国工业革命以来，人类开始由农业社会逐步向工业社会转型，第二产业奇迹般地在短短的200多年间得到了空前的发展，以消耗各类资源为基础的钢铁、汽车、建筑先后成为最先工业化国家的支柱产业，能源、化工、通信等也成为国家的重要经济部门，逐步建立起以工业为基础的现代社会。

18世纪的工业革命和接踵而来的第二次技术浪潮使得各类工业部门如雨后春笋般地成长起来，第二产业逐渐取代第一产业成为发达国家经济的主体，在日益满足人们五花八门的各类需求的同时，消耗着地球45亿年来形成的各类资源，特别是消耗了人类到目前为止还无法通过人工合成或无法大规模替代的不可再生资源。寻找资源已经是各国科学家与工程师们的重要课题，控制资源也已成为各国外交的重要目标之一，找米下锅甚至等米下锅已是第二产业面临的重要问题。

虽然从历史的角度看，农业中的种植业以及制造业自古有之，但从18世纪以来得到了前所未有的发展。人们赖以生存的种植业已经被科学的方法与大规模的机械化生产所取代。在发达国家，水能、化石能和电能完全代替了人力、畜力，千万种机械代替了手工劳动，批量制造生产资料和生活资料的大工业已成为社会生产的主导，由此极大地提高了社会劳动生产率和社会财富的积累速度和规模，形成了工业社会文明的主体。

工业化推动了人类文明的进程，同时也打开了潘多拉盒子。由于工业化而推动的城市化使土地资源遭到前所未有的侵蚀，环境污染已使人类越来越难于控制自己的生活空间，工业赖以生存的各类矿产资源短缺使人类陷入了难以摆脱的困境。以至于在20世纪70年代罗马俱乐部就告诫人们“我们深信，认识到世界环境在量方面的限度以及超越限度的悲剧后果，对于创新的思维形式是很重要的，它将导致从根本上修正人类的行为，并涉及当代社会的整个组织”。我们将要对自己的行为有所制约，包括对发展的迷信、环境的破坏、资源的摄取、生产和生活方式等方面。

第二产业特别是第二产业中的制造业是推动工业革命的主要力量，也为科学发现提供了最可靠的实验手段和知识源泉。同时其对农业原料、矿产资源、能源等存在高度的依赖性，使得罗马俱乐部提出了人类所能消耗的资源至多还能维持100年的警告，他们认为即使技术乐观主义能够找到可大规模替代的资源，经济的增长仍然是有极限的。

（2）第一、二、三产业的一般概念　第一产业一般包括农业、林业、畜牧业、渔业等。各个国家的划分方法不尽相同，有的国家将矿业划为第一产业，以突出第一产业是为第二产业提供原材料的特性。我国国家统计局将农林牧渔划分为第一产业，它是以自然生物为对象的种植业和养殖业，一般称为农业。

第二产业一般指以第一产业的产品为原料，进行加工制造或精练的产业部门。各个国家的划分方法也不尽相同，有的国家将采矿业、建筑业亦列入其中。我国国家统计局将采掘业、制造业、自来水、电力、蒸汽、煤气和建筑划分为第二产业，它突出了为人们生活和生产提供非自然生物产品的特性，一般称为工业。

第三产业一般指为第一产业和第二产业的发展提供基本服务的部门。各个国家的划分方法亦不尽相同。我国国家统计局将第三产业分为四个层次：第一层次是流通部门，包括交通运输、邮电通信、商业饮食、物资供销和仓储。第二层次是为生产和生活服务的部门，包括金融、保险、房地产、公用事业、居民服务、旅游等。第三层次是为提高科学文化水平和居民素质服务的部门，包括教育、文化、科学研究等事业。第四层次是为社会公共需要服务的部门，包括国家机关、党政机关、社会团体、军队和警察等。计算第三产业产值和国民生产总值，只包括一、二、三个层次。它突出了为社会正常运转和发展提供服务，一般称为服务业。

（3）我国国民经济产业与行业分布（表1-1）

表1-1　2008年我国国民经济产业与行业分布

产　业	产业属性	行　业
第一产业	农业	农林牧渔业
第二产业	工业	采矿业
		制造业
		电力、煤气及水的生产和供应业
		建筑业

（续）

产 业	产业属性	行 业
第三产业	服务业	交通运输、仓储及邮电通信业
		信息传输、计算机服务和软件业
		批发和零售业
		住宿和餐饮业
		金融业
		房地产业
		租赁和商务服务业
		科学研究、技术服务和地质勘查业
		水利、环境和公共设施管理业
		居民服务和其他服务业
		教育
		卫生、社会保障和社会福利业
		文化、体育和娱乐业
		公共管理和社会组织

注：2008 年中国统计年鉴（P47）。

2. 工业与制造业

（1）工业与制造业的一般概念　工业是指开采资源并对其加工，从而为社会提供商品、服务或资源的生产部门的总称。

制造业是指对原材料（采掘业的自然物质资源和工农业生产的原材料）进行加工和再加工，以及对零部件装配的工业部门的总称。它可以为国民经济其他部门提供生产资料，为全社会提供日用消费品。

制造业按研究的需要又可划分为：消费品制造业与资本品制造业；轻型制造业与重型制造业；民品制造业与军品制造业；传统制造业与现代制造业等。按中国现行统计的划分，工业中有 29 个行业属于制造业。制造业按其用途属性大体可分为轻纺制造业、资源加工业和机械电子制造业。

（2）我国工业与制造业的构成（表 1-2）

表 1-2　2008 年我国工业与制造业的构成

工业（第二产业）	序号	行 业	行业属性
采矿业	1	煤炭采选业	
	2	石油和天然气开采业	
	3	黑色金属矿采选业	
	4	有色金属矿采选业	
	5	非金属矿采选业	
	6	其他矿采选业	
	7	木材及竹材采运业	

（续）

工业（第二产业）	序号	行　业	行业属性
制造业	1	食品加工业	轻纺制造业
	2	食品制造业	
	3	饮料制造业	
	4	烟草加工业	
	5	纺织业	
	6	服装及其他纤维制品制造业	
	7	皮革、毛皮、羽绒及其制品业	
	8	木材加工及竹、藤、棕、草制品业	
	9	家具制造业	
	10	造纸及纸制品业	
	11	印刷业，记录媒介的复制	
	12	文教体育用品制造业	
	13	石油加工及炼焦业	资源加工业
	14	化学原料及化学制品制造业	
	15	医药制造业	
	16	化学纤维制造业	
	17	橡胶制品业	
	18	塑料制品业	
	19	非金属矿物制品业	
	20	黑色金属冶炼及压延加工业	
	21	有色金属冶炼及压延加工业	
	22	金属制品业	机械电子制造业
	23	普通机械制造业	
	24	专用设备制造业	
	25	交通运输设备制造业	
	26	电气机械及器材制造业	
	27	电子及通信设备制造业	
	28	仪器仪表及文化、办公用机械	
	29	其他制造业	
电力、煤气及水的生产和供应业	1	电力、蒸汽、热水的生产和供应业	
	2	煤气生产和供应业	
	3	自来水的生产和供应业	

（续）

工业（第二产业）	序号	行　　业	行业属性
建筑业	1	土木工程建筑业	
	2	线路、管道和设备安装业	
	3	装修装饰业	

（3）我国制造业存在的主要问题　从我国的社会经济发展实践来看，工业化进程比欧洲晚了200多年。我国要走一条“科技含量高、经济效益好、资源消耗低、环境污染少、人力资源优势得到充分发挥”的新型工业化道路。但是应清醒地看到，我国制造业目前仍处于初级阶段，存在制约制造业向更高层面发展的“瓶颈”。

1）能源消耗过大，环境污染严重。我国的制造业正处于从以轻纺制造业为主向以重化工和机械电子制造业为主的转型期，随之带来的问题是环境污染问题加剧。

我国制造业技术含量较低，资源与能源消耗高，石油、煤炭、冶金、纸浆造纸四大行业的高污染、高能耗已严重破坏环境，有可能影响到经济的可持续发展，成为制约制造业进一步发展的“瓶颈”。据统计，制造业产品能耗和产值能耗约占全国一次能耗的63%，单位产品能耗平均高出国际先进水平20%～30%，如发电、钢铁、乙烯、水泥及载货车能耗比国际先进水平高出19.1、19.5、20、31.3及55.2个百分点；而单位产值产生的污染却远远高出发达国家，全国 SO_2 排放量的67.6%是由火电站和工业锅炉产生的。

联合国跨国公司中心的研究表明，在发达国家对外直接投资中，一些国家的对外投资策略是通过对外直接投资将国内已经禁止或严格限制生产的高能耗、高污染产品转移到第三国进行生产，从而将污染转嫁给东道国。从总体上看，一些外商投资的高污染项目，如农药、染料、塑料、造纸、油漆等项目，大多属于国际公认的严重污染项目，加重了环境污染，增加了环境治理的负担。

2）研发投入不足，技术创新能力薄弱。从总体上看，我国制造业技术创新能力薄弱，原创性产品和技术较少。

制造业产业结构的不合理也直接影响了制造业的整体实力和竞争力。企业生产规模小，组织结构“散乱”状况突出，未能形成一大批有技术特色的专业化协作配套的中小企业格局。尽管我国企业的制造能力已有很大的进步，但很多核心技术并不在我国企业手中。有些产品上注明的是“中国制造（Made in China）”，但实际上仅仅只是在中国加工，而不是真正的由掌握了核心技术和知识产权的中国企业制造（Made by China）。

可见，21世纪，我国一方面面临着推进工业化的进程，另一方面承受着矿产资源、能源紧缺和环境污染的重重压力。因此，既要不失时机地发展经济，又要从容应对传统工业化进程的弊端，走“新型工业化”道路，这是21世纪摆在我国面前的重大课题。

第2章 工业化与资源

第1节 矿产资源

1. 矿产资源概述

（1）资源与矿产资源的一般概念　资源具有广义和狭义两种，广义的资源就是人类用来为生产和生活提供服务所需要的一切物质和非物质的要素，其特点就是具有使用价值，如阳光、空气、水、矿产、土壤、植物及动物等；狭义的资源就是专指自然资源。联合国环境规划署对资源下的定义为："所谓资源，特别是自然资源，是指在一定时间、地点、条件下能够产生经济价值，以提高人类当前和将来福利的自然环境因素和条件。"自然资源又可分为：非生物资源，主要包括能源、空气、土地和矿产资源等；生物资源，主要包括植物、动物和微生物资源；自然环境资源，主要包括陆地、水域、湿地环境资源。通常所说的资源或自然资源，实际上往往指的是资源产品，即原料。

矿产资源是指在地质作用过程中形成并赋存于地壳内（地表或地下）的有用的矿物或物质的集合体，其质和量适合工业要求，并在现有的社会经济和技术条件下能够被开采和利用呈固态、液态、气态的自然资源。矿产资源是一种非常重要的非再生性自然资源，是人类社会赖以生存和发展的不可缺少的物质基础。它既是人们生活资料的重要来源，又是极其重要的社会生产资料。

广义的矿产资源指在内外力地质作用下，元素、化合物、矿物和岩石相对富集，人类开采后能得到有用商品的物质形态和数量。狭义的矿产资源是指自然界产出的物质在地壳中富集成具有开采价值或潜在经济价值的形态和数量。

人类自从农业社会向工业社会转型以来，对各类资源的需求与日俱增，工业对资源的依赖就如同鱼离不开水一样。工业所消耗的各类资源中，尤以矿产资源的消耗量最大。从地质研究来讲，矿产资源不仅包括并经工程控制的储量，还包括目前虽然还未被发现但经预测可能存在的矿物质。从经济技术条件来说，矿产资源不仅包括当前经济技术条件下可以利用的矿物质，还包括根据技术进步和经济发展，在可预见的将来能够利用的物质。可见矿产资源具有自然属性和社会属性，是两者的统一体。

（2）矿产资源的特点

1）不可再生性。矿产资源是一种非再生资源，是长期地质作用的产物，其形成和富集要经历漫长的地质年代，人类社会耗尽的矿产资源是无法补偿和再生的。随着人类的大规模开发利用，矿产资源在不断减少，有的甚至发生短缺和枯竭，不可再生性决定了矿产资源的宝贵性，因此必须合理开发、综合利用。据有关资料统计，截至2001年，全球许多矿种储量基础寿命不足100年，铅、锌和金等矿种不足50年（表2-1）。

2）相对性。在勘探、开发和冶炼技术落后的时代，低品位的“矿石”对人类而言如同岩石一样，不具有资源的意义。随着冶炼技术的提高，人类能够从昔日低品位“矿石”中提炼有用的物质时，这些“矿石”才具有资源价值。因此，在不同的人类历史阶段，矿产资源具有相对性。矿石埋藏深度亦决定其是否具有资源价值，不能被人类开采的地下深处的矿石即使品位很高，也不能称为矿产资源。

3）复杂性。矿产资源绝大部分隐藏在地下，地质成矿、控矿作用极为复杂，所以，不管地质调查工作多么详尽，也只能求得相对准确的结果。因此在资源勘探矿山建设时，不仅需要大量的资金和较长的周期，而且有一定的风险。

4）地理分布的不均匀性与成矿规律性。不同类别的矿产通常具有不同的地质形成条件，有色金属多与岩浆活动有关，而煤、天然气和石油等都分布于沉积岩地区，反应成矿规律性。矿产资源的分布主要受各种地质、构造条件的控制，由于成矿地质作用的复杂性和特殊性，导致许多矿产资源在地壳中的分布具有局部集中的现象，矿产资源在地域分布上呈现明显的不均匀性。

5）矿产资源的伴生性。自然界的矿产资源在区域分布上，有的是由平均含量相差不大的若干矿种或元素组成，称之为共生矿。更多的情况是以一种矿种为主，另有相对含量较少的一种或几种矿种或元素组合在一起形成伴生矿，这类矿床虽然可以一矿多用，但是矿石的选冶技术条件十分复杂，开采利用难度较大。随着地质勘探工作的不断深入和选、冶技术的不断发展，人类综合利用矿产资源的能力也在不断提高，矿产资源的品种在不断增加，利用范围在逐步扩大。

6）生态性。矿产资源赋存于地质生态环境中，人类开发矿产资源后，会对地质生态环境产生影响，破坏原有的地质生态环境的平衡状态，严重的可诱发不良现象而导致灾害的发生。如矿产资源开发利用导致生态环境进一步恶化，土地沙化、地下水位下降、水土流失、沙尘暴、地面沉陷、露天开采占用大量的土地以及原有地表植被被破坏等。

（3）矿产资源的分类　矿产资源属于不可再生的可耗竭性资源。为了合理开发利用矿产资源，根据矿产的性质、用途、形成方式的特殊性及其相互关系而分别排列出的不同次序类别和体系，称之为矿产资源分类。矿产资源一般包括能源资源和原料资源两类，能源资源即矿物燃料和核燃料，原料资源有金属原料（金属矿产）和非金属原料（非金属矿产）。矿产资源依其组成成分可分为金属矿产和非金属矿产，在目前世界矿产生产总值中，燃料产值约占70%，非金属原料约占17%，金属原料约占13%。人类社会对矿产资源的需求量约占自然资源需求总量的70%。因此，地球上的矿产按用途可以分为三大类，即金属矿产、非金属矿产和能源矿产。

1）金属矿产。金属矿产是指通过采矿、选矿和冶炼等工序从中可以提取一种或多种金属单质或化合物的矿产。金属矿产按工业用途及金属本身性质，还可进一步划分为：黑色、金属矿产，如铁、锰等；有色金属矿产，如铜、铅、锌、钨等；贵金属矿产，如铂、钯、铱、金、银等；稀有金属矿产，如铌、钽、铍等；稀土金属矿产，如镧、铈、镨、钕、钐等。

2）非金属矿产。非金属矿产是指除能源矿产外，能提取某种非金属元素或可以直接利用其物化性质或工艺特性的岩石和矿物集合体。工业上只有少数非金属矿产是用来提取某一种元素如磷、硫等，大多数是利用非金属矿物的某种物理性质、化学性质或工艺性质。非金属矿产是人类使用历史最悠久、应用领域最广泛的矿产资源。非金属矿产可分为四类：冶金辅助原料，如菱镁矿、萤石、耐火粘土等；化工原料，如硫、磷、钾盐等；建材及其他，如石灰石、高岭土、长石等；宝石非金属矿产，如玉石、玛瑙等。

3）能源矿产。能源矿产又称矿物燃料，是指蕴涵某种形式的能量并可以转化为人类生产和生活所必需的光、热、电、磁和机械能的一类矿产，是人类获取的重要物质资源，是工农业发展的动力和现代生活的必需品。能源矿产包括煤、泥炭、石油、天然气、铀矿等。尽管水利、太阳能、海洋能、风能等越来越广泛地被开发利用，但在能源消费结构中，能源矿产仍占90%左右，是人们取得能量的主要源泉。中国已发现的能源矿种可分为三类：①燃料矿物，又称可燃有机物矿产，主要包括煤、石煤、油页岩、油沙、天然沥青、石油、天然气和煤层气；②放射性矿产，包括铀矿、钍矿；③地热资源。

（4）工业化进程对矿产资源需求越来越大　矿产资源的开发利用具有风险性和长期性，尤其是在找矿难度越来越大、发现率不断降低的局面下，其风险性和长期性尤为突出。

矿产资源既是人们生活资料的重要来源，又是极其重要的社会生产资料。当今世界95%以上的能源和80%以上的工业原料都取自矿产资源，支撑了70%以上的国民经济总量及其相关产业的运转，为社会发展作出了巨大的贡献。矿产资源的开发利用实质上是其本身与环境资源的双重消耗，特别是不合理地开发、利用已对矿山及其周围环境造成污染并诱发多种地质灾害，破坏了生态环境，体现了其对环境的破坏性。

表2-1只是为了我们能看清楚资源到底还能维持多久，而截取某一时刻的静态储量基础寿命。如果在某一时段新发现有开采价值的矿产资源少于庞大经济规模

所消耗的资源以及每年在原有基础上新增长的消耗量，那么全球矿产资源静态储量基础寿命将要小于以上的年限。

表 2-1 全球矿产资源静态储量基础寿命（截至 2001 年）

矿种	年限/年	矿种	年限/年	矿种	年限/年	矿种	年限/年
金刚石	21	黄金	31	铅	43	石油	45
锌	47	硫	59	铜	64	萤石	64
天然气	66	钨	86	锡	86	钼	117
镍	125	煤	228	铁	242	铝土矿	250
钴	310	石墨	587	钾盐	611	铬铁矿	651
菱镁矿	657						

在工业化初期，人类还不太关心资源是否会短缺的问题，虽然先期工业化国家在工业化进程中伴随着对殖民地资源的掠夺，以满足工业化进程对资源的需求，但就全球的经济规模对资源的需求来说尚处于可忍受的范围之内，或者说人类尚未认识到资源的稀缺性。

人类在开发利用矿产资源的过程中，生存压力不是越来越小，反而是越来越大。据联合国提供的资料，1960～1998 年，世界人口由 30 亿增加到 60 亿，增长一倍，同期世界能源消耗增长两倍以上，其中最重要的原因在于人均消耗能源增长 60% 的“分母加权效应”。据联合国对人口的预测，2050 年，世界人口将达到 100 亿。如果整个世界的资源消费届时达到 1988 年的美国水平，那么全世界的铅、铜、锌等金属矿产将会分别在 20 年、40 年和 35 年内耗尽。世界石油和煤等能源矿产储量也仅能维持 41 年和 51 年。要避免这种情况，除非死亡率急剧上升，而人类当然要力求避免这一点。而且，如果我们在降低死亡率方面继续成功，而在降低出生率方面没有取得比我们过去已经达到的更大的成就，世界人口将达到地球环境和资源无法承受的地步。

另一个重要因素是经济每年按一定的百分比增长而导致的庞大的经济规模。英国到 1800 年时生产的煤和铁比世界其余地区合在一起生产的还多。更明确地说，英国的煤产量从 1770 年的 600 万 t 上升到 1800 年的 1200 万 t，进而上升到 1861 年的 5700 万 t。煤除了提供焦炭和供照明用的宝贵的煤气外，还给予一种液体即煤焦油。化学家在这种物质中发现了真正的宝物——一种衍生物，其中包括数百种染料和大量的其他副产品，如阿司匹林、冬青油、糖精、消毒剂、轻泻剂、香水、摄影用的化学制品、烈性炸药及香橙花精等。同样，英国的铁产量从 1770 年的 5 万 t 增长到 1800 年的 13 万 t，进而增长到 1861 年的 380 万 t。铁已丰富和便宜到足以用于一般的建设，因而，人类在工业化进程中不仅进入了蒸汽时代，也跨入了钢铁时代。到 1838 年，英国已拥有约 800km（500mile）铁路；到 1850 年，拥有

10622km（6600mile）铁路；到 1870 年，拥有 24945km（15500mile）铁路。美国到 20 世纪初已成为世界头号工业强国。例如，在钢铁生产方面，1910 年时，美国生产 2651.2 万 t 钢，而其最势均力敌的竞争者德国则生产 1369.8 万 t 钢；在煤的生产方面，美国的产量是 6.17 亿 t，而居于第二位的大不列颠的产量则为 2.92 亿 t。早在 1830 年，比利时每年就生产 600 万 t 煤，而到 1913 年，这一数字已上升到 2300 万 t。在法国北部，在阿尔萨斯、洛林及里尔、鲁昂和巴黎的周围地区，蒸汽机的数量从 1815 年的 15 台增加到 1830 年的 625 台、1871 年的 2.6146 万台和 1910 年的 8.2238 万台。1870 年以后，工业化的发展速度最为迅速，1870 年时，法国制成品的价值为 50 亿法郎，而到 1897 年时，已增长到 150 亿法郎。

20 世纪更是工业化进程不断推进的过程，随着工业化的推进，重大科学成就很快就转变为相应的技术，在经济活动和社会生活中发挥作用。巨大的工厂为人类提供着名目繁杂的各类产品，供人们享用。电气化、电子化使我们置身于一个安全、舒适、便利的人工世界中。汽车、火车、飞机等交通工具大大加速了我们的生活节奏。成片的楼宅为人类提供了遮风挡雨舒适生活和工作的场所。化学和生物药品减轻了人类的病痛，发达的医疗条件延长了人类的寿命。然而，在工业化成功的背后，我们必须看到一个潜在的危险正在显露出来：人类通过大规模的开发大自然，虽然改善了人类自身的生活条件，提高了生活的质量，有了支配自然界的能力，但却动摇了人类生存的根基。2005 年，世界煤的年总产量已达 58.525 亿 t，石油日产量达 7180 万桶，铁矿石年产量达 13.2 亿 t 等，现代工业和现代化生活所需生产资料和生活资料很大部分直接或间接来自矿产资源或它的制成品。但是，地球花了几十亿年积攒下的非再生资源总归是有限的。以目前的开采速度，在一个不远的将来，也许在本书读者的有生之年，我们就能看到它被彻底耗尽或即将枯竭。如果到时候没有矿产资源，或者无法找到可大规模替代的资源，文明社会就会土崩瓦解。

2. 世界矿产资源的储量、生产与消费

（1）世界上几乎没有一个国家的矿产资源可以自给自足　矿产资源是近现代工业的基础，由于技术水平与经济效益的限制，我们还不能从任何岩石中提取所要的物质。只有当某种元素富集到一定程度时，才具有可开采价值。例如铁矿，其可开采的最低品位为 30% ~40%，现已查明的世界储量为 1600 亿 t。

由于成矿时期和地质作用的复杂多变，矿产的分布很不规律。从全球范围来讲，大部分矿产的已知储量只在几个国家中出现，而且，每个国家都缺少某些有用矿物。根据国土资源部信息中心资料，目前世界 40 种主要矿种中，有 13 种矿产 3/4 以上的储量集中在 3 个国家（这 13 种矿产是锰、铬、钴、钼、钒、铂族金属、锂、铌、钽、锆、稀土、钾盐、天然碱）；有 23 种矿产 3/4 以上的储量集中在 5 个国家（除以上 13 种外再加上钨、菱镁矿、钛铁矿、金红石、锡、锑、磷、硼、金刚石、重晶石)。40 种主要矿产中,储量排在前 3 位的国家,其储量占世界总储量的比例最低为 30.7%,最高为 99.5%,前 5 个国家的储量所占比例最低为 45.8%,最高约为 100%。从这个角度看,世界上几乎没有一个国家的矿产资源是可以自给自足的,矿产消费大国实施矿产资源全球化战略是其必然选择。

据有关资料统计,截至 2001 年,全球许多矿种储量基础寿命不足 100 年,铅、锌和金等矿种不足 50 年。分布具有明显的地域性特点,如世界石油储量 57% 集中在中东地区;天然气储量 72% 集中在中东、东欧及俄罗斯地区;煤探明可采储量 53% 集中在美国、中国和澳大利亚;铜储量 56% 集中在南美的智利、秘鲁、墨西哥和北美的美国和加拿大;锌储量 48% 分布在澳大利亚、中国和美国;世界 1/3 的锡分布在东南亚;金储量 51% 集中在南非、美国、澳大利亚和俄罗斯。

(2)储量较丰富的铁矿石和铝土矿的储量、生产与消费

1)铁矿石。世界铁矿资源非常丰富,据美国地质调查局资料,2006 年,世界铁矿储量为 1600 亿 t(矿石量),含铁量为 790 亿 t;储量基础 3700 亿 t(矿石量),含铁量 1800 亿 t。世界铁矿石资源总量估计超过 8000 亿 t(矿石量),含铁量超过 2300 亿 t。2005 年,世界铁矿石产量为 13.16 亿 t,比 2004 年 11.84 亿 t 增长 11.1%。世界大约有 50 多个国家生产铁矿石,但铁矿石产量的大部分集中在少数几个国家,主要是巴西、澳大利亚、中国、印度、俄罗斯、乌克兰、美国、南非、加拿大及瑞典等国,10 个主要国家铁矿石产量合计 12.07 亿 t,占世界铁矿石总产量的 91.7%。

国际市场铁矿石的贸易量连年大幅增加,价格连年大幅上升。2001 年,世界铁矿石国际贸易量约为 4.74 亿 t,2005 年,世界铁矿石贸易量达到 7.4 亿 t,比 2004 年增长 9.4%。继 2004 年国际市场铁矿石价格增长 18.6%,2005 年再涨 71.5% 的基础上,2006 年又上涨 19%,2007 年再涨 9.5%。

从世界铁矿石的出口看,世界铁矿石出口仍然集中在少数几个国家,澳大利亚为世界第一大铁矿石出口国,2005 年,铁矿石出口量 2.3876 亿 t,比 2004 年增长 13.5%,占世界铁矿石出口总量的 32.4%;第二为巴西,铁矿石出口量 2.2514 亿 t,比 2004 年减少 4.9%,占世界铁矿石总出口量的 30.6%;其次是印度,为 8092 万 t,比 2004 年增长 29.2%,约占 11.0%,三国合计出口量 5.4482 亿 t,占世界铁矿石出口总量的 74.0%;其他主要铁矿石出口国还有南非、加拿大、荷兰、乌克兰、瑞典、俄罗斯、美国、毛里塔尼亚、哈萨克斯坦、委内瑞拉、秘鲁和智利等,上述 15 个国家铁矿石出口量合计 7.2732 亿 t,占世界铁矿石出口总量的 98.8%。

世界铁矿石的贸易主要受三大公司的控制,包括巴西淡水河谷矿业公司、力拓矿业公司和必和必拓矿业公司。三家公司掌握国际市场铁矿石贸易供应量的

70%，其中，仅巴西淡水河谷矿业公司就占国际市场铁矿石贸易供应量的三分之一，国际市场铁矿石贸易在很大程度上是一个卖方垄断市场。

从世界铁矿石的进口看，中国是世界铁矿石第一大进口国，2005 年的进口量为 2.7526 亿 t，占世界铁矿石总进口量的 36.6%；其次是日本，铁矿石进口量为 1.3229 亿 t，占世界铁矿石总进口量的 17.6%；韩国是世界铁矿石第三大进口国，进口量 4225 万 t，占 5.6%；德国居第四位，进口量为 3906 万 t，占 5.2%；荷兰居第五位，进口量为 3764 万 t，占 5.0%。其他主要铁矿石进口国家还有法国、俄罗斯、意大利、英国、美国、沙特阿拉伯、加拿大、比利时、卢森堡、奥地利及中国台湾地区，上述国家或地区铁矿石进口量合计 6.6263 亿 t，占世界铁矿石进口总量的 88.1%。

2006 年我国铁矿石进口量达到 3.2632 亿 t，比 2005 年 2.7526 亿 t 增加 5106 万 t，增长 18.6%，我国主要从澳大利亚（1.2682 亿 t，占 38.9%）、巴西（7642 万 t，占 23.4%）、印度（7475 万 t，占 22.9%）、南非（1256 万 t，占 3.8%）、秘鲁（468 万 t，占 1.4%）、哈萨克斯坦（441 万 t，占 14%）、加拿大（387 万 t，占 1.2%）及伊朗（355 万 t，占 1.1%）等国进口铁矿石，从这 8 个国家的铁矿石进口量合计 3.0705 亿 t，占我国铁矿石进口总量的 94.1%。近年来，国际市场铁矿石贸易增量的绝大部分都流向了中国。

2006 年世界钢产量达到 12.4418 亿 t，比 2005 年 11.4186 亿 t 增长 9.0%。与 2005 年不同的是，2006 年世界主要产钢国粗钢产量均有不同程度的增长，其中，中国粗钢产量增长幅度最大，达到 17.7%。目前，中国已经成为世界最大的钢铁生产国、铁矿石消费国和铁矿石进口国。2006 年，我国钢产量达到4.1878 亿 t,比 2005 年增加 6298 万 t。

世界铁矿资源非常丰富，按照 2006 年世界铁矿石产量 14 亿 t 计算，现有探明储量足以保证 100 年内世界对铁矿石的需求。

2）铝土矿。从铝土矿来看，世界铝土矿资源丰富，资源保证度很高。按世界铝土矿产量计算，静态保证年限在 200 年以上。2006 年世界铝土矿储量为 250 亿 t，储量基础为 320 亿 t。与 2005 年相比，储量增加的国家为澳大利亚（1 亿 t)，其他国家或地区数量无增减。几内亚、澳大利亚、巴西、牙买加、印度和圭亚那的储量居世界前 6 位，储量合计约占世界总储量的 75%。美国地质调查局估计，2006 年，世界铝土矿资源量（储量加上次经济资源及未经发现的矿床）为 550 ~ 750 亿 t，主要分布在南美洲（33%）、非洲（<27%）、亚洲（<17%）、大洋洲（13%）和其他地区（10%）。

2006 年世界铝土矿产量为 1.8 亿 t，比 2005 年增长 2.42%。世界主要的铝土矿生产国有澳大利亚、几内亚、巴西和牙买加等，2001 年以上 4 国的铝土矿产量约占全球产量的 70%，其中，澳大利亚产量占全球产量的 38.5%。铝土矿的主要出口国为几内亚、巴西、牙买加和委内瑞拉等，以上4国的出口量约占世界铝土矿出口量的80%左右。进口铝土矿的主要国家是北美的美国、加拿大和西欧的工业化国家，这两地区每年进口的铝土矿数量占世界进口量的70%左右，其中美国是最大的进口国，2001年进口铝土矿950万t。

2006年世界氧化铝产量为5839.5万t，比2005年增长3.99%；其中非冶金用途氧化铝产量为4588万t，比2005年增长1.28%。欧洲产量增加23.3万t，拉丁美洲产量增加168.4万t，大洋洲产量增加68.7万t，北美洲产量减少12.9万t，非洲产量减少20.6万t，亚洲产量减少3.1万t。

2006年世界原铝产量为3395.25万t，比2005年增长了6.03%。美国、俄罗斯、加拿大、中国、澳大利亚、巴西和挪威是原铝生产大国，这7个国家的产量之和约占世界总产量的67%。近年来，工业化国家越来越重视耗能低、污染小、生产成本低的再生铝工业，如2006年美国再生铝产量占精炼铝消费量的48.6%，而日本再生铝产量占精炼铝消费量的46.1%。2006年世界再生铝产量为780.62万t，比2005年增长1.49%，占当年世界精炼铝消费量的22.9%。

冶炼铝是高耗能产业，在矿石质量相同、生产技术相同、劳动力价格相等的条件下，生产成本的高低与能源价格呈正比。据有关资料统计，目前世界精炼铝的生产成本最高的是独联体国家，最低的是加拿大和法国。加拿大得益于廉价的水力发电，而法国主要依靠廉价的核电和先进的生产工艺。就铝业公司来说，生产成本最高的是美国凯撒化学公司，生产成本最低的是加拿大铝业公司。

2006年世界精炼铝的消费量为3402.29万t，比2005年增加231.63万t，同比增长7.31%。中国、美国、日本、德国和韩国是世界上铝消费大国，5国的消费量之和为2009.74万t，约占当年世界总消费量的66.1%。其中中国消费量大幅度增加。

铝土矿的国际贸易形式以期货交易为主，少部分通过大跨国公司之间的调配交易。国际上铝土矿的售价，因取价依据不同，变化很大。在国际市场上，几内亚博克矿山矿石的售价起主导作用。

目前，澳大利亚为世界第一大氧化铝出口国，每年氧化铝出口量占全球出口量的30%以上。其他重要的出口国有巴西、牙买加、苏里南、委内瑞拉、几内亚、希腊等。氧化铝主要进口国或地区有美国、中国、俄罗斯、加拿大、挪威、欧洲共同体和海湾地区的国家，其中美国和中国进口量最大，俄罗斯、挪威和加拿大三国进口量也较大。中国经济持续高速增长，国内铝冶炼业快速发展，国内铝土矿质量较差，每年需大量进口氧化铝。但近年来，中国国内氧化铝项目建设迅速扩张，据目前投资建设的氧化铝项目估算，2010年前产能可达3000万吨/年，未来每年大量进口氧化铝的状况将逐步得到改善。

据国际铝协（IPAI）统计，现今西方国家在各消费领域中铝的消费构成大致如下：建筑业占 17.7%，运输业占 30%，机械设备制造业占 8.4%，电子业占 8.6%，易拉罐占 12.2%，其他包装品占 5.3%，耐用消费品占 5.9%，其他占 11.9%。

（3）储量较少的铅、锌、铜矿的储量、生产与消费

1）铅矿。2006 年世界已查明的铅资源量为 15 亿多 t，铅储量为 6700 万 t，储量基础为 14000 万 t，与 2005 年相同。储量基础较多的国家有澳大利亚、中国、美国和加拿大，合计占世界铅储量基础的 60% 以上。其他储量基础较多的国家还有秘鲁、哈萨克斯坦、墨西哥、摩洛哥、瑞典和南非等。按 2005 年世界铅矿山产量 365.17 万 t 计，现有铅储量和储量基础静态保证年限分别为 18 年和 38 年。

2005 年世界开采铅矿的国家有 32 个（按有统计数据的国家计），矿山铅产量为 365.17 万 t，比 2004 年增长了 17.5%，西方世界矿山铅产量 213.84 万 t，同比增长 8.2%。世界矿山铅的生产大国有中国、澳大利亚、美国、秘鲁、墨西哥等，它们的年产量均在 10 万 t 以上，以上五国的矿山产量占当年世界产量的 81.9%。

2005 年除美国外，世界主要铅矿生产国的矿山铅产量均出现了不同程度的增长，增幅最大的是中国，比 2004 年增长了 40.5%；其次是澳大利亚，增长了 13.8%；墨西哥增长了 14.2%；秘鲁增长了 4.3%。美国矿山铅产量与 2004 年相比略有下降，降幅为 0.9%。2005 年矿山铅产量增长较多的国家还有俄罗斯、印度、摩洛哥和瑞典等。2006 年世界矿山铅产量为 372.78 万 t，比 2005 年增长了 2.1%。

2005 年世界精炼铅产量为 760.68 万 t，比 2004 年增长了 11.7%，西方国家产量为 471.44 万 t，同比增长 3.6%。目前，世界精炼铅生产大国主要有中国、美国、德国、英国、日本、墨西哥、澳大利亚、韩国、加拿大及意大利等，它们的年产量均在 20 万 t 以上，尤其是中国和美国，它们的产量分别占世界精炼铅产量的 31.4% 和 17.2%。

2005 年精炼铅产量增幅较大的国家有中国（32.0%）、英国（23.8%）、墨西哥（12.6%）、比利时（53.3%）、印度（40.0%）、波兰（18.8%）和保加利亚（17.1%）等。产量明显下降的国家有哈萨克斯坦（13.5%）、加拿大（4.6%）、德国（4.7%）和日本（29%）等。

再生铅在铅工业中占有很重要地位，在发达国家，再生铅产量一般占各国精炼铅产量和消费量的 50% 左右。2005 年世界再生铅产量为 394.22 万 t，比 2004 年增长 8.1%。再生铅主要生产国有美国、中国、德国、日本、意大利、英国、墨西哥、加拿大、法国和西班牙等，它们的年产量均在 10 万 t 以上。尤其是美国的产量占世界再生精炼铅产量的 28.9%，分别占其本国精炼铅产量和消费量的 87.4% 和 78.1%。2005 年中国再生铅产量为 54 万 t，同比增加了 50%，分别占中国精炼铅产量和消费量的 22.6% 和 27.2%。

2005年世界精炼铅的消费量为765.75万t，比2004年增长6.3%，西方世界消费量为525.98万t，同比下降3.0%。世界精炼铅消费大国有中国、美国、韩国、德国、日本、墨西哥、英国、西班牙、意大利、法国、印度、泰国、巴西及中国台湾地区等，年消费量均在10万t以上；中国和美国是世界上最重要的精炼铅消费国，其消费量分别占世界总量的25.9%和19.1%。从地区上看，精炼铅消费量亚洲和大洋洲增长最多，分别增长了46.81万t和45.08万t；美洲基本持平，欧洲和非洲略有下降。2006年世界铅消费量为811.32万t，比2005年增长6.0%。

2005年世界精炼铅出口总量为179.53万t，比2004年增长45%。主要出口国有中国、澳大利亚、加拿大、比利时、哈萨克斯坦、德国和秘鲁等。2005年世界精炼铅总进口量为91.52万t，比2004年增加了44.5%。主要进口国有美国、韩国、德国、西班牙、法国和印度及中国台湾地区等。

铅的最大消费领域为铅酸蓄电池，主要应用于汽车工业，其消费量占主要铅消费国消费量的一半以上，2005年美国占84.9%，日本占46.2%，意大利占75.49%。此外，铅还用于弹药、铅管、铅片、合金、电缆包皮以及颜料、化工制品等。由于铅会对环境造成严重污染，因此，铅在许多行业的使用被限制，替代品也逐渐增多。

2）锌矿。2005年世界锌储量和储量基础的静态保证年限分别为22年和46年。中国锌储量居世界第一，锌矿山产量居世界第一，但人均储量低于世界平均水平。目前，锌储量较多的国家有澳大利亚、中国、美国、加拿大、哈萨克斯坦、秘鲁和墨西哥等。澳大利亚、中国、美国和哈萨克斯坦4个国家的储量合计占世界锌储量的57%左右，占世界储量基础的64.6%。

2005年世界矿山锌产量增长7.5%，精炼锌产量和消费量也有所增长，国际市场锌精矿已经连续4年供应短缺，由此导致国际市场锌价持续上涨。

2005年世界开采锌矿的国家近38个（有统计数据的国家），锌矿山产量为999.37万t，比2004年增长7.5%，西方世界锌矿山产量660.42万t，同比增长2.1%。世界锌矿山产量的增长主要得益于中国和印度锌矿山产量的大幅增加。世界矿山锌生产大国主要有中国、澳大利亚、秘鲁、加拿大和美国等，年产量均在60万t以上。此外，矿山锌产量较多的国家还有墨西哥、爱尔兰、哈萨克斯坦、印度、瑞典、俄罗斯、波兰、玻利维亚、巴西和伊朗等，年产量均在10万t以上。

2005年世界精炼锌产量为1018.47万t，比2004年略有增长。西方国家产量为644.26万t，比2004年略有下降。1995年世界精炼锌产量中欧洲所占份额为35%，中国占15%，加拿大占10%，日本占9%。经过10年的发展，世界精炼锌生产格局发生了巨大变化。2005年中国已经成为世界最大精炼锌生产国，在世界产量中所占份额达到了27%，欧洲则降到了26%，加拿大降到7%，日本降到6%。韩国10年前在世界精炼锌生产国中默默无闻，2005年则已经跃升至世界第五位，所占份额已达6%。世界精炼锌产量较多的国家主要有中国、加拿大、日本、韩国、澳大利亚、西班牙、德国、墨西哥、哈萨克斯坦和美国等，它们的年产量均在30万t以上。

据美国锌贸易公司估计，目前世界每年消费的锌中，再生锌占30%，数量约300万t；据国际锌协会估计，目前西方国家每年消费的锌总计在650万t以上，其中200万t来自锌废料。美国2005年回收生产再生锌约11.8万t，占美国精炼锌产量的38.2%。中国再生锌产量低，2005年再生锌产量12万t，只占全国精炼锌产量的6%与发达国家相比差距甚大。

世界精炼锌消费大国主要有中国、美国、日本、德国、韩国、意大利、印度、比利时及中国台湾地区等，年消费量均在30万t以上。

中国是世界最大精炼锌消费国，2005年精炼锌消费量为298.9万t，比2004年增长17.2%，消费量净增加了近44万t。导致精炼锌消费量大幅增长的主要原因是：随着中国经济持续增长，中国建筑业、汽车工业和空调制造工业的需求强劲，导致镀锌板消费领域锌需求大幅增长。中国锌的工业消费主要集中在三个方面：一是镀锌，约占锌消费量的50%；二是黄铜炼制，约占锌消费量的20%；三是合金，约占锌消费量的15%，其他消费领域还有锌材和锌氧化物等。中国锌的最终消费构成如下：建筑45%，运输26%，一般工程7%，日用品和电器22%。近两年国内锌需求的高速增长主要是由于钢板中镀锌板比例的快速上升，随着镀锌板产量的高速增长，中国锌消费也呈现出快速增长的势头。

2005年世界精炼锌出口贸易量为329.67万t，比2004年下降10.9%。主要出口国有加拿大、西班牙、荷兰、澳大利亚、韩国、墨西哥、挪威、中国和法国等。2005年精炼锌出口量增长幅度较大的国家主要有澳大利亚、西班牙、挪威和波兰等，而出口量下降较多的有比利时、中国、加拿大和新加坡等国。主要进口国有美国、意大利、德国、法国、比利时、土耳其、英国、马来西亚、印度尼西亚和韩国及中国台湾地区等。

锌的主要消费领域是镀锌板，约占西方国家锌消费量的50%。第二大消费领域是制造黄铜，约占锌消费量的20%。第三大领域是铸造合金，约占锌消费量的15%。锌的其他消费领域还有轧制锌材和锌氧化物等。

3）铜矿。2006年世界铜储量为4.8亿t，储量基础为9.4亿t，与2005年的储量和储量基础相比没有变化。铜储量广泛分布在世界各个国家或地区，其中储量最多的国家是智利和美国，2005年两国合计分别占世界铜储量和储量基础的37%和46%。其他储量较多的国家还有秘鲁、中国、波兰、赞比亚、俄罗斯、墨西哥、印度尼西亚、加拿大、澳大利亚、哈萨克斯坦、刚果（金）和菲律宾等。

2006 年世界铜储量和储量基础的人均占有量分别为 73kg 和 147kg。

据美国地质调查局估计，2006 年世界陆地铜资源量为 16 亿 t，深海底和海山区的锰结核及锰结壳中的铜资源量为 7 亿 t，它们主要分布在太平洋。另外，洋底或海底热泉形成的贱金属硫化物矿床中也含有大量的铜资源。

2006 年全世界铜矿山产量 1522.38 万 t，比 2005 年增长了 0.29%。世界铜矿山产量最多的国家是智利、美国、印度尼西亚、秘鲁和澳大利亚，产量分别占 2005 年世界年总产量的 35.21%、8.05%、5.36%、6.89% 和 5.86%，合计约占世界总产量的 61.37%。其次是加拿大、俄罗斯、中国、波兰、哈萨克斯坦、墨西哥和赞比亚等国家，它们的产量为 20 ~ 70 万 t/a，合计占当年世界总产量的 26.7%。

2006 年世界精炼铜产量为 1734.66 万 t，比 2005 年增长 4.42%。精炼铜主要生产国有中国、智利、日本、美国和俄罗斯，5 国的产量分别占 2005 年世界总产量的 17.29%、16.21%、8.83%、7.22% 和 5.53%，合计约占世界总产量的 55.08%。德国、加拿大、澳大利亚、波兰、秘鲁、印度、比利时、墨西哥、哈萨克斯坦、西班牙、赞比亚、瑞典、巴西和伊朗等国家，产量在 20 ~ 70 万 t/a，它们的产量合计约占世界总产量的 37.63%。

相对于其他金属来说，市场铜价较高，回收废铜成本低廉，世界上工业发达国家历来都很重视废铜的回收。2006 年世界回收的铜废料共计 567.8 万 t，比 2005 年增加 1.18%，产量约占同年世界精炼铜总产量的 32.56%。废铜按其回收来源分为两种：其一为社会上回收废铜的再生铜产量 212.1 万 t，占世界精炼铜总产量的 12.16%；其二为铜加工厂的切削废料的再生铜产量 355.7 万 t，占世界精炼铜总产量的 20.40%。2006 年，美国回收 97.1 万 t，占其同年精炼铜产量的 77.53%；日本回收 129.3 万 t，占其同年精炼铜产量的 84.39%；德国回收 56.4 万 t，占其同年精炼铜产量的 85.71%。

2006 年世界精炼铜消费量为 1706.58 万 t，比 2005 年增长 1.79%。世界上铜消费量最大的国家是中国、美国、日本和德国。2006 年 4 国的消费量分别占世界总消费量的 21.15%、12.46%、7.51% 和 8.17%，它们的消费量合计 841.24 万 t，约占世界总消费量的 49.29%。俄罗斯、韩国、法国、意大利、印度、墨西哥及中国台湾地区属第二集团，消费量分别占世界总消费量的 4.64%、4.85%、3.76%、2.70%、4.69%、2.55% 和 2.73%，它们的消费量合计 436.25 万 t，约占世界总消费量的 25.92%。比利时、巴西、波兰、加拿大、西班牙、土耳其、马来西亚和泰国等国家及地区的年消费量均在 20 万 t 以上，它们的消费量合计 231.79 万 t，约占世界总消费量的 13.58%。

2006 年世界各种铜矿产品贸易的出口总量为 1312.33 万 t，同比下降 1.49%。其中：铜精矿 500.28 万 t，比 2005 年下降 0.95%；粗铜 89.76 万 t，比 2005 年增长 10.04%；精炼铜 722.29 万 t，比 2005 年又下降 11%。出口铜精矿较多的国家有智利、加拿大、澳大利亚、印度尼西亚、蒙古、阿根廷、秘鲁和巴布亚新几内亚等；出口精炼铜较多的国家有智利、秘鲁、加拿大、俄罗斯、日本、澳大利亚、赞比亚和哈萨克斯坦等。可见世界上主要出口铜的国家有智利、秘鲁、加拿大、澳大利亚、印度尼西亚、俄罗斯、赞比亚和哈萨克斯坦等。

2006 年世界各类铜矿产品贸易的进口总量为 1238.28 万 t，同比增长 2.56%。其中：铜精矿 455.09 万 t，比 2005 年增长 6.53%；粗铜 97.27 万 t，比 2005 年增长 8.15%；精炼铜 685.92 万 t，比 2005 年下降 0.62%。进口铜精矿的主要国家和地区有日本、中国、西班牙、德国、韩国和加拿大等；进口精炼铜的主要国家有美国、法国、德国、意大利、英国、中国、日本、韩国，以及中国台湾地区等。

铜的消费结构一直较稳定。2006 年，美国铜的消费构成为建筑业 49%，电器和电子工业 21%，工业机械和设备 9%，运输设备 11%，日用消费品 10%。

3. 世界矿产资源潜力

（1）许多重要矿产的储量基础有所增长　世界许多重要矿产方面，目前的储量基础总的也在增长。如据美国《采矿工程》杂志 2005 年 5 月报道，按照美国地质调查局估算，2004 年的世界储量基础是（括弧内为 1999 年数字）：金 9 万 t（7.15 万 t），银 57 万 t（43.5 万 t），铜 9.4 亿 t（5.9 亿 t），锌 4.6 亿 t（3.9 亿 t），镍 1.4 亿 t（1.27 亿 t），铂族金属 8 万 t（2001 年为 7.3 万 t）。储量数字增大靠的是超前的地质勘探工作以及矿产采选冶技术的进步，不过也与矿产品价格上涨从而使原来不够经济条件的资源能经济开采等经济因素有关。随着矿产资源价格上涨和技术进步，可开采资源的增加可暂时缓解供需矛盾，但储量增加并不表示可满足将来经济不断增长的需要。

据统计，美国、日本、德国三国镍消费占世界总消费量的 40%、铅消费占 40%、锌锭消费占 32%、原铝消费占 43%等。他们一刻也没有停止过对资源的争夺，先行实施了新的全球资源战略，并且不断通过变换获取资源的形式来占有资源，增强国力。

（2）近年来固体矿产勘查投资有所增加　国外固体矿产勘查在 1993 ~ 1997 年的强劲增长之后，1998 ~ 2002 年勘查费用连续下降，2003 年起又明显回升，2004 年剧增，2005 年仍大幅上升，已基本恢复到 1997 年的水平。据加拿大金属经济小组（MEG）历年调查，西方国家公司非燃料固体矿产（以有色金属和一些非金属矿产为主，包括贵金属，一般不包括铁矿和铝矿）非政府勘查的总投资如表 2-2 所示。2000 年起下降速度趋缓，2002 年达到谷底，2004 年增幅达 58%，创 MEG 此项调查工作以来的纪录。2005 年增速也高出 20 世纪 90 年代的任何一年。2006 年仍明显增长。

表 2-2　1993～2005 年西方国家非燃料固体矿产非政府勘查投资及其变化

年份	MEG 估计勘察总预算/亿美元	与前一年变化（%）
1993	25	+14
1994	29	+16
1995	35	+21
1996	46	+31
1997	52	+13
1998	37	-29
1999	28	-24
2000	26	-7
2001	22	-15
2002	19	-14
2003	24	+26
2004	38	+58
2005	51	+34

（3）2003～2005 年勘查费用最多的 10 个国家投资状况　2005 年勘查费用（MEG 调查所得实际数）最多的 10 个国家是：加拿大 9.283 亿美元，澳大利亚 6.147 亿美元，美国 3.962 亿美元，俄罗斯 2.561 亿美元，秘鲁 2.419 亿美元，墨西哥 2.319 亿美元，南非 2.079 亿美元，智利 1.632 亿美元，巴西 1.62 亿美元，阿根廷 1.591 亿美元。2004 年最多的 10 个国家为：加拿大 6.971 亿美元，澳大利亚 5.241 亿美元，美国 2.83 亿美元，秘鲁 1.957 亿美元，南非 1.949 亿美元，墨西哥 1.535 亿美元，俄罗斯 1.508 亿美元，巴西 1.313 亿美元，智利 1.088 亿美元，蒙古 0.994 亿美元。

许多勘查费用是没有产出的，甚至在考虑了其自然包含的风险和不确定的情况下，这也代表了资金的一种浪费。还应强调的是勘查是一种连续过程，后来的发现往往建立在早先一些年代获得的信息基础上，很少可能去查明勘查费用中哪一部分是浪费的。即使早先的钻探结果不佳，或者发现不具经济价值，但这些结果也可能为后来的勘查人员在条件变化了的情况下所成功利用。20 世纪 90 年代投产的许多铜矿就是多年前已发现的。

比较精细的方法是把勘查花费与估算的发现的矿石中所含经济价值的毛值联系起来计算成功率。这要有许多假定，不仅是适当的矿产价格，而且要调整在新发现矿床中最初计算的储量系统偏低的状况。这只是回过头来才能精确估算，而这在评价大多数勘查花费时是很少有可能的。没有一种评价勘查成功的方法能得出关于矿产可得性的未来趋势的清晰结论，成功率和发现率都未表明明确的长期趋势。再者，勘查仅仅是一种增加矿产储量储备和抵消矿石枯竭的一种手段。

（4）技术进步是解决找矿难的关键　矿产开采、加工、利用和内循环方法的技术变化有时是重要的。例如溶剂萃取电积法（SX-EW）提取铜，最初用于对老矿山废石堆的重新开发，然后又用于对氧化矿石的加工。

不断依靠技术进步、大幅度降低生产成本、尽量减少环境污染是21世纪矿业可持续发展的动力。几十年来，随着找矿难度的增大和可供开发的高品位、易开采、易选冶矿的减少，利用常规方法进行矿产勘查开发效果不断降低。为此，矿业界在科学技术研究和开发领域做出了不懈的努力，特别是发达国家的大型跨国公司把加大科技投入，通过技术创新掌握矿产勘查、开发核心技术作为其保持竞争优势的主要措施，这也是国外一些大矿业公司长期立于不败之地的重要原因。如埃克森公司运用新技术使其每年新增探明油气储量都超过了油气产量。

先进的科学技术和仪器设备对推进全球矿产资源勘查开发和利用效率发挥着越来越大的作用。技术进步在矿产勘查、开采、选冶和加工利用等各个环节发挥着巨大的功效。这样的例子不胜枚举。

技术进步使矿产勘查开发的地域范围更广、更深，成本更低。如在陆上，矿产勘查开发向寒冷的北极地区进发，特别是加拿大西北地区、格陵兰和北欧地区的金刚石、金、铜和石油勘查活动，已取得了重大进展，比如加拿大的埃卡蒂（Ekadi）金刚石矿，美国阿拉斯加州的佩布尔（Pehhle）铜金矿，俄罗斯楚科奇半岛的库珀尔（Kupol）金矿等。在海上，近海区和深水区的石油勘查开发进展迅速，近十年世界20%的新增石油和6%的新增天然气探明储量来自于海上，海上石油储量和产量已分别占世界总储量和总产量的25%和36%。矿产勘查开发的深度也在进一步加大，如1997年5月，巴西已在1709m的海域产油，海上钻井的水深则达到了3000m，南非德兰士瓦省兰德金矿山开发深度达到5000多米。除了深水油气田、水下钻井外，水下煤炭和金属矿产开采最近几年也取得了比较大的进展，特别是在巴布亚新几内亚的保斯麦海域，加拿大初级勘探公司鹦鹉螺资源公司在深海1500m处，找到了品位丰富的硫化物矿床并计划在2010年进行商业性开发。

Gedex有限公司2006年11月23日宣布获得了伦敦矿业周刊颁发的矿业科研大奖。这家加拿大私营公司正在开发一种据说能够探测到12km深处石油、天然气和固体矿产的航空调查系统。Gedex的获奖条件是“能够对未来矿业和矿业设备产生重大影响的原创研究”。该公司是这样描绘其高精度机载重力梯度仪的：能够绘制地下密度图像，性能较目前的系统有大的提高，使得以前的盲飞勘查变成能够“看见”矿床位置，无论是准确性还是速度都是前所未有的。

技术进步使可利用矿产资源的品位显著降低。许多以前难以利用的低品位、难选冶矿变得具有经济意义，从而使许多矿产的储量得到增加，金、铜尤为突出。新技术、新方法和替代产品的应用极大地提高了矿产资源的利用效率，延缓了矿产资源的耗竭速度。如在能源领域，日本、美国和欧盟等都把节能和提高能效纳入能源安全战略。近年来，节能技术、新能源和可再生能源技术取得突破性进展。美国 1995 年 GDP 比 1973 年增加了 72.8%，而能源消费量只增加了 17.5%。过去几十年中，为缓解对石油、天然气和煤炭等不可再生能源的需求，改善环境，许多国家和政府都十分重视开发和利用新能源和可再生能源，如太阳能、风能、地热能、生物质能及潮汐能等。日本已研制成功可以替代镍生产不锈钢的技术，这将改变不锈钢生产和镍工业格局。

近年来，三维地震成像技术、水平井、斜井技术以及水下采油技术、计算机的广泛应用和人工智能等高新技术的应用，为石油业提高效率、创造效益作出了巨大贡献。未来，随着矿产勘查开发的科技进步和社会发展，隐伏矿、低品位矿、难选冶矿，以及开发条件差的矿产开发机会也将增多。

4. 我国矿产资源开发与利用状况

自 18 世纪中叶产业革命以来，矿产资源就成为国民经济的重要物质基础。工业化进程的加快，使得社会对作为原材料的矿产品需求大量增加，矿产资源已经成为决定经济繁荣、社会进步和国家富强的重要因素之一。

（1）矿产资源的储备　我国是一个矿产资源大国，根据国土资源部截至 2006 年初公布的数据，在目前已知的 170 余种矿产资源中，全国有查明资源储量的矿产共 159 种，其中，能源矿产 10 种，金属矿产 54 种，非金属矿产 92 种，水气矿产 3 种。如按亚矿种计，矿产总数达到 223 种，除铀、钍、地热、地下水、矿泉水和新上表的矿种外，其余 210 种矿产与上年度相比，查明资源储量有所增加的矿种有 99 种，有所减少的有 70 种，无变化的 41 种，分别占 47%、33% 和 20%。地质调查和矿产勘查新发现大中型矿产地 213 处，其中，能源矿产地 42 处，金属矿产地 85 处，非金属矿产地 85 处，水气矿产地一处。有 72 种矿产新增查明资源储量。

全国主要矿产品产量稳步上升，对社会经济发展的保障能力不断提高。其中原煤产量 23.80 亿 t，原油产量 1.84 亿 t，铁矿石产量 5.88 亿 t，10 种有色金属产量 1917 万 t，磷矿石产量 3896 万 t，原盐产量 5403 万 t。全国矿产品进出口贸易总额达 3839 亿美元，占全国进出口贸易总额的比例为 21.6%。其中原油进口 14518 万 t，铁矿石进口 32632 万 t，锰矿石进口 621 万 t，铬铁矿进口 432 万 t，铜矿石 363 万 t，钾肥 743 万 t。与 2005 年相比，铜、钾肥进口量下降，原油、铁矿石、锰矿石、铬铁矿进口量有所增长。

按 45 种主要矿产的价值计算，我国矿产资源储量总值占全世界的 14.64%，居世界第三位，并且我国已成为世界第二大矿产品生产国和第三大矿产品进口国。但是 2002 年以来，我国 45 种主要矿产中 30 种矿产查明资源储量有不同程度的减少。据估计，在未来 20 年的发展中，我国面临钢铁缺口总量约 30 亿 t，铜缺口超过 5000 万 t，精炼铝缺口约 1 亿 t，铁、铜、锰、铬等金属矿产对外依存度不断攀升，钾盐严重短缺的不利局面。

虽然我国是矿产资源大国，但人均矿产资源拥有量少，仅为世界人均的58%，列世界第53位。对经济长期发展具有重要制约作用的资源，如能源、铁矿等，我国人均占有量不及世界平均水平的1/2。其他主要矿产资源的人均占有量水平，除钨、稀土较高之外，均低于世界平均水平，有些还不及世界平均水平的1/3。

我国矿产资源虽然种类较多，但分布极为不均衡，与生产力布局不匹配，给矿产的开发和利用造成了困难。如中国的煤炭总储量位居世界第一，但主要分布于陕西、山西、内蒙古三省区，占全国保有储量的68%；磷矿中70%的保有储量集中于云、黔、川和鄂西地区；铁矿主要集中于辽、冀、晋和川等地，占全国保有储量的60%；铜矿主要集中在长江中下游；铝矿主要分布在山西、河南、贵州；金矿主要分布在山东、河北、吉林、辽宁、黑龙江等东部地区。西部地区矿产资源潜力巨大，但受经济不发达、交通不便利等因素制约，其开发利用还基本处于起步阶段。矿产资源这种区域分布的格局，既加大了勘探开发的难度，更使运输成本偏高、效益降低，使资源的开发、利用受到制约。

矿产资源中贫矿、难选矿多，矿床规模偏小。我国虽然有稀土、钨、锑等优势矿种，但关系国计民生的一些支柱性重要矿产如铁、锰、铝、铜、铅、锌、硫等矿产，或贫矿多，或难选矿多，从而在不同程度上影响了其开发利用。例如：石油除部分灰岩古潜山油藏、珠江口海相砂岩油田、大庆部分高丰度油田的单井日产量较大外，大多数是产量低的贫矿，每井平均日产量5.8t，与国外每井日产量在11吨以上相比均属极贫矿；我国铁矿石平均品位为33.5%，比世界平均水平低10%以上，而国外主要铁矿石生产国如澳大利亚、巴西、印度、俄罗斯等，其铁矿石不经选矿品位就可达62%的商品矿石品位；铜矿平均品位仅0.87%，而智利、赞比亚分别为1.5%和2%；铜矿品位铜>1%的储量只占总量的35%左右，远低于智利、赞比亚等世界主要产铜国的铜矿品位。我国硫矿的硫源明显不同于国外，国外是以从石油、天然气中回收硫为主，而我国是以硫铁矿为主，平均品位仅为16.95%；钾盐我国严重短缺，现在利用的盐湖钾镁盐，根本无法与国外固态氯化钾开发的成本效益相比。据统计，我国有80多种矿产是共（伴）生矿，以有色金属最为普遍。例如，仅铅锌矿中的银就占全国银储量的60%，产量占70%；全国伴生金的76%来自铜矿等。另外，我国矿产资源总体上规模大多数偏小，拥有大型、超大型矿床的多为钨、铝、锑、铅锌、镍、稀土、菱铁矿、石墨及北方煤等矿产；一些重要支柱性矿产如铁、铜、铝、金、南方煤及石油天然气等矿产，以中小型为主，不利于规模开发。

根据以上数据可知，尽管我们国家矿产资源丰富，但是矿产资源储量结构呈“三少三多”的特点，即基础储量少（36.3%），资源量多（63.7%）；经济可利用的资源储量少（33.3%），经济可利用性差或经济意义未确定的资源储量多

(66.7%)；已探明的资源储量少（10.63%），控制的（43.55%）和推断的（45.82%）资源储量多。还有相当一部分矿产物质组成复杂或矿产类型复杂，利用困难，如铁矿储量的 1/3 和铜矿储量的 1/4 都是多组分矿，而铝矿资源几乎全是一水型、含硅高，矿石加工时耗碱量大。

根据国家统计局报告，我国 2007 年主要矿产的基础储量如表 2-3 所示。

表 2-3 2007 年我国主要矿产基础储量

项 目	单 位	基础储量	项 目	单 位	基础储量
铁矿	亿 t（矿石）	223.64	银矿	t	43942
锰矿	万 t（矿石）	22443.72	稀土矿	万 t（氧化物）	1837.05
铬矿	万 t（矿石）	582.22	菱镁矿	万 t（矿石）	193160.96
钒矿	万 t	1309.43	普通萤石	万 t（矿物）	3401.48
原生钛铁矿	万 t	22541.9	硫铁矿	万 t（矿石）	179411.28
铜矿	万 t（铜）	2932.11	磷石	亿 t（矿石）	36.73
铅矿	万 t（铅）	1346.32	钾盐	万 t（KCl）	33752.04
锌矿	万 t（锌）	4250.81	盐矿	亿 t（NaCl）	1880.05
铝土矿	万 t（矿石）	75072.71	芒硝	亿 t（Na_2SO_4）	100.27
镍矿	万 t（镍）	299.16	重晶石	万 t（矿石）	9899.89
钨矿	万 t（WO_3）	240.87	玻璃硅质原料	万 t（矿石）	141047.5
锡矿	万 t（锡）	152.25	石墨	万 t（矿物）	5480.59
钼矿	万 t	431.68	滑石	万 t（矿石）	11834.26
锑矿	万 t	94.99	高岭土	万 t（矿石）	65261.87
金矿	t	1859.74			

（2）矿产资源的利用水平较低 在我国矿产资源的开发利用中，资源浪费与环境污染比较严重，我国矿产资源的平均总回收率只有 30% ~50%，比发达国家约低 10% ~20%，2/3 以上的矿山的综合利用率指数还不到 25%，而国外平均在 50% 以上，共伴生矿产资源综合利用率不到 20%。我国工业废渣综合利用率仅为 29%，累计堆积量达 67.5 亿 t，成为严重的二次污染源。全国煤炭总回收率仅为 32%，铜矿平均回收率为 50%，钨矿平均回收率为 28%。1989 年，我国煤炭产量为 10.4 亿 t，动用了煤炭储量 32.5 亿 t，损失了煤炭资源 22.1 亿 t。又如某铅锌矿，5 年采矿 31 万 t，而消耗的资源却高达 500 万 t，采矿效益 4500 万元，而浪费的资源价值却高达 10 亿元。矿产资源的浪费直接导致了我国资源的大量进口和对环境的破坏。从 1993 年起，我国成为石油净进口国，铁矿石只能满足冶炼能力的 74%，许多重要有色金属矿石仍需长期大量进口。

我们国家钛、镁、钨、钒、稀土氧化物、锌、锑、铋的储量都位居世界第一位，但是钛矿石回收利用率仅有 10% ~13%；炼镁采用皮江法，污染严重，产品档次低；钨资源破坏严重，全国 20 个黑钨矿目前仅存 2 个，矿石中 20 多种元素只回收了 12 种，低档产品过剩，高档产品不足，1994 ~1998 年，钨产品的平均出口价格为 15800 美元/t，进口平均价格为 76660 美元/t，进口价格为出口的 4.85 倍；稀土资源基础研究薄弱、原始创新少，产品档次低，超高纯稀土仍依赖国外；钢产量 2007 年已达 4.8928 亿 t，但不少高附加值关键钢材品种仍需大量进口，钢铁产品标准制定工作滞后，落后的小高炉、小炼钢、小轧钢仍有一定比重，能耗高、环境污染严重的状况没有得到根本改善。我国矿产资源的开发利用水平比较低，生产工艺有待提高，环境污染较为严重，产品结构不合理，附加值不高，高档产品主要依赖进口，矿产资源日益短缺，并有危及国家发展安全的可能。

由于资金投入减少，近十年来，我国地勘业严重萎缩，新发现矿产减少。从 1991 年发现 270 多处下降到 2000 年的 123 处，2000 年钻探工作量仅是 1975 年的 2%。我国主要矿产的保有储量消耗速度大于储量增长速度，探明储量连续多年出现负增长，其中煤、铁、锰、铜、铝土矿、磷、钾等国家经济支柱矿产的情况格外突出。勘探投入的减少，使得我国的矿产资源面临着地大物“薄”，而许多资源需大量进口的尴尬局面。相关部门预测，到 2010 年，我国 45 种主要矿产中能够保证需要的只有 24 种，并呈逐年下降之势；到 2020 年，能够保障需求的矿种则只有 6 种。

但是利用矿产资源制造的产品已经深入到人们的日常生活中。一辆普通轿车平均重量为 1150kg，使用大约 600 余种材料，涉及数十种矿产资源；一部手机中，使用多达十几种金属材料。目前我国 92% 的能源、80% 的工业原料、70% 的农业生产资料是以矿产品为原料提供的。

我国的社会主义市场经济具有中国特色，但起步较晚，没有先例可以借鉴，只能在实践中不断地探索、不断地完善。显然关于矿产资源开发利用的各种规章制度、法律条文还不够完善，技术标准还不够健全，那么必然存在漏洞，使得部分国家、企业、商人趁机对我国矿产资源进行粗放式开发，掠夺资源或利润，对国家的矿产资源造成一种破坏性开发。

(3) 现有矿产资源开发利用中存在的问题　我国现有矿产资源的开发利用中存在的问题是多方面的，既有社会的原因，也有经济、政治、管理等因素的作用。

1) 小矿山比重较大。它们各自为政，技术单一，难以形成规模采矿和规模经济，矿产资源的综合利用效率偏低。截至 2001 年底，全国共有各类矿山企业 15.3723 万个，其中大型矿山企业 500 个、中型矿山企业 1254 个，而小型矿山达 15.1969 万个。大型矿山占全国矿山总数的 0.33%，中型矿山占 0.82%，而小型矿山占到全国矿山总数的 98.85%，小型矿山的产量占全国总产量的 40% ~60%。由于这些小型矿山企业缺少雄厚的资金、先进的技术设备，缺乏有效的规划管理，难以吸引高精尖的人才，因而采富弃贫，采易弃难现象比较严重，造成矿石中的有用成分得不到完全有效的开采利用，所得产品质量不高，不仅浪费了矿产资源，同时在给当地社会经济带来暂时的繁荣之后，会留下后患，并殃及子孙后代。

2）技术设备相对落后。和西方发达国家相比，我们国家还正处于工业化的进程中，技术水平和装备相对落后，因此在矿产资源的开采、冶炼等过程中难以实现对矿石中某种物质的高纯度提取和多种物质的共同提炼，深加工产品少。例如2001年，中国连铸比平均为82%，但日本、韩国等国家已达到95%以上。1997年，我国钨产品出口结构为钨精矿1.3%，中间产品（钨铁、钨酸）81.1%，再加工制品（钨粉）6.7%，深加工制品（丝、棒、硬质合金）7.6%，仍以中低档产品为主，高档产品较少，钨矿综合利用率低，20多种元素只回收12个。由于这些技术上的原因，使得我国矿产资源的综合利用效率不高。

3）低端重复建设过多。以追求短期效益为主，重复建设过多，注重量的增加，缺少质的提高，缺乏长远的战略性思考，造成矿产资源的低水平开发。在我国，近几年，特别是近几年钢铁行业发展迅速，生产需求两旺，出口增加，所以钢铁行业投资也出现了较大幅度的增加。2002年，中国钢铁工业投资增长了45.9%，但是新增钢产量中有一半以上是小型材、中厚板和线材等低档产品，其中有不少是国家明令禁止生产的质量低劣的产品，而供不应求的冷轧板、镀锌板、硅钢片、彩涂板、石油钢管等仍需进口，所以尽管产量提高了，但产品质量并没有质的飞跃，产值也并没有超出量的界限。国家和民间的实际投资生产规模已经超出了我国钢铁的消费能力，使得铁矿石资源、能源、交通等变得紧张。另外，我们国家4个直辖市、21个省会城市和175个地级市都有自己的钢铁厂，都在争夺矿石、炼铁炼钢，但大部分都缺少自己的品牌，没有国际竞争力，其产品主要用来满足本地的需要，以地方自产自销为主。在当今全球化的时代，必然经不起国际市场的冲击，抗干扰能力差。

4）缺乏忧患意识。我国已探明的矿产资源总量较大，仅次于美国和前苏联，属于世界第三矿产资源大国，并且诸如钢铁，铝、铜、镁等常用有色金属，水泥，有机纤维，玻璃等产量已稳居世界前两名之内。于是有人错误地认为有多项世界排名第一的矿产或产品，殊不知我国人口基数大，矿产资源人均拥有量低。国家目前还正处于工业化的进程中，国民经济与社会发展对矿产资源的需求仍保持强劲势头。我们的产品主要以低档产品为主，出口有数量上的优势，没价值上的优势。我们的开发大多为低水平开发，对矿藏造成巨大的浪费，对生态环境造成巨大的破坏，甚至已经影响了人们的居住生活。按这样的方式开发下去，用不了多久，中国就会从资源大国变成资源小国，未来的中国必将受制于资源的短缺，钨矿的不合理开发就是现成的事实，原有的20个黑钨矿目前仅存2个，已经难以支撑国家发展的需要。

(4) 站在战略的高度，采取措施，确保我国矿产资源的可持续发展　在今天国家大发展时期，为了使我国的发展永葆强劲势头，在未来20年全面实现小康，我们有必要站在战略的高度，重视国家矿产资源的开发利用和建设，采取有效措施，确保我国矿产资源的可持续发展。

①坚决关闭小矿山，实施规模化、集约式经济战略，提高我国矿产资源的综合利用效率，提升我国矿业集团的国际竞争力。②加快社会主义市场经济的建设，完善各种法律、法规和规章制度，以法治矿，使矿业资源的探测、开采和使用有序化、制度化。③加快矿产资源的开采、选冶技术进步与创新，提高矿产资源的利用效率。④开源节流，实施全球矿产资源战略，充分利用好国内外两种资源。"开源"即广开矿物原料来源的渠道，包括探测新的，回收利用旧的，用贫矿，开发潜在的、人造可替代的资源等。如在1990年，西方发达国家的有色金属年产量中，再生铜就占到了52.26%，再生铝占到了26.96%，再生铅占到了50.02%，再生锌占到了29.52%。"节流"即千方百计地改善利用矿产资源的技术水平和效率，使有限的矿产资源得到最大限度充分合理的使用。⑤大力发展机械、电子、信息、冶金、化工等行业，以发展高新技术带动我国矿产资源管理和利用水平的提高。应用技术先进、质量较好的机械来提升我国采矿、选矿、冶炼设备的性能和适用环境；应用电子信息科学技术来改变矿业发展中自动化、智能化和管理信息化技术相对落后的局面；加快冶金、化工技术的进步，提高选矿、提纯的精度和纯度以及产品等级的分类，矿产资源深加工的比例；大力发展信息等高新技术行业，以高新技术对原材料、技术、人员素质要求高的特点来带动基础行业以及矿产综合利用技术水平的进步。从整体上提升整个国家的科学技术水平，增加技术进步对国民生产总值贡献的力度，提高我国矿产资源的管理和利用水平。

第2节　能　　源

1. 能量与能源

(1) 能量的形式

1) 能量概述。能量是量度物体做功能力或物质运动的物理量。能量是一切物质运动、变化和相互作用的度量。具体而言，能量反映了一个由诸多物质构成的系统向外界交换功和热的能力的大小。利用能量从实质上讲就是利用自然界的某一自发变化的过程来推动另一人为的过程。例如水力发电就是利用水会自发地从高处流往低处的这一自发过程，使水的势能转化为动能，再推动水轮机转动，水轮机又带动发电机，通过发电机将机械能转换为电能供人类利用。显然能量利用的优劣，利用效率的高低与具体过程密切相关。而且利用能量的结果必然和能量系统的始末状态相联系，例如水力发电系统通过消耗一部分水能来获得电能，系统的始末状态（如水位、流量等）都发生了变化。

能量有六种基本属性，即状态性、可加性、转换性、传递性、做功性和贬值性，其中转换性与传递性是能量利用中最重要的属性，这两种属性使得人类在不同的地点得到所需形式的能量成为可能。

不同形式的能量可以在一定的条件下相互转换，转换过程服从能量守恒和转换定律，这就是能量的转换性。能量转换设备或转换系统是实现能量转换的必要条件，如燃煤发电过程，煤所含的化学能通过燃烧这种化学反应转换为热能，热能通过燃气轮机、汽轮机等热机转换成机械能，机械能通过发电机转换成电能。在这个转换过程中、燃烧器（例如锅炉）、热机和发电机为转换设备，由它们组成的燃煤发电机组为转换系统。

能量的传递性是能量的又一重要属性，能量的利用通过能量传递得以实现。能量在“势差”的推动下完成传递，如热量传递推动力为温度、流体流动的推动力为位差或压力差、电流推动力为电位差、物质扩散的推动力为浓度差等。从生产的角度来说，能量传递性保证了各种工艺过程、运输过程和动力过程的实现，为其提供推动力。能量通过各种形式的传递后，最终转移到产品中或散失于环境中。

2）能量的形式：对能量的分类方法没有统一的标准，到目前为止，人类认识的能量有如下六种形式：

① 机械能。机械能是与物体宏观机械运动或空间状态相关的能量，前者称之为动能，后者称之为势能。它们都是人类最早认识的能量形式。具体而言，动能是指系统（或物体）由于作机械运动而具有的做功能力。势能与物体的状态有关，除了受重力作用的物体因其位置高度不同而具有所谓重力势能外，还有弹性势能，即物体由于弹性变形而具有的做功本领，以及所谓表面能，即不同类物质或同类物质不同相的分界面上，内于表面张力的存在而具有的做功能力。

② 热能。热能是能量的一种基本形式，所有其他形式的能量都可以完全转换为热能，而且绝大多数的一次能源都是首先经过热能形式而被利用的，因此热能在能量利用中有重要意义。构成物质的微观分子运动的动能和势能总和称之为热能。这种能量的宏观表现是温度的高低，它反映了分子运动的激烈程度。

③ 电能。电能是和电子流动与积累有关的一种能量，通常是由电池中的化学能转换而来，或是通过发电机由机械能转换得到；反之电能也可以通过电动机转换为机械能，从而显示出电做功的本领。

④ 辐射能。辐射能是物体以电磁波形式发射的能量。物体会因各种原因发出辐射能，其中从能量利用的角度而言，因热的原因而发出的辐射能（又称热辐射能）是最有意义的，例如地球表面所接受的太阳能就是最重要的热辐射能。

⑤ 化学能。化学能是物质结构能的一种，即原子核外进行化学变化时放出的

能量。按化学热力学定义，物质或物系在化学反应过程中以热能形式释放的内能称为化学能。人类利用最普遍的化学能是燃烧碳和氢，而这两种元素正是煤、石油、天然气、薪柴等燃料中最主要的可燃元素。燃料燃烧时的化学能通常用燃料的发热值表示。

⑥ 核能。核能是蕴藏在原子核内部的物质结构能。轻质量的原子核（氘、氚等）和重质量的原子核（铀等）其核子之间的结合力比中等质量原子核的结合力小，这两类原子核在一定的条件下可以通过核聚变和核裂变转变为在自然界更稳定的中等质量原子核，同时释放出巨大的结合能。这种结合能就是核能。由于原子核内部的运动非常复杂，目前还不能给出核力的完全描述。但在核裂变和核聚变反应中都有所谓的“质量亏损”，这种质量和能量之间的转换完全可以用公式来描述。

（2）能源的分类

1）能源。能源可简单地理解为含有能量的资源。对于能源常常有不同的表述。例如在《大英百科全书》对能源一词的解释为：“能源是一个包括所有燃料、流水、阳光和风的术语，人类采用适当的转换手段，给人类自己提供所需的能量”。在现代汉语词典中，对能源的注解是“能产生能量的物质，如燃料、水力、风力等”。总之，不论何种表述，其内涵都是基本相同的，即能源就是能量的来源，是提供能量的资源。这些来源或资源，要么来自物质，要么是来自物质的运动，前者如煤炭、石油、天然气等矿物燃料（又称化石燃料），后者如水流、风流、海浪、潮汐等。

从广义上讲，在自然界里有一些自然资源本身就拥有某种形式的能量，它们在一定条件下能够转换成人们所需要的能量形式，这种自然资源显然就是能源。如煤、石油、天然气、太阳能、风能、水能、地热能、核能等。但在生产和生活过程中，出于需要或为便于运输和使用，常将上述能源经过一定的加工、转换，使之成为更符合使用要求的能量来源，如煤气、电力、焦炭、蒸气、沼气、氢能等，它们也称之为能源，因为它们同样能为人们提供所需的能量。

2）能源的分类：由于能源形式多样，因此通常有多种不同的分类方法，它们或按能源的来源、形式、使用分类，或从技术、环保角度进行分类。不同的分类方法，都是从不同的侧重面来反映各种能源的特征。

① 按地球上的能量来源分：地球上能源的成因不外乎以下三个方面，即 a. 地球本身蕴藏的能源，如核能、地热能等。b. 来自地球外天体的能源，如宇宙射线及太阳能，以及由太阳能引起的水能、风能、波浪能、海洋温差能、生物质能、光合作用、化石燃料（如煤、石油、天然气等，它们是一亿年前由积存下来的有机物质转化而来的）等。c. 地球与其他天体相互作用的能源，如潮汐能。

② 按被利用的程度分：从被开发利用的程度、生产技术水平和经济效果等方

面对能源进行分类，则有 a. 常规能源，其开发利用时间长、技术成熟、能大量生产并广泛使用，如煤炭、石油、天然气、薪柴燃料、水能等，常规能源有时又称之为传统能源。b. 新能源，其开发利用较少或正在研究开发之中，如太阳能、地热能、潮汐能、生物质能等，核能通常也被看做新能源，尽管核燃料提供的核能在世界一次能源的消费中已占 15%，但从被利用的程度看还远不能和已有的常规能源比；另外，核能利用的技术非常复杂，可控核聚变反应至今未能实现，这也是将核能仍视为新能源的主要原因之一。不过也有不少学者认为应将核裂变作为常规能源，核聚变作为新能源。新能源有时又称为非常规能源或替代能源。

③ 按获得的方法分：a. 一次能源，即自然界现实存在，可供直接利用的能源，如煤、石油、天然气、风能、水能等。b. 二次能源，即由一次能源直接或间接加工、转换而来的能源，如电、蒸汽、煤气、氢等，它们使用方便，易于利用，是高品质的能源。

④ 按能否再生分：a. 可再生能源，它不会随其本身的转化或人类的利用而日益减少，如水能、风能、潮汐能、太阳能等。b. 非再生能源，它随人类的利用而越来越少，如石油、煤、天然气、核燃料等。

⑤ 按能源本身的性质分：a. 含能体能源，其本身就是可提供能量的物质，如石油、煤、天然气、氢等，它们可以直接储存，因此便于运输和传输。含能体能源又称之为载体能源。b. 过程性能源，它们是指由可提供能量的物质的运动所产生的能源，如水能、风能、潮汐能、电能等。其特点是无法直接储存。

⑥ 按是否能作为燃料分：a. 燃料能源，它们可以作为燃料使用，如各种矿物燃料、生物质燃料及二次能源中的汽油、柴油、煤气等。b. 非燃料能源，它们是不可作为燃料使用的能源，其含义仅指其不能燃烧，而非不能起燃料的某些作用，如加热等。

⑦ 按对环境的污染情况分：a. 清洁能源，即对环境无污染或污染很小的能源，如太阳能、水能、海洋能等。b. 非清洁能源，即对环境污染较大的能源，如煤、石油等。

此外在书籍和报章中还常常看到另外一些有关能源的术语或名词，如商品能源，非商品能源，农村能源，绿色能源，终端能源等。它们也都是从某一方面来反映能源的特征。例如商品能源是指流通环节大量消费的能源，如煤炭、石油、天然气、电力等。而非商品能源则指不经流通环节而自产自用的能源，如农户自产自用的薪柴、秸秆，牧民自用的牲畜粪便等。

（3）对能源的评价　能源多种多样，各有优缺点。为了正确地选择使用能源，必须对各种能源进行正确的评价。通常能源评价包括以下几个方面。

1）储量。储量是能源评价中的一个非常重要的指标。作为能源的一个必要条件是储量要足够丰富。对储量常有不同的理解。一种理解认为，对煤和石油等化石燃料而言，储量是指地质资源量；对太阳能、风能、地热能等新能源而言则是指资源总量。而另一种理解是，储量是指有经济价值的可开采的资源量或技术上可利用的资源量。在有经济价值的可开采的资源中又分为普查量、详查量和精查量等几种情况。在油气开采中，通常又将累计探明的可采储量与可采资源量之比称之为可采储资比，用以说明资源的探明程度。储量丰富且探明程度高的能源才有可能被广泛地应用。

2）能量密度。能量密度是指在一定的质量、空间或面积内，从某种能源中所能得到的能量。显然，如果能量密度很小，就很难用作主要能源。太阳能和风能的能量密度就很小，各种常规能源的能量密度都比较大，核燃料的能量密度最大。几种能源的能量密度见表2-4。

表2-4 几种能源的能量密度

能源类别	能量密度/（kW/m^2）	能源类别	能量密度/（kJ/kg）
风能（风速3m/s）	0.02	天然铀	5.0×10^8
水能（流速3m/s）	20	铀^{235}（核裂变）	7.0×10^{10}
波浪能（波高2m/s）	30	氘（核聚变）	3.5×10^{11}
潮汐能（潮差10m）	100	氢	1.2×10^5
太阳能（晴天平均）	1	甲烷	5.0×10^4
太阳能（昼夜平均）	0.16	汽油	4.4×10^4

3）储能的可能性。储能的可能性是指能源不用时是否可以储存起来，需要时是否又能立即供应。在这方面，化石燃料容易做到，而太阳能、风能则比较困难。由于大多数情况下，用能是不均衡的，比如白天用电多、深夜用电少，冬天需要热、夏天却需要冷，因此在能量的利用中，储能是很重要的一环。

4）供能的连续性。供能的连续性是指能否按需要和所需的速度连续不断地供给能量。显然太阳能和风能就很难做到供能的连续性。太阳能白天有，夜晚无；风力则时大时小，且随季节变化大。因此常常需要有储能装置来保证供能的连续性。

5）能源的地理分布。能源的地理分布和能源的使用关系密切。能源的地理分布不合理，则开发、运输、基本建设等费用都会大幅度的增加。例如我国煤炭资源多在西北，水能资源多在西南，工业区却在东部沿海。因此能源的地理分布对使用很不利，带来“北煤南运”、“西电东送”等诸多问题。

6）开发费用和利用能源的设备费用。各种能源的开发费用以及利用该种能源的设备费用相差悬殊。例如太阳能、风能不需要任何成本即可得到。各种化石燃料从勘探、开采到加工却需要大量投资。但利用能源的设备费用正好相反，太阳能、风能、海洋能的利用设备费按每千瓦计远高于利用化石燃料的设备费。核电站的核燃料费远低于燃油电站，但其设备费却高得多。因此在对能源进行评价时，开发费用和利用能源的设备费用是必须考虑的重要因素，并需进行经济分析和评估。

7）运输费用与损耗。运输费用与损耗是能源利用中必须考虑的一个问题。例如太阳能、风能和地热能都很难输送出去，但煤、油等化石燃料却很容易从产地输送至用户。核电站的核燃料运输费用极少，因为核燃料的能量密度是煤的几百万倍，而燃煤电站的输煤就是一笔很大的费用。此外运输中的损耗也不可忽视。

8）能源的可再生性。在能源日益匮乏的今天，评价能源时不能不考虑能源的可再生性。比如太阳能、风能、水能等都可再生，而煤、石油、天然气则不能再生。在条件许可和经济上基本可行的情况下，应尽可能地采用可再生能源。

9）能源的品位。能源的品位有高低之分，例如水能能够直接转变为机械能和电能，它的品位要比先由化学能转变为热能，再由热能转换为机械能的化石燃料必然要高些。另外热机中，热源的温度越高，冷源的温度越低，则循环的热效率就越高，因此温度高的热源品位比温度低的热源高。在使用能源时，特别要防止高品位能源降级使用，并根据使用需要适当安排不同品位能源。

10）对环境的影响。使用能源一定要考虑对环境的影响。化石燃料对环境的污染大；太阳能、氢能、风能对环境基本上没有污染。在使用能源时，应尽可能采取各种措施防止对环境的污染。

2. 世界能源的储量、生产与消费

（1）石油

1）储量。2006 年世界石油剩余探明储量为 1804.90 亿 t，比 2005 年增加 34.11 亿 t，增长 1.9%。2006 年，欧佩克石油剩余探明储量为 1236.20 亿 t，比 2005 年增加了 9370.80 万 t，增长 0.1%，占世界总储量的 68.5%，见表 2-5。

表 2-5　世界石油剩余探明储量

国家与地区	2005 年/万 t	2006 年/万 t
世界总计	17707928.62	18049029.59
亚太	492328.98	457114.36
西欧	203340.96	201318.76
东欧、前苏联	1087372.41	1369883.62
中东	10184724.67	10127101.92
非洲	1405350.75	1562805.80
西半球	4334810.84	4330805.12
其他	34.25	130.86

其中储量增长最多的地区为东欧及前苏联地区，增加 28.25 亿 t，增长

26.0%；增长最快的国家为哈萨克斯坦，比2005年增加28.77亿t，增长233.3%。其次为非洲地区，增加15.75亿t，增长11.2%；其他地区均有不同程度下降，亚太地区下降幅度较大，减少3.52亿t，下降7.2%；西欧减少0.20亿t，下降1.0%，中东地区减少5.76亿t，下降0.6%；西半球减少0.40亿t，下降0.1%。

2006年世界石油剩余探明储量排前10位的国家依次为沙特阿拉伯、加拿大、伊朗、伊拉克、科威特、阿拉伯联合酋长国、委内瑞拉、俄罗斯、利比亚和尼日利亚，我国位居第13位。

据美国《石油情报周刊》2006年12月报道，2005年石油储量居世界前10位的大公司分别为沙特阿拉伯国家石油公司（369.9亿t）、伊朗国家石油公司（1925亿t）、伊拉克国家石油公司（161.0亿t）、科威特国家石油公司（142.1亿t）、委内瑞拉国家石油公司（111.6亿t）、阿联酋国家石油公司（79.7亿t）、利比亚国家石油公司（46.5亿t）、尼日利亚国家石洲公司（30.2亿t）、俄罗斯鲁克石油公司（22.6亿t）和卡塔尔国家石油公司（21.34亿t）。

2）生产。2006年世界石油产量略有增长，为36.24亿t，较2005年增加622.50万t，增长0.2%。

从地区看，东欧及独联体国家产量增长强劲，增加2427.00万t，增长4.3%，其次为中东和亚太地区，分别增长0.7%和0.6%；其他地区均有不同程度的减产，西欧减产2424.00万t，下降9.6%；西半球减产339.00万t，下降0.4%，非洲减产71.00万t，下降0.2%。

中东地区为世界最主要的石油生产地区，2006年中东地区合计石油产量113441.50万t，占世界总产量的31.3%。

2006年欧佩克石油产量为148303.50万t，比2005年减少553.0万t，下降0.4%，占世界石油总产量的40.9%。

2006年世界十大产油国分别为：俄罗斯（47375.0万t，单位下同）、沙特阿拉伯（44950.0）、美国（25675.0）、伊朗（19250.0）、中国（18500.0）、墨西哥（16365.0）、阿联酋（12953.5）、委内瑞拉（12815.00）、加拿大（12500.0）和挪威（12325.0）。

3）消费。从国家来看，2005年美国为世界石油最大消费国，石油消费量占世界石油消费量的26.6%，石油消费量为9.45亿t，比2004年下降0.4%；中国石油消费量仍持续增长，居世界第二位，为3.27亿t，较2004年增长2.5%；日本为世界第三大石油消费国，消费量为2.44亿t，比上年增长1.2%；俄罗斯石油消费量为1.30亿t，比2004年增长0.8%；德国石油消费量1.22亿t，较2004年下降1.6%。

世界十大石油消费国为美国、中国、日本、俄罗斯、德国、印度、韩国、加拿大、法国和墨西哥。

2005年在世界一次能源消费结构中，石油占36.4%，比2004年的36.9%略有下降。

4）贸易。美国为世界最大的石油进口国，2005年石油进口量为6.68亿t，其中原油进口量为5.01亿t，主要进口来源为其周边国家，如中南美地区、加拿大和墨西哥，进口量分别为1.41亿t、1.07亿t和0.82亿t，合计占美国总进口量的49.5%；其次为中东地区，进口量为1.17亿t，占美国总进口量的17.5%；从西非和欧洲的石油进口量分别为0.97亿t和0.53亿t。

日本为世界第二大石油进口国，2005年石油进口量为2.58亿t，其中原油进口量为2.10亿t，主要进口来源为中东地区，进口量为2.12亿t，占日本总进口量的82.0%。

欧洲主要进口国为德国、法国、意大利和西班牙，2005年欧洲石油进口量合计为6.66亿t，其中原油进口量为5.25亿t，主要进口来源为前苏联和中东地区，进口量分别为2.87和1.56亿t，其次为北非和西非地区，进口量分别为0.97亿t和0.35亿t。

中东仍为世界最大的石油出口地，其出口总量占世界总量的39.9%，2005年石油出口总量为9.82亿t，其中原油出口量为8.63亿t；其次为前苏联、西非、中南美和北非地区，2005年石油出口量分别为3.49亿t、2.17亿t、1.73亿t和1.52亿t。

据中国海关统计快报，2005年中国的石油进口量为1.58亿t，其中原油进口量为1.27亿t。主要进口来源为中东地区，进口量为0.60亿t，占中国总进口量的47.2%；石油出口量为0.22亿t。

（2）天然气

1）储量。2006年世界天然气剩余探明可采储量为175.08万亿m^3，比2005年增长1.2%。其中，欧佩克成员国的天然气剩余探明储量为89.27万亿m^3，占世界总储量的51.0%，见表2-6。

表2-6 世界天然气剩余探明储量

国家与地区	2005年/亿m^3	2006年/亿m^3
世界总计	1730775.82	1750752.89
亚太	110902.11	118786.13
西欧	52826.78	47671.10
东欧、俄罗斯	556935.92	573915.65
中东	726444.32	726624.98
非洲	137575.60	137176.89
西半球	146091.08	146578.14
其他	32.28	1.69

就地区而言，亚太地区增长7.1%，东欧和俄罗斯地区增长3.0%，西半球增长0.3%，中东保持2005年水平，西欧和非洲地区分别下降9.8%和0.3%。

储量增长较快的国家依次为哈萨克斯坦（增长53.8%）、中国（50.0%）、土库曼斯坦（40.8%）、安哥拉（23.5%）、巴巴多斯（20.0%）、澳大利亚（9.9%）、奥地利（7.5%）、美国（6.2%）、克罗地亚（5.2%）。

俄罗斯、伊朗和卡塔尔是世界三大资源国，证实储量分别占世界总量的27.2%、15.8%和14.7%。世界天然气剩余探明储量排名前10位的国家分别为俄罗斯、伊朗、卡塔尔、沙特阿拉伯、阿拉伯联合酋长国、美国、尼日利亚、阿尔及利亚、委内瑞拉和伊拉克。

按现有的开采水平，世界天然气证实储量可供开采64年，其中中东地区天然气的可采年限为248年，我国为47年，而西半球（包括北美和中南美）可采年限最低，不足10年。

2）生产。2005年世界天然气产量持续增长，为27630亿 m^3，较2004年增长2.2%。除北美地区和欧盟国家产量下降外，其他地区的产量均有不同程度的增长，其中增长最快的为非洲地区，增幅为13.0%；其次为亚太、中南美和中东地区，分别增长了8.1%、4.5%和4.3%；欧洲和俄罗斯仅增长0.5%。2005年中国天然气产量增长最快，其次是埃及、马来西亚和卡塔尔。

欧洲及俄罗斯地区天然气产量居世界第一位，占世界总产量的38.4%，2005年的产量为10611亿 m^3，较2004年增长0.5%，主要的天然气生产国为俄罗斯，天然气产量为5980亿 m^3，较2004年增长1.2%，占世界总产量的21.6%，产量居世界第一位；其次为英国，天然气产量为880亿 m^3，其产量持续下降，较2004年下降8.3%；产量增长较快的国家为哈萨克斯坦，增长14.1%，其次为挪威，增长8.3%。北美是世界第二大天然气产区，占世界总产量的27.2%，2005年的产量为7506亿 m^3,比2004年下降1.3%，主要生产国是美国和加拿大，美国为世界第二大天然气生产国，近年来产量持续下降，2005年的产量为5257亿 m^3，较2004年下降2.5%，占世界总产量的19.0%。亚太地区天然气产量居第三位，占世界总产量的13.0%，2005年的产量为3601亿 m^3，较2004年增长8.1%，增长较多的国家为缅甸、越南和中国。

世界十大天然气生产国依次是俄罗斯、美国、加拿大、英国、阿尔及利亚、伊朗、挪威、印度尼西亚、沙特阿拉伯和荷兰，2005年合计产量占世界总产量的67.5%。

2005年中国实际天然气产量达509亿 m^3，较2004年增长22.8%，居世界第十六位。四川天然气产量居全国第一，其次是南海西、大庆和辽河。

据美国《石油情报周刊》2006年12月报道，2005年天然气产量居世界前10位的大公司分别为俄罗斯天然气工业股份公司、美国埃克森美孚公司、BP公司、伊朗国家石油公司、皇家荷兰/壳牌集团、阿尔及利亚国家石油公司、沙特阿拉伯国家石油公司、马来西亚国家石油公司、法国道达尔菲纳埃尔夫公司和美国雪佛龙公司。

3）消费。2005年世界天然气消费量为27496亿m^3，较2004年增长2.0%。除北美地区下降1.5%外，其他地区均有不同程度的增长，其中亚太和中南美地区增长强劲，分别增长7.5%和5.4%；其次为非洲和中东地区，分别增长了3.8%和3.6%；欧洲和俄罗斯仅增长1.9%。2005年天然气消费量增长最快的国家为中国、西班牙、印度和阿尔及利亚。

北美、俄罗斯和欧洲为世界三大天然气消费地区，2005年合计消费量为18467亿m^3，占世界总消费量的69.0%。

世界十大天然气消费国依次为美国、俄罗斯、英国、加拿大、伊朗、德国、日本、意大利、乌克兰和沙特阿拉伯，2005年合计消费量占世界总消费量的61.9%。

2005年天然气在世界一次能源消费构成中的比例为23.5%，天然气主要用于发电。其中中东和欧洲及俄罗斯地区的天然气消费量在能源消费总量中所占的比重最大，分别为44.3%和33.8%；其次北美为24.9%；中南美地区为22.3%；亚太比例最小，仅为10.7%。

2005年中国实际天然气消费量为500亿m^3，占世界总消费的1.8%。在我国一次能源消费构成中占2.7%，不足世界平均水平的1/10。消费的主要领域是工业部门，其次是生活和交通运输。

4）贸易。2005年世界天然气贸易量为7214.6亿m^3，较2004年增长6.1%，接近于前10年增长水平。其中管道天然气贸易量增长6.1%，为5326.5亿m^3，占总贸易量的70.9%；液化天然气贸易量增长6.1%，为1888.1亿m^3，占总贸易量的29.1%。

世界管道天然气的五大出口国为俄罗斯、加拿大、挪威、荷兰和阿尔及利亚，2005年，其合计出口量为4180.5亿m^3，占世界总出口量的78.5%。俄罗斯为世界最大的管道天然气出口国，占世界管道天然气总出口量的28.4%，出口量为1512.8亿m^3，全部出口到欧洲国家，主要有德国（365.4亿m^3）、意大利（233.3亿m^3）、法国（115.0亿m^3）、土耳其（178.3亿m^3）等。加拿大为世界第二大管道天然气出口国，出口量为1041.8亿m^3，占世界管道天然气总出口量的19.1%，全部出口到美国。

美国、德国、意大利、法国和土耳其为世界五大管道天然气进口国，2005年的进口量为3242.5亿m^3，占世界总量的60.9%。美国是世界最大的管道天然气进口国，2005年的进口量为1042.1亿m^3，其中从加拿大进口1041.8亿m^3，从墨西哥进口量力0.3亿m^3。德国是世界第二大管道天然气进口国，主要来源是俄罗斯、荷兰和挪威。

2005年世界液化天然气贸易量较2004年增长6.1%，为1888.1亿m^3。世界五大液化天然气出口国依次为印度尼西亚、马来西亚、阿尔及利亚、卡塔尔和澳大利亚，其合计出口量为1276.1亿m^3，占世界总出口量的67.6%。印度尼西亚是世界上最大的液化气出口国，2005年的出口量为314.6亿m^3，占世界液化气总出口量的16.7%，主要出口到日本（190.0亿m^3）、韩国（75.1亿m^3）和中国台湾地区（49.5亿m^3）。马来西亚超过阿尔及利亚成为世界第二大液化气出口国，主要出口到日本（176.5亿m^3）、韩国（63.6亿m^3）和中国台湾地区（41.0亿m^3）。阿尔及利亚为世界第三大液化气出口国，主要出口到法国、西班牙、土耳其和比利时。

亚洲是世界最大的液化气进口和出口地区，出口量占世界液化气总出口量的44.5%，进口量占世界液化气总进口量的62.0%，主要进口国家是日本、韩国及中国台湾地区。

日本为世界最大的液化天然气进口国，2005年液化天然气进口量为763.2亿m^3，占世界总进口量的40.4%，其次为韩国、西班牙和美国，进口量分别占世界总量的16.1%、11.6%和9.5%。

（3）煤

1）储量。截至2005年年底，世界煤探明可采储量为9090.64亿t，其中无烟煤和烟煤为4787.71亿t，次烟煤和褐煤为4302.93亿t。按2005年的开采水平，世界现有煤探明可采储量可供开采155年，见表2-7。

世界煤储量在10亿t以上的国家共有22个，合计探明可采储量8770.86亿t，占世界煤探明可采储量总量的96.5%；其中美国、俄罗斯、中国、印度、澳大利亚、南非、乌克兰、哈萨克斯坦、波兰、巴西10个国家煤探明可采储量都在百亿吨以上，合计煤探明可采储量8273.93亿t，占世界煤探明可采总储量的91.0%；其中美国、中国和俄罗斯属于煤资源大国，煤探明可采储量都在千亿t以上，3国合计煤探明可采储量5181.53亿t，占世界煤探明可采储量总量的57.0%。

表2-7　世界十大煤资源国煤探明可采储量（截至2005年年底）

国家或地区	烟煤和无烟煤	次烟煤和褐煤	合计	占世界比例（%）	R/P（储采比）
美国	1113.38	1353.05	2466.43	27.1	240
俄罗斯	490.88	1079.22	1570.10	17.2	
中国	622.00	523.00	1145.00	12.6	52
印度	900.85	23.60	924.45	10.2	217
澳大利亚	386.00	399.00	785.00	8.6	213
南非	487.50	—	487.50	5.4	198
乌克兰	162.74	178.79	341.53	3.8	436
哈萨克斯坦	281.51	31.28	312.79	3.4	362
波兰	140.00	—	140.00	1.5	88
巴西	—	101.13	101.13	1.1	

世界煤探明可采储量在世界各大区的分布情况：亚太地区居第一位（2968.89 亿 t），占 32.7%；欧洲地区居第二位（2870.95 亿 t），占 31.5%；北美地区居第三位（2544.32 亿 t），占 28.0%；非洲和中东（507.55 亿 t），占 5.6%；中南美洲地区（198.93 亿 t），占 2.2%。

2）生产。2005 年，世界煤产量为 62.09 亿 t，比 2004 年的 59.14 亿 t 增加 2.95 亿 t，增长 5.0%；其中中国煤产量比 2004 年增加 1.95 亿 t，占 2005 年度世界煤增长量的 66.1%。2005 年世界 24 个煤主要生产国（煤产量在 1000 万 t 以上）煤产量为 57.09 亿 t，占世界煤产量的 91.9%；其中煤产量达到或超过亿吨的中国、美国、澳大利亚、印度、俄罗斯、南非、德国、波兰、印度尼西亚 9 国合计煤产量为 50.33 亿 t，占世界煤产量的 81.1%。

世界其他煤炭重要生产国还有：0.5～1.0 亿 t 之间的哈萨克斯坦、乌克兰、希腊、加拿大、土耳其、哥伦比亚、朝鲜 7 国，以及 0.1～0.5 亿 t 之间的南斯拉夫、越南、罗马尼亚、保加利亚、泰国、英国、西班牙、墨西哥 8 国。由于亚太地区经济持续升温，2005 年越南、泰国等煤生产国在世界位次较 2004 年大幅度提前。

3）消费。2005 年世界一次能源消费量达 105.37 亿 t 油当量，较 2004 年的 102.91 亿 t 油当量增加 2.46 亿 t，增长 2.4%；其中石油、天然气、煤、核电、水电分别占 36.4%、23.5%、27.8%、6.0% 和 6.3%。世界煤消费量在世界一次能源消费构成中的比重由 2004 年的 27.2% 增加到 27.8%，增长 0.6 个百分点。

2005 年世界煤消费格局：亚太地区消费占 56.3%，北美地区占 21.0%，欧洲及欧亚地区占 18.3%，非洲占 3.4%，中南美地区占 0.7%，中东地区占 0.3%。

2005 年世界煤消费量为 29.30 亿 t 油当量，比 2004 年的 27.99 亿 t 增加 1.31 亿 t，增长 4.7%。世界煤消费量超过 2500 万 t 油当量的 15 个国家或地区，其煤消费量合计为 6.15 亿 t 油当量，占世界煤消费总量的 89.2%。其中中国、美国、印度、日本、俄罗斯 5 个国家煤消费量都在亿吨油当量以上，中国煤消费量 10.82 亿 t油当量，居世界第一位，占世界煤总消费量的 36.9%；美国煤消费量 5.75 亿 t 油当量，居世界第二位，占世界煤总消费量的 19.6%；中国、美国两国煤炭消费量超过世界消费总量的一半，达到 56.6%；印度、日本、俄罗斯煤消费量分别为 2.13 亿 t、1.21 亿 t 和 1.12 亿 t 油当量，分别居世界第三、四、五位，分别占世界煤炭总消费量的 7.3%、4.1% 和 3.8%；南非、德国、波兰、澳大利亚、韩国、乌克兰、英国、加拿大、哈萨克斯坦及中国台湾煤炭消费量均在0.25～1 亿 t之间，这些国家或地区 2005 年共计消费煤 5.12 亿 t 油当量，占世界煤消费总量的 17.5%。

4）贸易。2005 年世界煤贸易量继续增加，达到 7.86 亿 t，比 2004 年的 7.58 亿 t 增加 0.28 亿 t，增长 3.7%；世界煤贸易量占世界煤产量的 12.7%。

世界煤交易仍主要集中在四大贸易市场：即亚太、欧洲、北美和拉丁美洲。亚太地区仍是世界最主要的煤贸易区。由于该地区长期以来经济活力最强，煤交易量最大，约占世界煤贸易总量的一半左右。该地区煤供应有世界最大煤出口国澳大利亚，以及主要出口国中国、印度尼西亚；有世界最大煤进口国日本，以及经济发展迅速、煤基本全靠外部供应的韩国及中国香港和中国台湾地区，以及煤主要进口国印度等。

2005 年世界煤主要出口国（出口量超过 0.1 亿 t）为澳大利亚、印度尼西亚、中国、南非、俄罗斯、哥伦比亚、美国、加拿大、波兰、越南等，这 10 个国家煤出口量合计为 7.43 亿 t，占世界煤出口量 7.72 亿 t 的 96.2%。

2005 年世界煤主要进口国为日本、韩国、英国、印度、德国、荷兰、美国、中国、意大利、西班牙、加拿大、法国、土耳其、巴西、以色列、比利时及中国台湾、中国香港（进口量均超过 0.1 亿 t）地区，这些国家或地区合计进口煤 6.75 亿 t，占世界煤进口总量（7.86 亿 t）的 85.9%。其中日本、韩国、中国台湾煤进口量均在 0.5 亿 t 之上，合计进口煤 3.19 亿 t，占世界煤进口总量的 40.6%。

3. 世界能源的潜力

（1）世界油气勘查开发投入稳中有升　受世界经济复苏、伊拉克战争和恐怖袭击等多种因素影响，2003 年以来，全球油气需求日益高涨，油价不断攀升，从而拉动世界油气勘查开发活动回升。总体上看，新世纪油气勘查开发活动不断增强。

据《油气杂志》报道，Lehman Brothers 公司对全球石油公司勘查开发投资预算进行的调查统计表明，2003 年全球勘查开发投资为 1324 亿美元，较 2002 年增长了 4.2%；2004 年勘探开发投资约为 1488 亿美元，比 2003 年增长 12.4%，2005 年和 2006 年分别猛增了 25% 和 30%，达到 1860 亿美元和 2418 亿美元。2007 年的投资达到 3080 亿美元（350 个公司）。

据美国地质调查局（USGS）2000 年对全球待发现油气资源所作的评估，全球待发现的石油资源为 998.45 亿 t，主要分布在中东及北非、北美、俄罗斯和中南美地区，分别占世界待发现资源总量的 31.4%、20.9%、15.8% 和 14.3%。另据《世界石油》报道，2005 年的世界钻井数量也比 2004 年增长 4.5%，这与勘探开发经费的增长情况基本一致。

（2）世界油气勘探概况　许多油气勘查地区虽然不断“成熟”，工作强度越来越高，但可探区并没有消失，新的未经勘查或勘查程度很低的地区也仍然存在，如世界上一些陆上或海区的偏远盆地。最近几年，国外油气勘查工作范围较广，不少国家和地区都在进行，主要的勘查和油气发现地区有中东的伊朗、沙特阿拉伯、科威特、阿曼和也门等，主要在陆区，也有部分在海区；里海地区（哈萨克斯坦、俄罗斯、阿塞拜疆等）；墨西哥湾；非洲西部的安哥拉、刚果、加蓬、赤道几内亚、尼日利亚，以及西北非的毛里塔尼亚，主要工作在海区；北非的阿尔及利亚、利比亚、突尼斯和埃及（前两国目前主要在陆区工作，埃及在陆、海区工作都不少）；加勒比海地区的特立尼达—多巴哥和古巴，均在海区工作；委内瑞拉除陆区工作外，这几年海区工作也不少；南美其他国家主要是巴西的海区工作，哥伦比亚、阿根廷目前以陆区工作为主，此外还有厄瓜多尔、秘鲁等；欧洲主要是北海及其邻近其他海域（英国、挪威、荷兰、丹麦等）以及俄罗斯、波兰、罗马尼亚、西班牙等国；南亚的巴基斯坦和孟加拉原来在陆区工作，巴基斯坦即将开展海区工作，印度在海区和陆区均在工作，孟加拉湾海区（包括东侧缅甸）已逐渐成为重要勘查地；东南亚地区主要是马来西亚、泰国、越南、印尼等国的海区；大洋洲主要是澳大利亚海区（尤其是西北陆架）。

据 IHS Energy 统计，2000 ~ 2002 年全球约有 30 个油气发现超过 5 亿桶油当量，合计约 734 亿桶油当量。主要是：①哈萨克斯坦约 140 亿桶油当量；②中国 70 亿桶油当量；③澳大利亚约 60 亿桶油当量；④巴西 50 亿桶油当量；⑤安哥拉略低于 50 亿桶油当量；⑥尼日利亚 40 亿桶油当量；⑦印尼 30 多亿桶油当量；⑧伊朗 30 多亿桶油当量；⑨美国墨西哥湾超过 30 亿桶油当量。一些发现是成群的，如里海北部（哈萨克斯坦与俄罗斯），中东（伊朗、沙特阿拉伯），澳大利亚西北陆架（主要是气），尼日尔河三角洲和安哥拉海区以及巴西。

据 IHS Energy 研究，2000 ~ 2005 年共发现油气 1200 亿桶油当量（660 亿桶油和 327 万亿立方英尺气），共有 2400 多个发现，其中大于 1 亿桶油当量的 237 个，大于 5 亿桶油当量的 39 个，大于 10 亿桶油当量的 11 个。1980 ~ 1985 年发现数量最多，超过 3000 个。1980 ~ 2004 年平均每一年发现规模为 4900 ~ 8000 万桶油当量，而 1950 ~ 1980 年为（2.4 ~ 3）亿桶油当量，1925 ~ 1950 年为（8 ~ 9）亿桶油当量。从这一数据反映出每一年发现的平均规模油当量在减小，也就是说发现大规模油田的可能越来越小，期望大规模增加储量并不乐观。

（3）趋势。2004 年，IHS Energy 研究提到，到 2003 年末，世界发现的石油是 22850 亿桶，累计生产 10200 亿桶，尚余 12650 亿桶。1995 ~ 2003 年从新油田、新油层增加的资源为 1440 亿桶，超过同期的油产量。到 2003 年末，世界发现的天然气储量有 9725 万亿 ft^3，已生产 2910 万亿 ft^3。法国石油研究院院长 O. Appert 2004 年称，目前世界油储量计算为 1450 亿 t，未来的新发现和已知油田的扩大还可加上 1000 多亿吨。不过未来发现的油田将比过去规模小，且较难找。二次采收技术的进步能使常规油田采收率从现在的 35% 提高到 2020 年的 50%，这项提高将使现有油田的常规储量增加 1100 亿 t，使尚待发现的油田储量增加 400 亿 t 以上。技术进步也可使非常规重油的采收率（现为 8% ~ 10%）提高。估计超重油和油砂有原地储量 6850 亿 t 油当量，加拿大艾伯塔省和委内瑞拉奥里诺科带的这种潜在可能储量可能等于现在中东的储量。可见技术可以扩展石油储量的极限，并提高油气可得储量 2 ~ 3 倍。

BP 在 2004 年中分析认为，世界油气储量在健康增长，过去 30 年来几乎在连续增长。2003 年的油储量为 1.15 万亿桶，比上年高约 10%，相当现在的年产量可采41年，而1980年时的油储量只相当当时的年产量可采29年。实际上到2004年，世界已生产了1980年时已知的约80%的油储量，但勘查技术的进步，迄今已使目前的储量比那时增高了约70%。2003年全球有天然气储量176万亿m^3，比2002年高10%，比1980年以来翻了一番还多，按目前需求量，可供60多年之用。

当然，人们有理由表示乐观，因为技术的进步能带给我们更多的油气资源，供人类享用。但未来情况要比我们想象的复杂，由于经济的增长、人口的膨胀等会使能源的消费量不断地增加，会吞噬由于技术进步所带来的增加储量。还应该看到技术进步不可能带给我们无限的储量，人类还没有理由可以高枕无忧，石油、天然气和煤炭被耗尽的一天终将要到来，而且不会太远。

4. 我国能源开发与利用状况

（1）能源资源储量与开采（表2-8、表2-9）

1）石油和天然气。根据国家统计局编制的统计年鉴，我国石油基础储量2007年为28.325377亿t，天然气基础储量2007年为32123.63亿m^3。世界石油探明储量1804.90亿t，天然气探明储量175.08万亿m^3，现已探明的石油和天然气储量仅够开采几十年。全世界目前石油剩余可采储量的储采比约为41年。第15届世界石油大会认为上述石油资源的探明程度为79%，因此，不可能再找到足够大的石油资源了，石油短缺将不可避免地在下个世纪出现。

2）煤炭。根据国家统计年鉴，我国煤炭基础储量2007年为3261.26亿t。世界煤炭探明可采储量将近1万亿t，储采比约为219年。储量最大的国家依次为美国、俄罗斯、中国、印度、澳大利亚、南非、乌克兰、哈萨克斯坦、波兰、巴西。其中探明可采储量美国比中国大一倍以上，在前五个国家中除中国外，其余四国储采比均在200年以上，中国若保持现有开采强度，储采比不足100年。

3）煤层气。我国煤层气资源量为35万亿m^3，相当于450亿t标准煤，排世界第三位，但尚未成规模开发利用。

从总体上看，我国能源资源总量比较丰富，拥有较为丰富的化石能源资源。其中，煤炭占主导地位，储量列世界第三位，剩余探明可采储量约占世界的13%。已探明的石油、天然气资源储量相对不足，油页岩、煤层气等非常规化石能源储量潜力较大。我国还拥有较为丰富的可再生能源资源。水力资源理论蕴藏量折合年发电量为6.19万亿kW时，经济可开发年发电量约1.76万亿kW时，相当于世界水力资源量的12%，列世界首位。

但人均能源资源拥有量较低。中国人口众多，人均能源资源拥有量在世界上处于较低水平。煤炭和水力资源人均拥有量相当于世界平均水平的50%，石油、天然气人均资源量仅为世界平均水平的1/15左右。耕地资源不足，仅为世界人均水平的30%，这制约了生物质能源的开发。

我国能源资源赋存分布不均衡。煤炭资源主要赋存在华北、西北地区，水力资源主要分布在西南地区，石油、天然气资源主要赋存在东、中、西部地区和海域。主要的能源消费地区集中在东南沿海经济发达地区，资源赋存与能源消费地域存在明显差别。大规模、长距离的北煤南运、北油南运、西气东输、西电东送，是中国能源流向的显著特征和能源运输的基本格局。

能源资源开发难度较大。与世界相比，我国煤炭资源地质开采条件较差，大部分储量需要井工开采，极少量可供露天开采。石油、天然气资源地质条件复杂，埋藏深，勘探开发技术要求较高。未开发的水力资源多集中在西南部的高山深谷，远离负荷中心，开发难度和成本较大。非常规能源资源勘探程度低，经济性较差，缺乏竞争力。改革开放以来，中国能源工业迅速发展，为保障国民经济持续快速发展作出了重要贡献。

由上可知，我国常规能源资源并不丰富，而且人口众多，能源资源的人均占有量相对匮乏，应建立正确的"资源意识"，并具有相应的"忧患意识"。

表 2-8　2007 年我国主要能源基础储量

项目	单位	基础储量
石油	亿 t	28.325377
天然气	亿 m^3	32123.63
煤炭	亿 t	3261.26

表 2-9　1980 年、1990 年、2000 年、2007 年能源生产总量及构成

年份	能源生产总量/亿 t 标准煤	占能源生产总量的比重（%）			
		原煤	原油	天然气	水电、核电、风电
1980	6.3735	69.4	23.8	3.0	3.8
1990	10.3922	74.2	19.0	2.0	4.8
2000	12.8978	72.0	18.1	2.8	7.2
2007	23.5445	76.6	11.3	3.9	8.2

注：电力折算标准煤的系数根据当年平均发电煤耗计算（下表同）

（2）能源资源消费现状（表 2-10）

1）煤资源的消费。目前，我国已成为世界上第三大能源生产国和第二大能源消费国，1998 年我国一次能源生产量为 12.425 亿 t 标准煤，能源消费量为 13.2214 亿 t 标准煤，约为世界能源消费量的 10%，人均能源消费量仅为 1.165t 标准煤，居世界第 89 位，不足世界人均能源消费水平 2.4t 标准煤的 1/2，是发达国家的 1/10～1/5（欧洲及独联体人均能源消费量为 5t 标准煤，而北美人均能源消费量超过 10t 标准煤）。

表 2-10 1980 年、1990 年、2000 年、2007 年能源消费总量及构成

年份	能源消费总量/亿 t 标准煤	占能源消费总量的比重（%）			
		原煤	原油	天然气	水电、核电、风电
1980	6.0275	72.2	20.7	3.1	4.0
1990	9.8703	76.2	16.6	2.1	5.1
2000	13.8553	67.0	23.2	2.4	6.7
2007	26.5583	69.5	19.7	3.5	7.3

2）电力消费。在电力消费方面，目前中国人均拥有发电装机容量仅为 0.222kW，人均发电量为 927kWh，约为世界平均水平的 1/2，为发达国家的 1/10～1/6。虽然从总量上看我国的能源生产和消费基本上是平衡的，但由于能源消费结构的调整，据海关统计，从 1993 年开始已成为能源进口大国。

3）能源消费结构有所优化。改革开放以来，我国的能源消费结构有所优化。2006 年一次能源消费总量为 24.6 亿 t 标准煤。由于高度重视优化能源消费结构，煤炭在一次能源消费中的比重由 1980 年的 72.2% 下降到 2006 年的 69.4%，其他能源比重由 27.8% 上升到 30.6%。其中可再生能源和核电比重由 4.0% 提高到 7.2%，石油和天然气有所增长。终端能源消费结构优化趋势明显，煤炭能源转化为电能的比重由 20.7% 提高到 49.6%，商品能源和清洁能源在居民生活用能中的比重明显提高。

（3）能源资源远景预测 随着经济的较快发展和工业化、城镇化进程的加快，能源需求不断增长，构建稳定、经济、清洁、安全的能源供应体系面临着重大挑战。

我国资源约束突出，能源效率偏低。优质能源资源相对不足，制约了供应能力的提高；能源资源分布不均，也增加了持续稳定供应的难度；经济增长方式粗放、能源结构不合理、能源技术装备水平低和管理水平相对落后，导致单位国内生产总值能耗和主要耗能产品能耗高于主要能源消费国家平均水平，进一步加剧了能源供需矛盾。单纯依靠增加能源供应，难以满足持续增长的消费需求。

目前能源消费以煤为主，环境压力加大。煤炭是我国的主要能源，以煤为主的能源结构在未来相当长时期内难以改变。相对落后的煤炭生产方式和消费方式，加大了环境保护的压力。煤炭消费是造成煤烟型大气污染的主要原因，也是温室气体排放的主要来源。随着机动车保有量的迅速增加，部分城市大气污染已经变成煤烟与机动车尾气混合型。这种状况持续下去，将给生态环境带来更大的压力。

我国能源消费的增长幅度远远超过能源生产发展的速度，仅靠国内生产供不应求，对外依存度逐步增加。

2004 年中国煤炭总产量居世界第一位，石油产量列世界第五位，是一个能源生产大国。但连续 25 年来，国民经济持续快速的发展，使我国对能源资源的需求

强劲，2004 年能源消费总量已超过了日本，列世界第二位，能源供给出现了紧缺。由于中国人口基数大，人均资源量大大低于世界平均水平，煤、油、气的人均储量分别相当于世界人均水平的 79%、11%、4.5%。目前，经济迅速增长，城市化进程不断加快，能源供求和社会需求相比，矛盾将越来越突出。

有关研究表明，进入 20 世纪 90 年代以来，我国的石油消费年平均递增 6.7%，而同期国内石油生产的年均增长率仅为 1.6%。当年石油进口达 900 万 t，到 2004 年进口量达到了 1.2 亿 t，10 年间增长了约 13 倍。大量从国外增加石油、天然气等一次能源的进口，存在着很多不可预测的因素和很大的风险。

据预测，我国未来能源供需的缺口将越来越大，在采用先进技术，推进节能，加速可再生能源开发利用以及依靠市场力量优化资源配置的条件下，2010 年约缺能 8%，到 2040 年短缺将达 24% 左右，其中石油缺口可能多达 4.4 亿 t 标准煤，石油进口依存度（净进口量与消费量之比）由 1995 年的 6.6% 上升为 2000 年的 20%，预计 2010 年将上升为 23%，2000 年天然气进口依存度为 6%，2010 年将上升为 20%。

综上所述，能源安全性的问题将因为能源消费总量的增加和消费结构的改变而日趋严峻。能源安全问题在全面建设和谐社会目标中的地位越来越重要。

（4）能源战略　我国能源战略的基本内容是坚持节约优先、立足国内、多元发展、依靠科技、保护环境、加强国际互利合作，努力构筑稳定、经济、清洁、安全的能源供应体系，以能源的可持续发展支持经济社会的可持续发展。

1）节约优先。把资源节约作为基本国策，坚持能源开发与节约并举、节约优先，积极转变经济发展方式，调整产业结构，鼓励节能技术研发，普及节能产品，提高能源管理水平，完善节能法规和标准，不断提高能源效率。

2）立足国内。主要依靠国内增加能源供给，通过稳步提高国内安全供给能力，不断满足能源市场日益增长的需求。

3）多元发展。将通过有序发展煤炭，积极发展电力，加快发展石油、天然气，鼓励开发煤层气，大力发展水电等可再生能源，积极推进核电建设，科学发展替代能源，优化能源结构，实现多能互补，保证能源的稳定供应。

4）依靠科技。充分依靠能源科技进步，增强自主创新能力，提升引进技术消化吸收和再创新能力，突破能源发展的技术瓶颈，提高关键技术和重大装备制造水平，开创能源开发利用新途径，增强发展后劲。

5）保护环境。以建设资源节约型和环境友好型社会为目标，积极促进能源与环境的协调发展。坚持在发展中实现保护、在保护中促进发展，实现可持续发展。

6）互利合作。能源发展在立足国内的基础上，坚持以平等互惠和互利双赢的原则，以坦诚务实的态度，与国际能源组织和世界各国加强能源合作，积极完善合作机制，深化合作领域，维护国际能源安全与稳定。

（5）全面推进能源节约　我国是人口众多、资源相对不足的发展中国家。要实现经济社会的可持续发展，必须走节约资源的道路。在推进节能减排工作中，做到“六个依靠”：依靠结构调整，这是节能减排的根本途径；依靠科技进步，这是节能减排的关键所在；依靠加强管理，这是节能减排的重要措施；依靠强化法制，这是节能减排的重要保障；依靠深化改革，这是节能减排的内在动力；依靠全民参与，这是节能减排的社会基础。我国正在完善国内生产总值和能源消耗指标体系，将能源消耗纳入各地经济社会发展综合评价和年度考核，实行单位国内生产总值能耗指标公报制度，实施节能目标责任制和问责制，构建节能型产业体系，促进经济发展方式的根本转变。

能源节约的措施是：

1）推进结构调整。长期以来，能源效率偏低的主要原因是经济增长方式粗放、高耗能产业比重过高。把转变发展方式、调整产业结构和工业内部结构作为能源节约的战略重点，努力形成“低投入、低消耗、低排放、高效率”的经济发展方式。加快产业结构优化升级，发展高新技术产业和服务业，严格限制高耗能、高耗材、高耗水产业发展，淘汰落后产能，促进经济发展方式的根本转变，加快构建节能型产业体系。

2）加强工业节能。工业是能源消费的重点领域。坚持走科技含量高、经济效益好、资源消耗低、环境污染少、人力资源得到充分发挥的新型工业化道路，加快发展高技术产业，运用高新技术和先进适用技术改造传统产业，提升工业整体水平。重点加强钢铁、有色金属、煤炭、电力、石油石化、化工、建材等高耗能行业节能降耗。重点加强年耗能万吨标准煤以上的工业企业节能管理。调整产品结构，加快技术改造，提高管理水平，降低能源消耗。完善工业行业能效标准和规范，强制淘汰落后的高耗能产品，完善能效市场准入制度。

3）实施节能工程。国家正在实施节约和替代石油、热电联产、余热利用、建筑节能等十大重点节能工程，支持节能重点及示范项目建设，鼓励高效节能产品的推广应用。大力发展节能省地型建筑，积极推进既有建筑节能改造，广泛使用新型墙体材料。实施节约和替代石油工程，科学发展替代燃料。加快淘汰老旧汽车、船舶，积极发展公共交通，限制高油耗汽车，发展节能环保型汽车。加快燃煤工业锅及窑炉改造、区域热电联产和余热余压利用，提高能源利用效率。促进电机节能和能源系统优化，提高电机运行和能源系统效率。实施绿色照明工程，加快推广高效电器应用。加快推广农村省柴节煤炉灶、节能房屋技术，淘汰高耗能老旧农机、渔船，推进农业和农村节能。加强政府机构节能，发挥政府对社会节能的带动作用。加快节能监测和技术服务体系建设，强化节能监测，创新服务平台。

4）加强管理节能。我国政府建立了政府强制采购节能产品制度，积极推进优先采购节能包括节水产品，选择部分节能效果显著、性能比较成熟的产品予以强制采购。积极发挥政府采购的政策导向作用，带动社会生产和使用节能产品。研究制定鼓励节能的财税政策，实施资源综合利用税收优惠政策，建立多渠道的节能融资机制。深化能源价格改革，形成有利于节能的价格形成机制。实施固定资产投资项目节能评估和审核制度，严把能耗增长的源头。建立企业节能新机制，实施能效标识管理，推进合同能源管理和节能自愿协议。建立健全节能法律法规，依法强化节能管理。加强节能管理队伍建设，加大执法监督检查力度。

5）倡导社会节能。采取多种形式大力宣传节约能源的重要意义，不断增强全民资源忧患意识和节约意识。倡导能源节约文化，努力形成健康、文明、节约的消费模式。把节约能源纳入基础教育、职业教育、高等教育和技术培训体系，利用新闻出版、广播影视等媒体，大力宣传和普及节能知识。

（6）提高能源供给能力　在全面建设小康社会的过程中，将首先立足于国内能源资源，着重优化能源结构，努力提高供应能力。我国水力资源开发利用程度仅为20%，非常规能源资源尚处于开发利用初期，开发潜力较大，可再生能源开发利用刚刚起步，发展空间很大。资源节约、综合利用和循环利用等方面也存在着很好的前景。

提高能源供应能力的措施是：

1）有序发展煤炭。煤炭是中国的基础能源，增加供给能力、减少环境污染、提高资源利用效率、构建新型煤炭工业体系是保障国民经济发展的迫切需要。加大煤炭资源勘查力度，支持大型煤炭基地的资源普查和地质详查，规范商业性勘探，提高资源保障程度，稳步推进大型煤炭基地建设。要通过企业兼并和重组，形成若干产能亿吨级的大型企业集团。推进煤炭资源开发整合，调整改造中小煤矿，依法关闭淘汰不符合产业政策、不具备安全生产条件、浪费资源和破坏环境的小煤矿，进一步优化煤炭产业结构。促进与相关产业协调发展，鼓励实行煤电联营或煤电运一体化经营，延伸煤炭产业链。提高煤矿机械化水平和采煤综合机械化程度，推进煤炭的清洁生产和利用，加快洁净煤技术的研发和推广，加快替代液体燃料研究和示范。发展循环经济，加强环境保护，促进资源综合利用，加快煤层气产业化发展。

2）积极发展电力。电力是高效清洁的能源，建立经济、高效、稳定的电力供应体系，是保证国民经济和社会稳定发展的基本要求。以结构调整为主线，优化电源结构。在综合考虑资源、技术、环保和市场等因素的基础上，优化发展煤电，建设大型煤电基地，发展坑口电站，重点发展大型高效环保机组。发展热电联产，加快淘汰落后的小火电机组。在保护生态、妥善解决移民问题的条件下，大力发展水电。推进核电建设，适度发展天然气发电，加快发展可再生能源和新能源发电。加强区域和输配电网络建设，扩大西电东送规模，实行电力统一规划和调度。

3）加快发展油气。我国实行油气并举的方针，稳定增加原油产量，提高天然气产量。加大石油天然气资源的勘探开发力度，重点加强渤海湾、松辽、塔里木、鄂尔多斯等主要含油气盆地勘探开发，探索陆地新区、新领域、新层系和重点海域勘查，增加可采储量。要深入挖掘主要产油区的发展潜力，加强稳产改造，提高采收率，延缓老油田产量递减。在经济合理的条件下，开发煤层气、油页岩、油砂等非常规能源。

4）加快发展可再生能源。可再生能源是能源优先发展的领域。可再生能源的开发利用，对增加能源供应、改善能源结构、促进环境保护具有重要的带有根本性的作用，是解决能源供需矛盾和实现可持续发展的战略选择。我国已经颁布《可再生能源法》，制定了可再生能源发电优先上网、全额收购、价格优惠及社会公摊的政策。建立了可再生能源发展专项资金，支持资源调查、技术研发、试点示范工程建设和农村可再生能源开发利用。发布了《可再生能源中长期发展规划》，提出到2010年，使可再生能源消费量达到能源消费总量的10%，到2020年达到15%的发展目标。将推进水电流域梯级综合开发，加快大型水电建设，因地制宜开发中小型水电，适当建设抽水蓄能电站。推广太阳能热、沼气利用等成熟技术，提高市场占有率。推进风力发电、生物质能和太阳能发电等新技术的应用，将建设若干个百万kw级风电基地，以规模化带动产业化。

5）加强农村能源建设。我国有约7.5亿人口生活在农村，受经济和技术水平的限制，仍有多数农村地区依靠传统方式利用生物质能源。国家坚持“因地制宜，多能互补，综合利用，注重实效”的原则，加强农村能源建设。将积极发展农村户用沼气、生物质能利用、太阳能热利用等，为农村地区提供清洁的生活能源。推广应用省柴节能灶炕、小风电、微水电等农村小型能源设施。增加农村优质化石能源的供应，提高农村商品能源的消费比重。

第3节　水　资　源

1. 水资源

(1) 水资源的一般概念　众所周知，水是生命之源，是生存之本。那么，如何对水资源进行定义呢？

从广义上讲，水资源指世界上一切水体，包括海洋、河流、湖泊、沼泽、冰川、土壤水、地下水及大气中的水分，这些都是人类宝贵的财富，即水资源。按照这样理解，自然界的水体既是地理环境要素，又是水资源。但是限于当前的经济技术条件，对含盐量较高的海水和分布在南北两极的冰川，目前大规模开发利用还有许多困难。

从狭义上说，水资源不同于自然界的水体，它仅仅指在一定时期内能被人类直接或间接开发利用的那一部分动态水体。这种开发利用，不仅目前在技术上可能，而且经济上合理，且对生态环境可能造成的影响也是可接受的。这种水资源主要指河流、湖泊、地下水和土壤水等淡水，个别地方还包括微咸水。

联合国教科文组织（UNESCO）和世界气象组织（WMO）共同制定的《水资源评价活动——国家评价手册》中定义水资源为："可以利用或有可能被利用的水源，具有足够数量和可用的质量，并能在某一地点为满足某种用途而可被利用。"可以看到，这一定义与狭义的水资源定义是较为相似的。

（2）水资源分布（表 2-11）　地球上海洋、河流、冰川融化水、地下水、湖泊、大气含水、土壤水和生物水在地球周围形成了一个紧密联系、相互作用、相互交换的水圈。水以气、液、固三种聚集状态存在，是地球上分布最广的物质，地球上水的总储量约 $13.9\times10^8km^3$，海洋中聚集着绝大部分水，占地球总水量的 97%。占地球总水量 3% 的淡水中，70% 以冰雪的形式（冰川、冰帽）常年被固定在南北两极地带及高山高原等寒冷地带，剩余 30% 大部分为地下水或土壤水。然而，可以直接提供给人们利用的河水、淡水湖水和浅层地下水的总量仅仅约 $3\times10^6km^3$。

表 2-11　地球上水资源的分布

水体类型	水量/km^3	其中淡水水量/km^3	占全球水量比例（%）	占淡水总量比例（%）
海洋	1338000000		96.5	
地下水	23400000	10530000	1.7	30.1
土壤水	16500	16500	0.001	0.05
南极	21600000	21600000	1.56	61.7
格陵兰岛	2340000	2340000	0.17	6.68
北极	83500	83500	0.006	0.24
山岳	40600	40600	0.003	0.12
冻土	300000	300000	0.022	0.86
湖泊	176400	91000	0.013	0.26
沼泽	11470	11470	0.008	0.03
冰川	2120	2120	0.0002	0.006
大气水	12900	12900	0.001	0.04
生物水	1120	1120	0.0001	0.003
总储水量	1385984610	35029210	100	

（3）水资源特性　地球上的水圈是一个永不停息的动态系统，水资源是处于不断的运动中的。地球上的水在太阳辐射和地球引力的推动下不断循环变化，构成了全球范围的大循环，并把各种水体连接起来，使得海洋中的水量在长时间内保持相对平衡。海洋和陆地间的水分交换是自然界水循环的主线，在太阳能的作用下，海洋表面的水蒸发到大气中形成水汽，水汽随大气环流运动，一部分进入陆地上空，在一定条件下形成雨雪等降水；大气降水到达地面后转化为地下水、土壤水和地表径流，地下径流和地表径流最终又回到海洋，由此形成淡水的动态循环（图 2-1）。

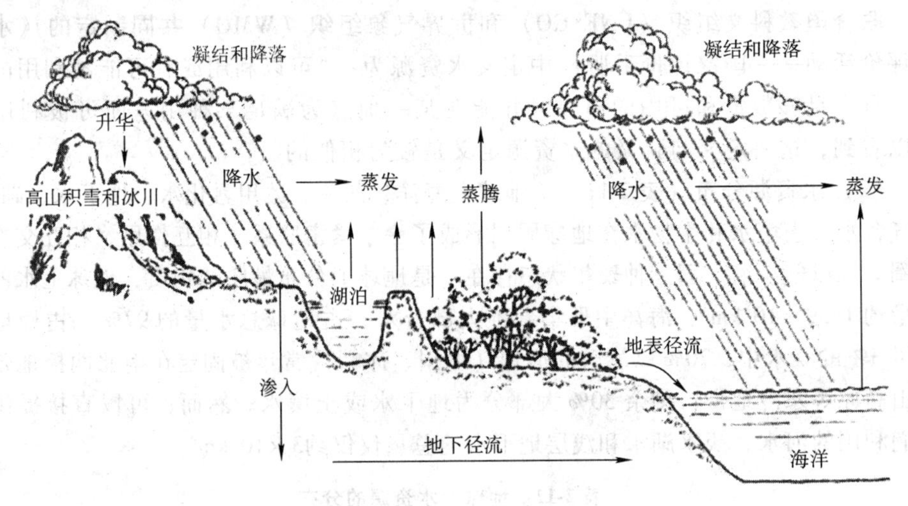

图 2-1 水循环示意图

水循环在地球上起到能量交换、调节气候、物质转移、维护全球水动态平衡、塑造地表形态等作用。正是由于水循环的存在，决定了水资源的一些特性。

首先，水资源具有循环再生型和有限性。通过水循环，海洋不断向陆地输送淡水，使陆地上的淡水资源不断恢复和更新，从而使水成为了可再生的资源。然而，自然界中各种水体的循环周期不同，而且水循环又受大气环流、风向、风速、温度、湿度等气象条件和地形、地质、土壤、植被等地理条件以及人类活动的影响，水资源的恢复量也不同，这种再生补给水量的有限性决定了水资源在一定限度内才是“取之不尽，用之不竭”的。因此，人类在开发利用水资源过程中，不能破坏生态环境及水资源的再生能力。

其次，水资源具有时空分布的不均匀性。作为水资源主要补给来源的大气降水、地表径流和地下径流等都具有随机性和周期性，其年内与年际变化都很大；另外，水资源在地区分布上也很不均衡，如我国南方四区的水资源总量占全国总量的 81%，而北方四区水资源总量只占全国总量的 14%。

第三，水资源具有不可替代性和利与害的两重性。在人类社会生活和生产中，水资源用途广泛——生活用水、农业灌溉、工业生产用水、航运、水力发电等。然而，由于降水和径流的地区分布不平衡和时程分配的不均匀，也会出现洪涝、旱灾等自然灾害。如果人类对水资源开发利用不当，也会引发水污染、水土流失、地下水枯竭等人为灾害。因此，水资源两重性的特点是开发利用水资源时必须认识到并加以重视的。

2. 水资源的重要性

水资源作为社会发展和人类进步的重要物质基础，与人类社会息息相关，是人类生存和发展不可缺少、不可替代的基础性、有限性自然资源。水资源有很大的非经济性价值，自然界中各种水体是环境的重要组成部分，有着巨大的生态环境效益，水是一切生物的命脉。不考虑这一点，就不能真正认识水资源的重要性。同时，水资源又是一种战略性经济资源，具有生活、生产、生态价值，是衡量一个国家综合国力的定性指标。

资源是可持续发展的基础，因而，资源能否满足人类世世代代的生存和发展便成为人口、资源和环境协调发展的核心问题。可以说，水资源在可持续发展中，是基础的基础。在我国，党的十五届五中全会明确提出了“水资源可持续利用是我国经济社会发展的战略问题”。国家新时期的治水方针是从工程水利向资源水利转变，从传统水利向可持续发展的现代水利转变，以水资源的可持续利用支撑社会经济的可持续发展，提高水的利用效率，建设节水型社会。

3. 水资源的现状

（1）全球水资源　目前，全球约有 100 多个国家和地区缺水，其中 28 个被列为严重缺水国家和地区，全球约有 1/5 人口得不到符合卫生标准的淡水，80 多个国家（占全球 40%）在供应清洁水方面有困难，而农业灌溉占当前全球江河等淡水使用的 2/3 以上，在很多农业只能维持温饱的地区，干旱和对水资源的争夺日益严重。联合国粮农组织警告：20 年内全球 2/3 的人口将面临水资源短缺。

据统计，世界五大洲的淡水资源总量为 488254 亿 m^3，人均占有量为 $8520m^3$。水资源分布在全球范围内极不均匀，亚洲人均占有量仅为 $4440m^3$，约为世界人均占有量的一半，是人均占有量最高的大洋洲的 1/13，而中国水资源总量为 28124 亿 m^3，但人均占有量尚不及 $2700m^3$，只相当于世界平均数的 1/4（图 2-2）。

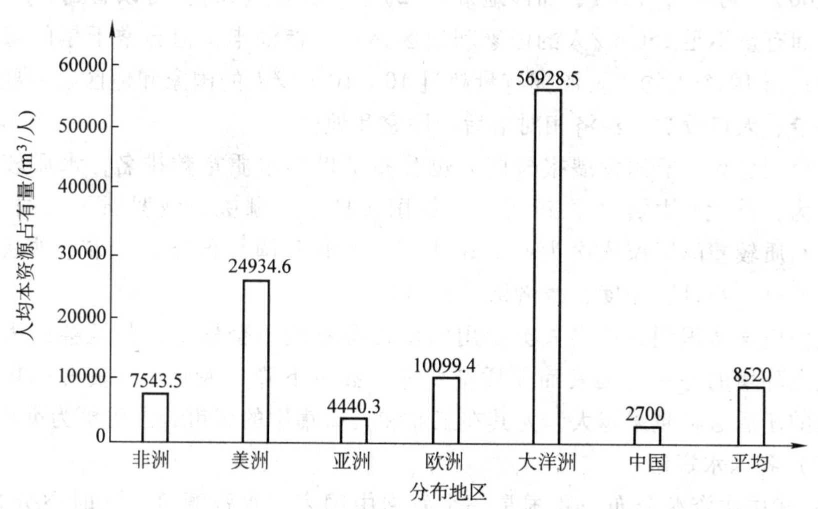

图 2-2　各大洲人均水资源占有量比较

随着人口的高速增长和工农业生产的快速发展，人类对水资源利用的需求逐年增长。统计数据显示，1990 年的全球总用水量约为 1950 年的 3.5 倍，而 1990 年全球人均水资源拥有量仅约为 1950 年的 1/2。就发达国家而言，1990 年美国人均水资源拥有量比 1950 年下降了 39%，日本和德国分别下降了 32% 和 16%；从发展中国家来看，中国下降了 52%，印度下降了 58%。从水资源用途来看，2000 年的城市用水量是 1950 年的 7 倍，工业用水量和农业用水量分别是 1950 年的 10 倍和 4 倍。

如前所述，水资源具有时空分布的不均匀性，全球淡水资源的分布是不均匀的。1987 年，水资源丰富的国家依次为（括号内数字为人均淡水量，单位：$1000m^3$/人）：冰岛（685.48）、新西兰（117.53）、加拿大（111.74）、挪威（97.40）、尼加拉瓜（49.97）、巴西（36.69）、厄瓜多尔（31.64）、澳大利亚（21.30）、喀麦隆（19.93）、俄罗斯及地区（15.44）、印度尼西亚（14.67）、美国（10.23）；水资源贫乏的国家依次为：中国（2.39）、印度（2.35）、秘鲁（1.93）、海地（1.59）、南非（1.47）、波兰（1.31）、荷兰（0.68）、肯尼亚（0.66）、新加坡（0.23）、巴巴多斯（0.21）、沙特阿拉伯（0.18）、埃及（0.02）。

根据联合国世界水资源发展报告公布的世界人均水资源拥有量排名，人均拥有可再生水资源丰富的国家依次为（括号内数字为人均可再生水资源拥有量，单位：m^3）：格陵兰（10767857）、阿拉斯加（美）（1563168）、法属圭亚那（812121）、冰岛（609319）、圭亚那（316689）、苏里南（292566）、刚果民主共和国（275679）、巴布亚新几内亚（166563）、加蓬（133333）、所罗门群岛（100000）；人均拥有可再生水资源贫乏的国家依次为：新加坡（149）、马耳他（129）、沙特阿拉伯（118）、利比亚（113）、马尔代夫（103）、卡塔尔（94）、巴哈马（66）、阿联酋（58）、加沙地带（52）、科威特（10）。可以看到，10 个人均水资源拥有量不足 $150m^3$/人的国家和地区是一些储油丰富但异常干旱的海湾国家和地区；而 10 个人均水资源拥有量超过 $10\times10^4m^3$/人的国家和地区是一些位于寒带或热带、人口较少、经济相对落后的国家和地区。

联合国世界水资源发展报告同时也公布了世界水质指数排名，水质较好的国家依次为：芬兰、加拿大、新西兰、英国、日本、挪威、俄罗斯、韩国、瑞典、法国；水质较差的国家依次为：卢旺达、中非共和国、布隆迪、布基纳法索、尼日尔、苏丹、约旦、印度、摩洛哥、比利时。

我们应该认识到，可供人类使用的水资源不但不会增加，甚至会因人为的污染和生态环境的恶化等因素而使质量变差、数量下降。因此，水资源的供应和需求之间的矛盾必将越来越大，尤其在工业和人口集中的城市，矛盾更为突出。

（2）我国水资源

1）我国水资源分布。我国是一个发展中国家，水资源匮乏，时空分布不均。我国河川众多，流域面积在 $100km^2$ 以上的河流有 50000 多条，流域面积 $10000km^2$

的河流约5800多条，总径流量2600km³。虽然水资源总量不少，居世界第六位，但人均年占有水资源量为世界人均水平的1/4，在世界149个国家中列第109位，是世界上12个贫水国家之一。

我国地域辽阔，但水资源地区分布极不均匀，特点是东南雨多，西北干旱少雨，年降水量的总趋势是由东南向西北递减（图2-3和图2-4）。

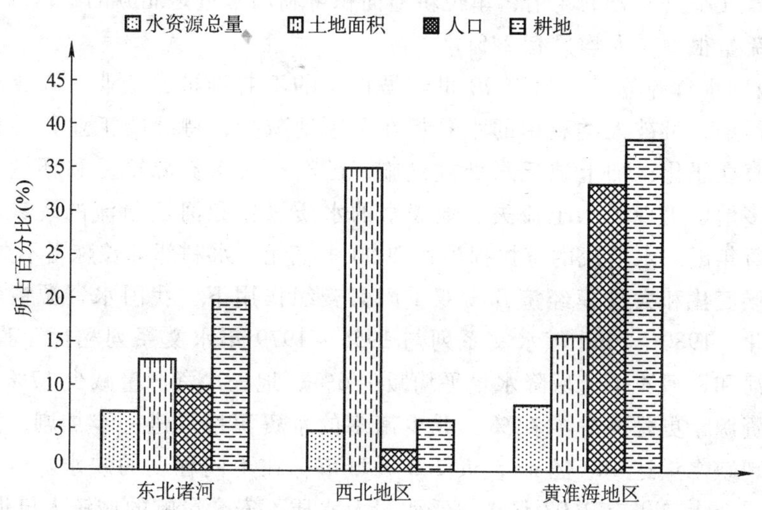

图2-3 我国北方地区各河流水资源、土地、人口及耕地分布表（百分比）

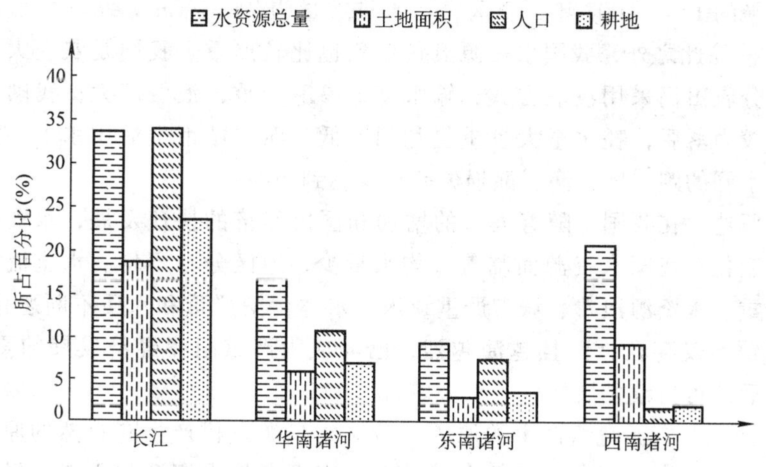

图2-4 我国南方地区各河流水资源、土地、人口及耕地分布表（百分比）

我国水资源在时间上变化也很大。我国水资源主要通过降雨、降雪等方式自然循环补充，但由于我国地域辽阔，加上固有的气候条件，70%～90%的降水集中在每年的6~9月份，而且多发生在南方，从而造成大部分地区的季节性缺水，多雨的季节又会造成南涝北旱。此外，河川经流量年际变化也很大，北方的年际变化比南方更为显著。例如，海河与淮河的流量每4年中有一年少于平均流量的70%，每20年中有一年少于50%。我国水资源分布与发展需要也不匹配。长江以南地区水量占全国的81%，但人口只占54%，耕地只占35%。因此，南方的人均可利用水量几乎是北方的4倍，单位耕地面积可利用水量是北方的9倍。北方的海河流域经流量很少，人均只有245m^3。

2）我国水资源危机。随着20世纪城市化的不断推进，工业、农业和生活应用对水的污染，可被人类利用的水总量在不断地减少，持续的工业化进程使我国水污染一直在恶化，加上缺乏水处理设施，已经造成水资源缺乏和环境卫生设施不足。许多地区出现了水土流失、地表水的水质恶化和河流断流的现象。统计显示，我国每年因缺水造成的直接损失达2000多亿元。水利部部长陈雷不久前指出，在全球气候变化和大规模经济开发双重因素交织作用下，我国水资源情势正在发生新的变化。1980~2000年水文系列与1956~1979年水文系列相比，我国黄河、淮河、海河和辽河4个流域降水量平均减少6%，地表水资源量减少17%，海河流域地表水资源量更是减少了41%，北少南多的水资源格局进一步加剧。陈部长指出：我国现缺水量达400亿m^3，近2/3的城市存在不同程度的缺水。全国目前农村饮水不安全人口仍有2.03亿人，受水量及水质不安全影响的城镇人口近1亿人。农业平均每年因旱成灾面积达2.3亿亩左右。与此同时，长期形成的高投入、高消耗、高污染、低产出、低效益的状况仍未根本改变。我国单方水GDP产出仅为世界平均水平的1/3。2007年，全国废污水排放量为750亿m^3，水功能区达标率仅为41.6%。除此之外，我国水资源浪费现象也比较严重。我国是农业大国，目前我国大部分农田仍采用漫灌方式，输水管道渗漏严重，浪费巨大；我国工业设备和工艺也较为落后，耗水量大且重复利用率低；而在城市生活用水上，我国多数城市自来水网的跑、冒、滴、漏损失率至少达到20%。

综上所述，在我国，随着人口的增加和国民经济的快速发展，水资源状况发生了重大变化。我国水资源面临着人均水量少、地区分布不均、水土流失和土地荒漠化严重、水资源浪费、城市严重缺水、水体污染严重和水质不断恶化等问题。水资源问题不仅存在，而且越演越烈，已经成为严重阻碍经济发展的重要因素，对我国今后的可持续发展构成了极大威胁。

（3）我国水资源危机产生的原因　我国水资源危机产生有自然的原因，也有人为的因素，但归根结底，还是人们过去一直没有将水资源与人口、经济、环境的密切关系认识透彻。尤其在水资源开发、利用和管理等问题上认识不清，致使水资源成为制约经济社会发展的重要瓶颈。

1）自然因素：①全球气候变暖。2007年年初发布的《气候变化国家评估报告》指出，近 100 年来，我国平均气温已上升了 0.5 ~ 0.8℃，预测未来 50 ~ 80 年还将升高 2 ~ 3℃。气候变暖对水资源影响的主要表现为资源性缺水。例如，我国西部冰川减少；除松花江上游和黄河上游外的主要流域的径流量都呈减少趋势；湿地面积大大减少；冻土全面持续退化；近 50 年全海域海平面呈总体上升趋势等。②气候变迁。区域气候既具有稳定性又具有变异性，持时不一。近 5000 年来，我国曾出现过 4 次温暖期和 4 次寒冷期，旱涝状况与气候冷暖交替基本一致。我国华北和西北地区处于干旱和半干旱气候区，季节性缺水十分严重。

2）人为因素：①经济迅速发展、人口增长过快。我国近年来国民经济高速发展、人口膨胀、人民物质生活和消费水平不断提高，对资源、环境的压力和影响已经成为制约环境和经济协调发展的主要因素，是造成我国水污染的重要原因。以太湖流域为例，其人口密度已达到 1000 人/km^2，且近几十年来，太湖流域工业产值特别是太湖沿岸的乡镇工业总产值翻了 2 ~ 3 番，工业、生活废水生产量很大，而水体水质普遍下降了 2 ~ 3 个等级。可以看到，人口和经济增长对水质有着很大的影响。②城市与工业区集中发展。随着工业化的不断推进，我国人口集中于城市的趋势越来越明显，特别是 20 世纪中期以来，城市化进程明显加快。过度集中的人口以及城市和城市周围工业区对水资源的大量需求远远超过当地水资源的供给能力。在这种供不应求的情况下，水资源短缺的问题便愈加严重。③不可持续的社会经济发展方式。在工业化的初级阶段，我国基本是采用传统的经济增长方式，也就是说单纯靠增加资源投入扩大再生产，污染物未经处理就向环境排放。因此，在我国经济高速发展的同时，经济增长方式却又十分落后，这种不可持续的社会经济发展方式不仅消耗和浪费了大量资源，还牺牲了环境。目前，我国仍是发展中国家，这种粗放型的经济发展模式仍是一种普遍的现象：高污染低效益的产业结构、生产工艺及污染治理技术落后、资源利用率低、能耗高……当然，造成这些污染的因素还有人们的思想观念和文化意识、社会政策与法律法规制度等，可以说，这种不可持续的发展模式是造成我国水资源短缺和水资源污染的根本原因。因此，发展循环经济就成为解决我国水危机重要而有效的举措，我国于 2005 年开始了循环经济试点工作。然而，要根本改变的社会生产生活方式并非一日之功，需要通过几代人的努力，越早觉悟就越有利于这种发展方式的转变。④水污染加剧水资源短缺。工业化的进程大大加重了水的污染程度，水污染是造成水资源短缺的重要因素。发达国家的水污染曾随着工业化、城市化、现代化的发展经历了“黑臭缺氧”、“重金属和有毒化学品污染”、“营养元素超量”三阶段的水污染。而我国工业化、城市化滞后，这三种污染集中出现，量大面广，而治理控制技术和水平又有限，从而加剧了我国水资源的短缺。

（4）水资源的利用与保护

1）涵养水源，保护和建设生态环境。近几年来，我国已经采取多项措施建设我国的生态环境，包括建设黄河、长江上游防护林带；广泛实施退耕还林还草工程、沙漠化治理工程、小流域治理工程等重点林业工程项目。这些工程项目对于生态治理有一定的效果，因此，应该进一步巩固和扩大生态建设工程的成果，保障水资源的供给。

2）提高水的利用效率，开发第二水源。开源尚需节流来补充，节流也是保障水资源供给的一个基本战略。就制造业而言，可以改革生产用水工艺，降低用水量，提高循环用水率。例如，炼钢厂利用氧气转炉代替老式平炉，可以降低86%～90%的用水量。此外，回收利用污水，开辟第二水源也是另一种提高水使用效率的方法。海水淡化就是一种有前景的技术工程，对于解决我国东部沿海大中型城市的水资源供给具有重要的意义。

3）加强水资源管理，优先保护城乡饮用水源地环境。法律法规向来是解决环境问题所不可缺少的手段之一。制定合理利用水资源和防止污染的法规，实行新的用水经济政策对于减少用水浪费和低效率用水是十分有效的措施。另外，在水源地保护区内要严格限制开发活动，还可在城市建立水源地水质旬报制度或水环境质量报告制度，从而保护好饮用水源地环境，保证充足的水源。

4）推进城市污水资源化，发展城市污水处理厂。加强和完善城镇污水收集处理系统，兴建城市污水处理厂是保护水资源的重要措施。通过采用先进的污水处理技术，实现“工业增长不增污”，从而可以有效缓解我国水污染的问题。

5）以新型工业化推动工业污染削减。调整工业结构，推行清洁生产，要重点解决制造业（特别是造纸及纸制品、食品及饮料制造）的水污染问题，大力推广废水的闭路循环利用技术，开展工业节水减污，建设生态工业园区，实现新型工业化道路。

总而言之，水资源是人类社会可持续发展的大问题，政府、企业、社会、家庭及个人对于在水资源供给和使用方面要高度重视，要有高度紧迫感，从我做起、从现在做起，这是一种实实在在的时代责任和使命。

第4节　资源与可持续发展

1. 可持续发展与矿产资源的特殊性

（1）可持续发展概念　可持续发展又称“持续发展”，这一思想早在20世纪70年代就有人提出。在1987年召开的“地球的未来”国际会议上，人们明确提出了可持续发展的原则，指出：“今天的人类不应以牺牲今后几代人的幸福满足其需要。”它试图建立这样一种发展模式：它既要满足当代人的需求，又要不损害后代人满足自身需求的能力。从资源角度上来说，“持续发展”首先必须解决资源在当代人与后代人之间的合理配置，既要保证当代人合理需求，又要为后代人留下较好的生存和发展条件，这就是人们普遍持有的关于可持续发展的基本观点。

（2）矿产资源的特殊性 然而，上述的可持续发展观是否适用于不可再生的矿产资源呢？这一问题需要我们做进一步的分析和研究。

就人类所使用的资源来说，有可再生资源和不可再生资源，矿产资源属于不可再生资源。对于可再生资源，人们最终能找到合适的途径使之实现可持续发展。然而对于不可再生的矿产资源来说，其可持续开发和利用问题就存在一定的困难。在一定意义上讲，目前还难以找到一个合适的途径来满足可持续发展模式的要求。这一点是由资源开发的客观规律所决定的。中国科学院院长路甬祥曾经就化石能源最终趋势发表了这样的看法："自工业革命以来，煤的开发利用逐步取代了木材，经历约半个世纪后成为全球的主要一次能源；20世纪开始大规模开发利用石油和天然气，使人类进入化石能源世纪。今天，煤、石油与天然气已占世界能源消耗总量的80%以上。化石能源不可再生，终将逐渐耗竭。"其他金属与非金属矿产资源也将逐渐耗竭这是肯定的，只是时间的长短问题。人类是否可以通过回收利用，寻找可替代的其他资源维持人类社会的发展，目前作出断言还为时过早，但危机已经呈现，人类必须为此做好准备。

（3）资源开发的客观规律 具体而言，一种资源开发，当技术上可行，社会上又需要，就会产生开发利润，生产者能够获利才会产生开发资源的动力。因此，生产者和企业的利润是由市场决定的，而不是由政府决定的。某种资源或产品在市场上供不应求，经济发展急需，价格自然上扬，就会促进该资源的开发；如果供大于求，价格下跌，甚至利润消失，就会抑制资源的开发，这是资源开发的客观规律。

我国在现阶段的资源开发基本上属企业和社会行为，而把不可再生的矿产资源要留一部分给后代人用这属于政府操作行为，政府行为要通过干预企业或生产者行为才能对资源开发起到预期作用。在21世纪，作为发展中国家的我国对各种矿产资源的需求都将达到高峰期，市场经济体制和经济建设的实际需要决定了我国对现有矿产资源的开发利用不会停下来。把一部分矿产资源留给后代人开发利用是理想中的期望模式。

可见对于不可再生的矿产资源来说，实现可持续发展战略存在一定的难度，要实现矿产资源的可持续开发利用不只是一个量上分配的问题，还应从一个更深的角度着眼，要综合地、系统地考虑这一问题。

2. 矿产资源开发利用与经济可持续发展的矛盾日趋突出

我国矿产资源开发利用的实际状况却不尽如人意，有很多方面令人颇感担忧，总体表现在：

人均拥有矿产资源量偏低。我国从资源总量上来说是丰富的，可谓"地大物博"，然而，由于我国人口众多，人均矿产资源拥有量少，仅为世界人均的58%，列世界第53位，除钨、稀土较高之外，均低于世界平均水平。对经济长期发展具有重要制约作用的资源，如能源、铁矿等，我国人均占有量不及世界平均水平的1/2，其他主要矿产资源的人均占有量水平，有些还不及世界平均水平的1/3。我国人均拥有的矿物能源资源量是美国的1/10，前苏联的1/7。因此，从总体来看，相对于满足人口和经济发展对生产生活资料来源的需求而言，我国却是“资源小国”、“人多物薄”。

矿产储量不足，供需矛盾日益突出。目前我国国内生产的矿产已不能满足国民经济发展的需要，一些用量多的大宗矿产大多储量不足，几种主要矿产严重短缺，每年需要以大量外汇购买一些矿产品，且人均矿业产值较低，1990年时仅为世界人均水平的9%。到2020年，除煤、钨、钼、稀土及一些非金属矿产能保证需求外，大部分主要矿产将缺乏必要的储量保证，从而将严重制约经济的发展。据专家论证，按实现今后15年发展战略目标的需要来看，在45种主要矿产中现已有22种可供利用的矿产探明储量不同程度地不能满足需求。若不从现在起切实加强地质勘查工作，争取地质找矿的新突破，再探明一大批后备矿产储量，矿产资源供需矛盾将更加突出，我国的现代化建设很可能出现“无米之炊”或“等米下锅”的严重局面。

资源浪费较为严重。具体表现为三个方面：一是开发中的浪费。一些地区滥采乱挖现象仍然存在，许多小煤矿回收率仅10%。对综合矿实行单打一开采，也造成了很大浪费，由于多种原因，资源总回收率很低。我国矿产资源的平均总回收率只有30%～50%，比发达国家约低10%～20%；2/3以上的矿山的综合利用率指数还不到25%，而国外平均在50%以上，共伴生矿产资源综合利用率不到20%。二是工业生产中的浪费。长期以来，我们走的是一条靠过量消耗资源发展经济（资源耗竭型）的道路。据国家统计局的资料，从1958～1988年，我国国民收入按可比价格计算增长了8.6倍，而同期消耗的能源增长了16倍，生铁增长26.3倍，钢材增长29.5倍，水泥增长了54.8倍。另据1985年的资料，每1亿美元国民收入所消耗的铜、铝、铅、锌4种主要有色金属为发达国家的2倍。目前我国钢、水泥等产量都已居世界第一，随着经济持续发展，资源的需求量还将进一步增加。三是资源二次回收率也很低，加剧了日趋严峻的资源形势。

地矿工作还面临着一些亟待解决的问题。即：①地矿工作投入虽逐年增长，但资金供需矛盾仍十分突出，矿产勘查工作规模严重萎缩，致使新发现矿产地大大减少和探明储量的减少；②勘查技术装备相对陈旧落后，难以完成新时期的地矿工作；③地质理论与勘查技术虽有重大成就，但总体还处于中游水平；④环境地质工作虽有重大进展，但与需要相距甚远，还未进入应有的战略地位。

3. 矿产资源可持续开发利用的主要途径

不断扩大我国矿产资源的储量和用途。一个国家的矿产资源储量和种类可因矿产勘查技术的提高而扩大，尤其是稀有贵重品种，一旦有了新的发现，往往会立刻改变一个国家在世界上的矿产地位。至于矿产资源的利用更是如此，如某些复合矿，它的利用要比单一矿复杂得多，我国在这方面尚处于落后状态。我国的80%的矿床伴生或共生有多种有用成分，这些伴生、共生组分的价值往往高于主矿几倍甚至几十倍，如依靠科技进步，充分回收利用将带来巨大的经济效益，从而改变目前我国矿山生产中存在的采主弃副、或采副弃主、忽视综合利用的现象。

减少和提高某些矿产资源的消耗和利用率。美国就是一个很好的例子，美国是世界上第一个钢铁生产大国，由于采用先进技术手段，能使美国的钢总产量的70%和铝总产量的32%来源于废铁废铝这些再生资源。美国既是矿产资源的消耗大国，也是资源回收率最高的国家。虽然某些资源的回收不可能取代对第一次天然资源的利用，但却在很大程度上减缓了对某些矿产资源，特别是紧缺资源的依赖。我们应重视这方面技术的研究，提高回收技术水平，从而减少经济建设对原始矿石过分依赖和消耗，使现有储量的矿产资源的消耗能降低速度、细水长流。

开辟与生产替代紧缺资源。目前，人们已经能够生产出一些种类的替代资源，例如钢铁工业中用白云石和菱镁矿代替紧缺的铬铁矿，炼铝工业中用合成冰晶石代替稀少的天然冰晶石。在 20 世纪 70 年代，美国发明了两种新的提取铝金属的方法，这两种方法绕过了对冰晶石的需要，而且还提供了对多种铝土矿的选择机会。用普通资源代替稀缺资源，用洁净资源代替有污染性的资源等。替代资源的兴起已成为解决资源危机，实现可持续发展的有效途径。因此，应加紧这方面的研究工作，面对某些资源趋于枯竭要有危机感，同时又要将危机感转化为动力，争取替代资源的生产赶在资源枯竭的前面。

进一步加强我国的陆地地质找矿工作。事实上，我国矿产资源还有相当大的潜力，到目前为止，除富铁资源总的格局大体已定外，其他矿产都还有相当大的勘查与开发潜力。如煤矿，2007 年基础储量为 3261.26 亿 t，而预测资源从地表向下 1500m 深之内，约有 43000 亿 t；石油、天然气、金矿、铜矿等已探明储量也都为预测资源量的 20% ~25%，非金属矿的潜力就更大了。因此，必须从现在起进一步加强地质找矿工作，以避免今后我国经济建设可能出现的“无米之炊”或“等米下锅”的局面。

开拓海洋地质工作。海洋占地球表面的 71%，目前已查明，世界各大洋底都分布有丰富的矿产资源，有些金属矿产的储量都已超过了全球陆地有关金属量的总和。由于种种原因，我们错过了 20 世纪 60 年代末由深海钻探引发的世纪地质革命，今天，要抓住时机，为实现矿产资源在 21 世纪可持续开发利用的总目标，也为 21 世纪国民经济高速稳定发展，做好海洋矿产资源的开发利用工作。这不仅是经济建设迫在眉睫的任务，也是维护国家海洋权益的需要。

第3章　工业化与环境

第1节　环境系统

1. 环境

环境总是相对于某项中心事物而言，并随着中心事物的变化而变化，与某一中心事物有关的周围事物就是这个事物的环境。

对不同的对象和学科来说，环境的内容也不同。哲学中，环境是指一个相对于主体而言的客体，也就是相对于某一主体的周围客体因空间分布、相互联系而构成的系统；社会学中，环境是指以人为主体的外部世界，指具体的人生活周围的情况和条件；生态学中，环境是指以生物为主体的外部世界，即生物生活周围的气候、生态系统、周围群体和其他种群；建筑学中，环境是指室内条件和建筑物周围的景观条件；热力学中，环境是指向所研究的系统提供热或吸收热的周围所有物体；企业和管理学中，环境指社会和心理的条件，如工作环境等；环境科学中，环境是指以人类社会为主体的外部世界的全体，此处“外部世界”是指人类已经认识到的，直接或间接影响人类生存与社会发展的周围事物。

《中华人民共和国环境保护法》指出：环境是指影响人类生存和发展的各种天然的和经过人工改造的自然因素的总体，包括大气、水、海洋、土地、矿藏、森林、草原、野生生物、自然遗迹、人文遗迹、自然保护区、风景游览区、城市和乡村等。

《中国大百科全书（环境科学卷）》中的解释为：环境是指围绕着人群的空间及其中可以直接、间接影响人类生活和发展的各种自然因素的总体。

（1）环境要素　环境要素也称为环境基质，是构成人类环境整体的各个独立的、性质不同的而又服从整体演化规律的基本物质组分。人们一般把环境要素分为自然环境要素和社会环境要素两大类。自然环境要素通常是指水、大气、生物、阳光、岩石、土壤等。社会环境要素通常是指综合生产力、技术进步、人工产品和能量、政治体制、社会行为、宗教信仰等。

环境要素组成环境的结构单元，环境的结构单元又组成环境整体或环境系统。如水组成水体，全部水体总称为水圈；大气组成大气层，全部大气层总称为大气圈；由土壤构成农田、草地和土地等；由岩石构成岩体、全部岩石和土壤构成的固体壳层称为岩石圈；由生物体组成生物群落，全部生物群落集称为生物圈。各种环境要素之间是互相联系、互相依赖、互相制约的，并因此而发生演变，其动力主要是依靠来自地球内部放射性元素蜕变所产生的内生能以及以太阳辐射能为主的外来能。环境要素是认识环境、评价环境、改造环境的基本依据。

（2）环境背景值　环境背景值又称自然本底值，是指在不受污染的情况下，环境组成的各要素，如大气、水体、岩石、土壤、植物、农作物、水生生物和人体组织中与环境污染有关的各种化学元素的含量及其基本的化学成分。环境背景值反映环境质量的原始状态，由于不同地区自然物质构成与自然发展史的不同，各种与生命有关的化学物质在自然环境中的背景含量也不同。如果化学元素含量超过了环境背景值，并且环境中能量分布异常，表明环境可能受到了污染。但在人类的长期活动中，特别是现代工农业生产活动的影响下，自然环境的化学成分和含量水平发生了明显的变化，要找到一个区域的环境要素的背景值是很困难的。因此，环境背景值实际上只是一个相对的概念，只能是相对不受污染情况下，环境要素的基本化学组成。

（3）环境质量　在一个特定的、具体的环境中，环境不仅在总体上，而且在环境内部的各种要素都会对人群产生一些影响。因此，环境对人群的生存和繁衍是否适宜，对社会经济发展是否适宜，适宜程度怎么样等，都反映了人对环境的具体要求，于是就产生了人对环境的一种评价。环境质量就是指一定范围内环境的总体或环境的某些要素对人类生存、生活和发展的适宜程度，它是环境系统客观存在的一种本质属性，是可以用定性和定量的方法加以描述的环境系统所处状态。环境系统所处状态的形成，有自然力导致，也有人类活动的原因。随着科学的发展，人类将不断地改变着周围的环境质量，环境质量的变化又不断地反馈于人。

环境质量包括自然环境质量和社会环境质量。其中，自然环境质量又可分为大气环境质量、水环境质量、土壤环境质量、生物环境质量等。社会环境质量主要包括经济、文化和美学等方面的环境质量。也有学者将自然环境质量分为物理环境质量、化学环境质量及生物环境质量。物理环境质量是用来衡量周围物理环境条件的，比如自然界气候、水文、地质地貌等自然条件的变化，放射性污染、热污染、噪声污染、微波辐射、地面下沉、地震等自然灾害等；化学环境质量是指周围工业是否产生化学环境要素，如果周围的重污染工业比较多，那么产生的化学环境要素就多一些，产生的污染也比较严重，化学环境质量就比较差；生物环境质量是针对周围生物群落的构成特点而言的，不同地区的生物群落结构及组成的特点不同，其生物环境质量就显出差别，生物群落比较合理的地区，生物环境质量就比较好，反之，生物环境质量就比较差。

（4）环境标志　环境标志又称“生态标签”，是一种印刷或粘贴在产品或其包装上的图形标志（或标签）（图3-1）。环境标志是一种证明性商标，表明该产品不但质量符合标准，而且在生产、使用、消费及处理过程中符合环保要求。与同类产品相比，具有资源节约、对生态环境和人类健康损害低等特点。

图 3-1 我国环境标志

环境标志引导着企业自觉调整产业结构，采用清洁工艺，生产对环境有益的产品，最终达到环境与经济协调发展的目的。环境标志以其独特的经济手段，使广大公众行动起来，将购买力作为一种保护环境的工具，促使生产商在从产品到处置的每个阶段都注意环境影响，并以此观点重新检查他们的产品周期，从而达到预防污染、保护环境、增加效益的目的。

(5) 环境问题 环境问题是指由于自然或者人类活动作用于周围环境所引起的环境质量变化，以及这种变化对人类的生产、生活和健康造成的影响。一方面，人类在改造自然环境和创建社会环境的过程中，不可避免地对环境产生影响，而自然环境仍以其固有的自然规律变化着；另一方面，自然环境也从某些方面（自然灾害）限制和破坏人类的生产和生活。人类与环境不断地相互影响和作用，产生环境问题。

环境问题大致可以分为两大类，一类是自然演变和自然灾害引起的原生环境问题（第一环境问题），如地震、洪涝、干旱、台风、崩塌、滑坡、泥石流等；另一类是人类活动引起的次生环境问题（第二环境问题）。次生环境问题一般又分为环境破坏和环境污染与干扰两大类，如乱砍滥伐引起的森林植被的破坏、过度放牧引起的草原退化、大面积开垦草原引起的沙漠化和土地沙化、工业生产造成大气、水环境污染等。

2. 环境系统

(1) 环境系统的构成 人类活动对整个环境的影响是综合性的，而环境系统也是从各个方面反作用于人类，其效应也是综合性的。人类不仅以自己的生存为目的来影响环境，而且通过自己的劳动来改造环境，把自然环境转变为新的生存环境，以期提高生存质量。当然，这种新的生存环境有可能更适合人类生存，但也有可能恶化了人类的生存环境。在这一反复曲折的过程中，人类的生存环境已形成一个庞大的、结构复杂的、多层次、多组元相互交融的动态环境体系。

通常来讲，环境系统由自然环境和社会环境构成（图 3-2、图 3-3）。

自然环境也称地理环境，是人类出现之前就存在的环绕于人类周围的自然界。自然环境是人类赖以生存、生活和生产所必需的物质基础，即阳光、温度、气候、地磁、空气、水、岩石、土壤、动植物、微生物以及地壳的稳定性等自然因素的总和。在自然地理学上，通常把这些构成自然环境总体的因素分别划分为大气圈、水圈、生物圈、土圈和岩石圈。

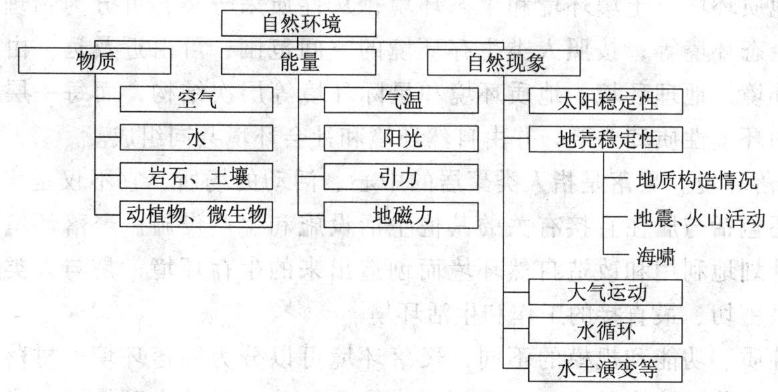

图 3-2　自然环境的构成

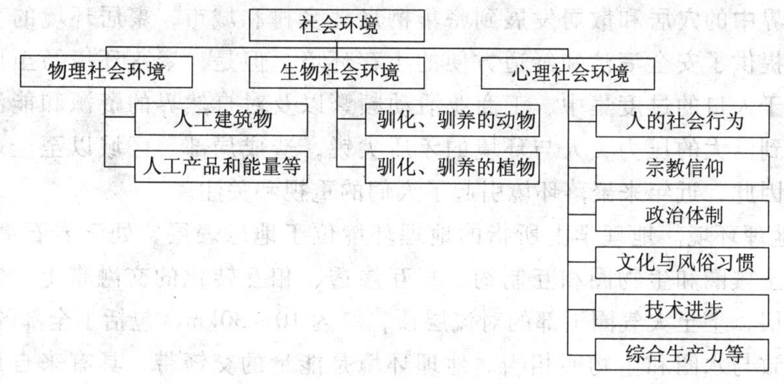

图 3-3　社会环境的构成

社会环境是指人类在自然环境的基础上，为不断提高物质和精神生活水平，人类通过长期有计划、有目的的社会劳动，逐步加工改造了自然物质，创造和建立起来的物质生产体系，积累的物质文化等所形成的人工环境体系，如城市、农村、工矿区等。社会环境是人类活动的必然产物。一方面对人类社会进一步发展起到促进作用；另一方面又可能成为约束因素。社会环境的发展和演替受自然规律、经济规律以及社会规律的支配和制约，其质量是人类物质文明建设和精神文明建设的标志之一。人类的社会意识形态、社会政治制度，如人类对环境的认识程度，保护环境的措施等都会对自然环境质量的变化产生重大影响。

（2）环境系统的分类　对于环境的分类，目前尚无统一规定的标准。从不同的角度或根据不同原则，人类环境有不同的分类方法。环境分类一般以时间尺度、生态学角度、环境要素的差异、环境的性质、空间范围的大小等为依据。如按时间尺度划分，可以分为古代环境、近代环境、现代环境和未来环境；从生态学角度分，可以分为陆生环境和水生环境；按照环境要素来分类，可以分为大气环境、水环境、地质环境、土壤环境和生态环境；从性质来分类，可分为物理环境、化学环境和生态环境等；按照人类生存环境的空间范围，可由近及远，由小到大地分为聚落环境、地理环境、地质环境和星际环境等层次结构，而每一层次均包含各种不同的环境性质和要素，并由自然环境和社会环境共同组成。

1）聚落环境。聚落是指人类聚居的中心、活动的场所，它不仅是房屋建筑的集合体，还包括与居住直接有关的其他生活设施和生产设施。聚落环境是人类有目的、有计划地利用和改造自然环境而创造出来的生存环境，是与人类的生产和生活关系最密切、最直接的工作和生活环境。

根据性质、功能和规模的不同，聚落环境可以分为院落环境、村落环境和城市环境等。聚落环境中的人工环境因素占主导地位，是社会环境的一种类型，例如，城市环境是工业、商业、交通汇集和非农业人口聚居的地方。人类的聚落环境从自然界中的穴居和散居发展到密集栖息地乡村和城市，聚居环境的变迁和发展为人类提供了安全清洁和舒适方便的生存环境。但是，聚落环境乃至周围的生态环境由于人口的过度集中、工商业活动频繁以及对自然界的资源和能源超负荷索取而受到巨大的压力，人与环境的矛盾尖锐，造成局部、区域以至全球性的环境污染。因此，近年来聚落环境引起了人们的重视和关注。

2）地理环境。地理学上所指的地理环境位于地球表层，处于岩石圈、水圈、大气圈、土壤圈和生物圈相互制约、相互渗透、相互转化的交融带上。它下起岩石圈的表层，上至大气圈下部的对流层顶，厚约10~30km，包括了全部的土壤圈，其范围大致与水圈和生物圈相当。地理环境是能量的交锋带，具有来自地球内部的内能和主要来自太阳辐射的外能，这两种能量在地理环境中相互作用。此外，地理环境还具有常温常压的物理条件、适当的化学条件和繁茂的生物条件，因而构成了人类活动的基础。

地理环境是由直接影响到人类饮食、呼吸、衣着和住行的非生物和生物等因子构成的复杂的对立统一体，为人类提供了大量的生活资料——可再生的资源，与人类生存与发展密切相关。地理环境是具有一定结构的多级自然系统，水、土、气、生物圈都是它的子系统。每个子系统在整个系统中有着各自特定的地位和作用，非生物环境都是生物（植物、动物和微生物）赖以生存的主要环境要素，它们与生物种群共同组成生物的生存环境。

3）地质环境。地质环境主要指地幔以上、地表以下的地球圈层，和人类直接相关的是坚硬的地壳层，也就是岩石圈部分。岩石圈由岩石及其风化产物（浮土）两个部分组成。岩石是地球表面的固体部分，平均厚度30km左右；浮土是包括土壤和岩石碎屑组成的松散覆盖层，厚度范围一般为几十米至几千米。实质上，地理环境是在地质环境的基础上，在星际环境的影响下发生和发展起来的，在地理环境、地质环境和星际环境之间，经常不断地进行着物质和能量的交换和循环。例如，岩石在太阳辐射的作用下，在风化过程中使固结在岩石中的物质释放出来，参加到地理环境中去，再经过复杂的转化过程又回到地质环境或星际环境中。

地质环境为人类提供了大量的生产资料，特别是丰富的矿产资源，即难以再生的资源。随着科技水平的不断提高，人类对地质环境的影响也会更大，例如一些大型工程对地质环境面貌的改变，以及对自然灾害的引发等。同时，地质环境对人类社会发展的影响也将与日俱增。

4）宇宙环境。宇宙环境，又称为星际环境，是指地球大气圈以外的宇宙空间环境。它由广漠的空间、各种天体、弥漫物质，以及各类飞行器组成，几近真空。它是人类活动进入地球邻近的天体和大气层以外的空间，是人类生存环境的最外层部分。

宇宙环境的重要性不容忽视，人类生存环境中的能量主要来自太阳辐射，从太阳获取的能量为地球生物的产生、繁荣和昌盛创造了必要条件。同时，太阳的辐射能量变化和对地球的引力作用会影响地球的地理环境，与地球的降水量、潮汐现象、风暴和海啸等自然灾害有明显的相关性。

随着科学技术的发展，人类活动越来越多地延伸到大气层以外的空间。人类进入宇宙空间并开始开发利用宇宙资源是人类文明史上的一次伟大飞跃。然而，与此同时，人类发射的人造卫星、运载火箭、空间探测工具等飞行器本身失效和遗弃的空间垃圾和废物也不可避免地给宇宙环境及相邻的地球环境带来了新的环境问题。

（3）环境系统的结构与状态　环境系统的结构是指环境整体（系统）中各独立组成部分（要素）间数量的比例关系、空间位置的配置关系以及联系的内容与方式。环境结构是环境系统具有不同特征的内在原因。例如，海滨浴场不适宜发展农业，而内陆地区也不利于港口运输、捕捞等行业的发展。

环境系统的状态是环境系统结构的运动和变化的外在表现形态。不同的环境结构具有不同的环境状态，同样结构的环境，在其运动和变化的不同阶段也可能会呈现出不同的环境状态。例如上海的苏州河，20世纪50年代水质清澈，60年代开始变黑，70年代变臭，80年代发黑发臭，90年代经过环境污染治理，水质又有所恢复。可以说，苏州河的状态发生了变化，但是结构并没有发生变化。如果环境状态变化超过一定限度，如围湖造田使水面消失，那么环境系统的机构就发生了改变。

（4）环境系统的基本特征　环境系统是一个复杂的及有时、空、量、序变化的动态系统和开放系统，系统内外存在着连续不断地且高速的物质能源以及信息的流动，具有不容忽视的特性。

1）整体性与区域性：

① 整体性。环境构成为一个系统，是由于在各子系统和各组成成分之间存在着相互作用、相互联系、相互制约，并构成一定的网络结构。这种网络结构使环境具有整体功能，形成集体效应，起着协同作用。通过稳定的物质、能量流动网络以及彼此关联的变化规律，该结构会在不同的时刻呈现出不同的状态。例如水、气、土、生物和阳光是构成环境的五个主要部分，对人类社会发展各有独特的功能，但由其构成的某个具体环境会因这五个部分的结构方式、组织程度、物质能量流的途径与规模的不同而有不同的功能特性。森林与沙漠、城市与农村就是不同功能特性的表现。

② 区域性。区域性是环境整体特性的区域差异，与环境系统的整体性是同一环境特性在两个不同侧面上的表现。整体性强调环境本身是个有机整体，而区域性强调不同环境的差异。环境因地理位置、空间范围、社会经济文化等的差异，明显表现出环境特性的差异，例如滨海环境与内陆环境。

2）变动性与稳定性：

① 变动性。环境变动性是指在自然和人类社会行为的共同作用下，环境的内部结构和外在状态始终处在不断变化中。例如自然界火山喷发，大量的火山灰会造成数百公里区域的环境恶化，喷发的气体也会降低周边大气环境质量；再如人类在生产生活的过程中，向自然环境排放污染物，导致环境质量的下降；为了实现经济的快速发展，人类将农村、小村庄改造为工业园区，这些社会行为都会导致环境的变化。

② 稳定性。变动是绝对的，稳定是相对的。稳定性是指环境系统具有一定的自我调节功能，当自然和人类社会行为所导致的环境结构和状态变化不超过一定限度时，环境可以借助于自身的调节功能使这些变化逐渐消失，恢复到变化前的状态，例如河流的自净能力等。需要注意的是，环境变化的限度是决定环境系统能否稳定的条件，因此，人类社会行为对环境造成的变化应该是有限度的，必须在环境承载能力之内，否则一旦超出环境所能承受的限度，就会导致环境质量恶化，出现环境污染，从而阻碍了人类社会的发展进步，甚至影响人类的生存。

3）资源性与价值性：

① 资源性。环境本身就是资源，环境是人类社会生存发展的必要投入，为人类的生产与发展提供了所必需的物质和能量。环境资源包括物质资源和非物质资源两类。物质资源主要有生物、矿产、水、森林、海洋、空气、土地等；非物质资源主要是指环境状态，环境状态对人类社会发展方向有决定性的作用，例如平原地区适宜发展农业，而北方草原地区以草原为主，湖泊和森林较少，这决定了该地区居民的发展只能以畜牧业为主。

② 价值性。环境是人类社会生存与发展的依托，因此，环境具有不可估量的

价值。环境价值源于环境的资源性。对于环境的价值，最初人们认为环境资源是取之不尽、用之不竭的，不存在价值。随着人类社会的发展，人类干预环境的程度更深、范围更大、方式更多样，导致环境压力不断增大，环境问题的频频发生危害着人类的健康，破坏着环境资源，阻碍着经济的发展。人们开始意识到环境价值的存在——人类的生存和发展必须以环境为依托，良好的环境是社会经济健康有序发展的必要条件。

4）不可逆性与持续反应性：

① 不可逆性。在环境系统的运转过程中存在能量流动和物质循环。物质循环是可逆的，但能量流动的过程是不可逆的。环境一旦遭到破坏，利用物质循环可以实现局部的恢复，但无法彻底回到最初的状态。

② 持续反应性。环境系统的变化若不加以适当控制，这种变化具有持续反应的特点。环境污染、生态环境破坏不仅影响了当代人的健康，而且还会造成后代的遗传隐患。例如，持久性有机污染物的危害，农药的长期残留，生态破坏带来的水灾、旱灾等。

3. 环境与人类的关系

人类与其生存的环境既对立又统一。人类用自己的劳动来利用和改造环境，把自然环境转变为新的生存环境，而新的生存环境又反作用于人类。人类比其他物种更具有能力去改变环境系统原有的运作方式，而且其改变环境的速度和规模是巨大的。人类在改造客观世界的同时，逐步认识人类与自然界的关系，并且也改造着自己。

人类的生存与发展离不开环境，然而，人类谋求自身发展带来的工业、农业深刻革命的同时，不断带来生态破坏和环境污染，使环境污染成为新的严峻问题。随着人类改造自然的力量日渐强大，自然界日益增加为人类服务的领域，耗用自然资源日益增多。原来在自然界中处于平衡的各种物质，由于人类的活动而在不同程度上影响它们原有的物质平衡和生态平衡状态。环境的破坏变得日益严重，人地关系矛盾加剧，已危及到人类自身的生存。

面对日益严重的人口、资源与环境问题，人类开始重新认识与环境的关系，反思以往的行为对环境所造成的严重后果。人们意识到，自然资源的形成与演化需要经历漫长的发展过程，而人类无休止地“征服”自然和“索取”资源正是以掠夺性的生产方式、以牺牲环境为代价来换取一时的经济繁荣，造成了资源和生态环境的严重破坏。人类既不是大自然的奴仆也不是大自然的主宰。人类的科技能力可以用来伤害环境系统，也可以用来改善环境系统。只有在谋求生存与发展的同时，认识和解决好环境问题，尽可能求得人类活动与自然生态系统之间的平衡，以维持人类与自然共存、共容的关系，这样人类才能永续的生存，否则人类将走向自取灭亡之路。

第 2 节　环境与能源

环境和能源隶属于不同的学科分支，然而随着人类社会的发展，环境污染和能源危机正在威胁着人类，两者共同成为当今世界面临的重大问题。同时，环境与能源又有着千丝万缕的联系。

1. 环境与能源的内在关系

环境是人类社会发展的根本，而纵观人类的发展历史，人类的文明实际上是依靠能源（化石燃料）的消费来支撑的，工业化的每一个阶段都离不开对能源一定程度的利用和开发。能源作为资源，其开发利用必然会对环境产生影响，能源消费将经济活动和环境损害联系起来——要维持一定速度的经济增长就必须消耗一定规模的能源。与此同时，就会以牺牲一定的环境状况为代价。可以说，能源的生产、消费与环境污染、公众健康以及全球环境变化之间存在着紧密的联系。

远古时代，人口稀少而且人类活动的能耗仅限于食用和利用现成的动植物有机体，并不存在什么环境问题。随着社会的发展，人类使用各种能源的数量逐渐增大，给人类环境带来了诸多影响，引起了森林、土壤的破坏和大气、水体的污染，破坏了环境的生态平衡。若将人类对能源的利用技术按阶段进行划分，大致可以归纳为“火的发现、蒸汽机的发明、电能的应用和新能源的开发”四个阶段。能源结构的变革也相应地经历了柴草时期、煤炭时期、石油和天然气时期，现在正在进入新能源结构的变革时期。人类对每一次能源利用技术的突破，都对国民经济和科学技术的发展起了很大的推动作用，但同时也产生了相应的环境问题。

“钻木取火”是人类认识和利用能源的第一次飞跃，使人类由“茹毛饮血”的原始捕猎阶段进入“刀耕火种”的农牧阶段。但从此以后，人们开始大量砍伐森林，破坏草原，结果引起严重的水土流失，水旱灾害频繁。我国黄土高原的森林覆盖率在先秦西汉之前超过 50%，南方植被很少破坏，随着人口增加，农耕区的迅速扩展，也出现了历史上一次次环境恶化。据报道，由于过度采伐和开垦，世界森林面积每天净减少 $2\times10^{8}\ m^{2}$。过去 20 年，全球森林吸收温室气体能力已经下降 40%。

随着煤炭、石油的大量使用，人类进入现代工业阶段，社会生产力获得了巨大的发展。煤炭被人们誉为“黑色的金子”，石油被誉为“工业的血液”。然而煤炭、石油燃烧过程中所产生的有害物质成为环境污染的主要来源，环境污染日趋严重。到 20 世纪 50 年代以后，资本主义社会的工业迅速发展，环境污染也发展到一个高潮阶段，水体、大气、土壤污染加剧，城市噪声影响突出，生态日渐恶化，甚至太空也开始受到污染。能源供给的增加很大程度上导致了大气污染、酸雨、地表水的有毒污染、废弃的放射性物质和全球气候变化，能源的过度开发与消费累计的效应产生了制约经济发展和影响人类生存的环境污染问题，这些环境问题都将成为能源战略和能源决策越来越重要的决定性因素。

但是，能源与环境就是如此对立、难以协调发展吗？事实上，人类在以环保为目的的能源节约和开发利用方面已有不小的收获。例如，通过燃煤消烟除尘、烟气回收利用、粉煤灰综合利用、烟气脱硫等措施，既减轻了能源消费对大气环境的污染又回收了宝贵的资源；通过改进冷却方式和利用余热，减轻了热资源对水环境的污染和热辐射对周围空气的热污染；开展沼气综合利用，运用沼水喂猪、养鱼、沼渣育菇，用沼气为蛋鸡增加光照、蚕室增温等，各种良性循环模式的庭院经济、食物链工程，促进了农村经济的持续发展，也改善了生态环境。总而言之，环境和能源有着千丝万缕、不可分割的密切联系，它们互相渗透、互相促进。

2. 能源利用对环境的影响

能源是经济社会发展的重要物质基础。环境问题在一定程度上是由于能源消费所引起的，能源与环境问题归根结底是发展问题。如前所述，工业革命以来，煤炭、石油、天然气等化石能源快速发展，成为经济社会发展的主导能源。能源的开发利用，在创造出巨大物质财富的同时，也带来空气污染、生态破坏等一系列严重环境问题，直接威胁着经济社会的可持续发展。

（1）矿物燃料　工业革命以前，大气中 CO_2 按体积计算是每100万大气单位中有280个单位的 CO_2，之后由于矿物燃料（煤炭、石油、天然气等）的燃烧和使用，大气中的 CO_2 浓度不断增加，1990年的 CO_2 浓度大约比工业革命初期高了28%。由于矿物燃料的利用，1860~1910年和1950~1970年间，CO_2 排放的年增长率约为4%，全球平均气温随之不断上升，从而导致温室效应的增强。有资料显示，CO_2 浓度上升的曲线与人类社会大量开发矿物能源基本上是一致的。从我国经济发展同能源环境的关系来看，20世纪90年代，我国的年均经济增长为9.1%，与此同时能源消费每年增长7%，各地区 SO_2 排放年增长5%，CO_2 排放年增长6.1%。

矿物燃料使用对环境和公众健康的影响表现在能源的勘探、开采、生产、加工、运输以及消费整个过程之中。

1）勘探过程的环境影响。我国是一个以煤炭为主要能源的国家，以煤炭为例，在勘探、开采过程中对大气、水、土壤、生态、人体健康都有不小的影响。煤炭勘探和开采主要有露天采矿和井下开采两种。煤炭露天开采占用大量的农田和草地，会导致地表水和地下水的污染，煤炭的露天堆放也会造成大气中总悬浮颗粒物（TSP）的增加，造成局地污染。井下开采中，矿井瓦斯的主要成分是甲烷，约占99%，若对矿井瓦斯预先抽放不够或抽出后直接排入大气，就会增加大气中温室气体（甲烷）的浓度，造成空气污染；严重时还会引起爆炸，威胁井下工人的生命安全。这几年，因煤炭勘探和开采所引发的开采工人事故与职业性伤亡屡见报端，煤矿开采已成为我国影响工人生命安全的严重隐患行业。此外，煤矿废水的影响也不容忽视，酸性矿井废水、煤矸石堆放极易造成地表水和地下水污染，使水生物减少，甚至灭绝。煤炭的井下开采破坏了地壳内部原有的平衡状态，易引起地表塌陷，造成矿山生态环境的破坏。

石油和天然气开采过程中也易产生环境污染。我国油气资源赋存条件较差，油气田单位面积普遍较小、低品位油田居多、埋藏较深、类型复杂，故开采难度较大。石油开采过程中钻井泥浆内加入的烧碱、铁铬盐和盐酸等化学试剂会对井场周围水域和农田造成不良影响。天然气开采过程易产生硫化氢和伴生盐水，会污染大气和水体。此外，油气井放空废气也会造成大气污染，大量开采还会造成地面凹陷；海上采油也会造成海洋和水体污染等。

2）生产加工过程的环境影响。煤在生产加工过程中对环境的影响很大，在洗选时排出大量洗煤废水，洗煤废水中含硫较多，会引起水体污染和 pH 值发生变化。洗煤废水、煤泥也会造成土壤污染，影响水生生态系统，并使饮用水遭受污染，对人体健康有害。煤炭干燥室产生灰尘，氮氧化物和硫化物，并在汽化和液化过程中排出颗粒物、CO、烃、氨等污染物。炼油过程产生的大量废气也会造成大气污染，从而对人体呼吸系统有害，影响人体健康。含油污水不仅会带来水体热污染，也会导致土壤污染，破坏生态系统。此外，炼油厂的原油或精制油产品仓库也可能发生跑油事故。

3）运输过程的环境影响。煤炭运输过程中，不仅需要消耗大量的能源，而且在堆存和装卸时还会发生自燃或扬尘，污染大气环境，并由于浸出水的流失而污染周围水系。石油运输对环境影响更为严重，随着石油海运量的增加，因油船事故和油船外排洗舱水而进入海洋的石油量显著增加，对海洋造成严重污染。如1989 年 11 月 24 日，美国油轮“瓦尔德兹”号在阿拉斯加威廉王子湾附近触礁，大约有（4 ~5）万 t 原油流入海洋。又如 2007 年 12 月 7 日上午，一艘在中国香港注册的油轮在韩国西部海域与一艘韩国驳船相撞，油轮上超过 1 万 t 原油漏入大海，成为韩国历史上发生的最严重原油泄漏事故。

4）消费过程的环境影响。矿物燃料在消费过程中的环境影响主要是由燃烧的各种气体与固体废物和发电时余热造成的污染。矿物燃料燃烧过程中会产生大量SO_2、CO_2、NOx、CO、烟尘、汞及多种芳烃化合物等空气污染物，还会向环境排放含有悬浮固体硫酸、氟化物、磷酸盐、硼化物、铬酸盐等的废水以及炉渣等固体废物。

矿物燃料的大量燃烧是温室气体的主要排放源，CO_2 排放的增加引起全球气候变暖，危害生态系统。而 SO_2 的大量排放也使环境空气质量不断下降，NOx 和挥发性有机物（VOC）达到一定浓度后，在太阳光照射下经过一系列复杂的光化学反应，就会产生以高浓度臭氧（O_3）和细颗粒物为特征的光化学烟雾，形成夏季城市天空经常出现的蓝色烟雾。SO_2 浓度的上升会造成酸雨，而由于大气氧化性，NOx 在大气中可形成硝酸和硝酸盐细颗粒物，同硫酸和硫酸盐细颗粒物一起，发生远距离传输，在一定条件下形成了大面积的酸雨，从而加速了区域性酸雨的恶化。酸雨会改变酸雨覆盖区的土壤性质，危害农作物和森林生态系统，改变湖泊水库的酸度，破坏水生生态系统，腐蚀材料。此外，汞等重金属能够通过水体进入土壤，造成土壤污染。

火力发电机组是通过燃料燃烧得到热量，产生高温、高压蒸汽，推动发电机组以获得电能的。能量在转换和传递过程中的损耗大多通过冷却水把余热排放到河流、湖泊或海洋，造成水体热污染；导致水体各类无机氮含量增加、藻类种群结构发生改变、影响浮游动物的生存等问题。

此外，各种大气污染物质，特别是有毒、有害气体易造成人体呼吸系统疾病，对人体健康造成严重损害。根据美国加州空气资源委员会（ARB）的研究，柴油发动机尾气含有许多致癌污染物，暴露于高浓度柴油发动机尾气中的工作人员肺癌发病率非常高。

（2）核电　核能发电开发利用已有半个多世纪，核电相对于煤炭、石油等矿物燃料来说是较为安全、清洁的能源。因为采用裂变能来实现发电，排放很少的 SO_2 及 NOx，排放的温室气体也很少，所以基本没有空气污染、漏油、露天矿坑、酸性矿坑水等问题。因此从环境保护上来讲，核电有绝对的优势。但是，核电站对环境仍有影响，主要来自运行过程中产生的气态、液态和固体放射性物质。虽然为了保证安全，由反应堆产生的放射性废物被强制要求与环境隔离，但是反应堆和核工业前处理和后处理车间中释放的少量放射性物质，会通过水或空气特别是食物链产生富集和放大效应，造成人体内的慢性辐射。而且由于反应堆需要定期换装燃料和清除放射性废物，这些废物仍具有放射性。此外，由于世界范围内的民用核能计划的实施，已产生了上千吨的核废料。这些核废料的最终处理问题并没有完全解决，仍保持着有危害的放射性。

当然，核电站设计和管理上的问题也不容忽视。著名的切尔诺贝利核电站事故原因是复杂的，但是其设计上的问题和操纵人员违反操作过程是这次事故的主要原因。违章操作使反应堆失去控制，温度迅速上升而发生爆炸，设计上没有安全壳，导致泄漏的放射性物质毫无阻挡地直接排放到大气中。

（3）水电　水电是一种经济、干净、可再生的能源，对环境影响较小。但是，要获得水电，一般需要建设水库。水库建造和建成之后的环境影响是不容忽视的。目前，世界上已建成了不少大型水库水电站（表3-1）。

表 3-1　世界上已建成的大型水库水电站的统计表

序号	坝名	年份	库容/亿 m^2	坝高/m	建库目的	国家
1	克里巴	1959	1840	128	H	津巴布韦/赞比亚
2	布拉茨克	1961	1694	125	HNS	俄罗斯
3	阿斯旺	1968	1689	111	IHC	埃及
4	阿松博	1966	1480	141	H	加纳
5	马尼克 5	1968	1418	214	H	加拿大
6	古里	1977	1380	162	H	委内瑞拉
7	贝奈特	1967	743	183	H	加拿大
8	克拉斯诺雅尔斯克	1967	733	124	HN	俄罗斯
9	结雅	1975	684	116	HNC	俄罗斯
10	拉格朗德 3 级	1981	617	100	H	加拿大
11	拉格朗德 2 级	1978	600	168		加拿大
12	乌斯特伊里姆	1977	594	105		俄罗斯
13	鲍戈昌	1989	582	77		俄罗斯
14	伏尔加列宁	1955	580	45		俄罗斯
15	圣菲列克斯	1990	552	160		巴西
16	麦澳河	1980	537	54		加拿大
17	阿塔图克	1995	487	184		土耳其
18	伊尔库茨克	1956	460			俄罗斯
19	土库鲁伊	1981	458	98		巴西
20	巴昆	1993	438	210		马来西亚
21	保罗阿丰索	1979	398	35		巴西
22	三峡	2009	392	181	CHN	中国

注：H——发电；I——灌溉；C——防洪；S——供水；N——航运。

在水库、大坝建设和生产过程中，建设使用的施工设备也会向大气排放污染物。水库的截流造成污染物质扩散能力减弱，水体自净能力受到影响，也可能淹没土地、地面设施和历史古迹，造成自然景观的破坏。泥沙淤积会使上游河道截面缩小，河床抬高，下游河岸被冲刷而引起河道变化。水库、大坝还会改变地下水的流量和方向，使下游地下水位升高，造成土壤盐碱化，甚至形成沼泽，导致环境卫生条件恶化而引起疾病传播。

此外，水库进出水的物理化学性质也会发生改变，例如颜色、气味等。水库中各层水的密度、温度、溶解氧也会有所不同。深层水水温低，而且沉积库底的有机物不能充分氧化而处于厌氧状态，植物被淹没腐烂后发出强烈的臭味。

水库的建设对生物、生态系统方面也有不小的影响。建设过程中采挖石料和填土会破坏自然环境；泄洪道变流装置的安装会造成鱼类等水生生物淹没死亡，腐烂的尸体耗尽水中的溶解氧，进一步造成水库内水生生物的死亡，破坏原有的生态平衡；水库的截流还会阻断鱼类洄游。

巨大的水库还可能引起地面沉降、地表活动；如果有库区移民，对社会结构也会产生一定影响。如果计划不周，社会生产和人民生活安排不当，还会引发一系列社会经济问题。

（4）风能、太阳能　风能、太阳能的开发利用对环境基本没有影响，作为可再生的清洁能源，可以有效减少污染物和温室气体的排放。

（5）氢能　氢能是公认的清洁能源，其使用不会污染环境。但氢能不是一次能源，在目前的生产技术水平下，仍会向环境排放大量的 CO_2。

（6）生物质能　生物质能的转化利用过程中会产生 CO_2，但是作为一个闭式循环来看，生物质能燃烧释放的碳元素必定与其生长过程中吸收的碳相平衡，CO_2 净排放为零。因此，与矿物燃料跨地质年代的碳循环相比，生物质能的开发利用实现了碳的当代循环，因此不会造成大气中 CO_2 的积累。除此之外，相对矿物燃料来说，生物质能的使用能够大幅降低污染物的排放，例如生物柴油等。

3. 能源消费与环境污染实例——燃煤电厂的 SO_2 排放㊀

尽管能源生产和消费对大气、水、自然生态系统都会产生明显的影响，但是从我国的环境问题来看，能源消费所产生的大气环境污染是最为显著的问题。我国大气环境污染仍以煤烟型污染为主，主要污染物是 SO_2、NOx 和烟尘。我国的能源消耗量呈现出逐年递增的趋势（图 3-4），空气中的 SO_2 和烟尘也随之出现起伏（图 3-5）。

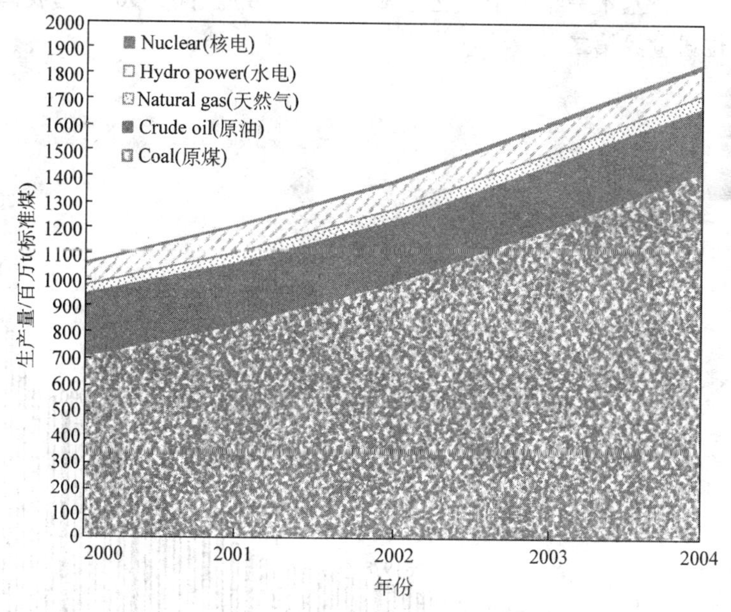

图 3-4　一次能源生产量

㊀ 图表及数据资料来源于：中华人民共和国环境保护部污染物排放总量控制司《燃煤电厂 SO_2 总量减排核查核算》。

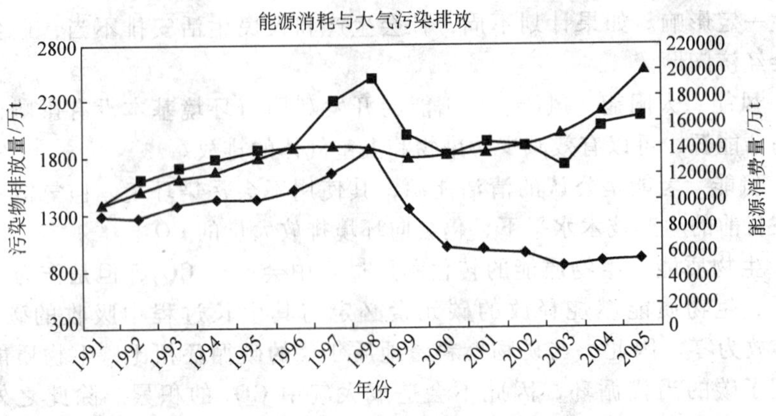

图 3-5 我国历年能源消耗与大气污染排放

我国电力行业发展迅速，自 1996 年起，我国装机总量位居世界第二。第一个“亿千瓦”用了 100 年，第二个“亿千瓦”用了 8 年时间，第三个“亿千瓦”用了 5 年时间，而第四个“亿千瓦”用了 3 年时间，第五个“亿千瓦”仅用了两年时间；而最近几年，基本一年一个“亿千瓦”（图 3-6）。自 1998 年起我国发电量仅次于美国，位居世界第二。

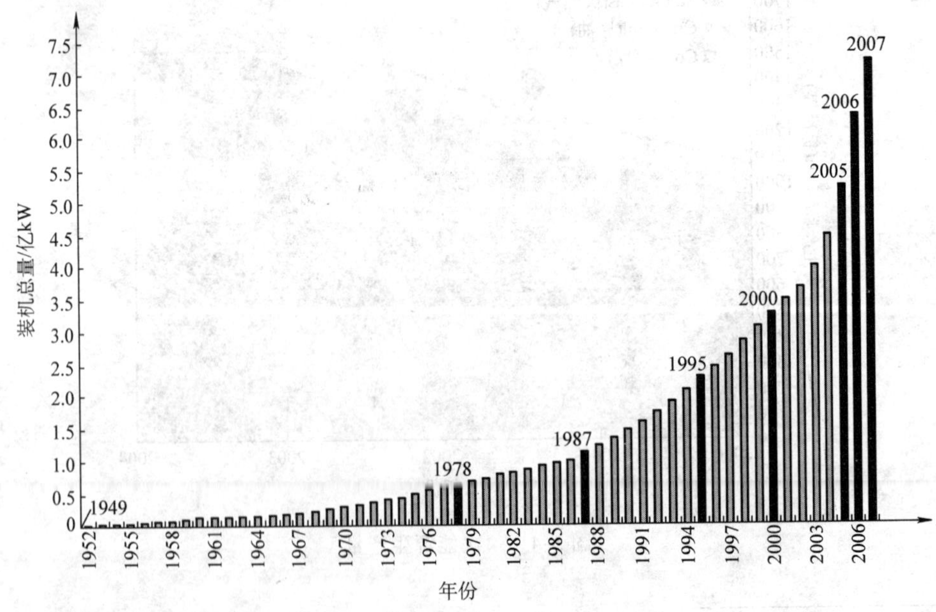

图 3-6 我国电力行业装机总量变化趋势

然而，电力行业在迅猛发展的同时，消耗了大量的能源，给环境带来了极大的污染。在大气污染物排放中，SO_2 排放与电力行业的发展密切相关。2005 年，我国 SO_2 排放总量为 2549 万 t，超过总量控制目标 749 万 t，比 2000 年增加了约 27%。燃煤电厂是煤炭的主要用户，是 SO_2 的排放大户，有统计显示，燃煤电厂 SO_2 排放量约占全国 SO_2 总排放量的 50%（图 3-7）。可以说，能源消费的超常规增长和火电行业的快速发展是导致 SO_2 排放量增加的主要原因。

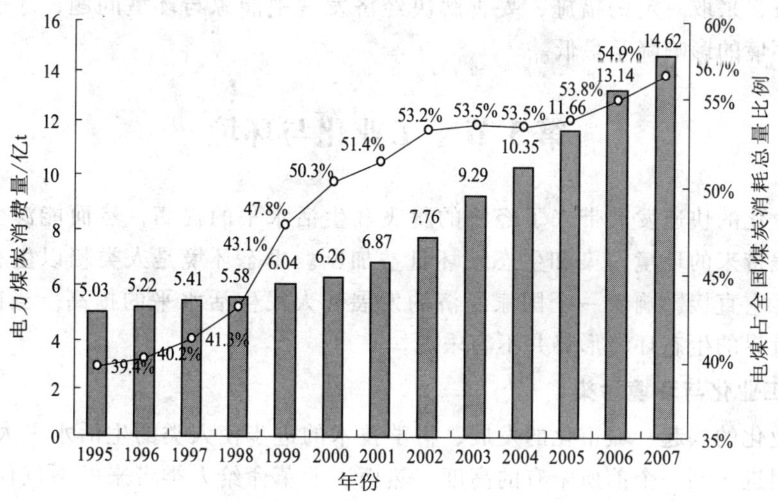

图 3-7　电煤占煤炭消耗总量比例

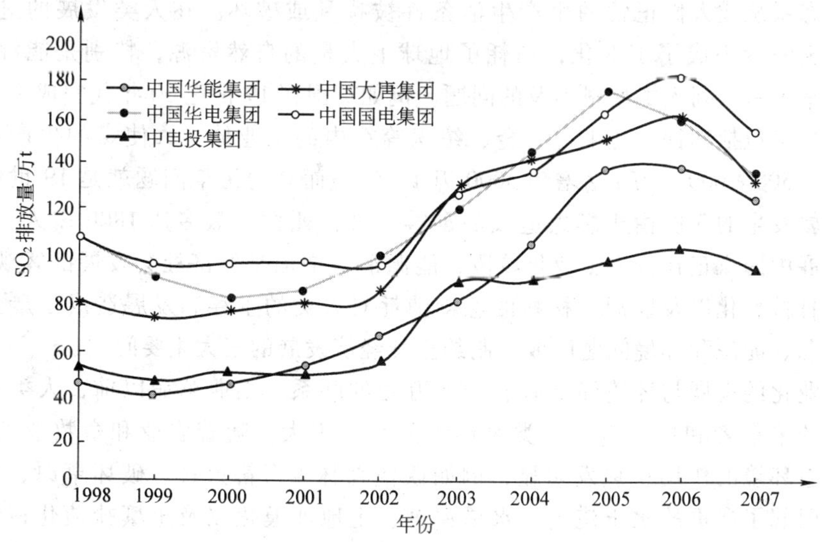

图 3-8　五大电力公司 SO_2 排放量

从图 3-8 可以看到，2006 年，SO_2 排放量出现了明显的拐点，这主要归功于燃煤电厂烟气脱硫工程的实施。根据国家下发的《“十一五”期间二氧化硫排放总量控制计划》，各省市开展了燃煤电厂烟气脱硫工程，有效地控制了 SO_2 的排放。

环境问题与能源的开采利用紧密相关。目前，我国的能源需求正处于持续增长阶段，大气环境形势故十分严峻，能源结构和过高的能源消费强度使我国的大气污染防治面临着沉重的压力。因此，只有积极面对能源与环境的挑战，制定相应的政策，采取一定的措施，妥善解决经济发展中能源与环境问题，才能使能源发展对环境的影响降至最低。

第 3 节　工业化与环境

工业化的快速发展带来了经济的腾飞和生活水平的提高，然而能源生产等工业化进程带来的环境污染和生态破坏日益加剧。生态环境是人类赖以生存和发展的基础，它直接影响着一个国家经济的发展和人民生活水平的提高。当前，我国乃至全世界的生态环境形势并不容乐观。

1. 工业化与环境污染

工业化的兴起、城市化的发展、科学技术的进步使人类的生活水平大为提高，人类文明进入到一个前所未有的高度。然而工业革命给人类带来的不仅仅是欣喜，还有诸多意想不到的影响人类生存和发展的严重后果。随着人口激增、城市化和工农业高速发展，环境的化学组分或物理状态发生变化，环境质量发生恶化，原有的生态系统或人们正常的生产生活条件被扰乱或破坏。在人类发展的进程中，发达国家先后完成了工业化，消耗了地球上大量的自然资源，特别是能源资源，随之带来了一系列人类始料不及的问题。例如英国在 19 世纪 30 年代完成了产业革命，建立了包括钢铁、化工、冶金、纺织等在内的工业体系，使煤的生产量、消耗量从（500 ~ 600）万 t 猛增到 3000 万 t，伴随而来的污染问题就是 19 世纪末在英国伦敦发生的 3 次由于燃煤造成的毒雾事件，死亡人数多达 1800 多人。当前，一些发展中国家正在步入工业化阶段，能源消费增加是经济社会发展的客观必然，环境的日益恶化以及能源、材料的急剧消耗对人类的生存和发展造成了严重的威胁，资源、能源和环境问题已成为制约全球经济发展的三大主要问题。

工业化的发展与环境问题有着千丝万缕的联系。工业革命以前，人类只是天然食物的采集者和捕食者，人类对环境的影响不大。随着农业和畜牧业的发展，人类改造环境的作用也愈发明显，例如砍伐森林、刀耕火种、破坏草原、兴修水利等，引起了严重的水土流失、水旱灾害、土地沙漠化以及土壤盐渍化；但由于工业生产尚不发达，环境污染问题并不突出。随着生产力的发展，工业革命爆发，科学技术带来的大生产代替了原先依靠个人才能、技术和经验的小生产，在提高劳动生产率的同时也增强了人类利用和改造环境的能力。环境系统的组成和结构以及物质循环系统被改变，污染事件不断发生，带来了新的环境问题。人口的迅速增加、工业的不断集中、能源的大量消耗，使得震惊世界的八大公害事件接踵而至：1930年马斯河谷烟雾事件、1948年多诺拉事件、19世纪40年代初期洛杉矶光化学烟雾事件、1952年伦敦烟雾事件、1961年四日市哮喘病事件、1953～1956年日本水俣病事件、1968年米糠油事件、1955～1972年痛痛病事件。当时，工业发达国家的环境污染已经达到严重的程度，并直接威胁到人类的生命安全，也影响了经济的顺利发展。面对如此严峻的环境问题，1972年，斯德哥尔摩人类环境会议召开，工业发达国家将环境问题提上国家层面，开始制定相关的环境保护法律、建立环境保护管理机构、研究环境污染治理新技术，使环境污染得到了有效的控制，环境质量有了较为明显的改善。

20世纪80年代开始出现了全球范围的环境污染与生态破坏，如温室效应、臭氧层破坏、酸雨、植被破坏、土地荒漠化等问题日益严峻；莱茵河污染事故、切尔诺贝利核电站泄漏事故等突发性严重污染事件频频出现。工业化在给人类带来经济飞速发展、物质生活水平提高的同时，人类赖以生存的环境所付出的代价也是十分巨大的。

2. 世界范围的环境危机

当代社会，由于人类活动的空前规模，环境问题正迅速从地区性问题发展为全球性问题，从易解决、低风险的简单问题发展到不易解决、长期性的复杂问题。人口、资源、生态破坏和环境污染相互关联、相互影响，已经成为当前世界关注的重要问题。世界范围的环境危机主要表现在以下方面：

（1）气候变化与温室效应　由于地球是个极其敏感的生态系统，平均气温的任何微小变化都会使人类的生存环境产生剧烈的震动，因此气候变化是威胁世界环境、人类健康与福利和全球经济持续发展的最危险的因素之一。自从工业革命以来，人类活动打破了地球气候变迁的周期，地球气候正在以空前的速度变暖，自19～20世纪，短短100年全球平均气温升高了0.3～0.6℃，尤其是近10年来的全球平均气温升幅已创过去110年间的最高纪录。

所谓“温室效应”，简单说就是大气中某些能够强烈吸收从地面返回外空间的长波辐射的组分，将地面辐射回外空间的长波能量截留于大气中，如同温室的玻璃，允许来自太阳的可见光射到地面，而阻止地面重新辐射出来的长波返回外空间，使大气温度升高。工业革命后，随着人类活动过程中对能源和自然资源（煤、石油和天然气）的过度使用和开发，特别是消耗的工业、交通化石燃料，使用的冰箱制冷剂的不断增长，导致了温室气体（如CO_2）的大量排放。据估计，大气中的CO_2浓度正以每年0.7～0.8cm^3/m^3的速度递增。工业化的快速发展造成了大气中温室气体浓度的迅速增长，温室气体的大量排放和不断积累使得温室效应不断强化，进而导致全球气候变暖。

全球变暖给人类带来的危害是巨大的（主要表现在海平面上升、冰川消退、加剧的洪涝干旱等气象灾害、影响农业和自然生态系统等方面），并对人类健康造成影响，如传染病的广泛传播、极热天气造成的心血管和呼吸道疾病死亡率增高等。有统计显示，北冰洋的冰块正以高出往日 9% 的速度融化；近百年海水变暖造成的海平面上升量约为 2～6cm，不仅造成大片海滩的损失，还对沿海地区造成巨大的经济损失。据估计，在美国海平面上升 50cm 的经济损失为 300～400 亿美元。这样的数据触目惊心，全球变暖直接影响到人类的环境、身体健康和经济发展，因而已成为当今世界所面临的最严峻的环境危机之一。

（2）臭氧层破坏　臭氧层具有非常强烈的吸收紫外线的功能，可有效地阻挡来自太阳紫外线的侵袭，对地球上生命的出现、发展以及维持地球上的生态平衡起着重要的作用。然而，近几十年来，臭氧层遭受着越来越严重的破坏。随着人类社会的发展，用于制冷剂、溶剂、塑料发泡剂、气溶胶喷雾剂以及电子清洗剂的氯氟碳化合物（CFC_S）的大量使用，其分解产生的氯原子具有很强的破坏臭氧的能力，臭氧层的不断消耗造成了臭氧层空洞。研究和观测发现，南极臭氧洞的损耗情况仍在恶化之中，图 3-9 中颜色的深浅代表臭氧的含量，颜色愈深，臭氧的含量愈少，从图中可以清楚地看到臭氧最少的地方在南极上空。1998 年，臭氧洞的持续时间超过了 100 天，而且臭氧洞的面积比 1997 年增大约 15%，几乎相当于 3 个澳大利亚。美国海洋和大气管理局（NOAA）近期的测量结果表明，2009 年 9 月底，南极臭氧空洞面积达到 2009 年来最大值。根据 NOAA 的卫星数据观测资料，南极臭氧空洞面积为 920 万平方英里（约 2392 万 km^2），只比北美洲面积略小。臭氧层的耗减不仅发生在南极，北极上空和其他中纬度地区都出现了不同程度的臭氧层损耗现象。

臭氧层破坏所导致的有害紫外线的增加，会对人类健康造成影响，使皮肤癌和白内障的发病率提高；此外，过量的紫外线辐射可使农作物如大豆、玉米等的叶片受损，抑制其光合作用，使农作物减产，并可能导致某些生物物种的突变；臭氧层的破坏还会引起新的环境问题：工业燃料燃烧时排放的 NOx 与某些工业和机动车排放的挥发性有机物共同在紫外线的照射下会较快地发生光氧化反应，从而造成近地面大气的臭氧浓度增高，引起光化学烟雾。过量的紫外线

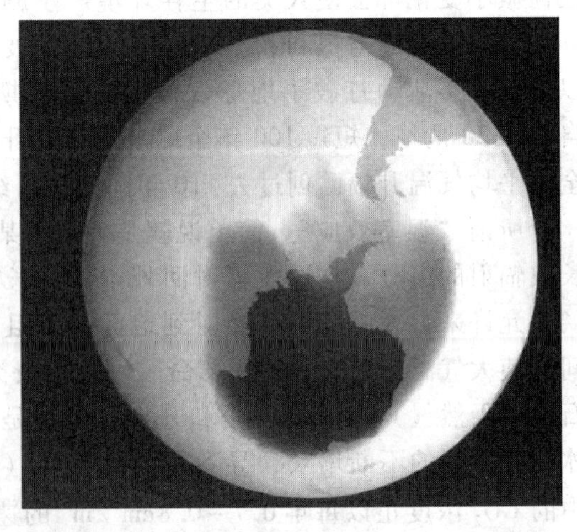

图 3-9　臭氧含量分布图

还能使塑料等高分子材料更加容易老化和分解，带来光化学大气污染。

（3）酸雨 酸雨是指酸性物质以湿沉降或干沉降的形式从大气转移到地面，也就是 pH 小于 5.6 的降水。酸雨也是由于工业化所带来的环境问题，人类工业生产过程中所排放的 SO_2 和 NOx 是形成酸雨的主要两类物质。

随着人口的剧烈增长和生产的发展，化石原料的不断消耗，酸雨问题的严重性逐渐显露出来，酸雨成为全世界关注的环境问题。21 世纪以来，全世界的酸雨污染范围日益扩大。原只发生在北美和欧洲工业发达国家的酸雨，逐渐向一些发展中国家扩展，如印度、东南亚地区、中国等。同时酸雨的酸度也在逐渐增加，据欧洲大气化学监测网近 20 年连续监测的结果表明，2004 年欧洲雨水的酸度增加了 10%，瑞典、丹麦、波兰、德国、加拿大等国的酸雨 pH 多为 4.0 ~ 4.5，美国已有 15 个州的酸雨 pH 在 4.8 以下。我国的酸雨已从 1980 年的西南少数地区发展到长江以南、青藏高原以东大部分地区，酸雨面积扩大了 100 多万 km^2。70% 的南方城市出现酸雨，年均降水 pH 低于 5.6 的地区面积占国土面积的 30% 左右，使我国成为世界三大酸雨区之一（图 3-10）。以长沙、赣州、南昌、怀化为代表的华中酸雨区现已成为我国酸雨污染最严重的地区，其中心区年降水 pH 低于 4.0，酸雨频率高达 90%，基本上到了逢雨必酸的程度。以南京、上海、杭州、福州、青岛和厦门为代表的华东沿海地区也成为我国主要的酸雨区。华北、东北的局部地区也出现酸性降水。1998 年，因酸雨造成的经济损失达 130 亿元，接近当年全国国民生产总值（GNP）的 2%。

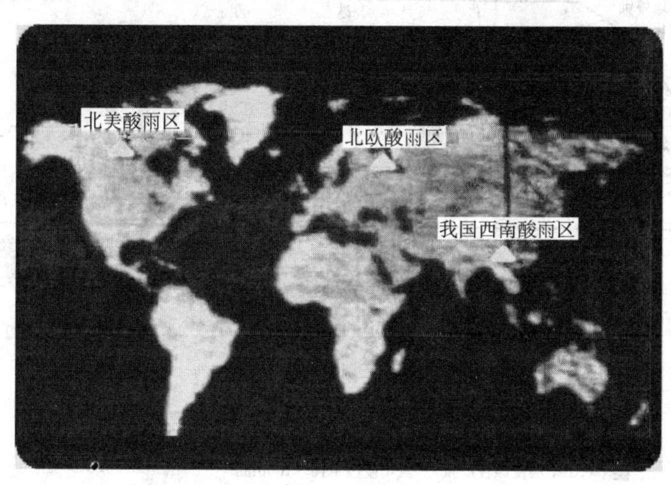

图 3-10 世界三大酸雨分布区

酸雨的危害极大（图 3-11），会给地球生态环境和人类社会经济都带来十分严重的影响和破坏。酸雨不仅会引起人类呼吸系统的疾病，而且会改变酸雨覆盖区的土壤性质，危害农作物和森林生态系统，改变湖泊水库的酸度，破坏水生生态系统，腐蚀金属、石料、水泥、木材等建筑材料，同时还导致地区气候改变，造成不可估量的损失。

图 3-11　被酸雨腐蚀的雕像

（4）土地荒漠化　地球陆地表面的土壤层对于人类和陆生动植物生存极为关键。没有这一层土质，地球上就不可能生长任何树木、谷物，就不可能有森林或动物，也就不可能存在人类。荒漠化，就是指这一层土质的恶化，有机物质下降乃至消失，从而造成表面沙化或板结而成为不毛之地，包括沙漠和戈壁。1992 年，联合国环境与发展大会对荒漠化的概念作了这样的定义：荒漠化是由于气候变化和人类不合理的经济活动等因素，使干旱、半干旱和具有干旱灾害的半湿润地区的土地发生了退化。

目前，全球荒漠化的面积已经达到 3600 万 km^2，占整个地球陆地面积的 1/4，全球现有 12 亿多人受到荒漠化的直接威胁，其中有 1.35 亿人在短期内有失去土地的危险。全球沙化土壤正以每年（5～7）万 km^2 的速度扩展，有 10 亿以上的人、40% 以上的陆地表面受到荒漠化的影响（图 3-12）。

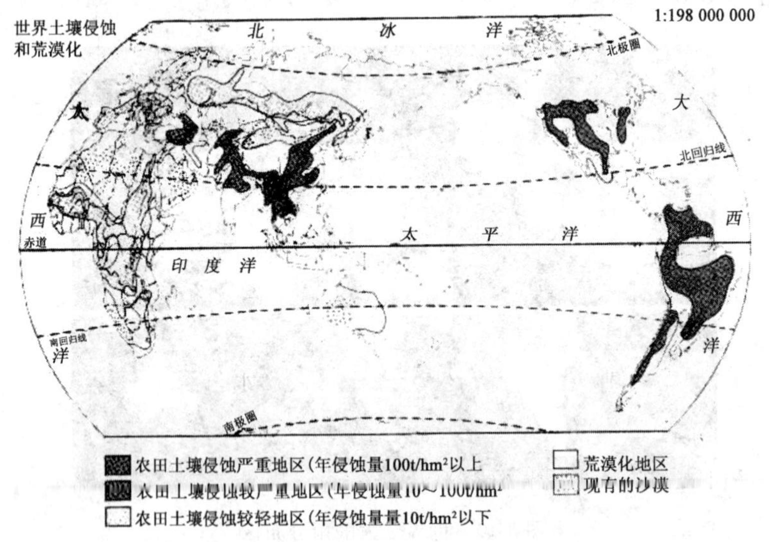

图 3-12　世界土壤侵蚀与荒漠化

我国荒漠化面积大、分布广、类型多，形势十分严峻。毛乌素沙地地处内蒙古、陕西、宁夏交界，面积约4万km^2，40年间流沙面积增加了47%，林地面积减少了76.4%，草地面积减少了17%。浑善达克沙地南部由于过度放牧和砍柴，短短9年间流沙面积增加了98.3%，草地面积减少了28.6%。此外，甘肃民勤绿洲的萎缩，新疆塔里木河下游胡杨林和红柳林的消亡，甘肃阿拉善地区草场退化……一系列严峻的事实，都向我们敲响了警钟。目前，我国荒漠化土地面积超过262.2万km^2，占国土总面积的27.3%，而且每年还在扩大，其中沙化土地面积为168.9万km^2，主要分布在西北、华北、东北13个省区市，近4亿人口受到荒漠化的影响。土地的荒漠化给大风起沙制造了物质源泉，因此我国北方地区沙尘暴发生越来越频繁，且强度大，范围广。据统计，我国因荒漠化造成的直接经济损失约为541亿人民币，相当于1996年西北五省区财政收入总和的三倍，平均每天损失近1.5亿元。

荒漠化已经不再是一个单纯的生态环境问题，而且演变为经济问题和社会问题，它给人类带来贫困和社会不稳定。造成荒漠化的原因很多，如全球变暖、北半球日益严重的干旱、半干旱化趋势等自然原因。但是人类活动，如人口增长、过度耕种和开垦、过度放牧、森林植被的过度砍伐和破坏、滥用水资源，以及不合理的管理方式等，也是不可忽视的重要原因。地球上的荒漠化地区，大都是人类最贫困的地区。由于环境恶劣，并且缺乏资金和其他资源，贫困地区的人口被迫加剧开发原已超负荷的土地来维系生存，从而不断加大土地的负载，形成荒漠化与贫困化的恶性循环。

（5）植被减少与破坏　随着人类社会的发展、人口的急剧增加，粮食、资源、能源短缺，人类只好大量地开垦耕地，大量地放牧。然而，过度的耕种使土地越来越贫瘠、过度的放牧损耗了保护土壤免受风化的植被，狂砍滥伐森林加剧了水土流失。以森林为例，全球每年平均损失森林面积达到1800～2000万hm^2，森林面积已经缩小了1/3。而我国森林减少与破坏的现象也比较严重，据林业部门统计，20世纪50年代我国林地曾达1.25亿hm^2，森林覆盖率为13%，而目前覆盖率只有11.5%，不及世界平均覆盖率的一半。我国人均森林面积和森林蓄积量只相当于世界人均水平的17.2%和12%。植被的减少与破坏不仅影响了自然景观，而且带来了木材和林副产品短缺、生态系统恶化、水土流失、环境质量下降等一系列的严重后果。

（6）生物多样性锐减　生物多样性对于人类社会的发展具有十分重要的价值。多样的生物资源构成了人类赖以生存的生命支持系统，为人类提供薪柴、蔬菜、肉类、建筑材料等生活必需品。另外，生态多样性也为人类提供稳定、持续、高效的生态服务，例如净化环境、降解有毒有害污染物、涵养水源等。

然而，近年来，生物多样性正以空前的速度丧失，这与工业化发展的需求有着密切的关系。农业社会出现后，平均每10年消失一种植物，近100年，平均每年消失10种植物，到20世纪后半叶，平均每天有1个物种消失，物种灭绝的速率是自然灭绝速度的1000倍。据估计，1990～2015年将有60～240万种生物灭绝，21世纪后半叶将有1/3～2/3的物种从地球上消失。人口的剧增、自然资源的高消耗以及人类对于环境与资源价值的认知不够都是导致物种灭绝加剧的根本原因。

（7）持久性有机污染物　工业化的发展带来了各种各样的人类合成化学品，自20世纪20年代问世以来，已有700万种，其中约有10余万种进入了环境。随着科学的进步，这些人工合成的化学品——DDT农药、灭蚊灵、毒杀芬等持久性有机污染物的危害性正逐步显现，持久性有机污染物能够长期残留并在生物中蓄积，其高毒性、半挥发性（迁移性）都对环境和人体造成了不小的危害。

3. 我国面临的环境挑战

我国经济的持续快速发展、对能源的需求增长造成了资源的短缺和环境的压力。从《2008年中国环境状况公报》的统计数据可以看出，我国面临着严峻的环境问题和能源危机：

（1）我国地表水污染依然严重　七大水系水质总体为中度污染，湖泊（水库）富营养化问题突出（图3-13）。

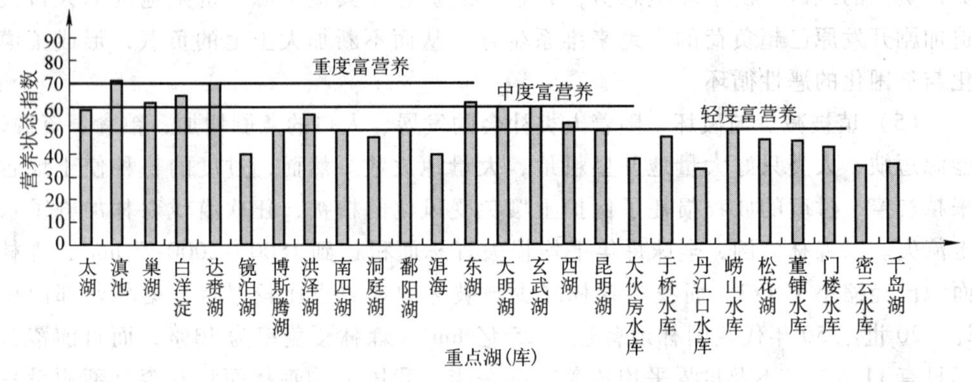

图3-13　重点湖（库）营养状态指数

2008年，200条河流409个断面中，Ⅰ～Ⅲ类、Ⅳ～Ⅴ类和劣Ⅴ类水质的断面比例分别为55.0%、24.2%和20.8%。28个国控重点湖（库）中，满足Ⅱ类水质的4个，占14.3%；Ⅲ类的2个，占7.1%；Ⅳ类的6个，占21.4%；Ⅴ类的5个，占17.9%；劣Ⅴ类的11个，占39.3%。主要污染指标为总氮和总磷。10个重点国控大型淡水湖泊中，洱海和兴凯湖为Ⅱ类水质，博斯腾湖为Ⅲ类，南四湖、镜泊湖和鄱阳湖为Ⅳ类，洞庭湖为Ⅴ类，达赉湖、洪泽湖和白洋淀为劣Ⅴ类（表3-2）。

表 3-2 重点大型淡水湖泊水质状况

湖库名称	营养状态指数	营养状态	水质类别		主要污染指标
			2008 年	2007 年	
达赉湖	68.7	中度富营养	劣Ⅴ	劣Ⅴ	pH、高锰酸盐指数、总磷
白洋淀	65.3	中度富营养	劣Ⅴ	劣Ⅴ	氨氮、总磷、总氮
洪泽湖	55.8	轻度富营养	劣Ⅴ	劣Ⅴ	总氮、总磷
南四湖	50.8	轻度富营养	Ⅳ	Ⅴ	石油类、总磷、总氮
博斯腾湖	50.7	轻度富营养	Ⅲ	Ⅲ	—
鄱阳湖	49.4	中营养	Ⅳ	Ⅳ	石油类、总磷、总氮
洞庭湖	46.6	中营养	Ⅴ	Ⅳ	总磷、总氮
镜泊湖	40.1	中营养	Ⅳ	Ⅳ	高锰酸盐指数
洱海	38.9	中营养	Ⅱ	Ⅲ	—
兴凯湖	—	项目不全未计算	Ⅱ	Ⅳ	—

（2）我国近岸海域水质总体为轻度污染 入海河流污染物入海量大于直排海污染源污染物入海量。2008 年，我国环境监测部门监测的 198 个入海河流断面主要污染物排海总量约为：高锰酸盐指数 471.0 万 t，氨氮 83.3 万 t，石油类 5.16 万 t，总磷 29.6 万 t。直排海污染源 526 个日排污水量大于 100t 的直排海工业污染源、生活污染源、综合排污口的污水排放总量为 45.65 亿 t（表 3-3 ~ 表 3-5）。

表 3-3 入海河流排入四大海区各项污染物总量 （单位：万 t）

海区	高锰酸盐指数	氨氮	石油类	总磷
渤海	11.8	2.9	0.16	0.3
黄海	25.1	4.0	0.35	0.6
东海	311.4	59.3	2.50	17.4
南海	122.7	17.1	2.15	11.3
合计	471.0	83.3	5.16	29.6

表 3-4 各类直排海污染源排放情况

污染源类别	废水量/亿 t	化学需氧量/万 t	石油类/t	氨氮/t	总磷/t	汞/t	六价铬/t	铅/t	镉/t
合计	45.65	31.29	1864	41531	4213	0.25	0.31	2.7	0.16
工业	15.41	4.31	154	2210	204	0.008	0.3	0.4	0.07
生活	7.36	7.85	703	12110	1384	—	—	—	—
综合	22.88	19.13	1007	27211	2625	0.24	0.006	2.3	0.09

表 3-5 四大海区受纳直排海污染源污染物情况

海区	废水量/亿 t	化学需氧量/万 t	氨氮/万 t	石油类/t	总磷/t
渤海	1.32	0.77	0.08	166.3	35.2
黄海	8.29	6.33	0.64	215.1	826.0
东海	26.32	13.52	1.80	526.4	1092.2
南海	9.72	10.66	1.63	956.4	2260.1

(3) 我国大气污染基本上属于煤烟型污染　部分城市环境空气污染仍较重，并以降尘和酸雨危害最大。2008 年，有 252 个城市出现酸雨，占所监测的城市（县）52.8%；酸雨发生频率在 25% 以上的城市 164 个，占 34.4%；酸雨发生频率在 75% 以上的城市 55 个，占 11.5%。另据统计，我国北方城市降尘平均每月每平方公里为 50 多 t，有的地方甚至高达 100 多 t。我国每年有 4000 万亩农田遭受酸雨污染，造成 20 亿元人民币的经济损失。

(4) 我国工业固体废物和危险废物产生量不容小觑　2008 年，全国工业固体废物产生量为 190127 万 t，比 2007 年增加 8.3%，危险废物产生量为 1357 万 t。

(5) 我国水土流失问题　我国现有水土流失面积 356.92 万 km^2，占国土总面积的 37.2%，其中水力侵蚀面积 161.22 万 km^2，占国土总面积的 16.8%，风力侵蚀 195.70 万 km^2，占国土总面积的 20.4%。各省、自治区、直辖市都存在程度不同的水土流失问题。

(6) 我国当前农村环境问题日益突出，形势十分严峻　突出表现为生活污染加剧、资源污染加重、工矿污染凸显、饮水安全存在隐患，呈现出污染从城市向农村转移的态势。

(7) 我国森林覆盖率减少严重　目前，我国森林覆盖率仅为 18.2%，人均森林面积 0.132 公顷，人均森林蓄积 9.421m^3，在世界上排列在 100 多位。由于过量采伐，毁林开荒，森林火灾等原因，每年还要减少森林面积 3700 多亩。

各种各样的生态环境问题造成了巨大直接经济损失，对我国经济发展的可持续性构成威胁。环境污染导致的经济损失不断上升，1992 年公布的污染损失为 1096.5 亿元，占当年 GNP 的 4.5%，而 1997 年世界银行统计，中国环境污染损失占 GNP 的 7.7%，仅每年空气和水污染造成的经济损失就高达 540 亿美元。除了对经济发展的影响，污染日益加重的环境也影响着人民生活水平的提高，甚至威胁到人民身体健康和生命安全。1997 年，世界银行对我国的环境问题进行研究后指出，环境污染加剧使得环境事故频发，与环境污染密切相关的恶性肿瘤和呼吸系统疾病发病率上升。在中国主要城市，估计每年有 17.8 万人因大气污染的危害而过早死亡，每年由于大气污染致病而造成的工作日损失达 740 万人/年；在沈阳、上海及其他一些主要城市，受调查的儿童血液中含铅量平均超过被认为对智力发展不利水平的 80% 左右。环境问题还会引致频繁的自然灾害，危及人民生命财产安全，阻碍工业化进程。水灾、旱灾、沙尘暴、泥石流等自然灾害有频发、加剧之势。1998 年的特大洪灾，致使我国遭受了巨大的经济损失，现在每年都发生而且愈来愈烈的沙尘暴，对我国经济的影响也是不容忽视的。据统计，每年因自然灾害造成的直接经济损失高达 2000 亿元以上，受灾人口 2 亿多人。

我国不但面临着环境危机，而且面临着能源危机。随着我国经济的快速发展以及工业化、城镇化进程的加快，能源需求不断增长，能源供应形势也非常严峻。从 1990 ~ 2004 年，中国石油消费量增长 135%、天然气增长 101%、钢增长 156%、铜增长 192%、铝增长 390%、锌增长 331%、10 种非铁金属增长 276%。我国人口占世界 21%，但石油储量仅占世界 1.8%、天然气占 0.7%、铁矿石不足 9%、铜矿不足 5%、铝土矿不足 2%。如今，仅靠国内资源已不足以支撑我国今后的发展。从消费总量分析，未来几年，我国的石油对外依存度将达到 57%、铁矿石将达到 57%、铜将达到 70%、铝将达 80%。能源危机已经严重影响了我国的经济发展和人民正常的生活水平。从 2003 年开始，我国每年都会不同程度地爆发电荒、煤荒，许多省份都不得不采取拉闸限电措施。电荒已严重制约了各地经济的发展，如 2004 年上半年，浙江部分地区平均每月停电 11.32 天，浙江省每年因缺电直接造成 GDP 损失 1000 亿人民币。

我国能源的现状是总量大、人均少、结构差、效率低，与经济发展需求有较大差距。随着社会经济快速发展，能源需求也将不断增长，特别是电力的需求增长迅速，将对能源利用和环保技术提出更高的要求，多年积累的矛盾和问题将进一步凸显。有学者对我国能源消费增长进行了排放情景分析，预测出我国 2020 年和 2050 年各种类型能源的需求量及结构，见表 3-6。

表 3-6 未来我国能源消费需求量及结构

能源类型	2005 年		2020 年		2050 年	
	标准煤/亿 t	所占比重(%)	标准煤/亿 t	所占比重(%)	标准煤/亿 t	所占比重(%)
煤	15.39	68.9	20	53.4	20	32.6
石油	4.69	21.0	6.43	17.2	7.15	11.7
天然气	0.65	2.9	3.00	8.0	7.36	12.0
核电	1.61	7.2	0.89	2.4	4.44	7.2
水电			3.89	10.4	4.66	7.6
风电			0.23	0.6	1.17	1.9
太阳能	/	/	0.02	0.1	1.67	2.7
生物质能	/	/	3.00	9	14.87	24.2
总需求量	22.33	100	37.45	100	61.30	100

然而，与能源消费的快速增长形成鲜明对比的是我国明显的资源约束和突出的供需矛盾。我国人均能源可采储量远低于世界平均水平，2000 年人均石油开采储量只有 2.6t，人均天然气可采储量 $1074m^3$，人均煤炭可采储量 90t，分别为世界平均值的 11.1%、4.3% 和 55.4%。预计到 2020 年，我国的石油缺口将达到 2.5 亿 t，需要新增天然气探明地质储量 34000 亿 m^3。此外，新能源和可再生能源虽然开发利用的潜力较大，但面临的制约因素也较多，例如，核电投资密集、建设周期长，短期内难以迅速增加。能源需求的大幅度增加对我国的资源和能源利用技术提出了更大的挑战。

除此之外，我国能源发展还面临着以下问题：

1）能源技术仍然较为落后，能源利用效率偏低。我国能源技术虽然已经取得较大进步，但与发展的要求和国际先进水平相比还有很大差距。能源技术装备水平低和管理水平相对落后，新能源技术的研究开发还不够，清洁能源技术的开发相对滞后，节能降耗技术的应用还不广泛。单纯依靠增加能源供应，难以满足持续增长的消费需求。

2）能源资源分布不均，能源结构不合理，环境承载力较大。我国优质能源资源相对不足、能源资源分布不均，这增加了持续稳定供应的难度，制约了供应能力的提高。此外，我国经济增长方式粗放、能源结构不合理，导致单位国内生产总值能耗和主要耗能产品能耗高于主要能源消费国家平均水平，进一步加剧了能源供需矛盾。我国能源消费以煤为主，富煤、缺油、少气的能源结构在未来相当长时期内难以改变。以煤为主的相对落后的煤炭生产方式和消费方式加大了环境保护的压力。相比于油、气，煤炭对环境的影响较大。煤矿地表沉陷、煤田自燃火灾、矸石山自燃等引发的植被破坏、地下水位下降、水体污染等现象比较严重。煤炭消费是造成煤烟型大气污染的主要原因，也是温室气体排放的主要来源。随着中国机动车保有量的迅速增加，部分城市大气污染已经变成煤烟与机动车尾气混合型污染。这种状况持续下去，将给生态环境带来更大的压力。

3）石油储备体系不健全，境外油气资源利用难度大。如前所述，我国石油、天然气资源相对不足，国内生产能力增长有限，需要更多地利用境外资源。但全球剩余可开采的能源也不多，即使维持现有消费水平不变，化石能源总储量也只能维持人类消费 100 年左右，而且开发环境和条件较好的油气资源大部分已被西方发达国家开发利用并控制。石油储备在能源供应安全中占有重要地位，我国石油储备刚刚起步，要达到储备目标还需要若干年。

4）能源市场体系不完善，应急能力有待加强。我国能源市场体系有待完善，能源价格机制未能完全反映资源稀缺程度、供求关系和环境成本。能源资源勘探开发秩序有待进一步规范，能源监管体制尚待健全。能源特别是煤炭安全生产形势较为严峻。近几年，由于市场需求旺盛，拉动了煤炭产量快速增加，但有近 1/3

的产量缺乏安全保障条件，煤矿生产安全欠账比较多，煤矿瓦斯爆炸等特大事故未能得到有效的遏制。此外，电网结构不够合理，石油储备能力不足，有效应对能源供应中断和重大突发事件的预警应急体系有待进一步完善和加强。

5）能源体制改革尚未到位，法律法规有待完善。我国煤炭企业机制转换滞后，社会负担沉重，企业跨区经营的体制环境没有完全形成，煤炭流通体制尚不完善，建设适应世界贸易组织（WTO）要求的原油、成品油、天然气市场体系以及完善政府宏观调控与监管体系等方面还存在不少的问题。同时，我国能源法律法规还不能适应能源发展与改革的需要，缺少能源安全等方面的法律依据，体现我国能源战略的基本法律还不够完备。

4. 造成我国能源与环境危机的根本原因

如前所述，我国当前面临着严重的环境危机和能源危机，生态环境状况恶化和能源短缺已经严重影响了我国国民经济的发展和人民生活水平的提高，对21世纪我国工业化的推进和全面建设小康社会形成巨大威胁。我国高投入、高排放、低效益的传统工业化模式是造成这种局面的主要原因。我国在迈向工业化的道路上片面追求经济发展速度，而忽视了经济效益，也没完全认识到工业化进程对生态环境和自然资源的影响。重化工业快速发展给生态环境带来很大压力，结构性污染特征明显，产业结构明显不合理。由于人们以越来越高的强度把物质和能源开发出来，在生产加工和消费过程中又把污染和废物大量地排放到环境中去，对资源的利用常常是粗放的和一次性的，通过把资源持续不断地变成废物来实现经济的数量型增长，导致了许多自然资源的短缺与枯竭，并酿成了灾难性环境污染后果。主要体现在以下几个方面：

（1）经济增长方式粗放　传统工业模式和经济发展模式的基本过程是：原料—产品—废料。在这种模式中，仅有3%～4%的原料转化为产品，其余96%左右被当成废物排放到自然界。按这种传统的发展模式将导致“高代价换取高增长，高增长付出高代价”的局面，我国资源和环境都将不堪重负。

（2）能源资源消耗过大　据悉，2003年，我国的国内生产总值（GDP）占全球的4%，但却消耗了全球55%的水泥、36%的钢铁、30%的煤炭、25%的铝。“十五”期间，我国原煤累计消耗比“九五”增加了20亿t，石油增加了近4亿t，黑色金属、有色金属、水泥、纸及纸浆等主要产量累计产量大多超过“八五”和“九五”之和。这种发展模式不但加快了自然资源的枯竭，也导致了生存环境的进一步恶化。

（3）经济效益较低　多年来，我国经济发展的质量一直不高，经济增长仍然是依靠过高的资本投入实现的，企业经济规模低，技术装备比较落后，科技进步转化率低，管理不科学，从而导致环境污染和生态破坏比较严重。尽管全社会的综合经济效益相比过去有所提高，但生产、建设、流通等领域的具体经济效益指标下降，资源有效利用程度低，能源利用效率仅为30%，比发达国家低20%。

（4）累计污染欠账较多　改革开放以来，我国的经济社会发展取得了巨大成就，GDP增长连续保持在9%左右，人均GDP已达到1000美元。然而，我国经济社会获得全面快速发展的同时，由于大量能源消耗和环境污染，造成了严重的环境污染“欠账”。我国经济运行尚未有效摆脱粗放发展模式，钢铁、水泥和电解铝三大高能耗重污染行业仍保持较高的增长速度。与此同时，还清环境污染“欠账”尚需时日，当前主要污染物排放总量仍明显大于自然界自净能力。

（5）环境法制观念淡漠　环境立法是解决环境危机的根本。环境法制观念是法治观念、守法观念、权利观念的统一。良好的环境道德观念和环境法制观念有利于提高社会公众保护环境的积极性。

（6）环境保护仍然没有真正纳入决策　1998年，我国国务院机构改革时曾提出要“通过建立并实行一套程序和制度，使环境保护能够在一定程度上参与审议有关对环境具有重大影响的经济和社会发展的决策过程，并提出相应的环保对策建议，为决策部门参谋环境事务”，并提出“建立有关重大经济决策的环境审议制度，强化环保部门参与综合决策的基本职能”。

第4节　工业化与绿色发展

如上一节所述，工业化的迅猛发展带来了环境危机和能源危机，因此必须转变原先落后的发展模式，从黑色发展向绿色发展转变，从传统工业化向新型工业化转变。

1. 传统工业化

（1）发展历程　1949年9月，《中国人民政治协商会议共同纲领》就明确提出：“中华人民共和国必须……发展新民主主义的人民经济，稳步地变农业国为工业国”，“应以有计划有步骤地恢复和发展重工业为重点……以创立国家工业化的基础”。在上述政策指导下，国民经济恢复时期重工业以较高速度得到了优先发展。1949～1952年，重工业产值和轻工业产值年均增速分别为48.5%和29.0%，两者占工业总产值的比重分别由26.6%上升到35.6%，由73.4%下降到64.4%。

1952年，当我国基本完成国民经济的恢复任务，即将转入大规模经济建设之际，如何进行工业化建设这个具体而又紧迫的问题就摆到了中国人民面前。“一五”时期（1953～1957年），我国选择了苏联工业化模式，进一步提出和实施了优先发展重工业的计划。工业建设项目中，由能源工业、原材料工业和机器制造业（包括军用机器制造工业和民用机器制造工业）组成的重工业就占了项目总额的98%，而轻工业仅占2%。可见，优先发展重工业，是“一五”时期的基本任务。

1958～1960年，优先发展重工业推到了一个极端，由此造成了经济的严重失衡。于是在1961年及1965年被迫进行了经济调整。但在1966~1970年和1971~1975年的两时期，生产和建设都转向了以“三线”（钢铁工业、煤炭工业、电力工业和机械工业以及相关的交通运输业）建设为重点的轨道，这意味着这期间继续坚持了优先发展重工业的战略。

1977~1978年，由于继续推行了追求经济高速增长的路线，掀起了一次以快速大量引进国外先进技术设备为特征的发展模式。其发展重点仍然是燃料、动力、黑色金属、有色金属、化工和相关的交通运输设施。于是，优先发展重工业的这条道路，一直延续到1978年。这样，在1953~1978年间，轻工业产值和重工业产值年均增速分别为9.3%和13.8%；轻工业占工业总产值的比重由64.4%下降到43.1%，而重工业占工业总产值的比重由35.6%上升到65.1%。

这段历史表明：中国在长达26年的时间内，走过了高速优先发展重工业的道路。

（2）传统工业化的特点　传统工业化主要存在以下特点：

1）在所有制结构上，实行的是单一的公有制，个体、私有经济的发展没有得到应有的重视。

2）在资源配置方式上，实行的是高度集中的计划经济，妨碍了市场作用的发挥，妨碍了工人、农民和企业的积极性、创造性的发挥。

3）在发展战略上，实行的是优先发展重工业的方针。

4）在发展方式上，追求的是高速度和粗放式发展，人、财、物的高投入，经济效益比较差。

5）在工农关系、城乡关系上，工业依靠工农产品剪刀差积累资金，并限制农业劳动力和农村劳动力的转移。

6）在国际关系上，片面强调自力更生，不重视学习国外的先进技术和管理经验，一定程度上延缓了我国的工业化进程。

（3）传统工业化存在的问题　不可否认的是，在传统工业化的带动下，我国的经济发展取得了不少的成就。改革开放以来我国社会经济得到快速发展，社会生产的物质技术基础得到了加强，居民生活水平有了较大地改善。但是，在经济实现持续高速增长的同时，经济、社会与环境潜在的矛盾也逐步暴露出来，主要表现在工业化、现代化与生态化、可持续发展之间的矛盾。这些矛盾的交织和叠加阻碍了以人为本、全面协调可持续发展观的全面落实。

传统工业化导致了粗放经济增长方式的普遍化（低水平重复建设的普遍发展）和凝固化（粗放经济增长方式向集约增长方式的转变过程很慢）。这就意味着经济增长主要是依靠生产要素投入的增长，而不是技术的进步。按现价计算，1953~1978年，国内生产总值年均增长6.7%，而作为各项生产要素货币表现形态的全社会固定投资年均增长率达到17.4%，两者的比率为1:2.6。传统工业化模式下的经济增长主要是依靠自然资源的过度消耗，这种粗放的经济增长方式长期的普遍化和凝固化使环境遭受严重污染和生态遭受严重破坏。由于片面追求经济发展，追求高速度，缺乏环境保护意识和可持续发展观念，造成了大量的环境问题，不仅影响我国的经济发展的可持续性，而且严重地影响了人民的生活质量，从而使我们面临着十分严峻的环境保护形势。

由此可见，传统工业化道路基本上是一条数量扩张型工业化道路，是高消耗、高污染的工业化，必然导致一些地区环境污染和生态环境恶化。

2. 新型工业化

（1）新型工业化的必要性　从全球范围来讲，西方发达国家也曾走过传统工业化的道路。纵观发达国家或地区的经济发展历程，其最初的经济发展模式无外乎是资本驱动型、资源消耗型、劳动密集型、环境污染型、生态破坏型等几种，属于传统工业化的黑色发展模式。然而发展到一定阶段，发达国家或地区意识到存在的环境问题，其发展模式继而向知识（技术）驱动型、节约资源型、环境友好型、生态保护型转变，也就是向新型工业化的绿色发展模式转型，其间走了不少弯路，付出了极大的代价。

传统工业化的模式中，发达国家或地区对全球资源的占有是以大量消耗与大量排放为代价的，这种模式在少数国家或地区开始工业化时是可行的，但是，一旦发展中大国开始工业化后，传统工业化就不仅造成本国的资源环境矛盾凸现，也会引起全球的资源环境矛盾的凸现。因此，传统工业化向新型工业化转变是必然的。

联合国计划开发署在一份报告中提出像中国等发展中国家，或后发展地区应当选择新型工业化发展之路。这不同于“增长优先”、“先污染、后治理”、“先致富、后清理”的传统模式。我国是世界人口最多的国家，世界最大的发展中国家，世界工业化发展速度最快的国家。但我国人口多、底子薄，我国的主要资源再也难以支撑传统工农业经济的持续增长，现有的生态环境更难以支撑当前这种高污染、高消耗、低效益生产方式的持续扩张。因此，传统的工业化道路是一种不可持续发展的道路，必须要转变这种粗放型的经济增长方式，解决我国当前所面临的生态环境危机和能源危机，使我国现代化快速、健康发展。我国必须走出一条科技含量高、经济效益好、资源消耗低、环境污染少、人力资源得到充分发挥的新型工业化道路。

（2）新型工业化的含义及要素　新型工业化道路主要“新”在以下几个方面：

第一，新的要求和新的目标。新型工业化道路所追求的工业化，不是只讲工业增加值，而是要做到“科技含量高、经济效益好、资源消耗低、环境污染少、人力资源优势得到充分发挥”这五个要素，并实现这几方面的兼顾和统一。这是新型工业化道路的基本标志和落脚点。

第二，新的物质技术基础。我国工业化的任务远未完成，但工业化必须建立在更先进的技术基础上。坚持以信息化带动工业化，以工业化促进信息化，是我国加快实现工业化和现代化的必然选择。要把信息产业摆在优先发展的地位，将高新技术渗透到各个产业中去。这是新型工业化道路的技术手段和重要标志。

第三，新的处理各种关系的思路。要从我国生产力和科技发展水平不平衡、城乡简单劳动力大量富余、虚拟资本市场发育不完善且风险较大的国情出发，正确处理发展高新技术产业和传统产业、资金技术密集型产业和劳动密集型产业、虚拟经济和实体经济的关系。这是我国走新型工业化道路的重要特点和必须注意的问题。

第四，新的工业化战略。新的要求和新的技术基础要求大力实施科教兴国战略和可持续发展战略。必须发挥科学技术是第一生产力的作用，依靠教育培育人才，使经济发展具有可持续性。这是新型工业化道路的可靠根基和支撑力。

结合我国的实际情况，我国的新型工业化道路应该包括以下几个要素：

第一，信息化。新型工业化道路的本质就是工业化与信息化的互动发展，即信息化带动工业化、工业化促进信息化。21世纪是信息技术发展的时代，目前，一般发达国家的信息产业占GNP的比重达40%～65%，信息产业对我国国民生产总值的贡献在10%以上。信息化与工业化的相互促进有助于加快工业化的进程，提高工业化发展的科技含量、创新力和竞争力。推进信息化不仅可以催生一大批高新技术产业，如光机电一体化产业、光学电子产业、汽车电子产业等，培育更多新的经济增长点，更为重要的是，通过信息技术的广泛应用，其高成长性、高关联性和高渗透性可以带动和改造庞大的传统产业，增加科技含量，促进产品更新换代，提高产品质量和附加值，促进产业结构调整与优化升级。

第二，科技进步。科技进步和创新是实现新型工业化、现代化的决定性因素和强大动力。当今世界科技发展日新月异，企业竞争、产业竞争、综合国力竞争，集中表现为科技的竞争。因此，新型工业化发展模式要求增加传统产业的研发投入，大力发展高新技术产业，促进产业结构升级，并对引进技术进行消化吸收和创新，提高自主创新能力。

第三，循环经济。新型工业化倡导经济增长方式向集约型转变，也就是向以经济效益为中心转变，通过技术进步、科学管理、降低成本来提高劳动生产率。循环经济是新型工业化的持续支持，是一种可持续性的经济形态，是集经济、技术和社会于一体的系统工程。它主要运用生态学规律来指导社会经济活动，倡导的是一种与环境和谐的经济发展模式，本质上就是一种生态经济。循环经济将环境与经济结合起来，以实现资源使用的减量化、产品的反复使用和废弃物的资源化为目的，强调“清洁生产”，是一个“资源—产品—再生资源”的闭环反馈式循环过程，最终实现“最佳生产、最适消费、最少废弃”，主要体现在资源和能源使用效率最大化、社会整体利润最大化、较低的资源消耗和较少的环境污染等方面。循环经济是一种新的技术范式，一种新的生产力发展方式，可以说，它是通过制度创新进行技术范式的革命，是新型工业化的新方向。

第四，人力资源。人力资源是我国最丰富也最有竞争优势的战略资源，是走新型工业化的智力支撑。新型工业化的发展模式着重发展吸纳劳动力容量大的区域，比如各类城市、城市带和产业聚集区等，鼓励劳动者自谋职业、自主创业和灵活就业，从而让尽可能多的人有参与工业化或就业的机会。当然，培养人力资源需要一定的投资，积累人力资源需要合理的人才激励机制。因此，新型工业化模式决定了对人力资源教育投资力度的重要性，且这种教育投资要适当超前于经济。此外，采取合理的激励制度吸引人才，激发人才的积极性也是十分重要的。

（3）新型工业化的特点　新型工业化相对于传统工业化有四个突出的特点：

1）在三次产业的协调发展中完成工业化的任务，而不是孤立片面地实现工业化。

2）在完成工业化任务的过程中推进信息化，而不是把信息化的任务推向未来。

3）把实现工业化纳入可持续发展的轨道，而不是先污染后治理、先破坏后建设。

4）在工业化过程中尽力发挥我国人力资源丰富的优势，而不是造成大量劳动力失业。

（4）新型工业化的意义　在新的科技革命突飞猛进、经济全球化深入发展、资源环境问题越来越严重的情况下，要想切实有效地解决当前所面临的生态环境危机和能源危机，我国必须突破传统工业化模式，走一条有时代发展特点、符合客观规律和我国国情的新型工业化道路，才能确保经济社会可持续发展。

在实现新型工业化发展模式的过程中，依靠科学技术进步和劳动者素质的提升来提高生产要素的利用效率，从而实现资源的低消耗；通过限制工业污染物排放和禁止乱砍滥伐来促进生态建设和环境保护。由此可以看出，新型工业化道路和绿色产业之间存在着密切的联系，走新型工业化道路，就必须发展低消耗、低投入、低污染、高产出和高效益的绿色产业。

3. 绿色发展

随着全球环境问题的日益恶化，人们愈来愈重视对于环境问题的研究。随着人类环境意识的提高，各种环境污染控制与治理措施逐步开展。20世纪60～70年代，主要采取稀释排放和末端治理等对污染物的治理措施，使污染物排放达到排放标准的要求。70～90年代，重心转向节约能源，致力于减少排放物的源头治理，实行少消耗、少排放、多产出，同时获取经济效益和环境效益。80年代后期以来，治理工作又进入到清洁生产、绿色制造阶段，提倡充分利用资源，从源头削减和预防污染物及有毒物的产生，强调产品使用效率的提高、使用寿命的延长以及分类回收和循环利用。可以看到，在长期的积极努力之下，我国的绿色发展之路是从采用被动的末端治理方式逐渐转变为主动预防、处理、消纳和循环利用。

我们正处于全球信息化、数字化、网络化的时代。宽带、无线、智能网络继续快速发展，超级计算、虚拟现实、网络制造与网络增值服务产业突飞猛进。这将深刻改变生产与消费方式，改变产业结构，改变企业和社会的组织结构与管理方式，进一步推进经济全球化进程。当代科学技术迅猛发展、日新月异，依靠科技创新和进步可以打造新的制造和服务方式、生活与消费方式，这些都将支持我们向资源能源节约、循环利用、环境友好、生态安全的方向发展，更加关注人口健康和社会公平，真正实现绿色发展。

(1) 绿色发展的含义 绿色发展就是强调经济发展与保护环境的统一协调，是科技含量高、经济效益好、排放少、污染少、人力资源得到充分发展的发展道路，是更加积极的、以人为本的可持续发展之路。绿色发展是生态经济建设的重要内涵，也是新型工业化替代传统工业化的重要途径。

从环境角度来看，绿色发展强调的是一种不以牺牲环境为代价而片面追求经济发展的、环境友好的发展模式。在绿色发展的模式中，污染物排放较少，资源消耗较少，环境与经济和谐发展。

从能源角度来看，绿色发展模式的能源规划必须要建立在强化节能、提高能源利用效率这个基础上，从可持续发展和国民经济健康发展的角度出发，调整产业结构，改变经济增长方式，控制高耗能产业，不断加大可再生能源的开发和利用。

绿色发展本质上就是由高资本投入、高增长，转向相对低的资本投入，并保持一定的高增长；以及高能耗、高增长转向相对低的能耗和高增长；高污染排放、高增长转向相对低的污染排放、高增长；密集型投入的高增长转向知识型投入的高增长。

(2) 绿色发展的主旨 绿色发展与循环经济紧密相连，可以说绿色发展的主旨就是发展循环经济，因为循环经济体现了人类对于人与自然关系认识的深化和对传统的高消耗工业发展模式的扬弃。传统经济以“资源开采—生产—消费—废弃物排放”的物质单向流动为主要特征，循环经济则致力于组织“资源—生产—消费—资源（再生）”的反馈式流程，体现了减量、再利用、再循环。循环经济是建立在可持续发展理论基础上的新发展观念，也是正在实践中发展起来的一种新型经济运行方式。循环经济的目的在于解决经济增长与资源环境约束的日益尖锐的矛盾，它要求在经济运行中尽量减少资源消耗和污染排放，通过大幅度提高资源生产率获得经济效益和环境效益，将环境保护由末端治理变为源头防控。

循环经济有四个技术经济特征：一是提高资源利用效率，减少生产过程的资源和能源消耗。这是提高经济效益的重要基础，也是污染排放减量化的前提。二是延长和拓宽生产技术链，将污染尽可能地在生产企业内进行处理，减少生产过程的污染排放。三是对生产和生活用过的废旧产品进行全面回收，可以重复利用的废弃物通过技术处理进行无限次的循环利用。这将最大限度地减少初次资源的开采，最大限度地利用不可再生资源，最大限度地减少造成污染的废弃物的排放。四是对生产企业无法处理的废弃物集中回收、处理，扩大环保产业和资源再生产业的规模，扩大就业。

循环经济是贯穿于生产、消费、回收等主要环节始终的。这种“循环”的范围可以扩大至整个社会，也可以缩小至一家企业。就企业而言，推行清洁生产、资源和能源的综合利用，减少生产过程中物料和能源的使用量、减少废弃物及有毒物质的排放，最大限度地利用可再生资源都是循环经济的体现。例如宝钢企业对生产过程中产生的大量固体废弃物，如高炉渣、钢渣、粉煤灰、污泥和粉尘等，通过集中回收并进行各种工艺技术处理后，重新用于烧结等工序或作为水泥原料和建材，既节约了资源，又减轻了环境负荷。再以整个社会来看，循环经济可以体现在通过推行“可持续消费”理念、推进废旧物资的再生利用、提倡节约型消费模式，从而实现消费过程中和消费过程后物质和能量的循环。

(3) 绿色发展的内容与方法　绿色发展大体可以分为四大部分：绿色设计、绿色制造、绿色物流和绿色生产。

1) 绿色设计：

① 概念。绿色设计（Green Design）也称为生态设计（Ecological Design），环境设计（Design for Environment）等。绿色设计的基本思想是在设计阶段就将环境因素和预防污染的措施纳入产品设计之中，将环境性能作为产品的设计目标和出发点，力求使产品对环境的影响为最小。对工业设计而言，绿色设计的核心是“3R”，即 Reduce、Recycle、Reuse，不仅要减少物质和能源的消耗，减少有害物质的排放，而且要使产品及零部件能够方便的分类回收并再生循环或重新利用。

有研究表明，设计阶段决定了产品生命周期中全部资源消耗的70%～80%。传统工业设计为人类创造了现代生活方式和生活环境的同时，也加速了资源、能源的消耗，并对地球的生态平衡造成了极大的破坏，特别是工业设计的过度商业化，使设计成了鼓励人们无节制的消费的重要介质。可以看到，传统设计以需求为主要设计目的，很少或没考虑到有效的资源再生利用，以及产品生产和使用过程中的资源和能源消耗以及对生态环境的影响，在制造和使用过程中很少考虑产品回收。

绿色设计与传统设计不同，它是一种全新的设计理念，是在产品的整个生命周期的各个阶段——设计、选材、生产、包装、运输、使用及报废处理，都综合考虑其对资源和环境的影响。即在考虑产品功能、质量、开发周期和成本的同时，优化设计因素，使产品在制造及使用过程中对环境和资源消耗的总体影响减到最小。绿色设计彻底抛弃了传统的“先污染、后治理”的环境治理方式，代之以“预防为主、治理为辅”的环境保护策略。绿色设计包含概念设计、生产工艺设计、使用乃至废弃后的回收、重用及处理等内容，即进行产品的全寿命周期设计，是从摇篮到再现的过程。绿色设计是依据环境效益和生态环境指标与产品功能、性能、质量及成本要求进行设计，在产品构思及设计阶段充分考虑降低能耗、资源重复利用和保护生态环境，并在产品制造和使用过程中可拆卸、易回收、不产生毒副作用、保证产量最少的废弃物。绿色设计是为需求和环境而设计，因此满足可持续发展的要求。

简而言之，绿色设计就是在产品整个生命周期内，着重考虑产品的环境属性、自然资源的利用、环境影响、可回收性、可重复利用性等，并将其作为设计目标，在满足环境目标要求的同时，并行地考虑并保证产品应有的基本功能、使用寿命、经济性和质量等要求。

② 内容。绿色设计包括：绿色材料选择设计、绿色制造过程设计、产品可回收性设计、产品的可拆卸性设计、绿色包装设计、绿色物流设计、绿色服务设计、绿色回收利用设计等。在绿色设计中要从产品材料的选择、生产和加工流程的确定、产品包装材料的选定，直到运输等都要考虑资源的消耗和对环境的影响，以寻找和采用尽可能合理和优化的结构和方案，使得资源消耗和环境负影响降到最低。在绿色产品设计的材料选择与管理中，一方面，不能把含有有害成分与无害成分的材料混放在一起；另一方面，对于达到寿命周期的产品，有用部分要充分回收利用，不可用部分要用一定的工艺方法进行处理，使其对环境的影响降到最低；在产品的可回收性设计中，要综合考虑材料的回收可能性，回收价值的大小，回收的处理方法等；在产品的可拆卸性设计中，要使所设计的结构易于拆卸，维护方便，并在产品报废后能够重新回收利用。

③ 方法。绿色设计的方法主要有模块化设计和循环设计两种。

模块化设计是对在一定范围内的不同功能或相同功能不同性能、不同规格的产品进行功能分析的基础上，划分并设计出一系列功能模块，通过模块的选择和组合可以构成不同的产品，满足不同的需求。模块化设计既可以很好地解决产品品种规格，产品设计制造周期和生产成本之间的矛盾，又可实现产品的快速更新换代，提高产品的质量，方便维修，有利于产品废弃后的拆卸、回收。

循环设计既是回收设计，就是实现广义回收所采用的手段或方法，即在进行产品设计时，充分考虑产品零部件及材料的回收的可能性、回收价值的大小、回收处理方法、回收处理结构工艺性等与回收有关的一系列问题，以达到零部件及材料资源和能源的充分有效利用、环境污染最小的一种设计的思想和方法。

除此之外，还有组合设计、可回收设计、可拆卸设计、绿色工艺设计、绿色包装设计等绿色设计方法。

可回收、可拆卸设计是针对回收和处理而言的设计，由于产品生命周期终结后若不及时回收利用与处理，会造成资源浪费和环境负担，因此，面向回收和拆卸的设计就尤为重要。再利用、再使用、废弃等不同的回收方法使产品的生命周期形成了一个闭合的回路，寿终的产品通过回收又进入下一个生命周期的循环之中。

可拆卸设计是基于前述的模块化设计方法，也就是充分利用产品的模块化，简化拆卸工作，节约处理时间，易于回收材料和零部件，并易于分类处理残留废弃物。

绿色工艺设计是以传统的工艺技术为基础，并结合材料科学、表面技术、控制技术等新技术的先进制造工艺技术。由于工艺方案不同，材料及能源的消耗也不同，对环境影响程度也就不同，因此，良好的工艺设计可以有效利用资源，减少材料和能源消耗以及环境污染。

绿色包装设计是指通过优化产品包装方案，降低材料、能源消耗，并使包装在产品生命周期中发挥作用后无环境污染，即使用无毒、无害、无污染、可再生利用和降解的材料，优化包装结构，减少材料消耗，并重复利用包装废弃物。

④ 汽车产业的绿色设计。在不少国家和地区，交通工具不仅是空气和噪声污染的主要来源，并且消耗了大量宝贵的能源和资源。因此交通工具，特别是汽车的绿色设计备受关注。汽车是能源消耗的大户，现在98%的汽车都需要使用石油制品来驱动，汽车对石油资源的依赖程度很高。在美国，60%的进口石油都用于交通系统，中国的这一比例也在50%左右。

减少污染排放是汽车绿色设计最主要的问题。以技术而言，减少尾气污染的方法主要有两个方面，一是提高效率从而减少排污量；二是采用新的清洁能源。对于汽车企业来说，随着石油资源的日益紧缺，以及汽车尾气污染的日益严重，开发新能源清洁汽车——电池电动车、混合动力车、燃料电池电动车，实现汽车能源的多元化是必然选择，也已成为各大汽车公司未来市场制胜的关键。发展替代能源要按照以新能源替代传统能源、以优势能源替代稀缺能源、以可再生能源替代石油能源的原则，重点发展生物燃料和石油替代产品。

目前，全球各大汽车公司已经开始投入资金研发新能源清洁汽车，特别是在燃料电池电动汽车和以氢为燃料的汽车上。如丰田、通用与埃克森美孚公司联手，正试图从碳质燃料的清洁碳氢化合物燃料中提取 H_2，本田汽车公司正利用纯 H_2 的方式生产汽车，利用太阳光从水中提取 H_2。我国汽车技术研究中心化学工作部副主任傅连学表示，我国目前的车用柴油急需被替代，今后生物柴油将会成为国家重点发展的生物燃料之一。

2）绿色制造：

① 背景。在机械制造工业中，与材料、能源、环境密切相关的原材料的开采方式、产品的制造工艺、使用方法以及产品的回收处理等各方面问题是造成环境污染、资源迅速减少的主要因素。在竞争日益激烈的国际市场，我们也正面临着发达国家绿色贸易壁垒的挑战。作为资源消耗的大户，制造业及其产品的能耗约占全国能耗的2/3。如何尽量减少制造业对环境产生的负面影响，已成为制造业主们必须直面的首要问题。“绿色制造”就是在这种情况下提出的，这是一种能够满足可持续发展战略的先进制造模式，以不损害当前生态环境和不危害子孙后代的生存环境为前提，最有效利用资源和最低限度地产生废弃物和最少排放污染。

我国在规划建议中明确提出要加快发展先进制造业。根据“十一五”规划的总要求，制造科技发展的趋势是：以绿色制造为制造科技的发展方向；坚持传统技术与高新技术相互融合；以信息技术促进和提升制造技术水平；将极端条件下制造列为制造技术发展的重要领域。

② 概念。绿色制造（Green Manufacturing）又称环境意识制造（Environmental Conscious Manufacturing）、面向环境的制造（Manufacturing for Environment）等。绿色制造是在保证产品的功能、质量、成本的前提下，综合考虑环境影响和资源、能源消耗的现代制造模式。其目标是从原料采购、产品设计、产品制造、包装、分销、运输、仓储、消费到报废回收处理的整个产品生命周期中不产生环境负面影响或使环境污染最小化，符合环境保护要求，并对健康无害；节约资源和能源，使资源利用率最高，能源消耗最少，并使企业经济效益、环境效益和社会效益协调最优化。从上述定义可以看出，绿色制造中的“制造”涉及产品整个生命周期，是一个“大制造”的概念，并且涉及多学科的交叉和集成，体现了现代制造科学的“大制造、大过程、学科交叉”的特点。

绿色制造强调的是循环经济和清洁生产的概念，也就是从源头入手，通过资源的有效综合利用和短缺资源的替代等方式做到节约能源与自然资源，减轻资源的耗竭；同时，减少废弃物和污染物的生产与排放，根除造成污染的制造过程，促进产品在生产中与环境相容，将污染物消除在制造过程中，完成全生命周期循环，减少对人体健康和环境的危害。归根结底，绿色制造是产品生命周期全过程、环境保护、资源优化利用三部分内容的交叉与结合。

③ 体系结构。绿色制造的体系结构主要包括绿色材料和能源使用、绿色生产过程以及绿色产品三大部分，即使用绿色材料、能源经过绿色生产过程最终生产出绿色产品。在这个过程中必须考虑能源利用率、绿色材料、绿色制造工艺、绿色制造设备及工艺装备、生产成本、环境影响等因素，在整个产品生命周期中的每个环节——从产品材料的选择、生产到产品报废回收处理的全过程综合分析环境与资源问题，充分利用资源，减少环境污染。

a. 绿色材料和能源使用。绿色制造要从开发应用绿色材料与绿色能源做起。

长久以来，材料的性能和作用是材料选择首要考量的因素，而其对材料的回收再利用、材料对环境的影响往往被忽视，因此造成了严重的资源浪费和极大的环境污染。而绿色材料是在满足一般功能要求的前提下具有良好的环境协调性的材料。例如，低耗能、少污染、易加工的材料，可回收再利用的材料，可再生材料，以及节能、自降解新材料等。绿色能源主要体现在以风能、太阳能、生物质能等为代表的可再生能源和氢能体系。在绿色制造系统中，应该选择储量丰富的、可再生和回收的、循环利用率高的、环境保护性好（低能耗、少污染、无毒无害、低辐射）的材料与能源。

b. 绿色生产过程。绿色生产过程涵盖了包装、绿色生产工艺、绿色生产设备等内容。在生产过程中，通过生态工厂的设计规划与运行管理，使工厂从设备的布局到工艺过程的规划都符合生态环保要求，通过再制造、回收处理等技术，形成资源、能源的全生命周期闭环循环，减少报废固体废弃物，提高资源与能源的利用率。例如，采用消失模铸造、粉末冶金、快速原型成形等低污染的加工与成形工艺；应用绿色工艺装备，提高装备的能效，减少生产过程的废弃物，使工作环境符合环保标准；消除从源头企业到最终消费者整个过程所产生的原材料、运输、库存等浪费，采用新技术和严格的科学管理生产出清洁产品。

c. 绿色产品。绿色产品是指以环境和环境资源保护为核心概念而设计生产的可以拆卸并分解的产品，其零部件经过翻新处理后，可以重新使用。因此，绿色产品是环境友好的、节能的、易于回收利用的、便于处理处置的。例如，电动汽车和其他非燃油汽车，如以天然气、甲醇和太阳能等驱动的汽车均属于绿色汽车；再如德国费隆家用器材公司生产的用丁烷和丙烷的混合气体制冷，而不是用会造成大气环境污染的氟利昂物质作为制冷剂的绿色冰箱；我国宝钢公司在绿色产品开发方面为减轻汽车自重、减少油耗和排放，先后开发出热轧高强度钢板、冷轧高强度 IF 钢、冷轧高强度低合金钢、冷轧 TRIP 钢、双相钢、烘烤硬化钢等强度级别较高的汽车用钢，以适应汽车制造业的发展要求；开发出水性自粘接涂层电工钢，代替了有毒有害的溶剂型涂层；开发出减振复合钢板，降低了汽车、家电和工程机械的噪声和振动；开发出电镀锌预磷化钢板，减少了各类有机润滑油的使用，从而减轻了油污和清洗剂对环境的污染。

3）绿色物流：

① 概念。绿色物流（Environmental logistics）是指在物流过程中抑制物流对环境造成危害的同时，实现对物流环境的净化，使物流资源得到最充分利用。它包括物流作业环节和物流管理全过程的绿色化。从物流作业环节来看，包括绿色运输、绿色包装、绿色流通加工等。从物流管理过程来看，主要是从环境保护和节约资源的目标出发，改进物流体系，既要考虑正向物流环节的绿色化，又要考虑供应链上的逆向物流体系的绿色化。绿色物流要求原材料、产品的物流方式最大

限度地减少污染和节约资源，最终目标是可持续发展。实现该目标的准则是经济利益、社会利益和环境利益的统一。

② 内容。绿色物流是一种能抑制物流活动对环境的污染，减少资源消耗，利用先进的物流技术规划和实施运输、仓储、装卸搬运、流通加工、包装、配送等作业流程的物流活动。绿色物流的内容主要包括以下几个方面：

a. 绿色的储存和装运。绿色仓储要求仓库布局要科学，使仓库得以充分利用，实现仓储面积利用的最大化，减少仓储成本。运输过程中的燃油消耗和尾气排放是物流活动造成环境污染的主要原因之一。因此，仓库选址应合理，并周密策划运力；合理布局与规划运输工具和运输路线，克服迂回运输和重复运输；提高车辆装载率；节能减排的同时节约了运输成本。另外，还要注重对运输车辆的养护，使用清洁燃料，减少能耗及尾气排放。在整个物流过程中使用绿色运输工具，降低废气排放量，运用最先进的保质保鲜技术，保障存货的数量和质量，在无货损的同时消除污染。

b. 绿色的包装和再加工。包装是物流活动的一个重要环节，绿色包装可以提高包装材料的回收利用率，有效控制资源消耗，避免环境污染。绿色包装要符合4R要求，即少耗材（Reduction）、可再用（Reuse）、可回收（Reclaim）和可再循环（Recycle）。例如采用可降解的包装材料，设计简易包装，加强对绿色包装的宣传等。物流中的加工虽然简单，但亦应遵循绿色原则：少耗费、高环保，尤其要防止加工中的货损和二次污染。例如，将分散加工转向专业集中的流通加工，以规模作业方式提高资源利用率，采用清洁生产方式，减少环境污染，集中处理流通加工中产生的废弃物等。

c. 绿色的回收和处理。绿色回收与处理是指对在经济活动中失去原有价值的物品——废弃物，根据实际需要对其进行搜集、分类、加工、包装、搬运、储存等，然后分送到专门处理场所后形成的物品流动活动。

d. 绿色的信息搜集和管理。绿色物流要求搜集、整理、储存的都是各种绿色信息，并及时运用到物流中，促进物流的进一步绿色化。绿色物流的正常运行需要绿色管理的支持，在管理上运用绿色先进的技术手段，争取绿色的绩效，才能与绿色物流营运同步而发挥更大的作用。此外，企业不仅要考虑自身的物流效率，还必须与供应链上的其他关联者协同起来，建立起包括生产商、批发商、零售商和消费者在内的生产、流通、消费、再利用的循环物流管理系统。

4. 加快推进我国绿色发展

绿色发展是现代社会发展的趋势。我国的资源并不丰富，环境污染问题日益突出，推行绿色发展是非常迫切的需要。绿色发展是彻底解决环境问题的根本途径和方法，它着眼于发展循环经济，通过应用各种先进设计、先进材料、先进工艺和先进管理，实施绿色制造、绿色运行的“产品全生命周期环保策略”，有利于我国突破“绿色贸易壁垒”，在全球竞争与合作中赢得主动和优势。

但是，我们必须注意的是，在绿色发展过程中，企业等微观经济主体由于利益目标的驱使，普遍存在注重经济效益而忽视社会和环境效益等问题；社会公众则因个体认识的短期性和局限性而持观望或被动参与态度。因此，强化政府的宏观调控能力、规范企业行为是我国推进绿色发展的关键环节。

（1）绿色发展中的政府职责

1）加快推进产业结构升级与调整。加强黑色金属、有色金属、煤炭、化工、建材、建筑等重点行业、企业的节能减排工作；淘汰落后小炼铁厂、小炼钢厂等落后生产技术；完善并严格执行能耗和环保标准，对于新建项目进行严格的能源消耗审核和环境影响评价。

2）构建绿色国民经济核算体系。绿色国民经济核算是指一个国家或地区在现有的国民经济核算的基础上，考虑自然资源与环境因素，将经济活动中自然资源的耗减成本与环境污染代价予以扣除，进行资源、环境、经济综合核算，形成一套能够描述资源环境与经济活动之间的关系，能够提供资源环境核算数据的核算体系。绿色国民经济核算通过环境资源等外部环境成本内部化，对环境价值和环保费用进行准确的计算，将经济增长、社会发展、环境保护三个方面有机结合，相互平衡，从而较好地反映人类经济活动的有效程度，对绿色发展做出较好的贡献。

3）鼓励绿色产业技术研发。政府在中长期科技发展规划中应将加快绿色产业技术进步作为科技攻关专项，大力支持污染治理技术、废物利用技术和清洁生产技术的研究。积极推进以节能减排为主要目标的设备更新和技术改造，引导企业采用有利于节能环保的新设备、新工艺、新技术。加强资源综合利用和清洁生产，大力发展循环经济和节能环保产业，通过科技创新改造传统产业，推进产业结构升级换代，尽快淘汰高能耗、高物耗、高污染的工艺技术，开发废物再生利用技术。真正使科学技术在发展绿色产业中，为节约资源、保护环境、消除污染、提高经济效益发挥重要作用。

4）健全绿色发展政策法律体系。合理运用经济、法律、行政手段，建立健全绿色发展的制度体系，加速推进绿色制造的政策化、法律化、标准化、规范化进程。注重发挥市场机制作用，综合运用价格、财税、信贷等经济手段，促进绿色产业的发展。完善资源税制度，调整重要资源性产品价格，健全矿产资源有偿使用制度；制定环境标准，对违反标准的单位和个人依据其情节的轻重予以适当的处罚，包括追究法律责任；针对经济主体就其所产生并排放于大自然环境的废物，按其数量予以征收排污税；政府对企业防止和治理环境污染的行为，如开展环境领域的研究与开发、废弃物再利用、投资于污染治理的设备和设施或针对企业废物排放量的减少等，以投资税收抵免的间接方式给予一种正面的税收鼓励，或以货币的直接方式给予财政援助。绿色发展需要全社会共同努力，尤其是通过法律法规的约束和规范，使企业管理者和经营者的观念从单纯的经济增长转变为可持续发展。

(2) 绿色发展中的企业职责

1) 实施绿色管理。企业应把环境保护纳入企业决策要素之中，重视研究本企业的环境对策。例如采用一定的新技术、新工艺、新方法减少或消除生产流通过程中废物的排放，并对废旧产品进行回收处理、循环利用。通过改进产品原理、结构，采用新材料等方法变普通商品为绿色商品。

2) 实行清洁生产。清洁生产是循环经济的微观基础，也是发展循环经济的基本途径。企业的经营管理是清洁生产的体现主体，企业通过将综合性预防的战略持续地应用于生产过程、产品和服务中，从而提高效率并降低对人类安全和环境的风险。例如节约能源和原材料、淘汰有害的原材料、减少和降低所有废物的数量和毒性。

3) 树立绿色形象。"可生物降解"、"可回收利用"、"对臭氧层无害" 等绿色产品形象能够刺激消费者的绿色需求，扩大产品的销售额。企业对于绿色形象塑造的重视也有利于扩大企业的绿色影响，从而提高企业的市场占有率。

第 5 节 能源、环境与可持续发展

人类繁衍的历史可以说是人类社会与大自然相互作用、共同发展和不断进化的历史，环境问题的产生、发展和扩大与人类的社会经济活动息息相关。如今，全球经济高速发展，科技进步日新月异，人类物质文化逐步丰富，经济水平日渐提高，但是随之而来的是资源、能源、环境压力的不断增大，能源、材料的急剧消耗对人类的生存和发展造成了严重的威胁。因此，在保护环境的前提下发展经济，实现能源与环境的可持续发展成为当今世界普遍关注的问题。

1. 可持续发展

(1) 可持续发展思想的提出　可持续发展 (Sustainable development) 概念的提出源于人类对环境问题的逐步认识和关注。早在 1972 年，罗马俱乐部完成了"增长的极限" 报告，并根据大量的数据得出如下的结论：如果人口和工业按 1900 ~ 1970 年期间趋势发展下去，将无法避免在 2100 年以前发生"崩溃"；为了避免这种情况的发生，最好的办法就是限制增长，即"经济零增长"。同年 6 月，联合国在斯德哥尔摩召开了人类环境会议，发表了《只有一个地球》的人类环境宣言，呼吁各国政府和人民为改善环境，拯救地球，造福子孙后代而共同努力，为可持续发展奠定了初步的思想基础。1983 年 11 月，联合国成立了世界环境与发展委员会，该委员会于 1987 年将经过充分论证的名为"我们共同的未来"的报告

提交联合国大会，正式提出了可持续发展的模式。该报告指出：只有建立在环境和自然资源可承受基础上的发展，才具有长期性，才能持续地进行。1992 年 6 月，联合国在巴西里约热内卢召开了环境与发展大会，通过并签署了以可持续发展为核心的《里约环境与发展宣言》、《21 世纪议程》等重要文件，自此，可持续发展的概念被普遍接受，各种实践活动也开始在世界范围内逐步展开。我国政府随后也编制了《中国 21 世纪人口、资源、环境与发展白皮书》，首次把可持续发展战略纳入我国经济和社会发展的长远规划，1997 年的中共十五大把可持续发展战略确定为我国“现代化建设中必须实施”的战略。

（2）可持续发展的概念　可持续发展涉及自然、环境、社会、经济、科技、政治等诸多方面，因此站在不同的角度，对可持续发展所作的定义也就不同。

从自然的角度来看，“持续性”一词首先是由生态学家提出来的，即所谓“生态持续性”（ecological sustainability），意在说明自然资源及其开发利用间的平衡。1991 年 11 月，国际生态学联合会（INTECOL）和国际生物科学联合会（IUBS）联合举行了关于可持续发展问题的专题研讨会。该研讨会的成果发展并深化了可持续发展概念的自然属性，将“可持续发展”定义为：“保护和加强环境系统的生产和更新能力”，其含义为可持续发展是不超越环境系统更新能力的发展。人类是生态系统的主体，其生存和繁衍依赖于环境，同时其生命活动又会改变和影响环境。因此，只有保护好地球上的生命，正确处理人与自然的关系，解决好发展与限制的矛盾，才能既满足人类生存和繁衍所需，又不破坏自然。

从社会的角度来看，可持续发展包括生活质量的提高和改善。1991 年，世界自然保护同盟（IUCN）、联合国环境规划署（UNEP）和世界野生生物基金会（WWF）共同发表了《保护地球——可持续生存战略》（Caring for the Earth：A Strategy for Sustainable Living），将“可持续发展”定义为“在生存于不超出维持生态系统涵容能力之情况下，改善人类的生活品质”，并提出了人类可持续生存的九条基本原则。

从经济的角度来看，可持续发展鼓励经济增长而不是取消经济增长，同时强调这种增长应保持在自然与生态的承载力范围之内，且更追求经济发展的质量。爱德华 - B · 巴比尔（Edivard B. Barbier）在其《经济、自然资源：不足和发展》著作中，把“可持续发展”定义为“在保持自然资源的质量及其所提供服务的前提下，使经济发展的净利益增加到最大限度”；皮尔斯（D-Pearce）认为：“可持续发展是今天的使用不应减少未来的实际收入”、“当发展能够保持当代人的福利增加时，也不会使后代的福利减少”；世界银行在 1992 年度《世界发展报告》中将“可持续发展”定义为：建立在成本效益比较和审慎的经济分析基础上的发展和环境政策，加强环境保护，从而导致福利的增加和可持续水平的提高。

从科技的角度来看，斯帕思（JammGustare Spath）认为：“可持续发展就是转向更清洁、更有效的技术——尽可能接近‘零排放’或‘密封式’；工艺方法——尽可能减少能源和其他自然资源的消耗”。

综合来看，可持续发展就是建立在社会、经济、人口、资源、环境相互协调和共同发展的基础上的一种发展。对于“可持续发展”最广泛采纳的定义是《我们共同的未来》中对“可持续发展”的定义——可持续发展是既满足当代人的需求，又不对后代人满足其自身需求的能力构成危害的发展。《里约宣言》中对“可持续发展”进一步阐述为：人类应享有与自然和谐的方式过健康而富有成果的生活的权利，并公平地满足今世后代在发展和环境方面的需要，求取发展的权利必须实现。

（3）可持续发展的基本内涵　可持续发展以提高生活质量为目标，与社会进步相适应。可持续发展突出强调发展的主题，核心是发展，但要求在严格控制人口、提高人口素质和保护环境、资源永续利用的前提下进行经济和社会的发展。因此，单纯追求经济增长不能体现发展的内涵，可持续发展是从更大的视野角度研究人类的社会、经济、科技、环境的变迁与进步状况。

可持续发展以自然资源为基础，与环境承载力相协调。环境保护是可持续发展的重要方面，可持续发展要求节约资源，减少自然资源的耗竭速度，保护生物多样性，预防和控制环境破坏和污染……总而言之，可持续发展强调不能以环境污染为代价来取得经济增长，并在发展的基础上改善环境。

可持续发展以合适的政策和法律体系为条件，强调“综合决策”和“公众参与”，综合考虑经济发展、人口、环境、资源和社会保障等方方面面，根据全方位的信息和要求来制定政策并付诸实施。

可持续发展承认自然环境的价值，把生产中环境资源的投入和服务计入生产成本和产品价格之中，从而全面反映自然资源的价值。可持续发展是效率与公平目标的兼容，特别强调了“平等”，包括不同地区之间的平等、不同人群之间的平等、不同世代人群的平等。

2. 能源、环境与可持续发展

（1）人类—能源—环境系统　如前几节所述，人类社会的进步依赖能源，而能源的开发利用却又造成了人类赖以生存的环境恶化，因此，协调处理好人类社会、能源与环境的关系是至关重要的。

人类—能源—环境本来就是一个整体，环境是人类社会经济发展的基础，能源又是经济增长必需的生产要素和投入因子。一方面，经济增长对能源有依赖性；能源是人类生存、经济发展、社会进步和现代文明不可缺少的重要物质资源。它关系到国家经济命脉、国防安全和国计民生，能源的安全和有效供给是人类社会生产力的核心和动力，可以说，人类社会的经济发展离不开能源。有研究表明，在工业化进程中，随着国内生产总值的增长，总能源消费基本上呈现出线性模式增长。从整个经济发展速度和发展水平来说，在经济正常发展的情况下，能源消耗量和能耗增长速度与一个国家或地区的国内生产总值总量和增长率成正比关系。另一方面，能源的发展要以经济增长为前提，因为经济增长可以为能源发展提供物质条件和经济基础，科学教育的发展又促进了人类对能源的大规模开发利用。然而，能源作为人类社会经济发展的动力因素的同时也是一种障碍，能源的逐渐消耗及其带来的生态、环境问题，都将危害人类健康、严重制约和阻碍经济和社会的发展。

值得注意的是，过去300年，工业化惠及的人口不足9亿。而21世纪前半叶，包括中国十几亿人口在内，全球将会有20~30亿人口摆脱饥饿和贫困，实现小康，进而实现现代化。这将对全球资源、能源提出新的需求，对我们生存的地球的生态环境带来新的挑战。因此，在能源、环境与发展之间的矛盾日益突出的今天，我们必须依靠科技创新和进步，应用已有的知识和现代科学技术成就创造新的发展模式，在改善和提高当代人生活质量、保护生态环境的基础上，开发和利用能源，建立可持续能源系统；不要危及我们子孙后代生存发展的权利和地球生态环境，努力创造人与自然和谐进化的生态文明。

(2) 能源与环境可持续发展

1) 可持续能源的发展。能源在我国经济发展中占有重要地位，目前我国能源消费在总量上已经是一个仅次于美国的世界第二大能源消费大国。然而能源的相对短缺及其在开发与利用过程中的低效率和所造成的环境污染，正成为我国经济与社会可持续发展的重要制约因素。鉴于此，在满足经济发展和人民生活对能源需求不断增长的同时，不断提高能源利用效率和减少能源对环境造成的污染，是我国能源可持续利用的双重目标。党的十七大提出了要增强发展协调性，努力实现经济又好又快发展。转变发展方式取得重大进展，在优化结构、提高效益、降低消耗、保护环境的基础上，实现人均国内生产总值到2020年比2000年翻两番。这一目标展示了我国未来十年以经济建设为中心，国民经济将快速增长的宏伟蓝图。作为国民经济发展重要基础工业的能源工业，保障能源供给、实现能源可持续发展成为迫切需要解决的问题。

可持续能源发展就是关注能源与环境、人类经济社会的协调发展，以确保长期的、可持续的能源发展。它主要包括三方面的内容：①从能源开发到终端利用的一个完整的能源流过程，即建立高效、经济、洁净、安全、持续、稳定、科学的能源供应保障体系；②资源的承载能力、环境的缓冲能力、区域的生产能力等支撑体系，例如资源利用技术的进步、利用效率的提高、发展和利用替代能源等；③国家的政策、法律法规体系及市场等对能源行为的引导、管理和监督。

总而言之，可持续能源发展是依靠科学技术手段发展能源产业，提高能源资源的利用效率，降低单位产值能耗，提高能源经济效益，减少能源开发和利用引起的环境污染、生态破坏和健康威胁，保障能源的可靠、合理供应和可持续发展。

2）能源与环境可持续发展政策。能源是国家的动脉，环境保护是国家的基本国策。为了提高能源利用效率、实现能源利用与环境保护的协调发展，我国已采取了鼓励新能源和可再生能源开发、推动农村能源建设等措施并取得了一定的成效，但同发达国家相比，我国能源利用效率仍然相对较低，能源消费的总体结构仍然处在相当不合理的状态。在这种趋势下，要想解决我国能源消费所造成的环境问题，必须实现经济、能源与环境协调发展，预防可能出现的环境风险，促进经济社会的可持续发展。要实现能源与环境的可持续发展，需要从战略全局的角度制定新的能源发展政策，采取各种有效措施确保能源和环境安全。

① 实施节能优先政策，提高能源开发利用效率。节能政策是实现环境与经济双赢的战略，应把节约能源资源提升到基本国策的高度。节能优先就是将开发与节约并举，确立节能的首要地位，改变能源粗放利用的现状，加强用能管理；采取技术上可行、经济上合理，以及环境和社会可以承受的措施，减少从能源生产到消费各个环节中的损失和浪费；更加有效、合理地利用能源，不断降低单位国内生产总值能耗水平，提高能源开发和利用效率。

节能途径主要有结构节能、管理节能和技术节能。结构节能主要从宏观角度通过经济结构的调整，大力发展耗能低或不耗能的高新技术产业，向节能型工业体系发展；管理节能主要是加强计量检测，优化能源分配，强化管理维护，实现节能目标；技术节能是通过新技术、新工艺、新材料、新设备、新器件的开发应用来取得节能效益。目前，我国单位产值能耗是发达国家的3~4倍，主要工业产品的能源消耗强度比国外平均水平高40%，因此节能潜力较大。工业部门是我国最大的用能部门，如2005年，工业部门用能占全国能源总消费量的70.8%。因此，应充分挖掘工业部门节能潜力，通过修订节能设计规范，实行企业能源审计和报告，推进节能技术进步，建立能源管理信息系统等措施，促进工业部门的节能。此外，还应从房屋建筑规模、家用电器等方面大力加强建筑节能，并重视对电力部门和交通运输部门的节能管理，由政府机构率先示范节能。

提高能源开发和利用效率、加强能源再利用也是我国实现能源与环境协调发展的重要举措。我国的工业过分依赖于低效、小规模的能源密集型产业，主要耗能设备的能效远低于工业发达国家。因此，在能源消耗和使用中应用先进节能技术和工艺不仅能够缓解能源不足对经济发展的制约，而且可以极大地提高能源利用效率，降低能源等重要资源的投入，减少生产成本，从而享有能耗降低所带来的直接经济效益，以及能耗降低所产生的减少与能源相关的环境污染所带来的间接经济效益和社会环境效益。

② 调整能源消费结构，开发可再生能源。我国能源消费结构以煤炭和石油为主，2009年，我国煤炭消费比重约为68.7%，基本相当于世界上石油加天然气的

消费比重（61.7%），而我国石油加天然气的比重约为21.4%，又基本相当于世界平均煤炭的消费比重（25.5%）。目前，可再生能源中发展速度较快的主要是水电、生物质能、太阳能和风能。2009年，我国能源消费中非化石能源，即可再生能源消费比重虽然有所上升，约占当年能源消费的9.9%，但可再生能源所占的比例仍然过小。因此，从经济全球化的大趋势和市场体制的客观要求出发，可持续能源发展要求我国将能源结构向有利于环境的方向转变——能源优质化，也就是在继续致力于节约和清洁、高效利用化石能源以减少环境污染的同时逐步降低煤炭在能源消耗中所占的比重；适当提高石油、天然气在能源消耗中的比例，并大力发展水电、太阳能、风能等可再生能源，不断提高可再生且有益于环保的能源在能源消耗中的比例；建立多元化能源供给系统，确保能源与环境的协调发展。简而言之，对可再生的能源资源，要保证其可永续开发利用；对不可再生的能源资源要节约利用，减少浪费，延续使用时间。

③ 发展循环经济，创建生态型工业园区。大力发展循环经济，大力推行"3E"（economy、efficiency、energy，即经济、高效及能源可持续利用）与"3R"（reduce、reuse、recycle，即节省资源、减少排放、资源的再利用与再循环）是我国能源实现可持续发展的重要战略之一。通过资源减量化、再利用、可循环技术，建立能源废弃物循环利用产业链，实现生产活动循环化、生态化，可以大大提高能源的使用效率。资源循环利用不仅包括工业企业内部的循环，也包括工业企业之间的循环。就单个工业企业来说，应提高企业内部的循环利用程度，将生产过程中产生的废渣、废水、余气、余热、余压等进行再利用，作为二次能源或再资源化。就多个工业企业来说，通过产业链延伸和耦合，就可以在企业之间建立资源和能源互惠、互利、互补的循环利用，使单个企业无法利用或者无法充分利用的废弃物集中成为另一家企业的能源，形成能源生态产业链。另外，可以对一些特色产业集聚地区和工业园区开展试点，实行生态化改造，构建园区内循环型的能量流耦合系统，探索创建循环型、生态型工业园区。

④ 运用经济激励机制，促进能源可持续发展。能源活动产生的环境污染也是市场经济失灵的一种表现，因此利用市场手段控制污染也是较为有效的方法。采用适当的经济激励机制能够形成有效的创新能力。引入能源领域的市场化改革，通过竞争降低污染削减的成本，扩大市场，实现新能源和传统能源的成本竞争，优化配置资源，以应对我国未来能源领域里的各种挑战。采用各种经济激励机制鼓励进一步节能是国外发达国家普遍采用的市场调控手段，例如实行合理的能源价格构成政策和税收政策，刺激能源的经济利用；采用级差电费率、税减率、财政、信贷、国家贷款和补贴等手段，鼓励节能及其投资等。我国目前比较成功的环境经济政策主要是排污收费，在这基础上，我国还可以借鉴发达国家的做法，引入排污权交易、绿色电力等市场手段，促进能源的可持续发展。

⑤ 通过政府驱动、公众参与推动环境友好能源战略。新能源产业如新能源汽车是受外部因素影响较大的领域，政府应该统筹制定一揽子规划和政策，并及早发布。此外，有关部门应呼吁人们改变传统的生活方式和消费方式，即生产时少投入、多产出，消费时多利用、少排放，且适度消费，不浪费资源。彻底改变人类对自然界的传统态度，使人与自然和谐相处，建立起新的道德和价值标准。

第4章 工业节能技术

第1节 节能现状

什么叫节能？节能就是应用技术上现实可行、经济上合理、环境（环保）与社会上可以接受的方法来有效地利用能源。为了实现这一目标，要求在自能源开发到利用的全部过程中，获得更高的能源利用率。

对节能的含义要有正确的理解，节能并不是简单的能源消费数量的减少，而是要充分发挥能源利用的效果和价值，力求以最小数量的能源消费获得最大的经济效益，为社会创造出更多的可供消费的财富，从而达到发展生产、改善生活的目的。也就是说，生产同样数量的产品或获得同样多的产值，要尽可能多地减少能源的耗费量，或者以同样数量的能源能生产出更多的产品或产值，这就是节能的经济观念。

节能的内容主要包括两个方面：一方面要提高能量利用率，降低单位产品或产值的能源消耗量，称为直接节能；另一方面，调整产业和产品结构，在生产中减少原材料的消耗，提高产品质量等，从而减少能源消费量，称为间接节能。

因此，能源合理使用和提高使用效率、调整产业与产品结构都属于节能，世界各国已将节能看做是“最清洁的能源”来源。节能不但与能源的开发生产与中间转换环节有关，还与工业产品的设计与制造，终端使用紧密相关。因此节能涉及社会的各个方面，它不但是一个国家的制造水平、科学技术、管理能力的体现，还是人们文明水平与社会责任的体现。

1. 能源生产、消费和利用指标

（1）能源生产总量与消费总量

1）能源生产总量。指一定时期内全国一次能源生产量的总和。该指标是观察全国能源生产水平、规模、构成和发展速度的总量指标。一次能源生产量包括原煤、原油、天然气、水电、核能及其他动力能（如风能、地热能等）发电量，不包括低热值燃料生产量、生物质能、太阳能等的利用和由一次能源加工转换而成的二次能源产量。

2）能源消费总量。指一定时期内，全国各行业和居民生活消费的各种能源总和。该指标是观察能源消费水平、构成和增长速度的总量指标。能源消费总量包括原煤和原油及其制品、天然气、电力，不包括低热值燃料生产量、生物质能、太阳能等的利用。

能源消费总量分为终端能源消费量、能源加工转换损失量和能源损失量。其中：①终端能源消费量是指一定时期内，全国生产和生活消费的各种能源在扣除了用于加工转换二次能源消费量和损失量以后的数量。②能源加工转换损失量是指一定时期内，全国投入加工转换的各种能源数量之和与产出各种能源产品之和的差额。该指标是观察能源在加工转换过程中损失量的指标。③能源损失量是指一定时期内，能源在运输、分配、储存过程中发生的损失和由客观原因造成的各种损失量，不包括各种气体能源放空、放散量。

从表4-1的能源生产来看，我国2007年按万吨标准煤的生产总量是1978年的3.75倍，各类能源生产的绝对量都远大于1978年，这是中国工业化进程的必然结果。同时在这一进程中，虽然煤炭生产比重仍在增长，这也反映了我国资源结构的特点，但在努力实施国家能源战略以后，天然气和水电、核电、风电的比重正在逐年增加。特别是水电、核电、风电生产比重是1978年的2.645倍。从绝对值来看，1978年的水电、核电、风电所生产的能源为1945.87万t标准煤，2007年为19306.49万t标准煤，生产量接近10倍。尽管我国改善能源生产结构的路仍然很长，但正朝着清洁能源和可再生能源的方向发展，尽管在能源生产中可再生能源与清洁能源的比重仍然很低。我国原油生产比重持续下降，这与我国石油资源相对短缺有关，2007年的原油进口量为21139.4万t，随着经济的持续增长，未来原油进口量还会持续增加，这是我们必须面对的现实。从表4-2显示的数据看出，煤的消费比重略有下降，但在较长的时间内，在我国的能源消费中仍然以煤为主。专家指出为了保护环境，争取在2050年使煤在能源消费结构中下降到50%以下。从表4-3与表4-4的数据中还可以看出工业为能源消费的主要部门，能源消费中的损失量仍然较大。

中国科学院院长路甬祥提出“实现2050年我国GDP增长的目标，我国能源消耗必须实现大幅度节能减排，比较理想的是化石能源消耗总量比2005年增加不应超过50%，单位GDP能耗相当于2005年发达国家的中等水平；我国能源结构必须向大幅度增大可再生能源份额的方向调整，比较理想的结构是可再生能源至少占25%、水电和核能至少占15%”。

表4-1 1978年、1997年、2007年能源生产总量及构成

年份	能源生产总量/万t标准煤	占能源生产总量的比重（%）			
		原煤	原油	天然气	水电、核电、风电
1978	62770	70.3	23.7	2.9	3.1
1997	132410	74.1	17.3	2.1	6.5
2007	235445	76.6	11.3	3.9	8.2

表 4-2 1978 年、1997 年、2007 年能源消费总量及构成

年份	能源消费总量/万 t 标准煤	占能源消费总量的比重（%）			
		原煤	原油	天然气	水电、核电、风电
1978	57144	70.7	22.7	3.2	3.4
1997	137798	71.7	20.4	1.7	6.2
2007	265583	69.5	19.7	3.5	7.3

表 4-3 1990 年、2000 年、2007 年按使用领域的能源消费总量平衡表

（单位：万 t 标准煤）

项　目	1990 年	2000 年	2007 年
能源消费总量	98703	138553	265583
其中			
1. 农林牧渔水利业	4852	6045	8245
2. 工业	67578	95443	190167
3. 建筑业	1213	2143	4031
4. 交通运输、仓储、邮政业	4541	10067	20643
5. 批发、零售业和住宿、餐饮业	1247	3039	5962
6. 其他行业	3473	5852	9744
7. 生活消费	15799	15965	26790

表 4-4 1990 年、2000 年、2007 年按终端消费、加工转换和损失的能源消费总量平衡表

项　目	1990 年	2000 年	2007 年
能源消费总量	98703	138553	265583
其中			
1. 终端消费	94289	132030	253861
2. 加工转换损失量	2264	2461	4064
3. 损失量	2150	4062	7657

（2）能源效率与单位能耗

1）能源效率。在国际上，能源效率和节能是两个紧密联系而又明确区分的概念。前者主要是指依靠技术手段来提高能源资源的利用效率；后者侧重于能源的经济效益，从经济、技术、行政、法律、宣传、教育等方面采取一切措施，来降低单位产值能耗。

世界能源委员会（即原世界能源会议）20 世纪 70 年代提出的节能定义至今仍是科学的权威解释。即节能定义为：“采取技术上可行、经济上合理以及环境和社

会可接受的一切措施来更有效地利用能源资源”。这就是说，节能是旨在降低单位产值能耗所做的努力，为此要在能源系统的所有环节，从资源的开采、加工、转换、输送、分配到终端利用，采取一切合理的措施，来消除能源的浪费，充分发挥在自然规律所决定的限度内存在的潜力。

据此，能源效率的概念可阐述如下：从物理观点而论，能源效率是指在利用能源资源的各项活动（从开采到终端利用）中，所得到的起作用的能源量与实际消费的能源量之比。从消费的观点而论，能源效率是指为终端用户提供的能源服务与所消费的能源量之比。这里，“能源服务”是一个很重要的概念，能源的使用并不是它自身的终结，而是为满足人们需要而提供服务的一种手段。因此，终端能源利用的水平，应以提供的服务（如灯照度）来衡量，而不是用消耗能源的多少（如电灯耗电）来表示。这一观点已广泛用于能源需求和节能分析中。

2）能源加工转换效率。指一定时期内，能源经过加工、转换后，产出的各种能源产品的数量与同期内投入加工转换的各种能源数量的比率。它是观察能源加工转换装置和生产工艺先进与落后、管理水平高低等的重要指标。计算公式为

能源加工转换效率 = 能源加工转换产出量/能源加工转换投入量 ×100%

发达国家的能源战略是在保障供应的前提下提高能源效率、发展可替代和再生能源，实现能源多元化和减少碳排放。例如洁净煤技术，它包括：煤炭洗选、型煤、水煤浆、先进燃烧器、流化床燃烧、煤气化联合循环发电、烟气净化、煤气化、煤液化及燃料电池等。美国从 1987 年开始实施的“洁净煤技术计划”，目标是到 2010 年使燃烧发电的热效率达到 55%。世界能源委员会研究报告认为，对于主要煤炭消费国来说，今后几十年内，从煤炭中提取的合成气体、液体和氢将是重要的长期能源供应来源。预计到 2030 年，全球约有 72% 的发电将使用净煤技术。

目前，我国的能源开采、供应与转换、输配技术、工业生产技术和其他能源终端使用技术与发达国家相比均有较大差距。据专家估计，20 世纪 90 年代初与发达国家相比，我国的能源开采效率低近 30 个百分点，中间环节效率低 5 个百分点，终端利用效率低 10 个百分点，能源系统总效率低 10 ~ 20 个百分点。目前，我国的能源系统效率大约是 30% 左右，与发达国家的 40% 以上相比还有较大差距。

3）单位国内生产总值能耗。单位国内生产总值能耗（即能源消费强度或能源强度）是指在一定时期内，一个国家或地区每生产一个单位的国内生产总值所消耗的能源。计算公式为

单位国内生产总值能耗 = 能源消费总量/国内生产总值

4）单位产品能耗。单位产品能耗是指加工生产一定数量实物产品的能耗。

单位国内生产总值能耗是对能源使用效率进行比较的基本指标，通常用每万元国内生产总值的能耗量表示，反映了一个国家经济结构、能源结构、科技与制

造工艺、管理水平等的优劣和高低。单位国内生产总值能耗越低，能源经济效率越高。

我国单位国内生产总值能耗正在进一步降低，1995～2005年，一次能源消费年均增长9.1%，单位国内生产总值能耗年均下降3.3%。2006年，单位国内生产总值能耗为1.206t标准煤，比2005年下降1.33%，2007年为1.160t标准煤，比2006年下降3.81%，这是自2003年以来单位国内生产总值能耗连续两年下降。

由表4-5显示，我国主要高耗能行业能源利用效率正在逐年提高。近年来，通过逐年调整经济和产业结构，强化能源管理，引进和开发节能新工艺、新技术，使高能耗产品的单位能耗有较大的下降。

表4-5 近10年来主要高能耗产品单位能耗变化

	1995年	2000年	2005年	年均下降比例（%）
乙烯综合能耗/（kgce/t）	1277	848	700	5.8
火电厂供电煤耗/（gce/kW·h）	412	392	370	1.1
吨钢可比能耗/（kgce/t）	976	784	700	3.3
大型合成氨/（kgce/t）	1284	1372	1210	0.6
水泥综合能耗/（kgce/t）	199	181	159	2.2

注：kgce/t为千克标准煤/吨；gce/kW·h为克标准煤/千瓦时。

但我国单位国内生产总值能耗仍远高于世界平均水平，2000年，我国单位产值能耗（t标准煤/百万美元）按汇率计算为1274，美国单位产值能耗为364，欧盟为214，日本为131。我国火电供电煤耗（gce/kW·h）平均为392，日本为316；我国钢可比能耗（kgce/t）平均为784，日本为646；水泥综合能耗（kgce/t）我国平均为181.0，日本为125.7。我国的能源研究所估计“中国若将工业能源使用效率提高到国际水平，则可能进一步将能源消耗减少30%～50%”。

（3）能源消费与电力消费（生产）弹性系数

1）能源消费弹性系数。指反映能源消费增长速度与国民经济增长速度之间比例关系的指标。计算公式为

能源消费弹性系数＝能源消费量年平均增长速度/国民经济年平均增长速度

国民经济的增长一般总是伴随着能源消费的增长，对于一个制造大国来说更是如此。如果在国民经济增长过程中不断调整产业结构，发展低能耗产业，采用高新技术不断提高能源的使用效率，能源消费弹性系数就可不断降低，能源消费增长速度甚至可以低于国民经济增长速度，这是可持续发展中的重要课题之一。

2）电力消费弹性系数。电力消费弹性系数指反映电力消费增长速度与国民经济增长速度之间比例关系的指标。计算公式为

电力消费弹性系数＝电力消费量年平均增长速度/国民经济年平均增长速度

3）电力生产弹性系数。电力生产弹性系数是研究电力生产增长速度与国民经济增长速度之间关系的指标。一般来说，电力的发展应当快于国民经济的发展，也就是应超前发展。计算公式为

电力生产弹性系数＝电力生产量年平均增长速度/国民经济年平均增长速度

当电力的消费（生产）量年平均增长速度大于国民经济年平均增长速度时，电力消费（生产）弹性系数就大于1，反之小于1。通常情况下，电力消费（生产）量年平均增长速度反映国民经济增长速度，或者说国民经济增长，电力的消费（生产）也同步增长，具有一定的相关关系。但电力的消费弹性系数也会大于或小于1，产业结构的变化，新技术的应用等都会影响电力消费弹性系数。电力生产弹性系数则反映了电力生产不足或超前的状况，如一段时间的缺电会导致电力生产加速，使电力生产弹性系数大于1，当电力供需缓和时，电力生产弹性系数就有下降的趋势。

2. 节能潜力

（1）我国节能工作的进展与差距　我国是人口众多、能源资源相对短缺、人均能源资源不足的发展中国家。要实现经济社会的可持续发展，必须走节约资源的道路。我国有计划、有组织地开展节能工作始于20世纪80年代初，通过贯彻“开发与节约并举，把节约放在首位”的方针，到20世纪末实现了经济增长翻两番、能源消费增长翻一番的目标。从改革开放初到2000年，我国累计节约能源12.6亿t标准煤，以年增长4.2%的能源消费，支持了年均9.5%的经济增长速度，即能源消费弹性系数只有0.49，也就是说，近20年来，我国经济发展所需能源的一半靠开源，另一半是靠节约，每万元国内生产总值的能耗下降了57%。能源节约，功不可没，效果明显。

为继续深入推进能源节约，我国已进一步提出把节约资源作为基本国策，发布了《国务院关于加强节能工作的决定》。已将始终节约能源作为宏观调控的主要内容，作为转变发展方式、优化结构的突破口。制定并实施了《节能中长期专项规划》，确定了“十一五”期间能耗降低目标，并将节能任务具体落实到各省、自治区和直辖市以及重点企业。我国正在完善国内生产总值和能源消耗指标体系，将能源消耗纳入各地经济社会发展综合评价和年度考核，实行单位国内生产总值能耗指标公报制度，实施节能目标责任制和问责制，构建节能型产业体系，促进经济发展方式的根本转变。

但与发达国家相比，能源利用率仍然很低，差距很大。目前，日本、美国、德国的能源利用率分别高达57%、50%和40%，而我国只有32%，比以上3国分别低25%、18%、8%。假如再乘上32.1%的能源开采率，则我国能源系统的总效率只有10.3%，还不到发达国家的一半。这表明，我国常规能源的90%左右在开采、加工、输送、储存和终端使用的全过程中逐级地白白损失和浪费了，实在可

惜，但也说明我国的节能潜力巨大。我国的能源利用率低，意味着产品单耗高。目前，我国主要产品的单耗比起发达国家平均高出40%左右。另外，还意味着国家产值能耗高。表4-6是有关国家单位标准煤所产生的国内生产总值的比较表。

表4-6　每公斤标准煤产生的国内生产总值　（单位：美元）

中国	日本	法国	韩国	印度	世界平均值
0.36	5.58	3.24	1.56	0.72	1.86

由表4-6可明显看出，我国的单位能源所创造的产值是非常低的，最高的日本是我国的15.5倍，最低的印度是我国的2倍，世界平均值是我国的5.17倍。这充分说明，我国的节能潜力是非常大的，在目前科技条件下，我国的宏观节能潜力达3.5～4.0亿t标准煤。

（2）工业是最主要的耗能部门　国家的能耗水平与产业结构、工业产品构成、技术装备水平有关，企业工艺技术的先进程度、用能设备的效率高低及企业管理水平直接影响到产品的能耗高低。

国内、外的先进经验都表明，调整优化国民经济中的产业结构是降低能源消耗、减少产品成本的最有效的措施。在这方面，国际先进经验值得我们借鉴，经济发达国家（如美国、日本等）和比较发达的发展中国家的产业结构有重要参考价值。

表4-7　20世纪80年代中、后期有关国家三种产业国内生产总值中的比重

产业	美国	日本	原联邦德国	巴西
第一产业	2.0	2.8	1.5	10.1
第二产业	29.2	40.5	37.3	35.5
第三产业	68.8	56.7	61.2	54.4

由表4-7可看出，这些国家的第一产业（农业）的比重都比较小，而第三产业的比重都较大，一般都在50%～60%以上，尤其是在美国，第三产业的比重高达68.8%，到1998年，美国第三产业的比重已升高到75.4%。

表4-8　我国1980～2005年三种产业占国内生产总值的比重变化

产业	1980	1985	1990	1995	2000	2005
第一产业	30.2	28.4	27.1	19.9	15.1	12.2
第二产业	48.2	42.9	41.3	47.2	45.9	47.7
第三产业	21.6	28.7	31.6	32.9	39.0	40.1

由表4-8可看出，在25年的工业化过程中，我国第一产业的比重逐年下降，第三产业的比重逐年增大。统计计算表明，目前，我国第一、二、三产业的能耗

比大致是1∶6∶2，若能在今后的发展中，降低能耗高的第二产业比重，继续提高能耗低的第三产业比重，则我国的节能效果将上一个新台阶。经测算，第一产业的比重每下降1个百分点，可直接节能约（600～700）万t标准煤。而第三产业比重的上升，不仅可以直接节能，还可安排更多人就业，第三产业比重每增加1%，可安排约130多万人就业。

我国经济比较发达的城市也证明了这个规律：经济越发达，第三产业比重越大。目前，我国全国平均值是：第三产业比重36%，假如，我国能大力降低第一、二产业比重，加快发展知识密集型、科技密集型的第三产业，如大力发展高新技术产业（如电子、信息、生物等）和金融、保险、服务等行业，则在近期内我国可节约能源3亿t标准煤。

在第二产业中，工业是最主要的耗能部门，工业的能耗对能源总消费起着主导作用，而交通与建筑的能耗正成为能源消费增长的主要因素，应首先在这些关键部门推广节能技术。

目前，我国整体上大致处于工业化中期阶段，相对于发达国家工业整体技术水平不高，工业部门的能源消费总量占国家整个能源消费总量的70%，其中冶金、化工、建材等高能耗行业的能源消费又占整个工业终端能源消费的70%以上。由于我国的能源效率比国际先进水平低10%以上，单位产品能耗高出国际水平许多，单位国内生产总值能耗与国际先进水平相比仍然较高，工业能耗水平比国际先进水平平均高40%，因此节能潜力巨大。根据国家发改委能源研究所初步分析，通过结构调整、技术进步、采用先进的工艺及设备对高能耗行业进行改造，到2020年可实现工业部门能耗占能源消费总量的55%～57%；2010～2020年，主要耗能工业部门的节能潜力为2.5亿t标准煤。

（3）节能的主要领域　工业部门中，发电用煤占煤炭总消费量的51%以上，电力消费能源在一次能源中的比重超过43%，因此对电力过程的节能需要重点关注。冶金部门等是一个工艺多而复杂、能耗高、节能潜力大的行业。其中钢铁工业占全国能耗的10%左右，建材工业占全国能耗的14%以上，这些工业部门都是我国节能的主要领域。

在工业部门中，各类工业炉窑、各类用电的加热设备、各类用电的输送机械、各类用气（汽）体作动力的锻压设备等，数不胜数，都是用能的大户。这里仅就用途较广、耗能很大的水泵和风机为例，分析它们的耗能情况及节能潜力。目前，我国正在运行的水泵8000万台，风机4000万台，共12000万台，统计总装备功率近2.0亿kW。我国的水泵、风机年耗电量约占全国总发电量的30%～40%，以1998年为例，则这两种用电设备一年要消耗掉2800亿kW·h以上的电。他们的节能潜力约为（800～1000）万t标准煤。

在第二产业中除工业是能源消费的重要部门外，交通运输是能源消费增长最快的部门之一。交通运输、邮电部门的煤油消费占全国的50%、汽油占33%、柴油占25%，是我国成品油消费的主要部门。近年来，民用汽车发展迅猛，年汽车销售量超过美国，达到世界第一。2003年，民用汽车拥有量为2382.93万辆，私人汽车拥有量为1219.23万辆，到2007年，民用汽车拥有量为4358.36万辆，私人汽车拥有量为2876.22万辆，4年间民用汽车增长了82.9%，私人汽车增长了135.9%，汽车消费大幅增加已造成对汽油供应的巨大压力。2000年，平均单车年油耗1.9t标准煤。如果到2020年，汽车保有量超过1.3亿辆，燃油需求将接近2亿t标准煤的油品。如果通过优化交通运输结构、推广节能新技术、开发新型高效汽车（混合动力汽车、燃料电池汽车）、实施车辆油耗限制标准等措施，将平均单车油耗降为1.2t标准煤，可减少大约7000万t油品的消费。

（4）建筑物能耗与生活能源消费持续增长　1978年以来，经济的高速发展拉动了对基础建设、住宅建设的需求，建筑物能耗增量占全国能耗增量的比重呈增长趋势。我国多层住宅单位能耗，从外墙、屋顶、外窗和门窗透气性等均高于发达国家，范围在1.5~6倍之间。单位建筑面积采暖空调负荷为相同纬度国家的2~3倍。如果通过开发推广新型节能建筑材料，采用建筑综合节能技术，大约具有1.75亿t标准煤的节能潜力。

表4-9　生活能源消费量

年　份	1990	1995	2000	2005	2007
消费总量/万t标准煤	15799	15745	15965	23450	26790

生活能源消费主要包括北方的房屋采暖、空调、各类家用电器、照明、炊事、热水等的能源消费。从表4-9中可以看出，1995~2000年生活能源消费量开始增长，但增速较为缓慢，进入21世纪以后，生活能源消费量急剧增加。这一方面是人民生活改善的表现，另一方面也反映了我国能源使用效率不高。有数据表明，1998年我国生活能源的利用率约55%，同期发达国家利用率一般在60%~65%。随着人们的生活不断改善，我国生活能源消费总量还将保持增长的态势，但与国际先进水平相比仍有很大的节能潜力。

3. 节能关键技术

国家十一五规划纲要提出，到2010年单位国内生产总值能源消耗和主要污染物排放总量要比2005年降低20%左右和10%。2010年，重点耗能行业环保状况和主要产品（工作量）单位能耗指标总体达到或接近21世纪初国际先进水平。主要耗能设备能源效率达到20世纪90年代中期国际先进水平，部分汽车、家用电器能源效率达到国际先进水平。

高耗能产业的节能降耗新工艺、关键技术及设备方面主要包括：大容量、高参数、高效率的常规燃煤机组，高效率输配电系统，联合循环发电和热电联产、氢电联产等能源梯级利用技术，连铸连轧工艺和余热回收、工业窑炉高效燃烧等技术。

建筑节能技术方面主要包括：高效节能建筑新材料、外墙外保温技术、高效保温门窗和热反射保温隔热技术、地源热泵技术、被动式太阳房技术、先进冷暖空调系统及设备等。

交通节能技术方面主要包括：先进节能内燃机技术（动力的柴油机化、新型燃烧系统和电子控制技术）、混合动力和燃料电池技术、车身轻量化技术（轻质材料、优化设计）等。

高效热交换器和热系统的节能技术方面主要包括：开发多纵向涡强化技术、流体诱导振动技术、膜分离强化技术等能量传递强化技术；研究开发高效热交换器、膜分离器、节能新风空调系统等高能效通用换能器、高效制冷压缩机、高效加热等。

电力电子技术和调速电动机节能技术方面主要包括：研发高电压大容量变流元件、装置、技术和新型电动机驱动系统，为电动机节能和电力系统节能提供关键技术和装备；开发和推广照明新光源和家用电器节能；发展电动机调速节能和电力电子节能技术，实现电动机、风机、泵类设备和系统的节能运行等。

机械制造节能技术方面主要包括：在设计方面，通过减少零件数量、减轻零件重量、采用优化设计等方法使原材料的利用率达到最高；在工艺方面，主要是指在生产过程中简化工艺系统组成、节省原辅材料消耗的工艺技术。可通过优化毛坯制造技术、优化下料技术、采用少无切屑加工技术、干式加工技术、新型特种加工技术等方法减小材料消耗。典型技术主要有数字化模拟仿真工艺优化与组织预测技术、消失模铸造技术、可视化铸造技术、激光快速制造技术、精密锻压塑性成形技术、精密流动控制成形技术、精密楔横轧成形技术、铸锻件非调质化工艺技术、激光加工技术、微纳制造技术、内高压成形技术以及机械工业再制造技术等。微纳制造减少了能源、材料消耗，使产品制造与装备发展相匹配。

第2节　电力系统和用电节能

1. 电力工业节能

由于电能使用具有许多优点，因此是使用最广泛的二次能源。随着我国经济社会的不断发展和生活水平的提高，已经成为人们生产与生活中必需的、不可中断的清洁和方便能源。生产与产生电能的方式很多，通过一次能源，例如：煤炭、水力、核能、风能、太阳能、潮汐能、地热等都可生产和产生电能。不管采用何种方式，在能源转换、传输和分配过程中始终不可避免地存在大量的能量损耗，即能源的转换、传输和分配的效率不可能达到100%。因此在电能的大规模应用中，如何提高能源转换、传输和分配的效率也就成为各国的科学家和工程技术人员不可忽视的重要研究领域。

电力系统的节能重点包括发电厂的节能降耗、输配电系统的合理运行和降低损耗、提高电力设备效率和供用电设备的节能等。

(1) 发电厂节能

1）采用先进的大型机组。我们先来看发电厂的节能降耗。规模不同的电厂由于使用机组的效率不同，其发电效率也就不同。现代大型电厂由于使用单机容量30万kW或以上的机组，发电效率高；而中小型发电厂由于使用机组单机容量较小，发电效率就低。一般中小型发电厂的厂用电在8%~10%，输配电网络损失约为8%。

目前，我国发电总装机容量中约75%为火电机组，而且绝大部分为燃煤机组。按2007年的发电量计算，发电煤耗如果降低50g/kW，一年可节约1.6亿t标准煤。发电领域节能有两个重要方向。一个方向是采用先进的超临界和超超临界燃煤发电、大型循环流化床锅炉、煤气化联合循环等技术节能。由于我国燃煤机组仍在相当长时间占主导地位，采用先进的大型机组，可在能源利用效率和减少污染物排放方面取得明显改进，是提高能源利用效率的重要措施。

表4-10 不同机组特性和电厂效率

机组类型	蒸汽压力/MPa/温度/℃/温度/℃	电厂效率（%）	供电煤耗［g/（kW·h）］
中压机组	3.5/435	27	460
高压机组	9/510	33	390
超高压机组	13/535/535	35	360
亚临界机组	17/540/540	38	324
超临界机组	25.5/567/567	41	300
高温超临界机组	25/600/600	44	278
高温超超临界机组	30/700	57	215
超700℃机组	/超过700	60	205

表4-10列出不同类型电厂的效率和机组的供电煤耗，可以看出不同蒸汽压力和温度参数的机组效率相差很大，因此，提高燃煤电厂效率的主要途径是提高蒸汽的压力和温度。目前，世界效率最高的燃煤超超临界发电机组采用二次中间再热，蒸汽压力为30.40MPa/600℃/600℃/600℃，净效率达到48%以上。我国运行的发电厂平均发电效率在35%以下，单位电能煤耗为380g/kW·h以上。设计生产的亚临界机组的发电效率约38%，单位电能煤耗约350g/kW·h。引进的超临界机组的发电效率约41%，单位电能煤耗约310g/kW·h。由此可见，采用超超临界等新技术，可提高发电效率，降低单位电能的煤耗，从而提高能源的转换效率。

一般情况下，新型的大型燃煤电厂的效率远比小型电厂的效率要高。机组容量不同其供电煤耗也不同，单机容量为2.5万kW机组的平均供电煤耗在500～510g/kW·h，单机容量为60万kW机组的平均供电煤耗为350g/kW·h。由于大容量机组的效率远高于小容量机组，目前新建机组的容量逐步提高，以30万kW机组到60万kW亚临界机组为主，甚至达到90万kW。目前我国的发电机组已进入大容量、高参数的发展阶段。近年来建设了从30万kW到90万kW的常规超临界机组，在提高能源转换效率与降低污染方面发挥了一定的作用。国家已经在2002年将“超超临界燃煤发电技术”研究课题列入了“863”计划，超临界和超超临界机组将成为我国今后的主要机型。

由于小型机组的发电效率低，发相同的电煤耗高30%～50%；而且污染相对严重，小型机组SO_2的排放约占电力工业的1/3，烟尘约占电力工业的1/2，因此国家严格限制常规小型机组的发展。逐步淘汰5万kW以下的常规机组、10万kW以下运行满20年的常规机组、20万kW以下达到设计寿命的各类机组。到2010年，全国将完成5000万kW的关停规模。同时，通过大力发展高参数、高效率、低污染的清洁高效发电技术，实现电力能源结构和生产方式的优化升级，这将从根本上为促进国民经济的可持续发展、构建和谐社会和全面建设小康社会提供有效的途径。

2）采用新型燃烧技术。循环流化床锅炉是始于20世纪70年代的新型燃烧技术。当固体粒子经与气体或液体接触而转变为类似流体状态的过程，称为流化过程。流化过程用于燃料燃烧，即为流化燃烧，其炉子称为流化床锅炉。循环流化床燃烧是一种在炉内使高速运动的烟气与其所携带的湍流扰动极强的固体颗粒密切接触，并具有大量颗粒返混的流态化燃烧反应过程；同时，在炉外将绝大部分高温的固体颗粒捕集，并将它们送回炉内再次参与燃烧过程，反复循环地组织燃烧。

循环流化床锅炉内燃料的燃尽度很高，通常，性能良好的循环流化床锅炉燃烧效率可达95%～99%。它不仅有辐射传热方式，还有对流及热传导传热方式，大大提高了炉膛的传导热系数，保证了锅炉的热效率。循环流化床锅炉燃烧技术以其燃料适应性广、燃烧效率高、脱硫率可达85%以上、温室气体低排放、负荷调节性能好、能有效利用灰渣等优点被公认为是一种最具发展前景的“洁净”燃烧技术。

为了满足日趋严格的环保法规和提高能源利用效率，许多国家都竞相开发应用大型循环流化床锅炉。有专家认为：原则上，循环流化床及超临界均是成熟技术，两者的结合相对风险不大，结合后产生的技术综合了循环流化床低成本污染控制和超临界高发电效率两个优势。国内外共同研究的结论是：超临界循环流化床锅炉，在当前燃料价格、材料成本与制造水平情况下，具有巨大商业潜力，是清洁煤燃烧中一个异军突起的新方案。目前，法国阿尔斯通公司和美国FW公司都着眼于超临界循环流化床锅炉研究，并进行超临界循环流化床锅炉的工程开发。

我国已将循环流化床技术列入国家科技发展规划，并取得了突破性进展。在超临界循环流化床锅炉技术的开发上，在十五攻关和“863”计划中，清华大学与哈尔滨锅炉厂有限责任公司合作，完成了 60 万 kW 超临界循环流化床锅炉概念设计和关键技术的研发工作。2003 年，首台 10 万 kW 锅炉投入运行，33 万 kW 循环流化床锅炉示范工程的安装建设已接近尾声，国内还有 10 余台 30 万 kW 循环流化床锅炉机组正在建设中，在十一五规划中，60 万 kW 超临界循环流化床锅炉技术开发已经启动。循环流化床锅炉向大容量和超临界参数发展是一种必然趋势，将成熟的大型循环流化床锅炉技术与超临界常规煤粉炉技术相结合，自主研发 60 万 kW的超临界循环流化床锅炉具有良好的发展前景。我国煤种中有 10% 以上的高硫煤，采用煤粉炉加烟气脱硫（FGD）燃用高硫煤将极大增加 FGD 运行成本，国外经验证明，采用循环流化床处理高硫煤在经济上更为合算，因此，超临界循环流化床燃烧技术将成为我国燃煤电厂重要的洁净煤发电技术。

3）采用整体煤气化循环技术。整体煤气化联合循环（IGCC）是 20 世纪 70 年代石油危机时期西方国家开始发展的一项燃煤发电技术。整体煤气化联合循环是一种先进的洁净煤发电和多联产技术，具有污染物排放低的环保特性（包括对温室气体 CO_2 的捕捉)，且节水，在不断改善净效率、比投资费用、设备的可用率和生产成本后，在 21 世纪初期有望被逐渐推广使用，并为氢能源经济的来临准备条件。因此整体煤气化联合循环发电技术作为一项重要的洁净燃煤和高供电效率的发电技术，代表着高效洁净煤发电技术的方向。近年来受到国内外广泛的关注。它不仅可以提高发电效率，而且可以解决环境污染问题，被认为是 21 世纪初期最具发展前景的洁净煤发电技术之一。

其设计思想是：使煤在气化炉中气化成为中热值或低热值的煤气，然后通过处理，去除其中的灰分、含硫化合物、重金属等有害物质，进而供到燃气 - 蒸汽联合循环的发电机组中去燃烧和做功，借以达到以煤代油（或天然气）的目的。其流程图如图 4-1 所示。

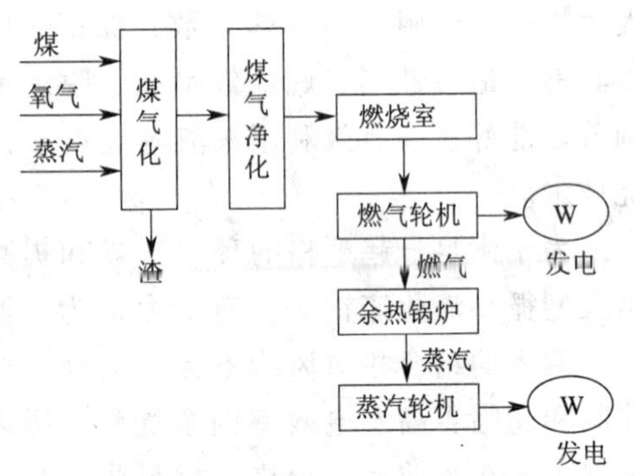

图 4-1 煤气化联合循环发电流程图

整体煤气化联合循环具有以下优点：①污染问题解决得较好，使用含硫量高于 3% 的高硫煤时优点更为突出。其 NOx 和 SO_2 的排放远低于现在的环境污染排放标准，脱硫率≥98%，除氮率可达到 90%。废物处理量少，副产品还可销售利用，能更好地适应火电发展的需要。②效率较高，且具有提高效率的巨大潜力。它的高效率主要来自联合循环，燃气轮机技术的不断发展又使它具有了提高效率的巨大潜力。现在，燃用天然气或油的联合循环发电系统净效率已达到58%，这为整体煤气化联合循环供电效率的提高提供了广阔的发展余地。③耗水量少，约为同等容量常规火电机组的1/3～1/2，这使它更有利于在水资源紧缺的地区发挥优势，也适于矿区建设坑口电站。④整体煤气化联合循环为燃煤发电技术处理CO_2提供了一条可行的途径，采取目前成熟的工艺即可分离85%以上的CO_2，可实现包括CO_2在内的燃煤污染物的近零排放（气体、固体、液体）。⑤容量易大型化，单机功率可达到30～60万kW。⑥技术已趋于成熟，能够为电站具有较高的运行效率提供保证，已经基本具备了转入商业化运行的条件。⑦适用煤种广，可以充分综合利用资源，能和煤化工结合成多联产系统，能同时生产电、热、燃料气和化工产品。

同任何技术一样，整体煤气化联合循环作为一项新项目，现阶段还存在以下不足：①投资费用和发电成本尚比较高，国际上整体煤气化联合循环的造价约为1200美元/kW，比超超临界机组高15%～20%。②适用于发电的大容量、高性能的气化炉仍在发展中，单炉日处理量大于3000t/d的气化炉还未能实现工业应用。③高温煤气净化设备复杂，可靠性、经济性有待提高。

综上所述，整体煤气化联合循环是真正意义的可持续发展的洁净煤发电技术，将在我国中远期的燃煤发电中扮演重要角色，整体煤气化联合循环也是未来煤基能源多元化近“零”排放系统的核心技术及重要基础。

1972年，世界上第一个工业规模的整体煤气化联合循环电站在德国克尔曼电厂建成，容量为17万kW，但是由于气化岛的实际空气耗量比设计值大得多，导致装置出力和效率都低于设计值，故电站在20世纪70年代末完成原定试验后停运。1984年，世界上第一座真正试运行成功的整体煤气化联合循环电站美国加州冷水电站投产，该电站以水煤浆为原料，采用1000t/h的Texaco喷流床气化炉，发电机组容量为9.6万kW，累计运行27100h，净效率达到32%，被誉为“当时最清洁的燃煤电站”。目前已进入30万kW级大容量机组的商业化阶段。世界上主要的煤气化工艺和燃气轮机技术均进行了示范，煤气化、石油焦气化和焦煤混合气化及多种燃料供给方式都有示范经验。目前，韩国、日本、美国、德国、意大利、印度、苏格兰、法国、捷克、新加坡等国家正在筹建以煤或渣油（或垃圾）气化的整体煤气化联合循环电站几十座，总容量已达到8GW。

从20世纪90年代初开始，国家科技部、国家电力公司（原电力工业部）等部门组织全国的技术力量，对我国发展整体煤气化联合循环发电技术进行了充分的可行性研究，认为在我国发展整体煤气化联合循环发电技术是必要的和迫切的。在“九五”国家科技攻关计划中进行了整体煤气化联合循环关键技术的研究。在此基础上，1999年，国家批准了整体煤气化联合循环示范电站项目建议书，整体煤气化联合循环示范项目正式立项，示范电站功率为30万kW或40万kW，目前，该项目已完成主设备的评标工作。经过10年的准备，我国第一座整体煤气化联合循环示范电站已具备了建设的各项准备条件。

我国目前尚不具备向整体煤气化联合循环电站提供关键技术依托，走引进和自主开发相结合的发展道路有利于发挥后发优势，通过整体煤气化联合循环示范电站的建设及围绕示范电站进行的消化吸收及自主开发，将成为我国整体煤气化联合循环技术发展的基础。

在我国能源资源中，煤炭作为我国能源的主导地位在今后相当长的时间内将很难改变。燃煤发电CO_2的控制将越来越受到重视，也是未来燃煤发电面临的主要技术障碍。因此，提高煤转化效率、节约煤炭资源，仍是我国未来煤转化领域最重要的主题。提高燃煤发电效率，不仅可节约煤炭资源，而且也是减少单位发电量污染物排放的有效措施。同时以整体煤气化联合循环为基础，将煤制氢、燃料电池发电、液体燃料生产、CO_2分离和处理等过程集成的能源系统是未来燃煤发电技术的重要方向，它可以实现煤电的高效和近零排放。大力发展高效、洁净的“绿色电力”必将是我国未来电力工业发展的主旋律，而整体煤气化联合循环作为一种被验证的先进的洁净煤发电技术能较好地解决燃煤发电效率和污染的矛盾，是近零排放煤基能源多元化系统的重要基础，无疑适应了这一发展要求。

4）采用可再生能源发电。发电领域节能的另一个方向是可再生能源发电，如水力发电、风能发电、潮汐能发电、生物质能发电等。尽管目前所占比重较低，但这是走出能源困境的根本出路，因为化石燃料总有一天会耗尽。据研究，随着世界人口和经济的不断发展，更多的化石燃料将被开发利用，少则100年多则几百年将进入后化石燃料时代，这是人类必须面对的现实。因此这一方向是可持续发展的战略重点，存在巨大的发展空间，也将是电力工业可持续发展的重要领域。

（2）输配电系统的合理运行和降低损耗

1）电网与我国电力供应和负荷中心的分布特点。电力系统节能的另一个重点是输配电系统的合理运行和降低损耗。电力系统是由发电厂、电力传输网和供用电负荷组成的复杂系统，国家电力网按照国家、大区域、省、地区和县级电网分级管理。大型发电厂通过升压变电站将电力送入高压电网，经过升压和降压等多个环节使电力输送到用户。我国的大区域和省级电网是以500kV和220kV为主网架，地区和城市供电网通过220kV、110kV、35kV和10kV线路向不同电压等级的用户供电。电网调度中心负责协调发电计划，满足用户需求，实时控制和处理在线故障，使发电和用户用电保持平衡和电网安全。

随着国民经济的增长，我国用电负荷持续快速的不断增加，效率高的大型、特大型发电机组不断发展，我国的自然条件及电力供应和负荷中心的分布特点，使得超远距离、超大容量的电力传输成为必须。我国80%水电资源分布在西部地区，用电在东部沿海和中部地区，因此开发水电必须与“西电东送”相结合，发展长距离大容量输电。我国的煤炭资源分布也不均衡，在已探明的 1 万亿 t 储量中，73% 集中在晋、陕、蒙、宁、贵五省（区），在这些矿区将建设一部分大容量火电厂向东部沿海地区送电，这也需要建设一批中长距离大容量送电工程。超远距离、超大容量的电力传输可减少输电线路的损耗，又可节约宝贵的土地资源，是一种经济高效的输电方式，在经济上具有明显的优势和吸引力。

按照国际标准，特高压（UHV）指的是 1000kV 及以上电压等级。在我国，特高压指的是 1000kV 交流和 ±800kV 直流电压等级。包括交流特高压输电技术和直流特高压输电技术两部分。有文献建议加强特高压交流输电技术的科研及设备试制工作，也有文献认为直流联网可提高全国互联电网的安全稳定运行水平和供电可靠性。

2）特高压交流输电与特点。交流输电线路的输电能力与输电网的电压平方成正比，与线路的阻抗成反比。单位长度的线路阻抗随输电电压的升高而减少。交流输电网的电压提高一倍，其输电的输电能力可提高 4 ~ 5 倍，输电线路的损耗下降，输电线的单位投资下降，单位宽度走廊的自然功率也显著提高，所以，交流输电网的电压由高压向超高压进而向特高压不断发展。

自 20 世纪 50 年代开始，电力系统采用 380kV、500kV 电压等级，60 年代，苏联、美国、加拿大等国在 330kV 电网中采用 750kV 电压等级之后，由于电网输电容量的增大、输电走廊的布置日益困难、短路电流接近开关极限等原因，美国、苏联、日本、意大利等国于 20 世纪 60 年代开始研究 1000 ~ 1200kV 特高压交流输电技术，建设了试验室及 1km 长的试验线路。经过一段时间的大量研究试制工作，苏联、日本、西欧、美国的许多制造厂已掌握了特高压设备的制造技术，有可能供给产品及转让技术。苏联为了优化利用煤炭资源，规划在哈萨克斯坦的埃基巴斯图兹煤矿建设数座容量为 4 ~ 6GW 的发电厂，用 1150kV 交流和 ±750kV 直流输电线路向苏联的欧洲部分送电，同时在 1150kV 交流线路中建设几个降压变电站向沿线城市供电。1981 ~ 1994 年共建成 1150kV 输电线路 2364km，为特高压输电积累了一定的运行经验。

采用特高压交流输电方式主要是为了满足电网发展大容量中、长距输电工程的需要，并可解决输电走廊布置困难、短路容量受限等问题，其适应范围包括：①沿线有降压供电需要的大容量远距离输电，如前苏联的哈萨克斯坦-欧洲输电工程；②用电密集、输电走廊布置困难的 500kV 电网的中距离大容量输电，同时改善电网结构；③两大电网间的大容量联网输电干线。

我国已明确提出 330kV 以上的输电电压等级为 750kV，500kV 以上的输电电压等级为 1000kV。从 20 世纪 80 年代后期，开始了 750kV 超高压和 1000kV 特高压输电工程的研究及其输电技术的研究和试验。第一条 750kV 超高压输电线路于 2005

年9月在西北电网投入运行。晋东南－南阳－荆门1000kV特高压交流输电试验示范工程已投入运行。

交流输电线路的输送功率受功角稳定和电压稳定的限制。在同样的稳定裕度情况下，线路输送功率的能力随输送距离的增加基本成反比关系减少。在送、受两端电力系统可靠情况下，且输电线路不采用任何附加的串、并联补偿措施时，超高压、特高压输电线路输送自然功率的经济距离是：330kV电压的输送距离约为250km，500kV电压的输送距离约为300km，750kV电压的输送距离约为350km，1000kV电压的输送距离约为500km。当输送距离超过经济距离，同时输送能力要达到或超过自然功率，就要采取提高输送能力的稳定技术措施。应用较为广泛的技术有：长线路中间开关站、串联电容补偿，长线路中间加装静止无功补偿装置或调相机、固定串联电容补偿加可控串联电容补偿，如晶闸管控制串联电容补偿，紧凑型输电线路及快速继电保护和单相自动重合闸等。

3）特高压直流输电与特点。直流输电已成为目前世界上电力大国解决高电压、大容量、远距离送电和电网互联的一个重要手段。直流输电将交流电通过换流器变换成直流电（将交流电转换成直流电称为整流），然后通过直流输电线路送至受电端并通过换流器变成交流电（将直流电转换成交流电称为逆变），最终注入交流电网。相对交流输电来说，直流输电具有输送灵活、损耗小、能够节约输电走廊、能够实现快速控制等优点。

我国从20世纪80年代开始，建成了±100kV的舟山直流工程以及第一条葛洲坝-上海南汇±500kV高压直流输电工程，到目前已经陆续建成了8条直流输电线路，线路总长度和输电容量均居世界首位。根据我国能源分布的特点及输电负荷的发展需求和500kV输电网架暴露出的问题（网损大，线路走廊紧张等），通过对特高压交流输电（UHVAC）以及特高压直流输电（UHVDC）的研究论证，国家发改委已经将直流±800kV作为特高压直流线路的运行电压等级，确定了向家坝-上海及云南-广东两条特高压直流示范工程。

直流输电技术的特点是：输电时的功率大小、方向可以快速控制和调节；直流输电系统的接入不会增加原有电力系统的短路容量；利用直流调制可以提高系统的稳定水平；直流的一个极发生故障，另一个极可以继续运行，且可以利用其过负荷能力减少单极故障下的输送功率损失。另外直流架空线路走廊宽度约为相同电压等级交流线路走廊宽度的一半。一般来讲，对于远距离大容量输电，直流方案优于交流方案，特高压方案优于超高压方案。表4-11为输送功率为10GW，输送距离为2000km时交、直流以及不同电压等级直流的投资及线路走廊占用情况比较。由表4-11可见，特高压直流输电适用于远距离大容量的电力输送。

表4-11 10GW电力输送2000km的交、直流输电方案

输电方案	电压等级/kV	总投资/亿元	线损/GW	走廊宽度/m	输电回路
直流	±600	240	1.15	135	3
直流	±800	200	1.00	120	2
交流	800	315	1.70	375	5

特高压直流输电技术的发展起源于20世纪60年代。1966年，瑞典Chalmers大学开始研究±750kV导线。之后前苏联、巴西等国家也先后开展了特高压直流输电研究工作，其中巴西伊泰普水电站的直流送出工程是当时世界上电压等级最高的直流工程（±600kV）。国际电气与电子工程师协会（IEEE）和国际大电网会议（Cigre）均在20世纪80年代末得出结论：根据已有技术和运行经验，±800kV是合适的直流输电电压等级。我国通过对特高压直流输电的电压等级进行多方研究论证并进行了技术攻关，考虑到对直流输电技术的研发水平和直流设备的研制能力，认为确定一个特高压直流输电水平是有必要的，并将±800kV确定为中国特高压直流输电的标称电压。从20世纪60年代开始，美国、前苏联、日本、意大利等国家先后开展了特高压输电技术的研究开发，已经有40多年的历史。前苏联、美国、日本也先后建成了特高压工程或特高压试验工程。从运行经验来看，特高压在技术上没有难以克服的障碍，工程上也基本可以实现。

我国特高压输电技术的研究开始于20世纪80年代。经过中国电力科学研究院、武汉高压研究所等多家科研院所和高等院校2000多个专家20多年的努力，对我国在发展特高压输电方面特有的问题（如大气环境、高海拔、大容量等）进行了技术攻关，取得了一批重要的科研成果。最终研究表明发展特高压输电是中国电力工业的必然选择，工程技术上也切实可行。

特高压直流输电技术不但具有常规直流输电的特点，而且能够很好地解决现存的一些问题：

① 我国一次能源分布很不均衡，能源产地和需求地区之间的距离为1000~2500km。因此我国要大力发展西电东送，实现南北互供，全国联网。特高压直流输电在远距离输电方面较为经济，而且控制保护灵活快速，是实现南北互供的较好途径。

② 我国东部、中部、南部地区是我国经济发达地区，用电需求大，用电负荷有着较高的增长率。特高压直流输电能够实现大容量输电，规划的特高压直流输电工程的送电容量高达5GW和6.4GW，相应的直流额定电流将达到3125A和4000A，能较好地满足西电东送的需要。

③ 由于我国土地和环保的压力，通过特高压直流实现大容量、远距离输电，能够节省线路走廊，缓解由于电力的发展带来的土地资源的紧张。

4）直流特高压输电的主要技术问题：

① 过电压和绝缘问题。±800kV 特高压直流工程尚无实际运行经验可循，已经投入运行的电压等级最高的换流站为巴西伊泰普换流站，为 ±600kV，而我国投运的所有换流站中电压等级最高为 500kV。目前，我国规划和正在建设的特高压直流工程电压由 ±500kV 提高到 ±800kV，输送容量约为 ±500kV 的 2 倍，换流站和线路绝缘部分的投资比例增大，一旦出现绝缘故障，带来的损失和系统扰动问题将很严重，因此过电压保护以及绝缘配合将是特高压直流输电的最根本性问题。另外，我国西部水电资源位于高海拔地区，存在较严重的污秽、履冰等问题，合理优化的过电压保护和绝缘配合将为系统安全稳定提供有利的保障。

② 电磁环境问题。电磁环境指的是输电线路的电磁环境，包括线路下方电场效应、无线电干扰和可听噪声等几方面的内容，是工程设计、建设以及运行中必须考虑的关键问题。直流线路在运行时，导线周围空间产生离子场，线下合成场强对人体产生影响。线路和换流站设备产生的无线电干扰会对无线电通信产生干扰，产生的噪声会使附近的居民以及换流站的工作人员受到伤害。随着电压等级从 ±500kV 提高到 ±800kV，电磁环境问题将更加突出。目前我国技术人员已经过研究论证给出了推荐方案，但是在换流站建成投运后，是否能够满足技术、环保和周围居民以及工作人员的要求，仍然有待继续研究，以期经得住实际运行的考验，并且在发生问题时及时给出解决方案。

③ 控制保护问题。直流工程的核心就是控制保护。控制保护的关键技术有：软硬件平台技术、直流控制保护系统设计、阀触发控制、直流保护。直流系统故障有很大一部分是控制保护系统故障造成的。由于特高压直流输送能量大，对直流控制保护提出了更高的要求。因此对于直流控制保护的研究基于 ±500kV 相对成熟的运行经验，深入开展控制算法与最优控制、鲁棒控制、智能控制等先进算法相结合的研究，避免多回直流落点相对集中时发生换相失败，充分利用直流附加控制，快速灵活提高系统稳定性。另外由于特高压直流输电换流阀采用 12 脉动串联，相应的控制保护要深入研究。

④ 交直流互联以及直流电压等级序列研究。随着我国 1000kV 特高压交流网架与 ±800kV 特高压直流网架的建设，我国会逐渐形成 1000kV 交流与 ±800kV 直流的大联网。因此保证交直流联网能够安全、稳定，防止大停电将是一个十分重要的问题。此外随着我国直流输电规模的不断增大，有必要对直流输电系统进行分类，形成直流系统输电序列，推行系统设计、设备选型、工程建设以及运行维护的标准化，从而提高效率、节约成本。目前，我国初步的研究结果推荐未来直流工程按照 ±500kV/3000A，±660kV/3000A，±800kV/4500A，±1000kV/4500A 四个直流电压序列进行选择。

2. 用电节能

从整个电力系统运行来看，电力工业包括电力生产与输配电系统，还有与用电相联系的具体装置和设备，即各类终端用户。各类用户所使用的电力拖动设备、电子设备、照明设施和家用电器都是电力终端节能的重要方面。

（1）电动机驱动节能

1）电动机系统节能潜力巨大。电动机作为各种设备的动力，被广泛应用于农业、工业、商业、国防和公用设施等各个领域。用于驱动各类风机、水泵、压缩机、机床、起重运输机械、城市交通及工矿电动车辆、建筑机械，驱动冶金、有色金属、纺织、印刷、造纸、石油化工、橡胶、食品等工业设备和农业机械，还用于驱动电扇、冰箱、空调等家用电器，这些都以电动机作为驱动的动力源。目前电动机的用电量平均占世界各国的总用电量的50%以上，占工业用电量的70%以上。在我国以2000年为例，电动机驱动设备耗电量占全国耗电总量的58%，其中中小型电动机的耗电量占电动机耗电量的70%。由于我国电力消费总量的绝对值巨大，即使能耗减少一个很小的百分点，也会产生巨大的节能效果。因此，提高电动机能效水平，推广使用高效电动机、采用电动机调速技术对于我国的节能工作具有重要意义。

世界各国在制定和实施电动机能效标准的同时，积极采取有效措施促进电动机系统节能工作，电动机挑战计划（Motor Challenge Program）就是其中的一项非常好的促进措施。

在我国的《国民经济和社会发展第十一个五年规划纲要》中，提出实现单位国内生产总值能耗降低20%左右的约束性目标，根据《节能中长期专项规划》，国家发改委组织实施了十大重点节能工程。电动机系统节能工程作为其中一个重要的工程，其目标为：以提高电动机系统运行效率、降低电耗为中心，规划在“十一五”期间使电机系统的运行效率提高2个百分点。指导思想是：以推广普及高效电机系统在国民经济各行业应用为工作重点，以技术、经济和政策法规为手段，努力培育形成确保我国电动机系统能效高效化发展的长效机制和产业基础。

2）采用高效电动机及相关设备。推广高效电动机及相关设备，限制低效机电产品的生产和销售是实现电动机节能的重要方面。国家鼓励机电产品制造企业通过消化吸收高新技术、新产品开发和生产工艺技术改造，提高机电产品效率和高效机电产品产量；推广高效节能电动机、稀土永磁电动机等节能产品；限制并禁止落后低效产品的生产、销售和使用；更新淘汰低效电动机及高耗电设备，合理匹配系统，消除“大马拉小车”现象，提高电动机设备和机组效率。

建立完善的电动机系统能耗、效率等强制性标准和淘汰更新制度；制定发布相关标准、政策。如制定、修订电动机能效标准，电动机配套设备能效标准，电动机系统经济运行管理标准，变频调速和调压节能产品标准等。研究与宣贯电动机产品能效标识制度和高效电动机产品认证制度，实施电动机系统强制性淘汰更新制度；高能耗机电产品强制性淘汰制度；制定合理的电压等级标准；科学的谐波和电磁兼容（EMC）标准；运用税收、补贴等经济政策促进电机系统节能改造。

超高效率电动机的制造除了增加硅钢片和铜线的用量以及缩小风扇尺寸等措施外，还必须在新材料的应用、电动机制造工艺及优化设计等方面采取措施，以降低制造费用急剧增加的压力以及满足电动机结构空间尺寸的限制。英国 Brook Hansen 公司与钢厂合作，研制成功一种新的牌号为 Polycor420 的电工钢片。一般电工钢片经加工成铁心压装入机座后，铁耗大幅度增加，而由该钢片制成的电动机，铁耗在加工前后变化不大。

日本东芝公司为美国高效率电动机和超高效率电动机的主要供货商之一。该公司声称由于制造工艺的改进和采用新材料，使高效率电动机的成本下降了 30%。所采取的措施包括：应用特殊的下线工具，提高定子槽满率，增加铜线的截面积；提高制造精度，缩短气隙长度，从而减小励磁电流及其所引起的铜耗；采用转子槽绝缘工艺，从而降低杂散损耗；采用激光铁心叠压工具，从而使铁耗下降。

由于铜比铝的电阻率低 40% 左右，所以如果将铸铜转子代替铸铝转子，电动机总损耗将可显著下降。近年来国际铜业协会在美国能源部的支持下，进行了压力铸铜工艺的研究，目前已解决高温模具的材料以及相关的压铸工艺问题，从而使得有可能较经济地批量生产铸铜转子电动机。2003 年 6 月，德国 SEW Eurodrive 公司运用此项压铸技术成功地推出一采用铸铜转子的齿轮电动机系列，功率为 1.1～5.5kW。采用铸铜转子，电动机效率可提高 2%～5%。但由于转子电阻降低会引起起动转矩下降，因此在设计时应进行其他参数的调整，在提高效率的同时，满足其他的主要性能指标。另外，铸铜转子电动机杂散损耗显著下降，这对提高电动机的效率也颇为有利。

在我国能源供应日益紧迫的情况下，在一些长期连续运行、负荷率较高的场合，采用更高效率的电动机在节约能源上是颇为有效的，同时在经济上也是合理的。因采用超高效率电动机而造成的初始投资增加，一般在两年左右即可收回。为了促进电动机节能事业的发展，并结合《能源效率标识管理办法》的贯彻，有专家建议对现行的电机能效标准进行修订：将电机能效标准分成三个等级，最低等级为目前的高效率电机水平，高等级指标即为目前的超高效率电动机水平，以使能较大幅度地减少我国电动机系统的能源消耗。另外，为了促进《超高效率电机》的发展，不仅要增加有效材料（硅钢片和铜线）的用量，而且要在电动机制造工艺、新材料应用及优化设计等方面采取措施，从而降低制造成本，以利于推广应用。

3）采用变频调速技术。变频调速技术自 20 世纪 80 年代被引进中国以来，变频器作为节能应用与速度控制领域中越来越重要的自动化设备，得到了快速发展和广泛的应用。变频技术最主要的特点是具有调速性能好、功率因数高、可实现软起动等，这些优点使变频器在实际应用中具有显著的节能效果。变频调速是目前交流电动机最理想、最节能的调速方案。推广变频调速技术，通过改善风机、泵类电动机系统调节方式来提高机组本体及系统运行效率。通过采用先进技术改造传统产业，以先进的电力电子技术传动方式改造传统的机械传动方式，逐步采用交流调速取代直流调速；通过优化电动机系统的运行和控制，实现系统经济运行。

从目前情况来看，在有些场合用变频调速效果是非常好的。比如说在工况变化比较大、负载率大且负荷变化多的情况下，用变频调速可以达到节能的目的。而对于工况、负载都很稳定，用变频调速则是没有意义的。变频调速系统是电动机系统的一个部分，需要满足系统整体匹配的要求才能达到预期的节能效果。

变频调速技术的节能原理可分为：变频调速节能、提高功率因数节能、软起动节能。当设备容量偏大，工频运行产生浪费即大马拉小车的情况下，利用变频调速，使设备降速运行而产生的节能效果是相当可观的，这种节能称为变速节能。在不需要调速的场合，变频器的节能效果主要体现在提高功率因数，降低线路功率损耗上。普通电动机的自然功率因数一般为0.76~0.85。采用变频器作为电动机的拖动电源后，电动机功率因素提高到0.95~0.98，电动机从电网吸收的无功功率减少，从而降低了线路段的有功及无功损耗，而这部分损耗是无法通过低压配电室的并联电容器来补偿的。电动机全压起动或采用Y/D、自耦变压器减压起动时，起动电流约等于4~6倍额定电流。这样大的起动电流除增大电动机自身的铜损外，还会加大线路功率损耗，引起线路电压波动，对机械设备和电网造成冲击。而采用变频器后，利用变频器的软起动功能使起动电流从0开始逐渐上升至额定值，电流的上升速率由变频器的加速时间设定。所以软起动时产生的功率损耗和电压降要小得多，从而实现了节能和减轻了对电网的冲击和对供电容量的要求，延长了设备的寿命，节约了设备的维护费用。

变频器不仅具有卓越的节能作用，显著的调速性能和保护功能，还具有优越的控制方式。应用变频调速，不仅可以使电动机在节能的转速下运行，而且还可以大大提高电动机转速的控制精度，提升工艺质量和生产效率。

用变频调速技术重点改造的主要领域有：①电力行业：用变频、永磁调速及计算机控制改造风机、水泵系统；②冶金行业：鼓风机、除尘风机、冷却水泵、加热炉风机和铸造除鳞水泵等设备的变频和永磁调速；③非铁金属行业：除尘系统自动化控制及风机调速；④煤炭行业：矿井通风机、排水泵调速改造及计算机控制系统；⑤石油、石化及化工行业：工艺系统流程泵变频调速及自动化控制；⑥机电行业：研发制造节能型电动机、电动机系统及配套设备；⑦轻工行业：注塑机、液压泵的变频及永磁调速；⑧其他：企业空调和通风、楼宇集中空调的电动机系统改造等。

(2) 照明节能

1) 照明系统已成为节能的重要领域。用电节能的另一个重要领域是照明系统的节能。照明用电一直以来占据全球电力生产的十分之一以上，我国照明耗电的情况也是如此，约占全国发电总量的10%～12%。按照2005年我国总用电量约为24000亿kW·h计算，照明用电量约为2400亿kW·h～2880kW·h。近年来随着建筑业的快速发展，每年的建设量约20亿m^2，年新增照明耗电量巨大，根据有关专家测算，照明用电正以每年5%的速度增长，无论是原有的照明系统还是新增的照明系统都已成为节能的重要内容。如果采用高效节能的电光源、选择节电的照明电器配件、进行科学的节能照明系统与控制设计等技术，至少可形成节电能力240亿kW·h以上。

绿色照明工程已列入国家十一五十大重点节能工程，节能高效也是近数十年来照明科技发展的主线，世界各国都先后开展了以节能和保护环境为主题的绿色照明工程。20世纪90年代初，美国环保署提出并实施了“绿色照明”，主要分为两个阶段进行。第一阶段：1991～2000年，开始实行“绿色照明计划”。1991～1996年，由美国环保局与合作伙伴签订理解备忘录，合作伙伴承诺在5年内，将90%的照明设备更新为节能产品。截至1997年该计划实现照明节电70亿kW·h，2000年实现照明节电300亿kW·h。第二阶段：2000年起该计划并入“能源之星”建筑节能计划。2001年“能源之星”实现照明节电800亿kW·h，相当于标准煤2880万t。欧盟也提出绿色照明计划，其特点有：一是属于非强制性的推广环境保护的计划；二是协同欧盟各国的能源或有关机构来共同组织计划；三是资金投入按国别分开考虑。该计划的基本要求是短期内通过电费节省实现节能措施所增加的费用补偿，同时必须保持或提高原有的照明质量。该计划的基本目标是进一步推进高效照明技术在商用建筑中的大规模运用，总体实现30%～50%的节电量。欧盟“绿色照明计划”主要分为两个阶段：第一阶段：2000年2月～2006年。2004年80多个团体组织参与，成立15个能源管理机构。第二阶段：2007年至2020年目标减少能耗量20%。2008年制定出针对办公场所和街道照明设备的节能要求，将城市照明纳入到整个节能减排的战略中去。

2) 节能高效照明的内涵与发展方向。节能高效照明包括两个方面：①建立节能照明标准，也就是要研究照明和人的关系；②是要研究和开发节能光源、节能照明器具和节能照明技术，其中节能光源的研究开发是关键。

除节能外，功能多样化也是照明的主要发展方向之一。主要体现在：①高显色性：显色性是光源对物体本身颜色呈现的程度，显色指数高的灯具一般能达到90以上，适合在厨房、商品柜台、医院手术台等场所使用；②智能化：选择高效光源并不意味着一定能生产出节能的灯具，目前通过电路设计、灯光控制向智能化发展，主要表现在灰阶可调和色彩可调，目的是降低眩光和进一步节能，并赋予灯光人性化设计；③柔性化：透过柔性化设计，灯具的形状可随意更改，大大增强了其艺术感，给人以耳目一新的感觉。

人类自工业化以来很长时间内一直使用白炽灯。白炽灯便宜，安装维护简单，光色好，显色指数最高，但其缺点是发光率太低，不节能。所以应尽量不用或少用白炽灯，只有在局部艺术照明或防止高频光谱照射的古董字画照明中或部分住宅内声光控场所使用。

3）目前主要的节能照明电光源种类：

① 节能荧光灯。节能荧光灯是指利用气体放电原理运作的紧凑型（异型）荧光灯。它是在20世纪80年代由飞利浦公司研制的，已经有H型、U型、柱型、球型等100多个品种，功率5～36W，灯头与白炽灯兼容。紧凑型荧光灯有发光效率高、节能效果显著、寿命长等特点，比普通旧式荧光灯节电约20%，比普通白炽灯节电约70%。一盏11W的紧凑型荧光灯的光通量（指人的眼睛所能感觉到的辐射量，单位lm）相当于60W白炽灯，寿命是白炽灯的5倍以上。

② 低压和高压钠灯。低压钠灯和高压钠灯的发光率最高，是一种高强度气体放电灯，是绿色照明工程推荐的一种电光源。高压钠灯利用10000Pa高气压的钠蒸气放电发光，其光谱集中在人眼较为敏感的区域，其发光效率在150～170lm/W，比高压汞灯高一倍，而且使用寿命长达20000h以上，特别是在雾天，其金黄色的光线穿透性能非常好，在全世界各国的城市道路照明中广泛应用。此外，还应用于交通枢纽、机场、车站、港口、广场、企业高大厂房内等场所。但其主要缺点是色温低，光色偏暖，显色指数在40～60，颜色失真度大。

③ 陶瓷金属卤化物灯。金属卤化物灯是近年来发展的另一种节能高强度气体放电灯。它的光色接近日光，显色指数在80以上，发光效率为100lm/W，寿命可达10000h，金属卤化物灯采用三光谱技术和新型陶瓷电弧管（飞利浦公司的陶瓷金属卤化物 Masterolour City CDMTT 灯泡）后，解决了“色温漂移”，而且其辐射成分中有比较多的蓝绿色光适合人的视觉，应用也越来越广泛。陶瓷金属卤化物灯是在高压钠灯和石英金卤灯的基础上发展起来的，20世纪80年代初，金卤灯制造技术已经成熟，但其电弧管壳存在诸多缺点，用GE公司首先研发出的半透明陶瓷管替代，改善了金卤灯的性能。

陶瓷金属卤化物灯是目前各类光源中功能最完善、性能最优越的灯种，其光效为85～110lm/W，显色指数为85～95，寿命在12000～15000h，功率范围为20～400W。小功率20W、35（39）W、50W、70W灯可以大量取代白炽灯和卤钨灯，用于室内甚至家庭照明；中功率灯广泛用于道路照明以及机场、车站、码头、商场等。

④ 半导体发光二极管照明技术。半导体发光二极管（LED）是一种高效固体

光源，由半导体发光二极管制成的照明器是各国近年来积极发展的重要领域之一。20 世纪 60 年代，砷化镓二极管问世，由于其体积小、寿命长、耗电省等优点，很快用于仪表指示。但由于其光通量和照度都很低，而且只能发出红、黄等单色光，未能用于照明。20 世纪末，高亮度发光二极管研究成功，发光二极管取得了突破性进展。在此基础上，制成了白色光源，其光效在短短十多年里，从不到 1lm/W 上升到 60 ~ 100lm/W，远远超过了白炽灯。我国只要有 1/3 的白炽灯被半导体发光二极管灯取代，每年就能节电 1000 亿 kW · h，相当于一个三峡工程的发电量。美国能源部设立了“半导体照明国家研究项目”，到 2010 年将有 55% 的白炽灯和荧光灯被半导体发光二极管灯替代；欧盟 2000 年 7 月亦已启动了“彩虹计划”。

白色发光二极管通常有两种，一种是在蓝光或紫外氮化镓铟的发光晶片上涂上荧光粉，将部分蓝光或紫外转换为可见光，形成白光。另一种是用红、绿、蓝三种单色发光二极管合成白光。前一种驱动电路简单，但是从理论上说，光效不如后一种高。目前它们的色温为 3000 ~ 6000K，显色指数为 70 ~ 85，在实验室中光效已达 100lm/W，大批生产的光效也有 60lm/W 左右，并且有望进一步提高。

把发光二极管用于照明有以下几个优点：a. 单个发光管的功率小，一般在 1 ~ 10W，可根据需要通过集成组合成点、面、线光源，可形成个性化照明。b. 由于没有抽成真空的玻璃壳、细的灯丝等易损部件，维护容易，因此可靠性高，寿命可达（1 ~ 10）万 h。c. 由于发光二极管是点光源，又有方向性，可利用它的这两个特性对灯具进行光学设计。对于用红、绿、蓝合成的白色发光二极管，还可进行调色。d. 环境友好，不含汞等有害物质。

目前对于发光二极管用于照明的主要研究开发工作集中在以下几个方面：a. 进一步提高发光二极管的光效。尽管其光效已远远超过白炽灯，也可以和紧凑型荧光灯比较，但仍有进一步提高光效的可能。从发光原理来看，在理论上绿光的效率应该还可以提高；研究高效绿光二极管，可使光效大大提高，所以发光效率达到 200 ~ 300lm/W 是可以期望的。另外，由于发光晶体的折射率很大，发出的光子极大部分被全反射，不能逸出晶体，造成光效降低。研究把晶体做成不对称结构、改变晶体表面几何结构、把高折射率的衬底剥离等技术，可大幅度提高光效，并已取得较好效果，目标是 120 ~ 200lm/W。b. 继续降低发光二极管的成本。发光二极管的成本是目前用于照明的最大障碍。以发出 1000lm 光所需的灯价格为单位（元/1000lm），发光二极管是普通白炽灯或紧凑型荧光灯的 50 ~ 100 倍。用硅片代替蓝宝石、砷化镓为衬底，可大大降低成本，目前的研究已取得明显效果。因为成本主要取决于发光二极管的芯片，如果它的光效能提高 5 倍、单个芯片功率能提高 10 倍，并通过大批量生产降低成本 2 倍；那么，发光二极管的价格（元/1000lm）可以和普通白炽灯或紧凑型荧光灯相当。c. 解决散热问题。通常白炽灯的可见光辐射只有 3% ~ 5%，而它的红外线辐射高达 80% 以上，绝大部分的热量通过红外线发散，通过热传导发散的热量不到15%。而发光二极管很少辐射红外线，因此其热负荷远高于白炽灯。如果不采取有效的散热措施，它就会有很高的温度，发光效率和使用寿命就会大幅降低。开发新的导热性能优良的衬底材料（如金刚石、碳化硅等），把芯片倒装，刻去氧化铝衬底，都可有效地改善芯片的导热性能。近年来，还把热管、热泵技术用于发光二极管的散热系统，已取得较好的效果。d. 加强应用开发。发光二极管与传统光源具有不同的特性，它的单管功率、光通量小，具有方向性，传统灯具已不再适用。可针对不同的使用要求，开发照明设计软件和合适的照明灯具。可以预期，随着研发的不断进展，发光二极管将有可能大规模替代目前大量使用的白炽灯和荧光灯，在照明节能中起到重要的作用。

4）采用合理的照明控制方式。照明系统节能不但取决于照明所使用的电光源，还与照明控制方式有密切的关系。传统的照明控制方式多以手动控制为主。常见的有以下几种：其一，利用设置在灯具配电回路中的手动开关元件（配电回路中的保护元件和面板开关等）来控制配电回路的通断，从而实现灯具开关控制；其二，利用设置在灯具配电回路中的手动调节元件（传统调光控制柜和灯光控制台等）来调节配电回路的电气参数（电压、电流、频率或电能等），从而实现灯光的明暗调节，即调光控制。传统的控制方式对照明控制而言，简单、有效、直观，但它过多依赖控制者的个人价值观和习惯，控制相对分散和无法实施合理有效的管理，其有效性和自动化程度太低。

随着节能要求的提高和现代控制技术的不断发展，照明控制的智能化要求也越来越高。采用智能照明控制系统不仅能为照明提供多种艺术效果与合理有效的照度，更能带来节约能源和降低运行费用的好处。

照明控制方式要根据不同的照明要求与人群的活动特点采用不同的控制管理方式。在我国，照明耗电占年发电总量的10%～12%，而对照明时间长，尤其照明场所多的现代建筑、机关、学校，照明超过本单位所有耗电的40%。目前，国内这些场所的照明灯具控制大多采用手动开关，即使严格管理，仍不可避免地出现忘记关灯的现象。特别是在白天，全部灯光都打开的情况相当普遍，从而造成大量的能源浪费。在自然光充足的情况下仍继续使用灯光照明，不仅浪费大量能源，也缩短了灯具的使用寿命。

对于不同的场合应采取不同的控制方式，如：①对于学校教学楼、多媒体教室采用调光控制。为节省投资，一般教室可采用面板开关控制，走廊、门厅等公共场所宜采用智能照明的集中及就地两种控制方式。②对于体育场馆、剧院、博物馆、美术馆等功能性要求较高的公共建筑。应采用智能照明集中控制，走廊采用定时及手动控制。③对于小开间办公室，可采用面板开关控制；对于大面积的办公室、图书馆，宜采用智能照明控制系统。在有自然采光区域内的电气照明，可采用恒照度控制，靠近外窗的灯具随着自然光线的变化，自动点燃或关闭该区域内的灯具，保证室内照明的均匀和稳定。④对于公共建筑如酒店、大堂、多功能厅、会议室宜采用智能照明集中控制，走廊采用手动、移动感应器或定时自动控制。⑤住宅、公寓楼梯照明开关宜采用红外移动探测加光控开关；高级公寓、别墅内由于装修复杂，宜采用智能照明控制系统。

智能照明控制系统，主要是通过总线通信系统来实现控制，系统配有简单的可编程序控制模块。这种系统的优点在于控制线与灯具电源线分置，通过控制总线将照明电源控制模块之间以及开关控制器之间进行连接，使各个分散的操作元件有机地结合起来，使照明电源线路与开关控制回路不必形成传统的一一对应关系，而是组成开放式的控制关系。控制模式可通过编程实现，为“随意”布置，使“随心”控制成为现实。

5）智能照明控制系统。智能照明控制系统的特点如下：①布线总线化。利用数据总线实现照明线路与开关设备的“一线”控制，提高了布线设计及施工的灵活性。②系统智能化。根据工作场所的不同需求及工况要求，通过计算机控制系统对照明系统实施人工智能控制，最大限度地节约成本和能源。③设置人性化。根据管理的需要设定系统的状态，可根据传统的习惯布置控制设备。④管理安全化。通过各系统的集成联网功能，提高了应急照明系统的可靠性、安全性。⑤控制多元化。可实现照明环境的预置，在同一空间内营造不同的光影氛围，可实现多处、多点对同一区域的照明控制。⑥布置灵活性。照明灯具的布置与开关控制设备的设置完全分置，为室内布置的调整提供了条件。

推广使用各种类型的节能开关是照明节能简单有效的途径之一。节能定时开关是根据程序设定来开启和关闭照明灯具，工作时开启，下班后关闭。各类光控、声控开关则是人经过时的红外和声音来控制照明灯具的开启和关闭。我国是一个大国，若能时时处处、点点滴滴都做到，其节能的效果是巨大的。

在图书馆、大型商场、室内运动场、长廊等有大型照明的场合，很多时候其区域可划分为有人区域和无人区域，如果所有区域的照明亮度都相同，则在无人区域的照明根本没有意义，为无效照明。如果智能照明控制系统能对人员位置进行检测，动态地确定出有人区域和无人区域，则可以对有人区域实行正常的较高亮度照明，而对无人区域则降低照度或者关闭灯具。随着人体的移动，系统动态地调整有效照明区域，以达到减少无效照明，在保证良好照明效果的同时节约能源的目的。在这类系统中，人体位置的正确判断是实现智能照明的首要前提，实际上目前上述大型照明场合中安装视频监控探头非常普及，如果能充分利用这些视频监控图像，结合数字图像技术，从视频监控图像中提取人体图像，判断人体位置，则可以实现真正的智能化照明。

在我国现行照明设计规范中，对不同区域、不同场所的照度都做了细致的规定，在设计照明线路过程中要依据这些照度规定做出相应的照明设计方案，实现对灯具持续照明时间的控制。比如在道路照明设计中，路灯的时钟控制可分为三个回路。在城市灯光时段，即市民户外活动较多时，三个回路要同时工作；在半夜灯时段，即晚20点至24点时，采用两回路供电，路灯可隔两套灭一套；在全夜灯时段，可采用单回路供电，使路灯仅在各主路口和主干道保持灯具常明，这样即可保证不同时段的照明要求，又可有效控制电能。

(3) 家用电器节能

1) 家用电器已成为社会用电的重要内容之一。随着人们生活水平的提高，各种家用电器如空调、电冰箱、电视机、电饭锅、洗衣机、计算机等在家庭中逐渐普及。而家用电器的不断增加，使得每个家庭的电费支出不仅成了家庭开支的一部分，而且也在迅速成为社会用电的重要内容之一。

在家用电器中，空调和冰箱是最大的耗电产品。据有关报道，目前我国房间空调拥有量在1亿台左右，商用空调在120万套左右，而仅家用空调年耗电量就在500亿度~700亿度（1度=1W·h），相当于三峡水电站最高发电量的50%以上。随着经济的不断发展，生活水平的逐步提高，空调的市场需求还在飞速增长。另据报道表明我国2005年的冰箱保有量已达到了1.3亿台，其用电量已经占居民用电量的50%，未来15年内，中国冰箱平均每年耗电也将达到400亿度以上。

家用空调具有使用时间集中、季节性负荷大的特点，这加重了峰谷电量差距的矛盾，使得电力系统负荷特性劣化，电网负荷率下降，造成电力设施的资源浪费。目前全国有2000多万千瓦的电力设备和电网专为空调服务，因仅有1~3个月的空调使用期，其利用率只有10%，相当于国家投入的2000亿巨资却有90%的时间在闲置。

据抽样调查我国城市家庭的家用电器平均待机能耗占家庭总能耗的10%左右，其中彩电待机能耗占相当大的比重。由此可以看出家用电器的节能潜力巨大，使用高能效的家用电器和合理使用家电对节能意义重大。

2) 家用电器的能效与使用。我国20世纪80年代中期开始能效标准的研究和制定，90年代颁布实施了第一批能效标准，并根据节能要求不断进行修订和提高。2003年11月1日正式实施了“家用电冰箱耗电量限定值及能源效率等级”，第一次将冰箱能效分为1、2、3、4、5个等级。以后陆续颁布了洗衣机、空调等的能效标准，为家电建立了严格的节能标准。各家用电器制造商，针对不同用途的家用电器，采取了不同的节能技术，积极研制高效、低能耗家用电器，包括节能冰箱、高效率节能型空调等。从目前情况来看，节能工作做得最好的是电冰箱行业，平均能效系数比1999年提高10%，已达到国际先进水平。洗衣机的节能、节水、洗净率综合指标有明显改进，而房间空调的能效状况尚不理想。

家用电器的节能不但与产品的能效水平有关，还与人们选购与使用时的价值观和使用习惯有关。

在法国，环境和能源控制署会告诫消费者，在购买冰箱时，应根据家庭成员的多少来选择合适的冰箱，不盲目求大。单身选用 100～150L 冰箱为宜，2～3 人家庭使用 150～250 人比较合适。选购时应选择能效等级为 A 级的冰箱（按欧盟的规定，电器的耗电程度分为 A～G，A 级最省电）；在选购其他家用电器时，如洗衣机、烘干机、洗碗机等也应选择 A 级。虽然 A 级产品贵一些，但有利于节约资源，家庭的能源支出会减少，从长远来看对家庭和社会都是有利的。随着城市和发达地区农村的住房条件不断改善，选购大屏幕电视机的家庭越来越多，由于电视机的普及率高（2007 年城镇每百户彩色电视机拥有量为 137.8 台，农村为 94.4 台），其耗电量的增加不容小视（2007 年彩色电视机生产量为 8478 万台）。

在使用家电时，不同的使用习惯，能源的消耗量也不同。在使用洗衣机时，不太脏的衣物不必使用预洗程序；每次洗涤时应放满衣物；不加温洗涤或使用 30℃、40℃温度洗涤，都能减少能源的消耗。空调在夏天制冷时温度不要过低，适当调高制冷温度也可以减少耗电量，通常人体感受的舒适温度在 28℃左右。现在家庭使用电脑、打印机越来越多，虽然使用的比率比上述家用电器要低，但都要耗电，同样有节电问题。笔记本电脑的耗电只有台式电脑的 50%～80%，性能已能满足一般家庭的使用。不使用时应将电脑置于睡眠状态，睡觉前应切断电源。喷墨打印机不需要预热，耗电功率一般为 5～10W，激光打印机功率一般为 200～300W。

因此家用电器的选购和使用领域也是家用电器节能的重要方面，虽然对每个家庭来讲有些微不足道，但对于全国几亿家庭的总量来讲则有“聚沙成塔”之功效。从资源的有限性和资源的社会性来看，家用电器节能就绝不是家庭的私事，而是关系到社会可持续发展和人类生存的重大战略问题。

3. 超导与应用

（1）超导的一般概念　超导现象是由荷兰物理学家卡默林·昂内斯（Kamerlingh Onnes）在 1911 年实验时首先发现汞（Hg）在液氦温度（4.2K）下失去电阻的现象，并称之为“超导性”。所谓超导性是指当物质材料在温度和磁场都小于一定数值的条件下，导电材料的电阻和体内磁感应强度都突然变为零的性质。具有超导性的物体被称为“超导体”。物质材料从正常态过渡到超导态时的温度称为此物质材料的临界温度（或转变温度），而不同物质材料的临界温度是不同的。例如：汞（Hg）在临界温度 $Tc=4.15K$（K 为热力学温度或称绝对温度的单位，绝对零度即为 －273.15℃）时，呈现出超导性，而锡的 $Tc=3.72K$（即 －269.43℃，摄氏度的符号为“℃”，其定义为 $t=T-T_0$：式中 t 为摄氏温度，T 表示热力学温度，$T_0=273.15K$），铌的 $Tc=9.20K$（即 －263.95℃）。可以看出，这些物质材料呈现出超导性的温度都非常接近热力学零度，也就是说只有在极低的温度下才呈现出超导性。目前已经发现约40多种金属元素和成百上千种合金与化合物都具有超导体，但是他们的临界温度 Tc 都较低。

（2）超导性用于输送电力的主要困难及进展　由于超导的零电阻性，长期以来人们非常希望能用在电力系统中输送电力等，以求大大降低电力输送过程的损耗。从超导现象发现以后，经过了几十年的研究和探索，获得了许多重要的进展，但超导技术始终未成为电力系统中电力输送等方面的实用技术。其主要的困难有三个方面：①存在临界磁场和临界电流密度。当超导体处于呈现超导现象的临界温度并保持不变，由零逐步增大外加磁场强度并到某一数值时，超导性也会消失，这时的磁场强度数值称为该超导体的临界磁场 Hc，不同超导体的临界磁场值各不相同。同样当超导体处于呈现超导现象的临界温度并保持不变，由零逐步增大通过超导体的电流并到某一数值时，由于通过的电流会产生磁场，超导性也会消失，这时的电流密度数值称为该超导体的临界电流密度 Jc。由于在实际应用中，超导体的截面积是一定的，工程上通常用临界电流 Ic 代替临界电流密度 Jc。临界磁场和临界电流都与临界温度有关，因此都是温度的函数。所以超导体呈现超导性必须在临界温度下，所承受的磁场和通过的电流小于该温度下的临界磁场和临界电流。由于超导体的这一特性，当用于实际工程时，通过的电流达到电力输送的应用级数值，产生的磁场就会破坏超导体的超导性，零电阻性消失，其电阻值回复到超导体物质材料的常态值。②要使超导体获得超导性所需极低温度的制冷设备费用和维持这一温度的电力成本。③采用常规导体技术及其已经形成的输配电技术和相关设施，相对超导技术形成的输配电技术和相关设施，在价格上更低廉，使超导技术的实际应用在商业上显得不经济，阻碍了超导技术的产业化进程。

1933年，迈斯纳（Meissner）和奥森菲尔德（Oschenfeld）发现，处于弱磁场中的超导体会将磁场从内部排斥出来，这就是迈斯纳效应。第一个被广泛接受的完整的超导微观理论是1957年由三位美国物理学家巴丁（JohnBardeen）、库帕（Leon Cooper）和施里弗（John Schrieffer）创建的，从微观上阐述了超导的量子机械现象，他们的这一超导理论被称为BCS理论。以后科学家又发现对于超导合金，磁场可以透入超导体的内部，但不破坏超导性，持续电流仍然存在，这类超导体称为第二类超导体。如 Nb_3Sn 化合物（$Tc=18.2K$）、铌（Nb）和钛（Ti）的可延性合金（$Tc=9.6K$）。这类超导材料可以在一个大的磁场下承载大的电流，从而克服了第一个困难。

1986年，位于瑞士苏黎世的IBM实验室的两位科学家贝德诺斯（Bednorz）和缪勒（Mueller），他们发现一种氧化物陶瓷（镧La-钡Ba-铜Cu-氧O系氧化物），它的超导临界温度大约为40K，这是超导研究方面的一个重大突破。很快，另有几个实验室在39K用镧－锶－铜氧化物陶瓷材料验证了这一实验。贝德诺斯和缪勒由于他们的基础性突破而获得1988年度诺贝尔物理学奖。通常认为，在1985年以前发现的工作在液氦温区（4.2K，既 -268.95℃）的超导材料称为低温超导体；在1986年以后发现的工作在液氮温区（77K，即 -196.15℃）的超导材料称为高温超导体。1957年发表的BCS理论认为，低温超导电性源于电子通过声子相互吸引形成库珀电子对，使材料处于超导状态。1986年后发现的高温超导电性则不能用BCS理论来解释，它的微观机制与声子无关，至今还未发现一个公认的高温超导微观理论。但自1986年发现高温超导材料以后，开始了世界范围内高临界温度超导电性的研究热潮。20世纪90年代以来高温超导的基础研究、应用研究和应用开发研究都发展很快，世界各国相继开发了各种高温超导材料，其临界温度在95~135K。

由于高温超导材料的发现，超导体获得超导电性的温度从液氦温区提高到液氮温区，使获得超导电性的制冷成本大大降低。具有关专家研究，为冷却在液氮温区时产生的1W热与在液氦温区时产生的1W热相比，所需功率消耗减少167倍。由于用液氮作为制冷介质相比用液氦作为制冷介质，价格要降低很多，这就为工程实际应用克服了第二个困难。

（3）高温超导　目前，市场上可以得到的并可用来制造高温超导电缆的材料主要是银包套铋系多芯高温超导带材，通常称为BSCCO-2223或Bi-2223（临界温度为110K），临界工程电流密度大于10kA/cm^2。另一种铋系通常称为BSCCO-2212或Bi-2212（临界温度为80K）并被制成高温超导（HTS）线材。除铋系外还有一类钇系高温超导材料，通常称为YBCO-123（临界温度为90K）和YBC0-124（临界温度为80K）。目前已有用于超导实验室和示范工程，但生产成本较高。如Bi-2223线材要用银作为基体，而银的价格十分昂贵，致使该线材价格在150~200美元/（kA·m），是常规电缆价格的25倍左右。因此，阻碍超导商业性应用的主要因素是制造成本昂贵。为了超导能商业性应用，各国正在不断的努力寻找新的高温超导材料。

过去十余年中，在国家863专项计划、国家重点研究基础计划和各地方科技计划的支持下，我国在超导技术领域的研究能力大大加强，取得了一系列的科研成果。目前我国在超导技术领域与国际先进水平的差距正在缩小，形成了具有一定规模的超导技术产业，增强了我国在超导技术领域的国际竞争力。

近年来，人们对超导电性的研究又不断取得新的进展，如美国科学家发现，由60个碳原子组成的俗称“布基球”的碳分子具有高温超导特性。新型超导体C60被誉为21世纪新材料的“明星”，由于它弹性较大，比质地脆硬的氧化物陶瓷易于加工成形，而且它的临界电流、临界磁场和相干长度均较大，这些特点使C60超导体更有望实用化。这种材料已展现了机械、光、电、磁、化学等多方面的新奇特性和应用前景。科学家认为，“布基球”的这种新特性，使它可能制成未来超高速计算机的关键元件，实现超导转变，电阻损耗几乎可以降至为零，从而使计算速度有极大的提高，而“布基球”的成本远低于铜氧化物高温超导体，因此应用前景看好。有人预言巨型 C240、C540 合成如能实现，还可能成为室温超导体。2001 年初发现金属化合物二硼化镁（MgB2）其超导转变温度达 39K，并已证实是电声子机制的常规超导体。二硼化镁的发现为研究新一类具有简单组成和结构的高温超导体找到新途径，其易合成和加工，容易制成薄膜或线材，可应用于电力传输、超级电子计算机器件以及 CT 扫描成像仪等方面。C60 和 MgB2 的发现突破了常规超导体的 Tc 一般不超过 30K 的传统观念，已成为当前超导电性研究的热点问题。

随着超导材料研究的进展和制造技术的日益成熟，超导电性在电力能源、超导磁体、生物、医疗科技、通信和微电子等领域有广泛的应用，大致可分为大电流应用（超导强电技术）和电子学应用（超导弱电技术）。

（4）超导强电技术

1）超导输电。输电电缆被认为是实现高温超导应用的最有希望的领域。通常发电厂（站）输出的强大电力用铝线和铜线电缆，形成区域性或全国输配电网，电网的功率损耗约占总发电量的 8.5%。一般电缆由于有电阻，电流密度只有 $0.3 \sim 0.4 kA/cm^2$，一部分电力在传输过程中转变为焦耳热损耗，因此存在着难以克服的线损。而用超导电缆输送电力，超导导线在达到临界温度时电阻消失，由于导线本身而产生的线路损耗也就降为零，因而高温超导电缆的电流密度可超过 $10kA/cm^2$，传输容量比一般电缆要高 5 倍左右。在工程实际应用的各环节所组成的技术系统中，还会有其他功率损耗。由高温超导电缆输送电力所组成的技术系统中的损耗主要包括：导体交流损耗、热泄漏损耗、磁感应损耗、绝缘介质损耗以及配套的低温冷却系统和电缆终端上消耗的能量，综合功率损耗约小于一般常规电缆的 50%。用超导材料制成高效率大容量的动力电缆，可减少导体的需求量，节约大量有色金属资源，减少电力在传输中的损耗。不但有望用于远距离的电力传输，在城市中心配电、水电站等需要大电流的场合更具有重要的应用价值。

目前，高温超导（HTS）电力电缆的应用研究发展较快，极有可能首先广泛运用于电力系统中。2000 年，美国已在底特律市的变电站使用第一条大容量 HTS 输电电缆。我国第一根 HTS 电缆模型已于 1998 年底在中科院研制成功。我国在铋系带材、钇系大面积双面薄膜、钇系新型涂层带材、钇系准单畴块材和高温超导电缆等方面，其技术发展水平与国际水平相当或相近，某些方面甚至处于国际领先地位。

2）超导储能。人类对电力网总输出功率的要求是不平衡的，夏季或冬季用电力驱动获取冷气或暖气，就会导致用电负荷大幅增加。即使一天之内也不均匀，白天与夜间用电负荷相差甚大。利用超导体，可制成高效储能设备。由于超导体可以达到非常高的能量密度，可以无损耗贮存巨大的电能。超导磁储能系统

(SMES) 是利用超导材料制成的线圈，由电网（经变流器）供电励磁在线圈中产生磁场而储存能量，在需要时可将此能量（经逆变器）送回电网或作其他用途。由于储能线圈由超导线绕成并维持在超导态，故线圈中所储存的能量可以几乎是无损耗地永久储存下去，直到需要释放它为止。因此，与其他储能系统相比，超导磁储能系统具有很高的转换效率（可达 95%）和很快的反应速度（可达几毫秒）。正因为如此，超导磁储能系统不仅可用于调节电力系统的峰谷，而且可用于降低甚至消除电网的低频功率振荡，从而改善电网的电压和频率特征；此外，可用于无功和功率因素的调节，以改善系统的稳定性。这种装置把输电网络中用电低峰时多余的电力储存起来，在用电高峰时释放出来，解决用电不平衡的矛盾。

美国已设计出一种大型超导储能系统，可储存 5000MW · h 的巨大电能，充放电功率为 1000MW，转换时间为几分之一秒，效率达 98%。它可直接与电力网相连接，根据电力供应和用电负荷情况从线圈内输出，不必经过能量转换过程。日本自 20 世纪 80 年代中期以来，进行了大量的分析、设计和实验研究工作，提出了开发超导储能的 30 多项建议，其中包括用于磁浮列车、10 层计算机大楼和 50 层高层建筑等用的超导储能系统，参与了通产省自然能源局提出的 100kW · h 等级的超导储能计划。

1999 年中科院电工所研制成功我国第一台微型超导储能样机。2007 年，中科院电工所的研究小组，研制成功世界首台超导限流储能系统，1MJ/0.5MVA 超导限流储能系统。该系统主要包括：高温超导磁体、低温及制冷系统、电力电子系统，以及在线监测系统等部件。所有部件的研制在 2006 年已经完成，在北京市投入并网实验运行。在完成该系统并网试验运行前的各项调试和检测后，将投入 10.5kV 配电网上试验运行，这是世界上第一套投入实际电网运行的高温超导限流储能系统。该系统能够在一个装置实现超导限流器和超导储能系统的功能，在限制短路电流、改善电网稳定性和电力质量方面具有重要应用价值。

3）超导变压器。发展超导变压器可提高电力变压器的性能。从经济上看，超导材料的低阻抗特性有利于减小变压器的总损耗，高电流密度可以提高电力系统的效率，采用超导变压器将会大大节约能源，减少其运作费用；从绝缘运行寿命上看，超导变压器的绕组和固体绝缘材料都运行于深度低温下，不存在绝缘老化问题，即使在两倍于额定功率下运行也不会影响运行寿命；从对电力系统的贡献来看，正常工作时，超导变压器的内限很低，增大了电压调节范围，有利于提高电力系统的性能；从环保角度看，超导变压器采用液氮进行冷却，取代了常规变压器所用的强迫油循环冷却或空冷，降低了噪声，避免了变压器可能引起的火灾危险和由于泄露造成的环境污染。

早在 20 世纪 60 年代，国际上就开展了对超导变压器的研究。当时，由于超导线的交流损耗较大，研究工作进展不大。20 世纪 80 年代初，低损耗的极细丝复合多芯超导材料研制成功后，超导变压器的研究出现新的进展。1983年，法国Alsthorm公司研制出一台220kVA的低温超导变压器。与普通变压器相比，该超导变压器的铁心重量减轻91.5%，铁心损耗减少85%，总损耗减少55%。1987年后，有关超导变压器的研究大多逐步转入高温超导变压器。1997年4月，ABB在日内瓦电力公司的一家电厂安装了一台18.7kV/420V、630kVA的三相高温超导变压器，并成功通过了测试和试验运行。日本九州大学研制了一台单相6.6kV/3.3kV、500kVA的高温超导变压器，运行于77K，效率为99.1%。美国IGC公司和Waukesha公司合作研制容量为30MVA、电压比为138kV/13.8kV的三相高温超导变压器，这种容量和电压等级的变压器约占美国以后20年中等容量变压器销量的50%。

在我国，中国科学院电工研究所已经与保定变压器厂签订了高温超导变压器的合作研究协议，并将以配电系统的高温超导变压器的实用化作为合作的目标。2005年11月，中国科学院电工研究所与新疆特变电工股份有限公司联合研制成功我国首台超导变压器。超导变压器的额定容量为630kVA、额定功率为10.5kV/400V。该超导变压器采用非晶合金材料作为铁心，实现了技术上的突破。在国家电网中变压器部分的试验表明：该超导变压器的效率超过98%，各项技术指标符合国家标准。

4）超导电机。超导电动机由于采用超导绕组，运行电流密度和磁通密度大大提高。因此，与普通电动机相比，超导电动机具有体积小（小于常规电动机体积的50%）、重量轻、损耗低、效率高（可达99%以上）、极限单机容量大、长时过载能力强（可达到额定功率的2倍左右）的优点。对于超导发电机来讲，利用超导线圈磁体可以将发电机的磁场强度提高到5~6万高斯，它的单机发电容量比常规发电机提高5~10倍，而体积却减少1/2，整机重量减轻1/3，发电效率提高50%。而且超导发电机的同步电抗也可减少到常规发电机的1/3~1/4，所以其运行的稳定性也将大大提高。在大型发电机或电动机中，一旦由超导体取代铜材则可望实现电阻损耗极小的大功率传输。所以超导电动机在高强度磁场下，超导体的电流密度超过铜的电流密度，这表明超导电动机单机输出功率可以大大增加。在同样的电动机输出功率下，电动机重量可以大大下降。研究表明，单机容量越大，则超导电动机在经济上越具竞争优势。小型、轻量、输出功率高、损耗小等超导电动机的优点，不仅对于大规模电力工程是重要的，而且对于航海、航空的各种船舶、飞机特别理想。

超导电动机的研究始于20世纪60年代。1969年，MIT首先研制成功一台45kVA超导发电机。日本、法国、德国也相继开展了类似的研究。1996年2月，在DOE的支持下，美国Reliance电力公司（REC）成功研制出一台四极超导同步电动机，其转速为1800r/min，超导线圈工作于27K，能连续输出147kW的功率（比设计的92kW高出60%）。计算表明，该电动机的峰值负载可达到294kW。美国海军对单极超导电动机的研究给予了高度重视。1996 年，利用 ASC 和 IGC 提供的两个跑道型超导线圈研制的单极电动机，在 4.2K 和 28K 下可分别输出 122kW 和 82kW 的功率，转速达 11700r/min，电枢电流为 30kA。美国海军希望将单极超导电动机用于船舶推进。

我国于 1977 年，由上海发电设备研究所研制出一台 400kVA 的超导发电机，并进行了入网试验运行。1981 年开始研制一台 400～800kVA 超导同步发电机，其最长发电时间达 1h。1983 年中国船舶总公司 712 所、中国科学院电工研究所和浙江大学等合作研制我国第一台 300kW 超导单极电动机。电动机的定子是一对 NbTi 超导螺线管线圈，中心场达到了 4.78T，而电枢区域的磁场达到 0.75T。1992 年，该电动机成功地进行了满负载试验，且运行性能稳定。“十五”期间，国家支持的采用铋系高温超导导线的 100kW 舰船推进用超导同步电动机（712 所，清华大学和北京英纳超导公司合作）已试制成功。这为将来研制兆瓦级的船用超导电动机打下了良好的基础。

5）超导故障限流器。由于我国电力系统容量的逐年增长，导致电路短路功率及故障短路电流迅速增大。当电力系统发生短路故障时，线路的短路电流将迅速增加。如果不采取任何措施，短路电流可达到额定电流的 20 倍左右，巨大的短路电流对电力系统的稳定运行和电气设备会带来严重的威胁。超导限流器（SFCL）是短路电流的克星。当线路中的电流超过超导体的临界电流时，超导体就失去其超导性，回复到材料的原始性状，从而相当于在线路中迅速串入一个电阻，这样短路电流就会被有效地限制。基于这种工作模式的超导限流器叫电阻型超导限流器，其工作原理如图 4-2 所示。

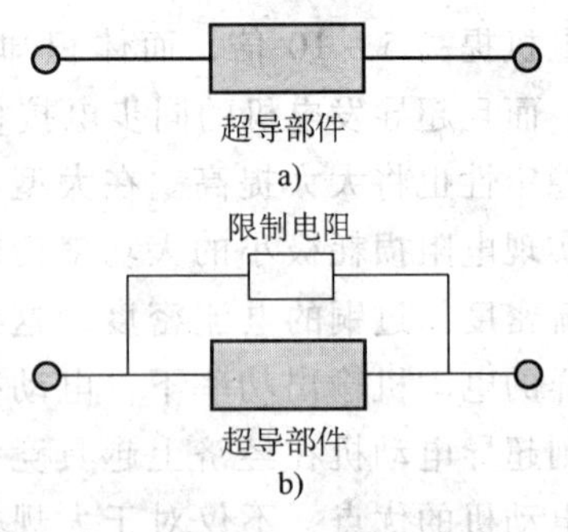

图 4-2　电阻型超导限流器原理
a）无限制电阻　b）串入限制电阻

超导限流器的另一种工作模式是感应模式（图 4-3）：初级线圈（常规线圈）和次级回路（超导线圈或超导屏蔽圆筒）紧密耦合，线路的电流流经初级线圈，次级回路短接。正常运行时，初级线圈在铁心中产生的磁通几乎完全被次级超导回路所产生的反向磁通抵消。因此，正常运行时，初级线圈对线路的电流表现为一个很低的阻抗。当发生短路故障时，流经初级线圈的电流迅速增大，相应地，次级回路的感应电流也迅速增大。当次级回路中的电流大于临界电流时，次级回路就失去其超导性，回复到材料的原始性状。这时，次级回路不再是无阻的了，初级线圈产生的磁通不能被次级回路的感应磁通完全抵消，所以初级线圈对线路的电流表现为一个高阻抗，从而使短路电流得到有效的限制。当故障消除后，线路的电流减少，次级回路又恢复到超导态。

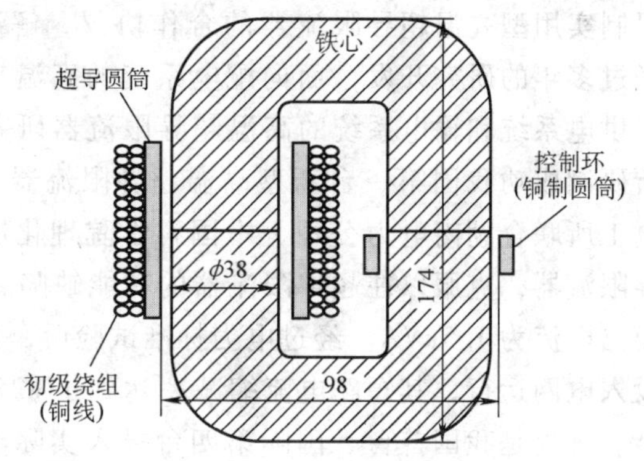

图 4-3　感应模式超导限流器的原理图

在电力系统中安装超导限流器可大大降低短路故障电流，从而显著提高系统的稳定性和可靠性，大大改善电能质量，明显降低电网的建设和改造成本并提高电网的输送容量。超导限流器融检测、触发和限流于一体，反应速度快，正常运行时的损耗很低，能自动复位，克服了熔断器只能使用一次的缺点。装备短路限流器就能有效地限制短路电流，降低对电网内电器的要求。

归纳起来，用超导材料制成的限流器有许多优点：①它的动作时间快，大约几十微妙。②减少故障电流，可将故障电流限制在系统额定电流 2 倍左右，比常规断路器开断电流小一个数量级。③它有低的额定损耗。④集检测、转换、限制于一身，可靠性高，它是一类“永久的超保险熔丝”。⑤结构简单，体积小，价格便宜。

1974 年 O. K. Maward 和 L. D. McConnell 分别申请了有关超导限流器的专利，美国阿贡实验室和 EPRI 率先对电阻型超导限流器进行了研究。1989 年以来，美国、德国、法国、瑞士和日本等国家都相继开展了高温超导限流器（HTSFCL）的研究。ABB 瑞士研究中心一直从事屏蔽型高温超导限流器的研究。1996 年他们利用高温超导体烧结成的圆环作为次级回路，成功研制出一台 1.2MVA 三相高温超导限流器。该限流器成功地通过了 60kA 的短路试验，它能将短路电流限制到约 700A，并已在一个电厂成功地试验运行了近两年。1995 年，美国 Lockheed Martin 公司（LMC）与 ASC、LANL 等合作，研制成一台 2.4kV/2.2kA 的高温超导限流器。该限流器在加州成功地通过了 6 周的试验运行，其反应时间为 8ms，并对相隔 800ms 的两个连续短路故障（每一故障持续 400ms）作出了成功的反应，并能将短路电流降低约 60%。LMC、ASC 和 IGC 已经研制成功 15kV/10.6kA 的高温超导限流器，该高温超导限流器已成功地通过了试验。LMC、ASC 和 LANL 正在合作研制的 15kV/20kA 高温超导限流器已于 1999 年 7 月在美国加州 Edison 变电站投入试验运行。LMC、TEPCO 和东芝公司等国际大公司已将高温超导限流器的产业化提上日程。TEPCO 用于 SFCL 的研究经费是每年 100 万美元，并计划 2010 年在 500kV 的输电系统中配备高温超导限流器。

在我国，中国科学院电工研究所已成功研制出一台 1kV/100A 的超导限流器样机，并与北京开关厂合作开展了 7.2kV/400A 的高温超导限流器的研究。中国科学院电工研究所还与中国长江三峡开发总公司下属的宜昌能达通用电气公司签订了研制实用型高温超导限流器的合作协议，解决现有断路器开断容量不足的问题。经过多年的研究开发，面向配电系统的高温超导限流器已接近实用的水平，适应于供电系统和输电系统的高温超导限流器研究也在计划中。2002 年，中科院电工所研制成功我国第一台新型高温超导限流器（400V/25A）。2005 年 8 月，中科院电工所联合湖南电力公司、中国科学院理化所等单位，自主研制成一种新型的超导限流器，克服以往超导限流器的功能缺陷。该限流器的额定电压 10.5kV，额定短路电流为 1.5kVA。经过电力标准试验后，该超导限流器已经在湖南娄底供电局投入电网运行，其短路电流缩减率达到了 82%，响应时间和恢复时间仅为几个毫秒。这也是我国首台、国际第四台投入实际电网试验运行的超导限流器，本装置已经运行 8 个月无故障。

6）在核能开发中的应用。若想利用热核反应来发电，首先必须解决大体积、高强度的磁场问题。产生这样磁场的磁体能量极高，结构复杂，电磁和机械应力巨大，常规磁体无法承担这一任务。只有通过超导磁体产生强大的磁场，将高温等离子体约束住，并且达到一个所要求的密度，这样才可以实现受控热核反应。

7）电子束磁透镜。在通常的电子显微镜中，磁透镜的线圈是用铜导线制成的，场强不大，磁场梯度也不高，且时间稳定性较差，使得分辨率难以进一步提高。运用超导磁透镜后，以上缺点得到了克服。目前超导电子显微镜的分辨已达到 3Å，可以直接观察晶格结构和遗传物质的结构，已成为科学和生产部门强有力的工具。

（5）超导弱电技术

1）无损检测。无损检测是一种应用范围很广的检测技术，其工作方式有：超声检测、X 光检测及涡流检测技术等。超导量子干涉器（SQUID）无损检测技术在此基础上发展起来。由约瑟夫森结制成的超导量子干涉器（SQUID）磁强计是极其灵敏的磁场检测仪器，它可以分辨相当于十亿分之一的地磁场变化。由于超导量子干涉器能在大的均匀场中检测到场的微小变化，增加了检测的深度，提高了分辨率，能对多层合金导体材料的内部缺陷和腐蚀进行检测和确定，这是其他检测手段无法办到的。工业上用于检测导体材料的缺陷、内部的腐蚀等，军事上可用于水雷和水下潜艇等的探测。利用超导材料做成的探矿仪器，装在飞机甚至卫星上，可以大面积地探测某些矿藏的分布。

2）超导微波器件在移动通信中的应用。移动通信业蓬勃发展的同时，也带来了严重的信号干扰，频率资源紧张，系统容量不足，数据传输速率受限制等诸多难题。所有的无线电接收装置在接受外界信号时总伴有一定的噪声。噪声主要可分为两部分：一是外界信号带入的，可用检波的方法加以消除；二是装置的线路内部产生的噪声。这一部分也可以用许多方法使之尽量减少。但是不管我们如何努力，也不能将噪声减到零。这是由于电路中存在一种所谓的热噪声，它起源于电阻、电感和接线中的电子和晶格的碰撞。可以说对于有阻元件，热噪声是不可避免的。高温超导体在超导态下电阻为零，这意味着高温超导体的热噪声十分小(但不为零)。用高温超导体做成的滤波器，自然可将前级放大器中的热噪声消除，又不引入新的热噪声，这就大大地提高了信噪比。高温超导移动通信子系统在这一背景下应运而生，它由高温超导滤波器、低噪声前置放大器以及微型制冷机组成。高温超导子系统给移动通信系统带来的好处可以归纳为以下几个方面：①提高了基站接收机的抗干扰能力；②可以充分利用频率资源，扩大基站能量；③减少了输入信号的损耗，提高了基站系统的灵敏度，从而扩大了基站的覆盖面积；④改善通话质量，提高数据传输速度；⑤超导基站子系统带来了绿色的通信网络。

3）超导探测器。用超导体检测红外辐射，已设计制造了各种样式的高 TC 超导红外探测器。与传统的半导体探测比较，高 TC 超导探测器在大于 20μm 的长波探测中将是优良的接收器件，填充了电磁波谱中远红外至毫米波段的空白。此外，它还具有高集成密度、低功率、高成品率、低价格等优点。这一技术将在天文探测、光谱研究、远红外激光接收和军事光学等领域有广泛应用。

4）超导计算机。高速计算机要求集成电路芯片上的元件和连接线密集排列，但密集排列的电路在工作时会产生大量的热，影响系统的稳定性，散热也是超大规模集成电路面临的难题。如果超大规模集成电路中元件之间的互连线用零电阻或接近零电阻的、不发热或仅微发热的超导器件来制作，则不存在散热问题，亦更能提高计算机的运算速度同时减小器件的尺寸。超导器件在计算机中运用，将具有许多明显的优点：①器件的开关速度比现存半导体器件快 2 ~3 个数量级，比普通半导体 Si 集成电路，要快一千倍左右；②很低的功率。只有半导体器件的千分之一左右，散热问题很容易解决；③输出电压在毫伏数量级，而输出电流大于控制线内的电流，具有一定增益，信号检测方便。同时，体积更小，成本更低；另外，因超导抗磁效应，电路布线干扰完全消除，信号准确无畸变。

从超导现象发现到超导技术的发展历程来看，新的更高转变温度材料的发现及室温超导的实现都有可能。超导技术是 21 世纪的十大关键技术之一，各发达国家都非常重视超导技术发展。尽管我国在高温超导技术研究领域做出了巨大努力，但整体技术水平与国外相比仍有较大差距，特别是工程化应用方面的差距较大。我国应该借鉴国外经验，合理组织研究力量，在超导技术应用研究上加大投入力度，对比较成熟的超导技术尽快投入工程化应用，加速我国超导技术研究与应用步伐。事实上，超导电性是物质很普遍的特性之一，这种特性已经在多种物质结构中发现。超导的零电阻性、完全抗磁性以及超导电子对电波的长程相干性、磁通量子化等特性，为我们的基础研究和实用化进程提供了越来越广阔的舞台。目前超导技术正从基础研究阶段向应用发展阶段转变，且有可能进入产业化发展阶段。随着高温超导材料的开发成功，超导技术将越来越多地应用于尖端技术中，因此超导技术有着重大的应用发展潜力，有可能解决未来电力能源、通信、电子技术、科学仪器、医疗卫生和国防事业中的诸多重要问题。

第3节 热力系统节能

1. 热能节约的主要途径

（1）我国热力系统的效率还较低 热能的大规模应用可追溯到工业革命初期广泛使用的蒸汽机，在现代社会它是国民经济和人民生活中应用最为广泛的一种重要能量形式。热能除用于公用和民用建筑的采暖和空调外，主要用于电力部门用蒸汽推动汽轮机，再由汽轮机带动发电机发电。在工业部门中用蒸汽作为动力和热能，拖动其他相关设备的动力用户（例如：以蒸汽为动力驱动的汽锤、风机、泵、锻压机等）和用蒸汽、热气体或热水的热量对某些加工过程进行加热以保证产品品质的热力用户。

与发达国家相比，我国热力系统的效率还较低，热能还未得到充分利用。主要反映在工业产品单位能耗高，余热未得到充分有效的利用。表4-12为我国主要产品单位能耗指标。

表4-12 主要产品单位能耗指标

年 份	2000	2005	2010	2020
火电供电煤耗/［gce/（kW·h）］	392	377	360	320
吨钢综合能耗/（kgce/t）	906	760	730	700
吨钢可比能耗/（kgce/t）	784	700	685	640
10种有色金属综合能耗/（tce/t）	4.809	4.665	4.595	4.45
铝综合能耗/（tce/t）	9.23	9.595	9.471	9.22
铜综合能耗/（tce/t）	4.707	4.388	4.256	4
炼油单位能量能耗/（kgce/t）	14	13	12	10
乙烯综合能耗/（kgce/t）	848	700	650	600
大型合成氨综合能耗/（kgce/t）	1372	1210	1140	1300
烧碱综合能耗/（kgce/t）	1553	1503	1400	1300
水泥综合能耗/（kgce/t）	181	159	148	129
平板玻璃综合能耗/（kgce/重量箱）	30	26	24	20
建筑陶瓷综合能耗/（kgce/m²）	10.04	9.9	9.2	7.2
铁路运输综合能耗/（tce/Mt-km）	10.41	9.65	9.4	9

注：1.“gce”为“克标准煤”。

2.“kgce”为“千克标准煤”。

3.“tce”为“吨标准煤”。

在我国节能中长期规划中，通过采用新技术使主要工业产品的单位能耗在2010年总体接近发达国家20世纪90年代的水平，到2020年总体上达到或接近当时的国际先进水平。要达到这一目标尚需作出巨大的努力。

在工业过程中我们还有大量的余热未被充分有效的利用，使热能资源白白的浪费掉。例如：各类炉窑、燃气轮机等的高温烟气余热；焦炭、高炉炉渣、钢坯钢锭、出窑水泥等高温产品在冷却过程中释放出的大量余热；各类工业炉窑中用于冷却的冷却介质余热；化学反应过程中的余热；各类工业废气、废水中的余热；可燃废气余热等。工业各部门各类余热占部门燃料消耗量的比例在15%～40%，其中建材、冶金部门最高，分别是40%和33%，因此各工业部门节约热能的潜力巨大，也是提高能源利用效率的重要方面。

（2）提高能量传递和转换效率的主要途径　从本质上来讲，能源的有效利用是在热力学原则指导下提高能量传递和转换的效率，最充分地发挥能源的利用效果，使能源得到最经济、最合理的利用。提高能量传递和转换效率主要遵循的原则是：①减少转换次数和传递的距离，通过高效设施来提高能量的利用率；②在热力学原则的指导下，计算能量的需求和综合评价能源使用方案，依据能源的品质合理使用能源；③形成企业或地区的能源综合优化利用系统，使热能、机械能、电能、余热、余压得以全面综合利用；④开发节能新技术，如高效洁净燃烧技术、高温燃气轮机、低品质能源动力转换系统、热泵技术、热管技术等。对于具体的工业部门，提高热力系统和能量转换系统效率的主要途径有：

1）电力部门。大力发展60万kW及以上超超临界机组、大型联合循环机组；采用高效、洁净发电技术，改造现有低效率火电机组，提高发电效率；提高发电机单机容量，逐步关闭低效率小容量机组；发展热电联产、热电冷联产和热电煤气多联供；推进跨大区联网，实施电网经济运行技术；采用先进的输、变、配电技术和设备，降低电能在传输过程中的各类损耗；采用天然气发电机组替代燃油小机组；优化电源布局，适当发展以天然气和其他工业废气为燃料的小型分散电源，加强电力安全；减少电厂自用电。

2）煤炭部门。建设大型现代化煤矿，实现高效高产，逐步淘汰技术落后、效率低、浪费资源严重和污染环境的小煤矿；采用新型高效通风机、节能排水泵，对设备及系统进行节能改造，完善煤炭综合加工体系，提高煤炭利用效率。

3）钢铁部门。提高新建、改扩建工程的能耗准入标准，加快淘汰落后工艺和设备。实现技术装备大型化、生产流程连续化、紧凑化、高效化，最大限度综合利用各种能源和资源。大型钢铁企业焦炉要建设干熄焦装置，大型高炉配套炉顶压差发电装置；炼钢系统采用全连铸、溅渣护炉等技术；轧钢系统进一步实现连轧化，大力推进连铸坯一火成材和热装热送工艺，采用储热式燃烧技术；充分利用高炉煤气、焦炉煤气和转炉煤气等可燃气体和各类蒸汽，以自备电站为主要集成手段，推进钢铁企业节能降耗。

4）有色金属部门。矿山重点采用大型、高效节能设备，提高采矿、选矿效率；铜熔炼采用先进的富氧闪速及富氧溶池熔炼工艺，替代反射炉、鼓风炉和电炉等传统工艺，提高熔炼强度；氧化铝发展选矿拜耳法等技术，逐步淘汰直接加热熔出技术；电解铝生产采用大型预焙电解槽，限期淘汰自焙电解槽，逐步淘汰小预焙槽；铅熔炼生产采用氧气底吹炼铅新工艺及其他氧气直接炼铅技术，改造烧结鼓风炉工艺，淘汰土法炼铅；锌冶炼生产发展新型湿法工艺，淘汰土法炼锌。

5）建材部门。发展新型干法窑外分解技术，提高新型干法水泥熟料比重，积极推广节能粉磨设备和水泥窑余热发电技术，对现有大中型回转窑、磨机、烘干机进行节能改造，逐步淘汰机立窑、湿法窑、干法中空窑及其他落后的水泥生产工艺；玻璃行业发展先进的浮法工艺，淘汰落后的垂直引上和平拉工艺，推广炉窑全保温技术、富氧和全氧燃烧技术等；建筑陶瓷行业淘汰倒焰窑、推板窑、对孔窑等落后窑型，推广辊道窑技术，改善燃烧系统；卫生陶瓷生产改变燃烧结构，采用洁净气体燃料无匣钵烧成工艺；积极推广应用新型墙体材料以及优质环保节能的绝热隔音材料、防水材料和密封材料，提高高性能混凝土的应用比重。

6）石油化工部门。油气开采应用采油系统优化配置技术，稠油热采配套节能技术，注水系统优化运行技术，油气密闭集输综合节能技术，放空天然气回收利用技术；石油炼制提高装置开工负荷和换热效率，优化操作，降低加工损失；乙烯生产优化原料结构，采用先进技术改造乙烯裂解炉，优化急冷系统操作，加强装置管理，降低非生产过程能耗；以洁净煤、天然气和高硫石油焦替代燃料油（轻油），推广应用循环流化床锅炉技术和石油焦化气燃烧技术，采用能量系统优化、重油乳化、高效燃烧器及吸收式热泵技术回收余热。

7）化工部门。大型合成氨装置采用先进节能工艺、新型催化剂和高效节能设备，提高转化效率，加强余热回收利用；以天然气为原料的合成氨推广一段炉烟气余热回收技术，并改造蒸汽系统；以石油为原料的合成氨加快以洁净煤或天然气替代原料油的改造；中小型合成氨采用节能设备和变压吸收回收技术，降低能源消耗；煤造气采用水煤浆或先进粉煤气化技术替代传统的固定床造气技术；烧碱生产逐步淘汰石墨阳极隔膜法烧碱，提高离子膜法烧碱的比重；纯碱生产淘汰高耗能设备，采用设备大型化、自动化等措施。

2. 高效能量传递和转换技术

（1）高效低污染燃烧技术　燃烧是获取热能的最主要方式。按燃料性质的不同，一般可分为煤的燃烧、油的燃烧和气体燃料的燃烧。要提高燃料化学能转换为热能的效率，必须广泛采用高效低污染燃烧技术。

1）气体燃料的燃烧技术。气体燃料一般便于储存、运输，燃烧方便，随着天然气被大规模的开发和煤的气化越来越受到重视，其应用的范围也越来越广泛。

气体燃料燃烧的效率主要取决于燃烧器，而气体燃料的燃烧效率通常都很高。在气体燃料的燃烧技术中应主要注意：①正确选用燃烧器，如扩散式燃烧器其安全性较好，没有回火爆炸的危险，但火焰较长，仅适合高热值的燃烧。预混式燃烧器，其燃烧强度高，不产生炭黑，但燃烧不稳定，有可能出现回火或脱火的危险，适用于低热值燃料的燃烧。对于一些供热量很大的工业炉，以天然气为燃料时所需流量很大，此时采用部分预混式燃烧器可提高燃烧热负荷，还能控制火焰的发光程度，有利于改善炉内辐射传热。②控制好燃烧器的结构参数和流动参数。改变结构参数会对燃料的燃烧情况产生明显的影响。改变流动参数对燃料的燃烧也会产生明显的影响，对于预混燃烧器的燃烧，气流速度小于火焰速度，可能产生回火，而大于时可能吹灭火焰，产生脱火。因此应控制好燃烧器的参数。③提高火焰的稳定性。所谓火焰稳定性是指火焰连续稳定地维持在某个空间位置，既不熄火又不随意移动的状态。火焰的稳定性是高效燃烧的关键，在工程中应采用各种措施保持火焰的稳定。如利用回流的高温烟气不断向燃料气体提供足够的热量，以保证火焰连续稳定。产生高温烟气回流的方法是在喷口流速较高的湍流区后设置钝体稳焰器、船型稳焰器、多孔板稳焰器等，以形成高温烟气的回流区，持续向燃料气体提供热量，维持火焰的稳定。④燃烧器的改进和新型燃烧器的开发。例如：旋流式燃烧器、旋风燃烧器、高速煤气燃烧器、多喷口板式无焰燃烧器等。旋流式燃烧器是使气流旋转将可燃气体和助燃空气混合和燃烧，燃烧热负荷高，火焰稳定性好。如果提高气流的旋转强度，将形成燃烧旋涡，燃烧更强烈，热负荷更高。

2）油的燃烧技术。油是最常用的燃料。油的沸点总是低于其着火温度，也就是说油总是先蒸发成油蒸汽，然后油在蒸汽状态下燃烧。油的实际燃烧可分为三个过程，油被加热蒸发、油蒸汽与空气混合和着火燃烧。要实现油的高效低污染燃烧，应从两方面着手：一个是提高燃油的雾化质量，另一个是良好的配风。

燃油被雾化的细度是衡量雾化质量的主要数据，雾化后油滴的直径越小，单位质量的表面积就越大，燃料油的雾化就越好，其蒸发混合即燃烧的速率也越快。燃油的喷射速度和温度是影响雾化质量的两个主要因素，雾化油滴的尺寸取决于油气间相对速度的平方，相对速度越大，雾化油滴越细。同时燃油的温度增加，表面张力与粘度下降，雾化油滴的直径越小。燃油的雾化是通过各种雾化器实现的，通常将燃油雾化器称为喷油嘴。喷油嘴按工作形式可分为机械式喷油嘴（压力式和旋杯式）和介质式喷油嘴（以蒸汽或空气为介质），压力式又可分为简单式和回油式。燃料油雾化的能量分别来自机械压力、高速旋转的金属杯、一定压力的蒸汽或空气。要提高雾化的质量，应根据使用情况和油品的种类正确选用具有不同特性的喷油嘴。

配风器是为燃烧提供适量的空气，形成有利于空气和雾化燃料油的空气动力场。好的配风器通常应满足以下要求：①将空气分成一次风与二次风，一次风量约为 15% ~30%，一次风应在点火前就已和雾化油混合，以避免雾化油着火时由于缺氧而分解，产生大量的炭黑。②一次风应是旋转的，可以产生适当的旋转区，以保持火焰的稳定。③二次风可以是直流的，也可以有小的旋流强度。该旋流可控制火焰的形状，有利于早期混合。不管何种配风方式都应能使空气和雾化油扩展角形成良好的配合，一般气流的扩展角应比雾化油扩展角稍小一些，以使空气能高速喷入雾化油中形成良好的配合。

3）煤粉的燃烧技术。在我国大型锅炉和工业炉窑中多数采用煤粉燃烧，因此采用先进的煤粉高效低污染燃烧技术就显得十分重要。它包括煤粉燃烧稳定技术、煤粉低 NOx 燃烧技术、高浓度煤粉燃烧技术和流化床燃烧技术等。

煤粉燃烧稳定技术是使用各种新型燃烧器来实现煤粉的稳定着火和燃烧强化。目前被广泛使用的有：煤粉钝体燃烧器、稳燃腔燃烧器、开缝钝体燃烧器、夹心风燃烧器、火焰稳定船式燃烧器和双通道自稳燃式燃烧器等。使用新型燃烧器可使锅炉适应不同的煤种，特别是使用劣质煤和低挥发分煤，同时能提高燃烧效率，实现低负荷稳燃，并节约点火用油。如煤粉钝体燃烧器，利用煤粉气流绕流钝体时的脱体分离现象产生的内、外回流，从而提高了气流的湍流强度，造成一个高温烟气的回流区，在回流区边缘形成局部高浓度煤粉区，有利于煤粉的稳定着火和燃烧强化。它特别适用于燃用劣质煤和低挥发煤的锅炉和窑炉。除煤粉钝体燃烧器外，还有在钝体燃烧器的外面罩上一个稳燃腔的稳燃腔燃烧器，在三角钝体中间开一条中缝的开缝钝体燃烧器，它们延长了使用寿命，提高和改善了钝体燃烧器的性能。

众所周知，煤的燃烧过程会排放大量的污染物，目前世界上大多数燃煤电站对粉尘和 SO_2 的排放已有相当成熟的控制和处理技术，但对减少 NOx 的排放仍在进一步的深入研究之中。NOx 污染主要是 NO 和 NO_2 污染。人为排放的 NOx 主要来自各种燃烧过程。NOx 侵入人体后，能引起支气管炎和肺气肿；在大气中可与其他污染物发生光化学反应，形成光化学烟雾；还可形成酸雨，腐蚀金属、建筑物和其他物品。目前降低 NOx 的排放比较成熟的办法是采用空气分级燃烧和烟气再循环燃烧等技术。空气分级燃烧技术就是将燃料燃烧过程分为两个阶段，第一阶段将从主燃烧器供入炉膛的空气量减少到总燃烧空气量的 70% ~75%（相当于理论空气量的 80% 左右），使燃料先在缺氧的富燃料燃烧条件下燃烧，此时由于过量空气系数小于 1，因此降低了该燃烧区的燃烧速度和温度水平，抑制了 NOx 在这一燃烧区中的生成量。实践表明，采用空气分级燃烧技术可以降低 NOx 放 15% ~30%。目前还采用烟气再循环来减少 NOx 的排放，当烟气再循环率为 15% ~20% 时，煤粉炉 NOx 的排放可降低 25% 左右。

高浓度煤粉燃烧技术不但能实现煤粉锅炉低 NOx 燃烧，而且能实现无烟煤等难燃煤种的稳燃。要实现高浓度煤粉燃烧技术必须提高一次风中的煤粉浓度，目前提高煤粉浓度的方法主要有三种：高浓度给粉、采用燃烧器浓缩技术和采用浓缩器浓缩技术。

煤的流化床燃烧技术是20世纪中期发展起来的一种新的煤的燃烧方式。经过几十年的发展以后，已显现出良好的发展势头，而且已成为全世界洁净煤燃烧技术的重要发展方向之一。流化床燃烧可分为两大类：常压流化床燃烧和增压流化床燃烧。第二代循环流化床锅炉的容量已从75t/h以下为主逐步发展到220t/h、410t/h、800t/h和更高容量，并与20万kW的汽轮发电机组配套。根据我国的能源结构，在较长时间内仍然以煤为主，且煤质较差的现实，应大力发展高效低污染的流化床燃烧技术。

（2）强化传热技术

1）传热过程的基本方式。只要有温差存在，热量就会自发地由高温传向低温，使温度趋于一致，因此热传递过程是自然界中基本的物理过程之一。它广泛地存在于工业生产的各个部门，用来实现各类工艺过程，也存在于各类产品，用于实现产品的性能。所以它广泛见于电力、化工、冶金、机械、轻纺、建筑建材、航空航天、原子能等部门和食品加工储存、室内温度控制、微电子产品散热等过程。

传热过程有三种基本方式：导热、对流换热和辐射换热，它们的传热规律各不相同，实际传热问题往往是几种传热方式同时起作用。我们将实现几种流体在其中进行热量交换的设备称为换热器。具有固体间壁以隔开温度不同的流体的称为间壁式换热器；使流体在器内直接接触而换热的称为混合式换热器；使冷流体和热流体交替通过同一换热面称为蓄热式换热器。按使用目的分为加热器、冷却器和冷凝器等。

2）提高传热系数是强化传热的主要途径。换热器是在工业部门和工业产品中广泛使用的重要设备，如把电站锅炉也可看做换热器，再加上冷凝器，除氧器，高、低压加热器等换热设备，换热器的总投资约占电厂投资的70%。在制冷设备中，蒸发器、冷凝器的质量也要占整个机组质量的30%～40%。因此从节能的角度出发，要想进一步减小换热器的体积，减轻质量和金属消耗，减少换热器消耗的功率，并使换热器能够在较低温差下工作，就必须用各种办法来增强换热器内的传热。因此近十几年来，强化传热技术受到工业界的广泛重视，发展十分迅速，并取得了显著的经济效果。如美国通用油品公司将该公司电厂汽轮机冷凝器中用单头螺旋槽管代替普通铜管，由于其强化了传热效果，使冷凝器的管子长度减少了44%，数目减少了15%，质量减轻了27%，总传热面积节约30%，投资节省了10万美元。又如用我国研制的椭圆矩形翅片管代替圆形翅片管制作的空冷管，其传热系数可以提高30%，而空气侧的流动阻力可以降低50%。我国石化行业和火电厂已广泛应用这种空冷器，取得了显著的经济效益。

换热器的强化传热就是力求使换热器在单位时间内，单位传热面积传递的热量达到最多。应用强化传热技术的目的是：提高现有换热器的换热能力；减小设计传热面积，以减小换热器的体积和质量；减小换热器的阻力，以减小换热器的动力消耗；使换热器能在较低温差下工作。通俗讲，在工程中强化传热技术就是能够把尽量多的热能传递给需要加热的物质或者把尽量多的余热回收下来，从而提高能源的利用率。从传热方程 $Q = kF\Delta T$ 可以看出，换热器的传热量（Q）与传热系数（k）、传热面积（F）和传热平均温差（ΔT）成正比。即强化传热主要有三种途径：提高传热系数、扩大传热面积和增大传热平均温差。

通常情况在一般设备中，冷热流体的种类和温度的选择常常受到生产的工艺过程的限制，不能随意变动，用增大传热平均温差的办法来增加传热只能适用于个别情况。扩大传热面积是常用的一种强化传热的有效方法，但应用时要进行技术经济分析，通常它会使流动阻力增加，金属消耗量增加，体积也随之增大。因此强化传热最重要的途径是提高传热系数，在传热面积和传热平均温差给定时，提高传热系数是强化传热的唯一途径。

要想提高传热系数，就要根据对流的特点，采取不同的强化方法。我国学者过增元院士在研究对流换热强化时，提出著名的场协同理论。该理论指出，要获得高的对流换热系数的主要途径有：①提高流体速度场和温度场的均匀性；②改变速度矢量和热流矢量的夹角，使两矢量的方向尽量一致。

强化传热技术通常分为主动式和被动式两大类。主动式强化传热需要消耗外部能量，如采用电场、磁场、光照射、搅拌、振动、喷射等手段。被动式强化传热则不需要消耗外部能量，是换热器强化传热主要采用的方法，如表面特殊处理法、表面粗糙法、强化元件法、添加剂法。

3）单相介质管对流换热强化的主要方法。单相介质管内对流换热强化的主要方法有流体旋转法和改变流道截面形状。使流体旋转的方法很多，在工艺上可行的通常采用管内插入物或螺旋内肋管。管内插入物可以扰动管内的流体，增强湍流度，有效地清除污垢，提高传热系数；亦可形成旋转流和二次流；插入件在管内扰动流体，破坏了层流边界层，加快了流体同传热管的换热。常用的内插件有：纽带、间隔纽带、错开纽带、螺旋片、螺旋线、静态混合器等。对新设计制造的换热设备，多采用螺旋槽管或螺旋内肋管来使流体旋转。螺旋槽管表面具有螺旋形凹槽，传热管内外表面的凸起或槽纹干扰了管内流体的流动，破坏了层流边界层，流动状态达到充分的湍流，促进了传热管同流体间的热交换，增强了管内外流体的换热。螺旋升角对换热的影响很大，大螺旋升角更有利于换热。研究表明，螺旋槽管换热器比光管的传热系数提高了 2 ~4 倍，在阻力损失和换热面积相同时，换热量可增加 30% ~40%。

改变截面流道形状强化传热时，对于层流工况和过度工况，高度比合适的矩形截面的换热比三角形截面和圆形截面要高得多。对于湍流工况，为改变管子的流道截面，应用最广的是横槽纹管。横槽纹管由光管的外表面被滚压成一圈圈有序的环形凹槽而成，与管子轴线成90°角。其强化机理为：当管内流体流经横向环肋时，管壁附近形成轴向漩涡，增加了边界层的扰动，使边界层分离，有利于热量的传递。当漩涡将要消失时流体又经过下一个横向环肋，因此不断产生涡流，保持了稳定的强化传热作用。研究和实际应用证明：横槽纹管与单头螺旋槽纹管比较，在相同流速下，流体阻力要大一些，传热性能好些。影响横槽纹管综合传热性能的主要结构参数为肋节距和肋形，而肋高影响较小。横槽纹管抗垢能力要优于光管，传热性能较光管提高2~4倍。

单相介质横向或纵向掠过管束是工程上常见的对流换热过程，其最实用的强化方法是扩展换热面和采用各种异型管。当换热面一侧为气体，另一侧为液体时，由于气体一侧的传热系数比液体一侧小得多（一般小10~50倍），此时最有效的方法是用扩展换热面的方法来提高传热系数。为了进一步提高气侧的换热和使换热器的整体结构更加紧凑，各种异型扩展面发展迅速，它们比普通扩展面在气侧的传热系数再提高0.5~1.5倍。发展最快应用最广的是各种普通扩展面（如矩形、三角形）的变形，如平行板肋换热器中的异型扩展换热面等。它们形状各异，种类繁多，其中波形、销钉型、百叶窗型、多孔型等最常用。为强化管束传热，在工程应用中用椭圆管、透镜管、滴形管、椭圆交叉缩放管等来代替圆管的越来越多，其中应用最广的是扁管和椭圆管。随着技术的发展，螺旋扁管、螺旋椭圆扁管及交叉缩放椭圆管的应用也越来越多。螺旋椭圆扁管是把圆形光管压成椭圆形，然后扭曲而成，流体在管内处于螺旋流动状态，因而破坏了管壁附近的层流边界层，提高了传热效率。研究表明，螺旋椭圆扁管换热器具有较好的强化传热性能，管径大小和螺旋导程对传热和阻力性能均有影响。从综合性能来看，大管径优于小管径；对于相同规格的管子，导程增大，传热性能降低，流动阻力减小。这种结构的换热器与光管换热器相比，热流密度高50%，容积小30%。

4）有相变传热强化的主要方法。有相变传热是指在对流换热中发生液体沸腾或蒸汽凝结的换热过程。对于强化有相变的沸腾换热主要从两方面着手：增多汽化核心和提高气泡脱离。具体方法有粗糙表面和对表面进行特殊处理、扩展表面、在沸腾液体中加添加剂等。表面粗糙和对表面进行特殊处理可使汽化核心数目大大增加，比光滑表面的传热强度提高好几倍。最简单方法是用砂纸打磨表面和用喷沙的方法来使表面粗糙，工程上应用最多的是经特殊处理后形成许多理想的内凹穴，在低过热度时形成稳定的汽化核心。内凹穴颈口半径越大，形成气泡所需的过热度就越低，从而大大强化了泡状沸腾过程。但应注意在强化沸腾换热时，存在一定极限的粗糙度，超过一定极限的粗糙度，传热系数不再增加。实验证明，表面多孔管的沸腾传热系数可提高2~10倍。此外临界热负荷也相应得到提高。在相同热负荷下，特殊处理过的表面的传热温差也比普通表面低得多。用肋管代替光管也可以增加沸腾传热系数。肋管除有较大的换热面积外，还可以增加汽化核心，同时肋片和管子连接处受到液体润湿作用较差，是良好的吸附气体的场所，另外肋片与肋片之间的空间里的液体三面受热，易于过热，这些因素都促进了气泡的生长，通常传热系数可提高约10%。锯齿形翅片管是一种新型传热管，其翅片外缘有锯齿缺口，加强了流体的扰动，促进对流换热，换热面积增大，增强了换热量，锯齿管的传热系数是光管的6倍，是低肋管的1.5~2倍。花瓣形翅片管是一种特殊的三维翅片结构强化传热管，从截面上看，各翅片像花瓣状而得此名。花瓣形翅片管既能显著地强化低表面张力介质及其混合物和含不凝性气体的水蒸气的冷凝传热，又能显著地强化空气和高黏性流体的冷却传热。有研究表明：自然对流条件下，其传热系数比锯齿形翅片管提高了8%~10%，在强制对流下，是光管的5~6倍。在液体中加入气体或另外一种适当的液体也可强化沸腾换热。如在水中加入合适的添加剂（例如各类聚合物），可使传热系数提高40%。

凝结也是一种相变换热过程。对于管外凝结换热强化的主要方法有：冷却表面的特殊处理、冷却表面的粗糙化和采用扩展表面等。对冷却表面的特殊处理主要是为了在冷却表面产生珠状凝结，它的传热系数比通常的膜状凝结高5~10倍。而粗糙表面可增加凝结液膜的湍流度，也可强化凝结换热。在管外膜凝结中还常常采用低肋管，它可增加换热面积，还由于冷凝流体的表面张力在肋片上形成的液膜较薄，其凝结传热系数比光管高75%~100%。对于管内凝结换热强化的方法主要有：扩展表面法、流体旋转法等。采用内肋管是强化管内凝结的最有效的方法，试验表明，比光管的传热系数高20%~40%。

5）纳米传热介质的研究。随着技术的进步，纳米传热介质的研究正在逐步进入人们的视野，以前对传热介质的研究主要是针对它的流动特性，对增强介质换热系数的研究很少。增强介质的换热系数是近些年新开辟的领域，并迅速受到重视，成为热点课题。研究表明纳米流体具有很好的传热功能，对纳米流体导热系数的实验研究显示，以不到5%的体积比在水中添加氧化铜纳米粒子形成的纳米流体导热系数比水高60%以上；用纳米流体和微型热交换器构成了冷却强度可达$30MW/m^2$的高效冷却系统。影响纳米流体导热系数的主要因素有四种：①非限域传递的影响；②布朗运动的影响；③液膜层的影响；④颗粒聚集的影响。换热器中如果利用纳米介质换热，传热效率将大大提高，与之相匹配的各种换热器将相继开发出来，并可以节约能源，降低成本。此外，换热器的场协同原理也是今后强化传热技术发展的重要方向，并在此基础上开发第三代传热技术。

（3）余热回收技术　热能是能源利用最广泛的形式，它在家庭特别是在工业企业中被广泛使用，但热能利用率不高，因此余热资源十分丰富。工业上大量的余热未得到充分的回收和利用，如在冶金、化工、机械、玻璃、陶瓷等各行业中的余热均未能很好地回收和加以利用。仅以工业窑炉为例，排烟温度一般为200～600℃，浪费的排烟热量约占燃料消耗量的50%以上。据统计，我国工业窑炉烟气每年排放的余热热值相当于万吨标准煤的热值，等于两个年产千万吨煤矿的产量，这是一笔很大的能源浪费。因此，这一部分的余热回收是节能环节中的要务，余热回收利用潜力巨大。

1）热能与余热。由于工业企业的不同类型，生产过程各不相同，但从热能使用的目的来看，热能主要用于以下三个方面：①发电和拖动。即将蒸汽的热能转变为电力，用作各种电气设备的动力；或者直接以蒸汽为动力，拖动压气机、压缩机、水泵、风机、气锤、锻压机等。通常称为动力用户。②工艺过程加热。即利用蒸汽、热水或热气体的热量对工艺过程的某些环节加热，以及对原料和产品进行热处理，以完成工艺要求或提高产品质量。通常称为热力用户。③采暖和空调。即公用和民用建筑冬季采暖、热水供应以及夏季制冷空调。它们都直接或间接使用大量热能。通常称为生活用户。

从热能使用的参数来看，可分为三个等级：①高温高压热能。通常指500℃以上，压力为3～10MPa的高温高压蒸汽或燃气，它们通常用于发电，温度和压力越高，热能转换的效率也越高。②中温中压热能。通常指150～300℃，4MPa以下的热能，它们大量用于加热、干燥、蒸发、蒸馏、洗涤等工艺过程，少数用于气力拖动。③低温低压热能。通常指150℃、0.6MPa以下的热能，主要用于采暖、热水、制冷、空调等。通常工业中，中、低参数的热能使用最为广泛。

从理论上分析，输入系统的总能量在利用过程中可分为已利用的有效能和未能利用的损失能，比如锅炉生产的蒸汽转换为可用功或利用了的能量为有效能，而散热消耗和排放过程中带到环境中的能量则为损失能，而对有效能重复利用和损失能部分回收的总称为余能，主要有以下几类：①可燃性余能，指可以作为燃料利用的可燃物，包括排放的可燃气体、废液、废料等，如高炉气、焦炉气、转炉气、油田伴生气以及矿井的瓦斯气和可燃矿渣、垃圾等。②载热性余能，就是所谓的余热，包括各种排气、产品、工质、冷却水等所带出的高温热，如锅炉和窑炉的烟气，燃气轮机和内燃机的排气等。③有压性余能，有压性余能通常指工业上排气、排水等有压力或落差流体的能量，可以利用有压流体驱动机械做功或发电。

从广义上讲，凡是温度比环境温度高的排气和待冷物料所含的热量都属于余热，对于工业企业中的余热资源大致可分为以下六大类。①高温烟气余热，主要指各种冶炼炉窑、加热炉、燃气轮机、内燃机等排出的烟气余热，这类余热资源数量最大，约占整个余热资源的50%以上，其温度为650～1650℃。②可燃废气、废液、废料的余热，如高炉煤气、转炉煤气、炼油厂可燃废气、纸浆厂黑液、化肥厂的造气炉渣、城市垃圾等。它们不仅具有物理热，而且含有可燃气体。可燃废料的燃烧温度在600～1200℃，发热值约为3350～10465kJ/kg。③高温产品和炉渣的余热，其中有焦炭、高炉炉渣、钢坯钢锭、出窑的水泥和砖瓦等，它们在冷却过程中会放出大量物理热。④冷却介质的余热，它是指各种工业炉窑壳体在冷却过程中冷却介质所带走的热量，例如电炉、锻造炉、加热炉、转炉、高炉等都需采用水冷，水冷产生的热水或蒸汽都可加以利用。⑤化学反应余热，它是指化工生产过程中的化学反应热，这种化学反应热通常又可在工艺过程中加以再利用。⑥废气、废水的余热，这种余热的来源很广，如热电厂供热后的废气、废水，各种动力机械的排汽以及各种化工、轻纺工业生产过程中蒸发、浓缩产生的废气和排放的废水等。

余热按温度高低可以分为三个等级：高温余热，温度>650℃；中温余热，温度为230～650℃；低温余热，温度<230℃。各工业部门余热来源及余热占部门燃料消耗的比例见表4-13。

表4-13　各工业部门余热来源及余热占部门燃料消耗的比例

工业部门	余热来源	余热约占部门燃料消耗量的比例（%）
建材工业	高温排烟、窑顶冷却、高温产品等	40
冶金工业	高炉、转炉、平炉、均热炉、轧钢加热炉等	33
玻璃搪瓷工业	玻璃熔窑、坩埚窑、搪瓷转炉、搪瓷窑炉等	17
机械工业	锻造加热炉、冲天炉、退火炉等	15
造纸工业	造纸烘缸、木材压机、烘干机、制浆黑液等	15
化学工业	高温气体、化学反应、可燃气体、高温产品等	15

余热回收中动力回收的经济性好，许多热设备的余热排气温度较高，能满足动力回收的条件，如表4-14所列。此外许多可燃废气的温度和热值都较高，也是较理想的动力回收余热。

表4-14　常见热设备的余热温度

设　备	余热温度/℃	设　备	余热温度/℃
高炉	1100～1200	干法水泥窑	900～1000
炼钢平炉	600～1100	玻璃熔窑	650～900
氧气顶吹转炉	1650～1900	煤气发生炉	400～700
钢坯加热炉	900～1200	燃气轮机	400～550
炼焦炉	～1000	内燃机	300～600
炼铜炉	1000～1300	热处理炉	400～600
镍精炼炉	1400～1600	干燥炉	250～600
石油化工设备	300～450	锅炉	100～350

2）余热利用的途径。余热的直接利用。①预热空气。它是利用高温烟道气，通过高温换热器来加热进入锅炉和工业炉窑的空气。由于进入炉膛的空气温度提高，使燃烧效率提高，从而节约燃料。在黑色和有色金属的冶炼过程中，广泛采用这种预热空气的方法。②干燥。即利用各种工业生产过程中的排气来干燥材料和部件。例如，陶瓷厂的泥坯、冶炼厂的矿料、铸造厂的翻砂模型等。③生产热水和蒸汽。它主要是利用中低温的余热来生产热水和低压蒸汽，以供应生产工艺和生活方面的需要，在纺织、造纸、医药等工业以及人们生活上都需要大量的热水和低压蒸汽。④制冷。它是利用低温余热通过吸收式制冷系统来达到制冷目的。

余热发电。如用余热锅炉（又称废气锅炉）产生蒸汽，推动汽轮发电机组发电；高温余热作为燃气轮机的热源，利用燃气发电机组发电；如余热温度较低，可利用低沸点工质（如正丁烷）来达到发电的目的。

余热的综合利用。余热的综合利用是根据工业余热温度的高低，采用不同的利用方法实现余热的梯级利用，以达到“热尽其用”的目的。例如高温排气，首先应当用于发电，而发电余热再用于生产工艺用热，生产工艺的余热再用于生活用热。如工艺用热要求的温度较高，则可通过汽轮机的中间抽气来予以满足。对于高温、高压废气应尽可能采用燃气－蒸汽联合循环。

3）余热的动力回收。在动力回收中最简单的是直接利用可燃废气驱动燃气轮机。例如，一个年产万吨的小化肥厂，其排放的废气流量为450m^3/h，热值为14600kJ/m^3，采取稳压措施后作为燃料直接驱动200kW的燃气轮机，而燃气轮机的排气还可用作余热锅炉的热源来生产0.3MPa的饱和蒸汽。此外利用高炉煤气的余压0.2～0.3MPa驱动特殊设计的膨胀涡轮机发电，也是动力回收的一种方式。对于中高温的废气，在多数情况下，采用余热锅炉产生蒸汽，再驱动汽轮机发电。20世纪90年代以后，由于大型企业的发展，余热锅炉已向大容量和高参数方向发展，蒸汽压力已达到10～14MPa，单机蒸发量已超过200t/h。余热锅炉因不需要炉膛，外形更类似于换热器。由于热源分散，温度水平不同，不能组成一个整体，应服从工艺需要，多采用分散布置。一般情况下余热源热负荷存在周期性波动，在系统中常要并联工业锅炉，或在锅炉中加装辅助燃烧器，以保持稳定供汽。

对于低温余热，在动力回收中通常采用闪蒸法或低沸点工质法。闪蒸法主要用于低温热水或汽水混合物，低温热水在闪蒸器中闪蒸成蒸汽，然后推动汽轮机发电。为充分利用低温余热，还可采用两级闪蒸，可提高有效功率，但系统较为复杂。采用低沸点工质的动力回收有两种类型，①直接利用低温热源将低沸点工质加热并产生蒸汽，然后驱动汽轮机发电。可选用的低沸点工质除正丁烷外，还有氯乙烷、异丁烷、各种氟利昂，大多数的碳氢化合物以及其他低沸点物质，如CO_2、NH_3等。②采用双循环法，即低沸点工质作为直接做功工质，还有一种工质作为中间传热介质。这种方法常用于温度稍高的低温余热利用。

4）凝结水回收。凝结水的回收是余热利用中的重要方面，在热能利用中一般只重视蒸汽热量（即蒸汽的潜热），而蒸汽的湿热（即凝结水中的热量）几乎没有被利用。凝结水温度等于工作蒸汽压力下的饱和温度，蒸汽压力越高，凝结水中的热量也越多。其所含热量可以达到蒸汽所含热量的20%～30%，如果不加以回收利用，不仅损失了热能，还损失了高度纯净的水，使锅炉补给水和水处理的成本增加。我国在这方面的问题是存在较为严重的蒸气泄漏（60%处于超标准漏气，30%处于严重漏气），每年泄漏蒸汽总量约1亿t，约合1400万t标准煤。而且70%左右的凝结水未被回收利用，直接排放到地下。凝结水中所含热能占蒸汽排放热能的20%～25%，国家规定的凝结水回收比例为80%，国际上先进国家规定的回收比例为90%，由此每年浪费的能源折合标准煤1500万t。

凝结水最好的回收利用方法就是将凝结水送回锅炉，作为锅炉的给水。凝结水回收系统可分为开式和闭式两类。开式系统是将从用气设备来的凝结水，经疏水器靠凝结水本身的重力（或由凝结水泵）排至凝结水箱中。由于凝结水箱与大气相通，凝结水处于大气压力，因此将会因压降产生大量蒸汽，导致大量的热能损失。在凝结水回收中应尽量采用闭式系统。闭式系统的凝结水箱封闭，箱内压力大于大气压力。开发和正确选用疏水器也是凝结水回收利用中的重要一环。疏水器的作用是将凝结水及时排出，同时阻止蒸汽漏出。疏水器作用原理不同可分为机械型、热动力型、热静力型。此外，在选用时必须根据是低压蒸汽系统还是高压蒸汽系统选用不同的疏水器。

（4）热泵技术

1）热泵特性。对于能量的利用，要从能的量和质两个方面去考虑。既要重视能量的利用率，又要重视在利用中品位的合适，以免造成不恰当的能量贬值。据一些工业发达国家的统计，小于100℃的热耗量约占总能耗的三分之一以上。目前的问题是普遍把煤炭、石油、天然气直接燃烧，来取得低温热介质（通常在100℃以下），以用于采暖、制冷、生活用热水以及造纸、纺织、食品、医药等工业部门，而另一方面，工业上有大量的低温余热被白白浪费。

热泵正是以输入一部分高质能或高温位热能为代价，通过热力循环，实现热能由低温位物体转移到高温位物体，供采暖或其他工艺过程用热的一种设备（如通过水泵使水从低处流向高处一般）。如果是那样的话就可以从环境中提取热量用于供热，但根据热力学第二定律，热能不会自发地从低温物体传至高温物体，要实现这一过程就必须消耗机械能。在这一过程中如果消耗的能量大于获得的能量，也就没有实用价值。根据研究，热泵所能提供的热量远大于在这一过程所消耗的机械能，例如：如果驱动热泵所消耗的机械能为1kW，它所获得的热量为3～4kW；而用电加热仅能产生1kW的热量。显而易见，江河湖泊、大气、海洋都是热泵的低温热源，用人工的方法即热泵的方法将它的温度提高，加以利用，如采暖、热水供应、工业中某些工艺过程等，都可以节约大量的高品位能源。例如：用热泵与直接用电取暖相比，可节约80%以上的电能，如果生产和生活中需要100℃以下的热能，与采用锅炉供热相比可节约50%的燃料。

在热力学中，工质经过一系列状态变化后又恢复到原来的状态的过程称为循环过程，或简称为循环。利用工质的状态变化，将热能转化为机械能的循环称作为正向循环，所有的热力发动机都是按照这类循环工作的。通过工质的状态变化，使热量从低温物体传送至高温物体的循环称作为逆向循环，制冷循环和热泵循环皆属于逆向循环。所以热泵工作原理与制冷装置的工作原理相同，就像家里的空调机即可以制冷，也可以制热一样。按照工作原理，热泵可分为两大类，压缩式热泵（图4-4）和吸收式热泵。根据带动压缩机的原动力不同，又可分为电动热泵、燃气轮机热泵或柴油机热泵，其中电动热泵应用最广。对于大型热泵，为了节约高品位的电能，所以用燃气轮机或柴油机驱动，它们的余热（或废水和废气）还可以再利用。吸收式热泵直接利用燃料燃烧或工业过程的余热，其原理与吸收式制冷机类似。

2）电动热泵。应用最广的电动热泵由压缩机、冷凝器、节流阀和蒸发器四大部件组成。压缩机消耗功从蒸发器抽取工质低压蒸汽，将其升温升压，并送至冷凝器，释放出高温热量供取暖或它用，蒸汽则凝结成高压液体，流经节流阀降压变成低压液体进入蒸发器，工质从低温热源（如环境）中吸收热量（介质由液态转化为气态要吸收热量）重新气化进入压缩机，完成循环。热泵与制冷机的工作原理相同，所不同的是两者的应用目的不一样，热泵是利用冷凝器放出的热量（冷凝器的温度高于环境温度），故一般要求冷凝器在较高温度下工作，在余热回收系统，甚至要求高达200～300℃；制冷时则是利用蒸发器带走环境的热量（蒸发器的温度低于环境温度），故要求蒸发器在较低的温度下工作，以达到制冷的目的。同一台设备是通过转向阀门的控制，做到既是制冷机，又是制热机。

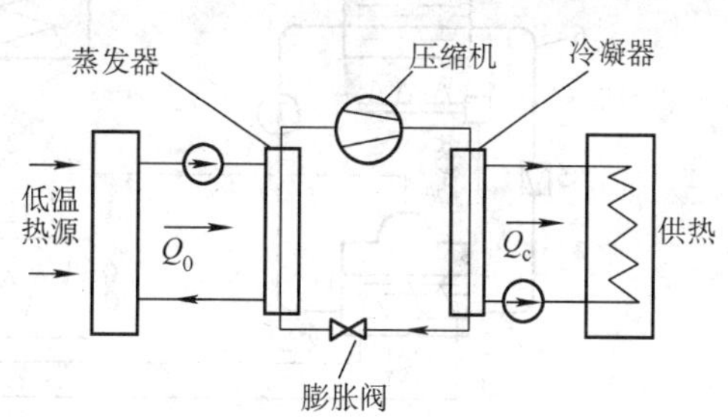

图4-4　压缩式热泵工作原理示意图

电动热泵应用最广的是住宅采暖和温水游泳池。近几年也广泛应用于办公楼、住宅群和教学大楼。冬季用于采暖，夏季用于制冷。如果同时有冷负荷又有热负荷，对热泵运行极为有利。如对既有游泳池又需要人工溜冰场的体育馆，采用热泵装置其经济性就特别好。

3）吸收式热泵。吸收式热泵是以沸点不同而相互溶解的两种物质的溶液为工质，低沸点组分为制冷剂（氨、溴化锂等），高沸点物质为吸收剂（如水），通过加热使制冷剂从溶液中逸出，经冷凝、节流后蒸发吸热制冷（图 4-5）。然后，蒸汽在低压下被溶液中的吸收剂吸收，放出热量由冷却水带走；溶液复原，升压后被重新加热，继续循环。因直接以热源为动力，故可直接利用工业余热等热能。吸收式热泵与电动热泵一样既可制冷也可制热。吸收式热泵与电动热泵相比有许多优点：如不需要用高品位的电能，噪声小、寿命长、维修费用低，但缺点是设备投资费用较高。吸收式热泵除在采暖中被广泛应用，在工厂企业中应用也越来越多。一方面它利用轻纺、造纸、制糖、食品、建材等行业在生产过程中产生的大量低温余热，提高了能源的利用率；另一方面采用吸收式热泵“制热”特性，可将这些低温余热的品位提高，提高后的热水或蒸汽不但可用于采暖和生活用水，还可用于生产的工艺过程，可获得明显的经济效益。

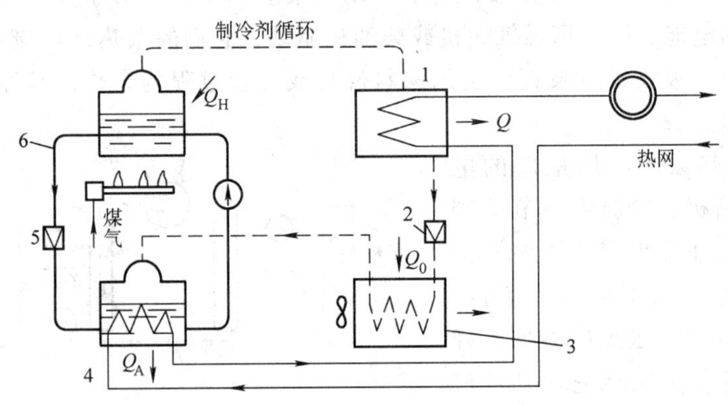

图 4-5　吸收式热泵工作原理示意图

1—冷凝器　2—节流阀　3—蒸发器　4—吸收器　5—节流阀　6—发生器

（5）热管技术　热管是世界上迄今所知的传热速度最快的传热元件，被称为“热超导管”。它是一种新型高效的传热元件，具有优异的传热特性，传热效率高，沿轴向的等温特性好等一系列新的特性。从 1964 问世以来得到了迅速发展，已被广泛应用于宇航、电子、冶金、化工、石油等部门，成为强化传热和节能技术的重要部分。

1）热管的工作原理。热管是一个密闭封焊的蒸发冷却器件，它由密封管、吸液芯和蒸汽通道组成。其中吸液芯由多孔物质组成，或在管壳内壁开沟槽装设通道管（液相工质专用小阻力通道），其原理是靠毛细作用使液相工质由冷凝段回流到蒸发段，并使液相工质在蒸发段沿径向均匀分布。制造时，管内抽成负压后充以适量的可以汽化的工作液体（如水、乙醇、氟利昂等），使紧贴管内壁的吸液芯毛细多孔材料中充满液体，并加以密封。从轴向看，管的一端为蒸发段（加热段），另一端为冷凝段（冷却段），中间为绝热段。工作时外部热源的热量传至蒸发段，通过热传导使工质的温度上升，进一步导致液相介质吸热蒸发。液体的饱和蒸汽压随着温度上升而升高，从而使蒸汽经蒸汽通道流向低压部分，即流向温度较低的冷凝段。蒸汽在该段冷凝，放出的热量通过充满工质的吸液芯和管壁的热传导，由管子的外表面传给冷源。此后冷凝液体可以在没有任何外加动力的条件下，借助管内的毛细吸液芯所产生的毛细力回到加热段继续吸热蒸发，如此循环，达到热量从一处传输到另一处的目的。

由于液态介质的蒸发潜热很大，同时蒸汽的流动阻力小，所以能够在温差较小的蒸发端至冷凝端间传送大量热量。此外，由于热管是一个所谓“自治”的系统，它利用蒸发和毛细现象进行介质循环，不需要借助泵等外力，所以免除了采用风机等旋转部件，运行时没有噪声，且具有很高的可靠性。

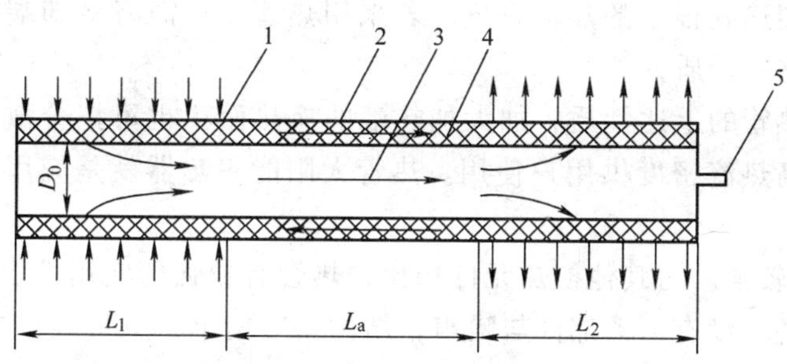

图 4-6　热管的工作原理图

1—壳体　2—液体　3—蒸汽　4—吸液芯　5—充液封口管

L_1—加热段（蒸发段）　L_a—绝热段（传热段）　L_2—冷却段（凝结段）

2）热管的特性与类型。热管具有许多优良的性能，正是这些优良性能使热管得到了发展和应用（图 4-6）。

① 极好的导热性能。热管利用了两个换热能力极强的相变传热过程（蒸发和凝结）和一个阻力极小的流动过程，使其具有了极好的导热性能。相变传热只需要极小的温差，而传递的是潜热。一般潜热传递的热量比湿热传递的热量大几个数量级。因此在极小的温差下热管可以传输极大的热量。

② 良好的均温性。热管内腔的蒸汽处于汽液两相共存状态，是饱和蒸汽。此饱和蒸汽从蒸汽蒸发段流向凝结段所产生的压降甚微，这就使热管具有良好的均温性。热管的均温性已在均温炉和宇航飞行器中得到了应用，另外也可以通过热管来均衡机床的温度场，减少机床的热变形，提高机床的加工精度。

③ 热流方向可逆。热管的蒸发段和凝结段内部结构并无不同，因此当一根有芯热管水平放置或处于失重状态时，任何一端受热，则该端成为加热端，另外一端向外散热就成为冷却端。若要改变热流方向，无需变更热管的位置。热管的热流方向可逆性为特殊场合应用提供了方便，如某些化学反应需先放热后吸热。又

如室内的空调，在冬季换气时，热管式空调通过热管利用排出室外的热空气加热从室外吸入室内的新鲜冷空气；由于热管传热方向可逆，在夏季吸入的新鲜空气又被排往室外的冷空气冷却。

④ 热流密度可变。在热管稳定工作时，热管本身不发热、不蓄热、不耗热，所以加热段吸收的热量 Q_1 应等于冷却段的热量 Q_2。若加热段的换热面积为 A_1，冷却段的换热面积为 A_2，则它们的热流密度分别为 $q_1 = Q_1/A_1$，$q_2 = Q_2/A_2$；因为 $Q_1 = Q_2$，由此得 $q_1A_1 = q_2A_2$，这样通过改变 A_1 和 A_2 即可改变热管两工作段的热流密度。

有些场合需要将集中的热流分散冷却，如某些电子元件体积很小，工作时发热强度高达 500W/cm^2，即加热段换热面积很小，热流密度很高。若采用空气冷却，冷却段只能达到很小的热流密度。若采用热管，只需将冷却端换热面积加大即可较好解决这一矛盾。

另外利用热管的上述性质，加大加热端的换热面积也可把分散的低热流密度收集起来变为高热流密度供用户使用。热管太阳能集热器就是应用了这一原理制成的。

⑤ 适应性较强。与其他换热元件相比，热管有较强的实用性。主要是：不需要外加辅助设备，没有运动部件与噪声，结构紧凑简单，重量轻；热源不受限制，高温烟气、电能、太阳能都可以作为热管热源；热管形状不受限制，可以根据冷、热源的具体情况和需要进行改变，甚至可做成针状；既可用于有重力场的地面，又可用于无重力场的太空。在失重状态下，吸液芯的毛细力可使工作介质回流；应用温度范围广，只要材料和工作介质选择适当，可应用于 -200 ~ 2000℃ 的温度范围；可实现单向传热，即只允许热向一个方向流动的所谓“热二极管”。如依靠重力回流工作液的无芯重力热管（热虹吸管），其热源只能在下端，产生的热蒸汽在上端凝结后，工作液靠重力回流到下端，即热只能由下端传至上端，反向传热则不可能实现。

热管的类型很多：按工作温度可以分为低温热管（-200 ~ 50℃）、常温热管（50 ~ 250℃）、中温热管（250 ~ 600℃）、高温热管（大于 600℃）等；按管壳材料和工作介质可以分为铜 - 水热管、低碳钢 - 水热管、铝 - 氨热管、不锈钢 - 钠热管等；按结构形式可以分为普通热管、分离式热管、微型热管、平板热管、毛细泵回路热管等；按热管的功能可以分为传热热管、热二极管、热开关管、仿真热管、制冷热管等。

3）热管的传热极限。尽管热管的传热效率很高，但是在设计热管时，必须根据实际情况考虑传热极限。传热极限决定热管在特定的条件下所能达到的最大传热效率和所需要的最低造价等因素。图 4-7 表示各种传热极限的示意图。处于包络线内侧的范围就是热管的正常工作区，这个工作区是由管外流体、热管尺寸、工质性能、吸热芯结构、工作温度等因素决定的。传热极限主要有五种：

① 粘度限。当工作温度过低时，热管中的回流液的粘度变大，液体的流动阻力相应变大，必将影响热管的传热能力。

② 声速限。当工作温度过高时，管内蒸汽流动的速度也相应增加，由于流通截面是固定的，蒸发段的蒸汽流量达到一定程度就不能继续增大了，出现阻塞现象，热管正常工作被破坏，热管丧失传热能力。

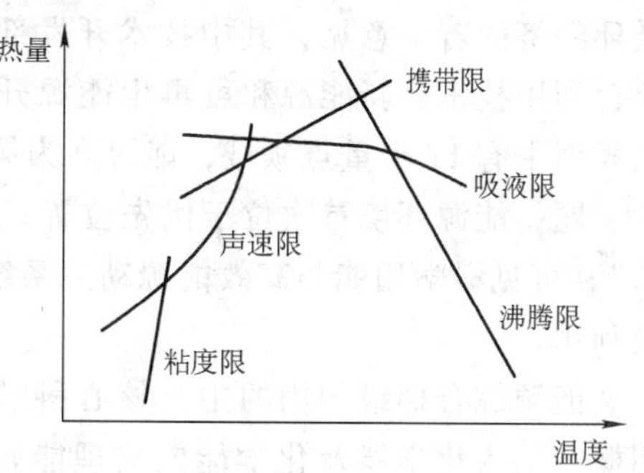

图 4-7　热管的传热极限

③ 携带限。当传热量增加时，热管中的蒸汽流量增大，蒸汽会夹带冷凝段的回流液，使凝结液的回流受阻，甚至出现冷凝段干涸，传热能力降低，热管不能正常工作。

④ 吸液限。热管吸热芯结构中产生的毛细力要克服冷凝液回流的摩擦力、蒸汽压力和重力的阻力，才能维持工质液体的循环。由于毛细泵提供的毛细力有限，当传热量增加到一定程度时，上述阻力可能超过毛细力，使热管的最大传热量受到限制。

⑤ 沸腾限。当壁温过高时，工质的液态沸腾干扰了工质的正常循环，导致传热能力达到了极限。

4）热管的应用。热管的优良性能使热管得到了发展和应用。将热管组装起来，就成了热管换热器。热管换热器的传热效率高，结构紧凑，重量轻，工作可靠，因此在工业部门，特别是在锅炉、窑炉及各种工业炉中都有广泛应用，如热管空气预热器、热管省煤器、热管锅炉和热管蒸发器。由于热管的特性，使热管空气预热器的传热系数比普通管壳式空气预热器高得多；由于热管的均温性，热管省煤器可以获得较高的壁温，较好地解决通常省煤器低温腐蚀问题，同时其传热强度高，结构紧凑；热管余热锅炉既有类似于火管锅炉的池沸腾的特点，从而循环过程稳定，又有水管锅炉传热强度高的优点，可使余热得到充分的利用。热管还可应用于太阳能集热器、太阳能海水淡化、电子和电气设备的冷却、生产硅晶体的均温炉、人造卫星的均温及高精度的热控，甚至深冷手术刀上都应用了热管技术。

3. 能量的梯级利用

（1）能量梯级利用的一般概念　能量的梯级利用是能源高效利用的基本原理，也是相关系统集成创新的核心。20 世纪 80 年代，吴仲华先生首次将热力系统集成原则概括为“温度对口，梯级利用”原理。2005 年，国务院发布了关于加快发展循环经济的若干意见，其中技术开发部分重点强调了能量的梯级利用技术、废物综合利用技术、新能源和可再生能源开发利用技术。2006 年，国家中长期科技发展规划中有 11 个重点领域，能源列为第一领域，设有 68 个优先主题，节能位于第一主题，能源环境首次位于优先位置，并且明确指出了“能量的综合梯级利用技术”，可见科学用能与高效能源动力系统从能量的梯级利用发展到了能源的综合梯级利用。

能源综合梯级利用的主要核心科学问题可归纳为三个：一是将能源的梯级利用概念引入化学能及化学能向物理能转化的阶段，以实现化学能与物理能的综合梯级利用；二是提出多功能综合新思路，试图解决独立系统无法解决的矛盾，提高热力性能与实现环保之间的矛盾，以实现不同用能系统的有机联合；三是寻求能源动力系统与环境相容协调，以实现更高层次的循环系统集成。

在实际用能的过程中，经常是不按能量的质来使用热能，从而造成热能浪费的现象。例如：①在工厂中常常把高参数的蒸汽经过节流降为低参数的蒸汽来使用。如常用的低压锅炉生产的 1.3MPa 的饱和蒸汽，经节流过程降为生产所需的 0.3MPa 的蒸汽来使用，能的数量基本上没有减少，但降低了能的品质，这是很不合算的。②利用燃料燃烧直接对房屋供暖，也是很不合理的热能利用方式，没有利用可达 1000℃的高温热源，把优质热能用于低质热能完全可以满足要求的采暖上，浪费了优质热能。如果将高品质的高温热源通过热机将其转变为机械能，然后再利用此机械能通过热泵系统去提供所需的热量，从理论上讲，1kJ 的燃烧热㶲可以提供 12kJ 采暖所需的低温热量，由此可见按质使用热能的重要意义。此外还应当在热能利用过程中尽可能减少由于不可逆过程所引起的㶲贬值，如燃料的燃烧、化学反应、有温差下的换热、介质的节流降压、有摩擦的扰流等。因此燃烧和化学反应过程应尽可能在高温下进行；加热冷却等换热过程应使放热和吸热介质的温度接近；力求避免介质节流降压和摩擦扰流等。

（2）热电冷三联供受到各国的特别关注　由于在生活和各类工业生产中都需要供热或制冷，所以在能量的梯级利用中集中供热、热电联产和热电冷三联供是最普遍的问题，因此受到世界各国的广泛重视和迅速的发展，其中热电冷三联供受到各国的特别关注。热电冷联产（Combined Cooling Head and Power——CCHP，又称分布式能源系统）是一种建立在能源梯级利用基础上，将制冷、供热采暖和供热水及发电一体化的总能系统，目的在于提高能源利用效率，减少 CO 及有害气体的排放。与集中式发电 - 远程送电比较，可以大大提高能源利用效率。如大型发电厂的发电效率一般为 35% ~55%，扣除厂用电和线损率，终端的利用效率只能达到 30% ~47%。而热电冷联产（CCHP）的能源利用率可达到 90%，没有输电损耗，另外热电冷联产（CCHP）在降低碳和污染空气的排放物方面具有很大的潜力。据有关专家估算，在美国如果从 2000 年起，每年有 4% 的现有建筑的供电、供暖和制冷采用热电冷联产（CCHP），从2005年起的25%新建建筑及从2010年起的50%新建建筑均采用热电冷联产（CCHP）的话，到2020年的CO_2的排放量将减少19%。如果将现有建筑实施热电冷联产（CCHP）的比例从4%提高到8%，到2020年的CO_2的排放量将减少30%。

传统的单一大型集中供能方式解决当前世界能源产业面临亟待解决的问题，如合理调整能源结构；进一步提高能源利用效率；改善能源产业的安全性；解决环境污染存在一定困难，而以热电冷联产（CCHP）为代表的分布式能源系统恰好可以在提高能源利用率、改善安全性与解决环境污染方面做出突出贡献。热电冷联产（CCHP）具有六个方面的主要特征：①燃料的多元化；②设备的小型、微型化；③热电冷联产化；④网络化；⑤智能化控制和信息化管理；⑥高标准的环保水平。热电冷联产系统在世界各国的能源规划与发展中得到重视，同时也是我国鼓励发展、积极推动的技术方向及供能方式。目前全世界都在推动热电冷联产（CCHP）的建设，积极试点，认真进行立法准备，抓紧开发配套相关设备。

热电冷联产（CCHP）分布式能源系统的主要优点有：

1）实现热电冷联产，通过余热回收技术可以实现蒸汽或热水供应，或使用吸收式制冷机组提供空调或工艺性用冷，可以将能源效率提高到60%~90%。

2）能源生产设备靠近用户，生产的热量、冷量和电量可直接使用，改进了供能的质量和可靠性，减少了输配电设备的投资和电网的输送损失。

3）装置容量小，占地面积小，初投资少。用户可以直接投资建设小型的分布式联产电站，随着技术的不断进步和成熟，未来热电冷联产的分布式能源技术的投资成本还会降低，毫无疑问，这种趋势可以开拓更为广泛的用户市场。

4）建设周期短。常规电站项目实施总要经历立项、设计及谈判、项目建设、启动等阶段，如燃煤电厂要5~7年，燃气电厂要3~5年，而热电冷联产分布式发电站建设只要0.5~1.5年。

5）机组分散，系统更加灵活，可以将其分解进行设备维护，对发电系统影响较小。

6）热电冷联产的分布式供能站运行噪声低、污染排放少。

7）新型机组可以在多种燃料下运行（如微型燃气轮机，带有燃料处理装置的燃料电池系统）。能源选择的灵活性可减少用于建设燃料供给基础设施的投资。另外还可以使用生物质气化产生的燃料。在很多发展中国家，特别是农业国，生物质（如木材、农副产品、猪废料）资源丰富，价格低廉。

8）偏远地区避免了建设投资大的电网，可以直接利用当地资源，选择建设热电冷联产的分布式电站。

热电冷联产（CCHP）分布式能源系统的种类多种多样，但其基本结构大致相同，一个完整的分布式能源系统的组成为：发电设备（汽轮机、燃气轮机、微型涡轮机、内燃机或燃料电池）；供热或制冷设备（溴化锂吸收式冷热水机组、电制冷机组）、锅炉或蓄热系统、汽—水换热器、调节装置（使蒸汽参数符合用户要求）、储能装置及建筑控制系统等。

（3）分布式能源系统　在这里有必要讨论一下分布式发电的基本概念。分布式发电（DG）一般是指为了满足一些终端用户的特殊需求而接在用户侧附近的小型发电系统，而分布式电源（DR）是指分布式发电（DG）与储能装置（ES）（蓄电池、超级电容、飞轮储能等）的联合系统。这种发电技术可利用多种能源（天然气、煤层气、沼气、太阳能、生物质能、氢能、风能等），因此是一种环境友好的发电技术。目前较多见的是分布式发电系统，它直接接入配电系统并网运行，也有向负荷直接供电而不与电力系统相连，形成独立供电系统，或形成所谓的孤岛运行的方式。当其接入配电网并网运行时，在某些情况下可能对配电网产生一定的技术上的影响，因此对需要高度可靠性和高电能质量的配电网来说，对分布式发电系统的接入是相当慎重的，要特别注重 DG 所产生的一些负面影响。当采用孤岛运行方式时，为保持系统的频率和电压的稳定，储能系统往往是必不可少的。为了提高能源的利用效率并降低成本，这种发电技术往往采用热、电、冷联供（CCHP）的方式，或仅采用热电联供（CHP）的形式。从能源利用、节能和环保的角度，这种发电技术被认为是一种极有发展前途的未来发电技术。

由于这种发电技术正处于发展过程，因此无论是国内还是国外，在概念和名词术语的叙述和采用上均比较混乱。根据美国 IEEE_ P1546/D08《关于分布式电源与电力系统互联的标准草案》中的定义，采用分布式发电或分布式电源的术语，正因为分布式发电常常与供热、供冷一起进行，因此国内外也常称其为分布式能源系统（DER），此外，还常常把容量更小、分布更为分散的称为分散式发电。

美国自 20 世纪 70 年代开始发展分布式发电，并在美国开始推广，然后被其他发达国家所接受，现已在很多国家推广并加以应用。美国现已有 6000 多座分布式能源站，仅大学校园就有 200 多座采用了分布式能源站供能。美国分布式发电的市场已达 10 多亿美元，全球许多商用分布式发电设备是由美国提供的。美国的电力研究院估计，2010 年分布式发电系统的市场每年可达 2.5 ~5GW。美国能源部还制订了详细的热电联产发展目标，宣布了一个在 2010 年使热电联产容量翻一番的目标，即美国要在 2010 年前再增加 46000MW 装机容量的热电联产能力。目前，止研究能源资源高效利用的小型热电冷三联产。

日本是一个能源高度依赖进口的国家，因此非常重视节能工作，对节能系统有较深入的研究。在日本发展最快的是以天然气为燃料的分布式热电冷三联产项目，应用领域广泛。日本东京煤气公司于 1991 年初投运了一座高效率、高性能的供热制冷中心，其制冷总容量达到182.8MW。在1993年其制冷总容量扩充到207.4MW，成为世界最大的区域供热和制冷中心。截至2000年底，日本全国热电项目共1413个，总装机容量为2212MW；工业燃气热电项目共1002个，总装机容量为1734MW，其中采用小型燃气轮机、燃气内燃机和微型燃气轮机为楼宇热电冷三联产的项目逐年较快增长。

英国曼彻斯特机场的分布式三联产供能工程是包括选用两台内燃机（燃料为重油或天然气）、两台59MW的余热锅炉、两台4MW的双燃料常规锅炉，每年发电约72000MWh。英国实行热电冷三联产后，每年可减少CO_2排放50000t、SO_2排放1000t。因此，经济效益和环保效益都十分显著。

我国分布式发电系统的应用刚刚起步，如何实现区域的整体能源供应是目前城市建设规划应当十分关注的问题，在这方面，热电冷联产（CCHP）分布式能源技术的发展具有广阔的空间。具有代表性的是国家节能投资公司在山东淄博兴建的热电冷联供示范工程，该工程利用张店热电厂的蒸汽实现溴化锂制冷，进行热电冷三联供。国家鼓励使用清洁能源，发展热电冷联产技术和热、电、煤气联供，以提高热能综合利用率。在有条件的地区逐步推广适用于厂矿企业、写字楼、宾馆、商场、医院、银行、学校等较分散的公共建筑的小型燃气发电机组和余热锅炉等设备组成的小型热电联产系统。目前，国内已经有一些由能源公司承建的项目，其中主要分布在北京、上海、广州等大中型城市，有很多投入了运行，并体现出良好的节能、经济、环保效果，例如上海浦东国际机场、黄浦中心医院、闵行区中心医院，北京首都国际机场、中关村软件园等项目。

一般认为分布式能源系统（distributed energy system，简称DES）是一种建立在能量梯级利用概念基础上，分布安置在需求侧的能源梯级利用，以及资源综合利用和可再生能源设施。通过在需求现场根据用户对能源的不同需求，实现温度对口供应能源，将输送环节的损耗降至最低，从而实现能源利用效能的最大化。

4. 工业炉窑和锅炉的节能技术

（1）燃煤工业炉窑与锅炉的现状和问题　工业炉窑和锅炉的节能技术是提高能源利用率的重要领域。

工业炉窑每年耗煤量达到（3～4）亿t左右，主要集中在建材和冶金行业。水泥、墙体材料炉窑每年消耗煤炭2.24亿t，其中水泥炉窑约7800座，年耗煤1.6亿t，平均能效比国外先进水平低20%以上；墙体材料炉窑约10万座，每年消耗煤炭6400万t，平均能效比国外先进水平低30%以上；钢铁工业炉窑每年消耗煤炭6600万t，其中球团工艺回转窑生产线20多条。平均能效比国外先进水平低50%以上；石灰热工炉窑约350座，平均能效比国外先进水平低10%；耐火材料热工炉窑约1900余座，平均能效比国外先进水平低10%～20%。

工业炉窑存在的主要问题是：技术水平低，装备陈旧落后、规模小；能耗高，大部分缺乏污染控制设施，污染严重；运行管理水平低；缺乏能效标准和节能政策。

目前全国在用工业锅炉50多万台，燃煤锅炉约48万台，占工业锅炉总容量的85%左右。113个大气污染防治重点城市中约有燃煤工业锅炉24万台，约占全国的1/2。工业锅炉主要用于动力、建筑采暖等领域，每年耗煤约4亿t。

我国燃煤工业锅炉效率低，污染重，节能潜力巨大。锅炉设计效率为72%～80%，平均运行效率约60%～65%，平均运行效率比国外先进水平低15%～20%；每年排放烟尘约200万t，SO_2 600万t，是仅次于火电厂的第二大煤烟型污染源。

燃煤工业锅炉存在的主要问题是：单台锅炉容量小，设备陈旧老化；锅炉平均负荷不到65%，"大马拉小车"现象十分突出；锅炉自动控制水平低，燃烧设备和辅机质量低；使用煤种与设计煤种不匹配，煤炭质量不稳定；缺乏熟练的专业操作人员；污染控制设施简陋，多数未安装或未运行脱硫装置，污染排放严重；节能监督和管理不到位等。

如果通过开展相应的基础研究，继而开发出高效、洁净的燃煤技术及配套技术，经初步分析可使工业锅炉、炉窑热效率至少提高10%，总节煤约达1.2亿t/年；仅节煤所减少的SO_2排放约200万t/年、减少CO_2排放约2.9亿t/年；同时可减少大量的运输力。

近年来，国内一些城市和地区采取了热电联供、锅炉大型化或集中供热、清洁燃料（天然气、液化石油气等）替代的措施，一定程度上缓解了燃煤污染。但是，随着工业化和城镇化建设快速发展，燃煤工业炉窑、锅炉数量仍然很大。由于我国以煤为主、油气资源相对短缺的能源特点，预计燃煤工业炉窑、锅炉今后还将长期、大量被应用于各个领域。

（2）工业炉窑节能技术

1）工业炉窑改造的主要内容。我国现有工业炉窑的数量较大，因此对现有工业炉窑进行节能改造是节能的主要措施之一，改造的主要内容有：①改造热源。应根据不同的炉窑采取不同的方法。以电能为热源的炉窑，按产品工艺要求，如将工频电源改为低频电源，或将交流电源改为直流电源，或电网进行节能改造，对电极进行自动控制改造等。对燃油的炉窑改为燃用回收的可燃气，有的可由燃油、燃气改为电加热等。②改造燃烧系统。用新型燃烧器取代老式燃烧器，如使用平焰、双火焰、高速、可调焰等新型烧嘴，可节能5%～10%；有条件时应回收烟气余热用于预热助燃空气。对燃煤炉窑改造多是采用机械化加煤或煤粉燃烧，可以提高煤的燃烧率。此外根据余热安装配套的余热锅炉是最有利的节能措施。③改造炉窑结构。工业炉窑的结构应根据不同行业、不同工艺而采用不同结构。其主要目的是改善燃烧状况、缩小散热面积、增大炉窑的有效容积。炉窑结构改造的效果应该是既可以减少能源消耗，又可以提高产品的质量和增加产量。④改善炉窑的保温状况。工业炉窑大多数在 1000℃ 以上运行，所以其保温状况与能源消耗直接相关。更换新型保温材料或改善保温状况是十分重要的节能措施。如炉膛改用轻质耐火砖加耐火纤维和保温材料构成的复合结构；采用复合浇注料吊挂炉顶，减少炉顶散热；在中温间断式炉上采用全耐火纤维炉衬等。⑤改造控制系统。将手动控制或半自动控制系统改为自动控制系统，按工艺要求综合调节进料量、燃料供给量、进风与引风量和成品出炉（窑）量，使炉窑运行在良好的节能状态下。

我国在“十一五”期间已将开发工业炉窑的节能新技术作为重点，包括工业炉窑的高温空气燃烧技术，纯氧或富氧燃烧节能技术，高固气比悬浮预热预分解水泥生产技术，余热（废气）资源综合利用技术（包括大型高炉炉顶煤气压差发电综合节能技术，焦炉煤气和转炉煤气干法回收利用技术，化工与炼油工业可燃废气回收利用技术等）。其预期目标是解决蓄热式高温空气燃烧和脉冲燃烧关键技术，熔炼炉和烧成窑的余热高效利用技术，炉窑长寿化工艺技术等一批工业炉窑关键节能技术，使炉窑热效率提高 10% 以上。

2）工业炉窑的节能技术：

① 提高燃烧效率。充分有效利用燃料自身的能量是工业炉窑节能的主要方向。a. 采用低过量空气系数的燃烧方式。为保证燃料的完全燃烧，炉窑中的过量空气系数通常大于 1，但炉窑的不完全燃烧热损失和排烟热损失都与过量空气系数有关。为提高燃料利用率，在保证燃料完全燃烧的情况下，应尽量采用低过量空气系数，特别是排烟温度很高时更应如此。为了实现低过量空气系数的燃烧方式，应当采用先进的燃烧装置，如选用各种性能优良的烧嘴。b. 采用富氧燃烧。富氧燃烧是指燃烧用的助燃空气中的含氧量高于 21% 的燃烧。由于含氧量高，不参与燃烧的氮的量相应减少，其结果不但是燃烧温度提高，有利于提高燃烧效率，而且烟气量也相应减少，降低了排烟损失。上述两个因素对炉窑的节能十分有利。试验证明，在含氧量为 21% ~40% 时，节能效果非常明显；当大于 40% 时节能效果趋于平缓。由于使空气增氧也要花费一定的代价，因此应根据具体情况进行技术经济分析。c. 提高助燃空气温度。利用占工业炉窑 50% ~70% 热量的高温烟气来加热助燃空气是提高炉窑热效率最简单又最有效的途径。如废气温度为 900℃ 时，带走的热损失为 50%，用它把空气预热到 250℃，可节约 15% 的燃料，使 22% 的废气热量得到回收。助燃空气温度越高，燃料节约率越大。此外，提高助燃空气的温度不但可以增加助燃空气带入的湿热，而且能显著地提高燃烧温度，特别是对低发热值的燃料更是如此。提高助燃空气温度的关键是采用高温换热器，通常将热流体温度高于 800℃ 的换热器称为高温换热器，它们主要用于工业炉窑的余热回收。高温换热器的种类繁多：从材料上分有金属制和非金属制；从操作原

理上分有换热式和蓄热式；从传热方式上分有对流式和辐射式。由于炉窑排烟温度很高，辐射传热与温度的四次方成正比，因此对排烟温度很高的炉窑，应首选辐射式高温换热器。

② 减少炉体的散热损失。工业炉窑中炉体的散热是另一项主要的热损失。与连续操作的炉窑不同，间歇操作的炉窑除了炉壁的热损失外，还存在所谓“蓄热损失”。由于间歇操作的炉子经常存在开炉与停炉的交替，因此每次开炉时要将炉壁重新加热，这种热损失就称为炉壁蓄热损失。工业炉窑的炉体散热损失占相当的份额，对于间歇操作的锻造炉这部分损失高达45%，间歇操作的电阻式热处理炉这部分损失为40%～60%。因此加强对工业炉窑的保温是一项有力的节能措施。从节能的角度看，耐火材料的性能指标主要是导热系数、密度和比热容。在诸多耐火材料中，耐火纤维是比较理想的耐火和绝缘材料。其中硅酸铝耐火纤维的最高工作温度为1000～1200℃，密度仅为轻质砖的20%，耐火砖的10%。因此应用耐火纤维可使间歇操作的工业炉窑轻型化，蓄热损失下降十几倍。目前轻质隔热炉窑的先进性主要表现在按照模数设计成轻型装配式外形，然后再以耐高温轻质隔热耐火材料进行严密的砌筑。炉窑的内衬耐火材料采用耐高温的陶瓷毡，外加陶瓷棉或其他隔热保温板，总厚度为450mm；内衬为轻质高铝砖，中间及其外侧也都采用陶瓷棉，总厚度达600mm；炉窑的外表为金属板。炉窑顶采用Z型纤维预制块组合吊挂，减轻炉窑体重量，提高保温隔热效果。在设置喷嘴和急冷风部位的炉窑顶，加设金属换热器（占炉窑顶面积的65%以上），用来预热助燃空气及急冷风。这种设计与制作保证了炉窑的耐高温的实用性与节能性。由于陶瓷纤维的热稳定性好，在高温烧成中不变形与熔融，又由于其热导率低、蓄热少，密度小，重量轻，因此具有明显的节能效果。据计算，当炉窑内温度达到1250℃时，炉窑外壁温度仅为50℃左右，说明炉窑体的密封性极好。

③ 提高炉窑的密封性和减少水冷件热损失。应减少开孔与安装炉窑门，还可以采用浇注料炉衬结构外加炉窑墙钢板。要少用或不用水冷构件，对必须设置的炉窑内水冷构件进行绝热包扎，或采用汽化冷却来回收水冷构件的热损失，这不仅可以得到中压蒸汽，还可以节约水源。

④ 采用高辐射陶瓷涂料。在工业炉窑内衬及加热管外表面涂刷高辐射陶瓷涂料，可强化炉窑内的辐射传热，这是一种投资少、见效快、施工简便的工业炉窑节能新技术。因为在炉窑内高温条件下，辐射是传热的主要方式，高辐射陶瓷涂料可在不改变设备结构的条件下，使炉窑壁的热辐射率由0.3～0.5提高到0.9～0.95，从而大大地提高了传热效率。高温辐射陶瓷涂料用于加热炉时不但能够节能，而且能够提高加热炉内温度的均匀性，使炉内物料受热均匀，提高产品质量。此外还能延长加热炉及加热管的使用寿命，提高加热炉升温速度，并降低加热炉

的外壁温度。

(3) 工业锅炉节能技术

1) 工业锅炉节能监测。根据国家标准，对工业锅炉的监测有五项指标，其中排烟温度、过量空气系数、炉渣含碳量和炉体外表温度为测试项目，锅炉热效率为检查项目。通过五项监测指标，即可了解锅炉的运行状况，并分析锅炉存在的问题，找出节能的方法。下面分别介绍五项监测指标。

① 排烟温度。排烟热损失是锅炉的主要热损失之一，可达10% ~20%。排烟热损失主要取决于排烟温度和过量空气系数的大小。在锅炉运行中，为了减少排烟热损失，应在满足燃烧反应需要的前提下，尽量保持较低的过量空气系数，应尽可能避免燃料室及各部分烟道的漏风，以降低排烟热损失。排烟温度也不是越低越好，因为太低的排烟温度势必要增加锅炉尾部受热面，这是不经济的；同时还会增加通风阻力，增加引风机的电耗。此外，过低的排烟温度若低于烟气露点以下，将会引起受热面的腐蚀，危及锅炉的安全运行。通常，最合理的排烟温度应根据排烟热损失和尾部受热面的金属耗量与烟气露点等进行技术经济核算来确定。造成锅炉排烟温度升高的原因是除没有装设尾部受热面以外，还受烟气短路、受热面着灰与结垢、运行负荷等因素的影响。

② 过量空气系数。过量空气系数是一项重要指标，对不同类型的锅炉都有一个最佳过量空气系数，但实际上几乎所有的炉子的过量空气系数都超过设计值。过量空气系数是根据燃料的性质、燃烧的方式、燃烧设备等条件来确定的，当过量空气系数过大时，会造成燃煤与空气混合不均匀，有的区域出现空气不足，另外的区域又出现空气严重过剩，致使炉膛温度降低，排烟量增大，排烟热损失增加。最好的做法是，在尽可能保证燃料得到充足的氧气而完全燃烧的前提下，使过量空气系数降低。造成空气过剩的原因通常是：炉排下部的风室隔断不严，各室互相串风；锅炉烟气系统及锅炉本体漏风；锅炉燃烧调整的操作技术差，造成风量配置不当；锅炉仪表配备不够齐全等。

③ 炉渣含碳量。炉渣含碳量反映锅炉的机械不完全燃烧热损失。对层燃炉来说，机械不完全燃烧热损失是最大的损失项，可达15% ~20%。造成炉渣含碳量高的通常原因有：水分大，挥发分少；锅炉运行参数调整不合理（煤层厚度、进煤速度、风煤配比等）；炉膛温度过低；炉膛结构设计不合理等。炉渣含碳量在一定程度上代表了煤炭燃烧的完全程度，是锅炉运行状况的重要指标。

④ 炉体外表面温度。炉体外表面温度指标主要用来反映锅炉的散热损失。它的大小主要取决于单位锅炉的容量相对表面积的大小和外壁温度，外壁相对面积越大，外壁温度越高，向周围环境的散热量也越大。对不大于35t/h的工业锅炉，散热损失大约占总的输入热量的1% ~3.5%。从具体因素来看，炉体外表面散热损失主要取决于以下因素：锅炉容量的大小；是否布置了尾部受热面；炉墙的保

温绝热状况；锅炉的实际运行及安装维修水平。

⑤ 热效率。热效率是锅炉的综合指标，体现了锅炉作为能源转换设备的综合性能。在标准规定的监测项目中，对排烟温度和空气系数的监测，其实是为了对排烟热损失 q_2 进行监控；对炉渣含碳量的监测是对机械不完全燃烧热损失 q_4 监控；炉壁温度的监测则是对锅炉外表面散热损失 q_5 的监控。对工业锅炉的测试结果的统计分析可知，在工业锅炉的各项热损失中，把 q_2、q_4、q_5 控制好，就基本控制了损失的 70% ~80%。

2）工业锅炉节能改造。一般来说，对于半新的锅炉，采取技术改造措施较为经济合理；对于接近寿命的锅炉，应尽可能更新。对于不同的情况应采取不同的措施，但应以技术先进、成熟、经济合理为原则。由于在用的工业锅炉中以正转链条炉排锅炉居多，所以当前的技术改造大部分是针对正转链条炉排锅炉的，其常用的技术改造措施主要有：

① 给煤装置改造。层煤锅炉都是燃用原煤，其中占多数的正转链条炉排锅炉原有的斗式给煤装置，使得块、粉煤混合堆实在炉排上，阻碍锅炉进风，影响燃烧。将斗式给煤改造为分层给煤，即使用重力筛选将原煤中块、粉自下而上松散地分布在炉排上，有利于进风，减少灰渣含碳量，节煤可达 5% ~20%。

② 燃烧系统改造。对于正转链条炉排锅炉，简单改造是从炉前适当位置喷入适量煤粉到炉膛的适当位置，使之在炉排层燃基础上，适量增加悬浮燃烧，可节约燃煤 10% 左右。但是，要适当控制喷入的煤粉量、喷射速度与位置，否则将增大排烟黑度，影响节能效果。对于燃油、燃气和煤粉锅炉，则应用新型节能燃烧器取代落后的燃烧器，改造效果与原设备状况相关，节能效果相当于节煤5% ~10%。

③ 炉拱改造。正转链条炉排的炉拱是按特定煤种设计配置的。由于不少锅炉不能燃用设计时给定的煤种，导致燃烧状况不佳，直接影响了锅炉的热效率和锅炉出力。按照实际使用的煤种，适当改变炉拱的形状与位置，可以改善燃烧状况，提高燃烧效率，减少燃煤的消耗。现在已有适用多种煤种的炉拱配置技术。

④ 锅炉辅机节能改造。作为燃煤锅炉主要辅机的鼓风机和引风机的运行参数与锅炉的热效率直接有关。用适当的调速技术，按照锅炉负荷需要调节鼓、引风量，维持锅炉运行在最佳状态，可以节约锅炉燃煤，又可节约风机的耗电。

⑤ 控制系统改造。工业锅炉控制系统节能改造有两类：a. 按照锅炉的负荷要求，实时调节给煤量、给水量、鼓风量和引风量，使锅炉处于良好的运行状态。将原来的手工控制或半自动控制改造成全自动控制。这类改造对于负荷变化大且频繁的锅炉节能效果很好，节能可达 10% 左右。b. 对于供暖锅炉在保持足够室温的前提下，根据户外的温度变化，实时调节锅炉的输出热量，达到舒适、节能、环保的目的，同时可节能约 20% 左右。

3）采用先进的炉型。在我国燃煤工业锅炉中，绝大多数是层煤炉，其中固定炉排约占40%，链条炉占50%，其他炉型占10%。高效、低污染、宽煤种的循环流化床锅炉很少。用新型的节能型锅炉替换旧型锅炉，用大型锅炉替换小型锅炉，用高参数锅炉替换低参数锅炉，实现热电联产等，从根本上提高锅炉的使用效率，是节能的关键。采用循环流化床锅炉或将层燃锅炉改造成循环流化床锅炉，是推广先进炉型中最重要的工作。循环流化床锅炉的热效率比层燃锅炉高15%～20%，可使用劣质煤，而且可以使用石灰石粉在炉内脱硫，大大减少燃煤锅炉酸雨气体SO_2的排放，其灰渣可直接生产建筑材料。

目前国内除循环流化床锅炉外还应推广以下先进炉型。例如；抛煤机链条炉排锅炉、振动炉排锅炉、翻转炉排（万能炉排）锅炉、改进型水火管锅炉、角管式锅炉、下饲式锅炉、型煤锅炉等。这些先进炉型都提高了锅炉的热效率，可节约燃煤，同时减少污染物的排放。

第4节 建筑节能

1. 建筑节能潜力

（1）建筑用能占我国能源消费量的比例逐年上升 人类从自然界所获得的物质原料中有50%以上是用来建造各类建筑及其附属设施的。这些建筑在建造和使用过程中，又消耗了全球50%的能源。在环境总体污染中，与建筑有关的空气污染、光污染、电磁污染等就占了34%；建筑垃圾则占人类活动所产生垃圾总量的40%。在发展中国家，剧增的建筑量还使侵占土地、破坏生态资源等现象日益严重。

全国城乡房屋建筑面积为383亿m^2；城镇房屋建筑面积为141亿m^2，其中住宅建筑面积89亿m^2；每年新竣工建筑面积为18～20亿m^2。各类建筑能耗巨大，高层建筑更是如此。有数据表明，我国单位建筑面积采暖能耗相当于气候条件相近的发达国家的2～3倍。据估计，我国每年城镇建筑仅采暖一项，其能耗就占全国总能耗的11.5%。若按广义能耗计算，目前建筑能耗约占全社会总能耗的42%左右，而且随着工业化和城镇化水平的不断提高，最终将达到50%左右。建设部估计，不推行建筑节能或者绿色建筑，到2020年，我国建筑能耗将达到11亿t标准煤，为现有建筑能耗的3倍以上，这是非常巨大的能源消耗。因此，建筑用能占我国能源消费量的比例逐年上升，建筑节能已经成为全社会节能的重点领域之一。

由于城市建筑密度高，且多高层建筑，特别是特大型城市的现代化建筑（如超高层商务楼、大型车站和候机楼、商场等）不断涌现，使建筑能耗持续攀升，这又加重了我国城市电网的不平衡。早在1995年，东北的最大峰谷差已达最大负荷的37%，华北电网为40%。由于电力峰谷差的拉大，导致平均利用小时数逐年降低，既在用电低谷时大量的发电设备闲置，而这些设备的投资费用巨大，致使经济效益降低。此外我国建筑能源消费结构单一，由于未能使用多种能源，峰谷段上互补效应差，造成夏季大规模空调用电，电网不堪重负，而燃气市场则处于淡季；冬季则反之。此种情况不但造成能源的浪费，而且不利于能源消费结构的调整。

（2）建筑能耗　建筑能耗有狭义和广义之分。一般将建筑物在使用过程中所消耗的能量（取暖、制冷、通风、人或物的垂直运送、照明、各类电器、热水、烹饪等）称为狭义的建筑能耗；广义的建筑能耗不但包括建筑物使用能耗，还包括建筑材料在生产过程中的能耗和建筑物在建造与维修过程中的能耗。显然，如果考虑广义能耗，则建材行业更是耗能的大户。

我国建筑物能耗中占比重最大的为采暖和制冷，约占总能耗的65%，热水供应占15%，生活照明占14%，生活饮食占6%。目前我国建筑物单位建筑面积的采暖能耗为发达国家的2~3倍，其主要原因之一是，建筑围护结构的隔热保温性能太差，与气候条件相近的发达国家相比，外墙差4~5倍，屋顶差2.5~5.5倍，外窗差1.5~2.2倍，门窗气密性差3~6倍。另外，建筑物能量形式单一，也是造成能源利用率低的原因。例如对上海200幢高层建筑冷、热源的统计结果表明，其驱动能源主要集中在燃油和电，特别是夏季电能更高达82.35%。能源利用形式简单，联产方式的能源梯级利用的建筑物仅占1%。新建建筑执行节能设计标准还有待于进一步提高。2000~2004年，大城市新建居住建筑在施工设计审查阶段执行建筑节能标准的比例，严寒和寒冷地区为90%，夏热冬冷地区为20%，夏热冬暖地区为11%。实际按节能设计标准施工的建筑，严寒和寒冷地区为50%，夏热冬冷地区为14%。这说明我国建筑物节能的潜力十分巨大。

根据十一五节能规划，建筑节能大致包括以下几个方面：

1）新建建筑。新建建筑要严格执行节能50%的标准，四个直辖市和严寒、寒冷地区的新建筑执行节能65%的标准。采用新技术、节能建材、节能施工，节能从规划、设计、施工图审查开始，并对施工、监理验收和销售等全过程进行严格监管，使节能设计标准得到全面切实实施。

2）既有建筑。对居住及公共建筑采用节能技术对采暖、制冷、热水供应、电气、炊事等方面进行改造，鼓励采用蓄冷、蓄热空调及冷、热电联供技术，中央空调系统采用风机水泵变频技术。启动和实施供热体制改造，推行居住及公共建筑集中采暖并按热表计量收费制。

3）可再生能源城市示范。开展再生能源技术城市示范活动，探索推广机制和模式，包括太阳能利用、淡水源热泵、海水源热泵、浅层地能利用和可再生能源技术集成等。完善新建建筑设计规范，推行建筑与可再生能源一体化进程。

4）新型墙体材料和节能建材产业化。发展节能利废建材、聚氨酯、聚苯乙烯、矿物棉、玻璃棉等符合建筑节能标准和相关国家标准的新型墙材，建设节能建材产业化基地。

（3）节能建筑与绿色建筑　通常把按节能建筑设计标准进行设计和建造、降低其在使用过程中能耗的建筑称为节能建筑。把为人们提供健康、舒适、安全的居住、工作和活动的空间，同时在建筑生命周期（物料生产、建筑规划、设计、施工、运营维护及拆除、回用过程）中实现高效率地利用资源（能源、土地、水资源、材料）、最低限度地影响环境的建筑物称为绿色建筑（也称为生态建筑或可持续建筑）。因此，节能建筑与绿色建筑是两个概念。积极推进节能建筑与绿色建筑的发展是减低资源消耗、减少环境污染、促使资源综合利用、建设节约型社会、促进经济社会与人和谐发展的必然要求。

绿色建筑与一般建筑的区别主要体现在以下几个方面：①过去的一般建筑耗能非常大，消耗了50%的能源，产生了50%的污染，新的绿色建筑则大大减少了能耗。在发达国家中，如丹麦、瑞士、瑞典甚至提出了零能耗、零污染、零排放的建筑。这些建筑充分地利用了地热、太阳能和风能。绿色建筑和老建筑相比，耗能可以降低70%～75%，更好的能够降低80%。而且随着能源消耗的降低，水资源的消耗也降低了。②一般的建筑是商品化的生产技术，它采用标准化、产业化，造成大江南北建筑风貌雷同，千城一面；而绿色建筑强调的是采用本地的文化、本地的原材料，尊重本地的自然、本地的气候条件，这样在风格上就完全是本地化，可以产生出新的美学。这样绿色建筑既创造了一种新的美感又给人提供了良好的生活条件。③传统的建筑是封闭的，把气候变化全部进行隔离，造就的室内环境往往是不健康的；绿色建筑的内部与外部采取有效连通的办法，依据室内人员的负荷、环境的负荷自动地进行调节，这就为人类创造一个非常舒适、健康的室内环境。④一般的建筑形式对环境负责，仅仅是在建造或者使用过程中对环境负责。绿色建筑强调的则是从原材料的开采、加工、运输一直到使用，涉及原材料的源头直至建筑物的废弃、拆除，有多少原材料能够再利用，即强调的是建筑从诞生到废弃的全过程，是对全人类负责，对地球负责。

对节能建筑和绿色建筑，我国设定了两个阶段的目标。第一阶段，到2010年，全国新建建筑争取1/3以上能够达到绿色建筑和节能建筑的标准，同时最主要的是全国城镇建筑的总能耗要实现节能50%。第二阶段，到2020年，要通过进一步推广绿色建筑和节能建筑，使全社会建筑的总能耗能够达到节能65%的总目标。

2. 建筑节能的设计标准

1996年7月以来，建设部相继颁布、实施了各种气候地区的居住建筑节能设计标准。目前先后颁布、实施了针对三个气候地区的节能50%的设计标准，初步形成了比较完善的建筑节能标准体系。但新建建筑贯彻节能设计标准的比例仍过低。

建筑节能设计标准是建设节能建筑的基本技术依据，是实现建筑节能目标的基本要求，其中强制性条文规定了主要节能措施、热工性能指标、能耗指标限值。这些标准考虑了经济和社会效益等方面的要求，必须严格执行。新建住宅应严格按照《民用建筑节能设计标准》（采暖居住建筑部分）和《夏热冬冷地区居住建筑节能设计标准》设计，确保单位建筑面积能耗符合标准要求。

所谓的建筑节能设计，就是在设计阶段引入节能技术，使建筑物在以后的运行过程中能减少能量的消耗。一般从以下几个方面入手（表 4-15、表 4-16）：①建筑格局朝向设计节能技术。在地理环境许可的前提下，建筑物格局和朝向设计应尽量坐落于坐北朝南的方向，有利于冬暖夏凉。这样可降低夏天制冷的能量消耗，也降低了冬天制暖能量的消耗，从而达到节能降耗的目的。②外形结构设计节能技术。建筑物外形结构设计主要涉及建筑物的体形系数、面积、长度、宽度、幢深、层高、层数等设计。这些外形结构的数据对建筑物制冷和采暖负荷有较大的影响。建筑物的体形系数 β 就是指建筑物与室外大气接触的外表面积 A（m^2）与其所包围的体积 V（m^3）的比值（即 $\beta=\frac{A}{V}$）。外表面积中，不包括地面和不采暖楼梯间隔墙和户门的面积。如果其他条件相同，建筑物耗热指标随体形系数的增长而增长，体形系数每增大 0.01，能耗指标约增加 2.5%。从节能的角度考虑，体形系数应尽可能小，一般宜控制在 0.3 及以下。在相同体积的建筑中，以立方体的体形系数为最小。在体形系数受到客观条件限制时，尽量使建筑物外围护结构的平均有效传热系数大的面其相应面积相对较小；反之较大，以便在限定体形系数的情况下，达到最佳的节能效果。③热工参数优化设计节能技术。建筑物的热工参数是指建筑物在制冷和供热时的工作参数，包括建筑物室外的热工参数、建筑物本体的热工参数、建筑物室内的热工参数。建筑物室外的热工参数（如室外温度、湿度、日照、风速等）主要受气象控制，无法改变，只能适应。建筑物本体的热工参数可以改变，如采用双层玻璃窗可以减小窗户的传热系数，减少能量损失；采用绝热墙体，可以减少墙体的热损失。我国对不同地区的建筑物热工设计提出了不同的要求，对建筑的体形系数、窗户设计、墙体、楼顶及地板等隔热性能均提出了要求。室内热环境参数主要包括：室内空气温度、空气湿度、气流速度和环境热辐射等。对于长江流域住宅冬季取暖只要不低于 18℃，夏季制冷不高于 28℃即可，冬季设定的温度标准过高或夏季设定的温度标准过低，不仅会造成能源的浪费，还会给人体带来不适。研究表明，在加热工况下，室内设定的温度每降低 1℃，能耗可减少 5% ~10%；在冷却工况下，室内设定的温度每升高 1℃，能耗可减少8% ~10%。

表 4-15　不同朝向、不同窗墙面积比的外窗传热系数

[单位：W/（m^2·K）]

朝　向	窗外环境条件	外窗的传热系数 K				
		窗墙面积比 ≤0.25	窗墙面积比 >0.25 且 ≤0.30	窗墙面积比 >0.30 且≤0.35	窗墙面积比 >0.35 且 ≤0.45	窗墙面积比 >0.45 且≤0.50
北（偏东 60°到偏西 60°范围）	冬季最冷月室外平均温度 >5℃	4.7	4.7	3.2	—	—
	冬季最冷月室外平均温度 ≤5℃	4.7	3.2	3.2	—	—
东、西（东或西偏北 30°到偏南 60°范围）	无外遮阳措施	4.7	3.2	—	—	—
	有外遮阳（其辐射透过率 ≤20%）	4.7	3.2	3.2	2.5	2.5
南（偏东 30°到偏西 30°范围）		4.7	4.7	3.2	2.5	2.5

表 4-16　围护各部分的传热系数 K（单位：W/（m^2·K））和热惰性指标 D

屋　顶	外　墙	外窗（含阳台门透明部分）	分户墙和楼板	底部自然通风的架空楼板	户门
$K\leqslant1.0$，$D\geqslant3.0$	$K\leqslant1.5$，$D\geqslant3.0$	按表 4-15 的规定	$K\leqslant2.0$	$K\leqslant1.5$	$K\leqslant3.0$
$K\leqslant0.8$，$D\geqslant2.5$	$K\leqslant1.0$，$D\geqslant2.5$				

注：当屋顶和外墙的 K 值满足要求，但 D 值不满足要求时，应该按照《民用建筑设计规范》，GB 50176—1993 中 5.1.1 来验算隔热设计要求。

对建筑物的节能综合指标，标准也规定了具体的限制值。为了实现标准中的各项指标，首先就必须淘汰落后的建筑材料，并广泛采用新型的节能墙体和屋面材料及先进的隔热保温技术，加强门窗的隔热和密封。此外，还必须对新建筑物选择先进合适的采暖制冷方式，对管道采用高效保温，实行采暖制冷计量技术，实现采暖制冷按户计量的收费制度。对建筑物的照明也应选择合适的照度标准、照明方式、控制方式，并充分利用自然光，选择节能型照明产品，降低照明电耗，提高照明质量。显然，采用各种切实可行的措施执行上述标准，将大大改善我国建筑物能耗的状况。

3. 建筑围护结构节能

建筑物的围护结构主要由窗户、墙体、楼顶、地面等组成，它是建筑节能的

重要组成部分。优良的围护结构将极大地减少建筑物对环境的能量损失，特别是建筑物的门窗和建筑幕墙更是建筑物热交换、热传导最活跃、最敏感的部位，造成的失热损失是墙体的5~6倍。门窗和幕墙的节能约占建筑节能的40%左右，具有极其重要的地位。

（1）窗体节能　现代建筑中的窗体面积越来越大，在整个围护结构中占据相当的比例，是整个建筑热交换的主要途径，同时又是室内光环境和内外交融的主要途径。在选择玻璃时，应该把能否有效控制太阳能和隔热保温（即节省能源）放在重要位置来考虑。

目前窗体面积大约是建筑面积的1/4，为围护结构面积的1/6。单层玻璃外窗的能耗约占建筑物冬季采暖和夏季空调降温的50%以上。窗体对于室内负荷的影响主要是通过空气渗透、温差传热以及辐射热的途径造成的。根据窗体的能耗来源，可以通过相应的有效措施来达到节能的目的。①采用合理的窗墙面积比，控制建筑朝向。在兼顾一定的自然采光的基础上，尽量减少窗墙面积比。模拟计算表明，当窗墙面积比超过50%之后，负荷将随窗墙比的增加明显升高。建筑物朝向对于窗墙比的取值也有一定的影响。一般对于夏季炎热、太阳辐射强度大的地区，东西向墙面应尽量开小窗甚至不开窗；对于南面窗体则需要加强防止太阳辐射，北面窗体则应提高保温性能。在国家节能标准对窗墙比要求中，北向的窗墙比为0.25，东西向的窗墙比为0.30，南向的窗墙比为0.35。②加强窗体的隔热性能，增强热反射，合理选择窗玻璃。表4-17列举了几种常用玻璃的主要光热数据。单片透明玻璃是目前一般建筑中应用最广的窗玻璃，透光率好，但其传热系数相对较大，冷热保持性能较差，建筑物能量损失较大。热反射玻璃是镀膜玻璃的一种，又称为阳光控制镀膜玻璃。它对阳光的反射和吸收比透明玻璃高出很多，在南方炎热地区的夏季可发挥很好的节能效果。双层中空玻璃提供了一种“空气流动的密封”，它既可以让空气流动进行通风，同时又具有良好的热绝缘性能。双层中空玻璃幕墙与传统窗户相比可减少20%~25%的能耗。低辐射玻璃（即Low-E玻璃）能有效阻挡远红外热辐射性能，并可根据需要限制太阳直接辐射，是目前公认的理想窗玻璃材料之一。低辐射膜本质上是一种透明导电薄膜，对可见光有良好的透光性，对红外线有很高的反射性。在大多数地区，采用低辐射玻璃和热反射玻璃进行保温节能，相对单层白玻璃而言，能够较多地降低能耗。在严寒地区隔热要求很高的建筑中，则可使用中空玻璃来进行隔热节能。③增加窗体外遮阳，减少热辐射。根据实践证明，适当的外遮阳布置会比内遮阳窗帘对减少日射得热更为有效，有的时候甚至可以减少日射热量的70%~80%。外遮阳可以依靠各种遮阳板、建筑物遮挡、窗户侧檐等发挥作用。对于夏热冬暖的地区，由于不需要考虑冬季采暖需求，可以设置固定的外遮阳设施。而对于冬季需要考虑采暖的地区，则可以采用活动遮阳设施。

表4-17 几种常用玻璃的主要光热数据

玻璃名称	种类结构	透光率（%）	遮阳系数 *SD*	传热系数 *K*
单片透明玻璃	6C	89	0.99	5.58
单片热反射玻璃	6CTS140	40	0.55	5.06
双层透明中空玻璃	6C+12A+6C	81	0.87	2.72
热反射镀膜中空玻璃	6CTS140+2A+6C	37	0.44	2.54
低辐射中空玻璃	6CEB12+12A+6C	39	0.31	1.66

注：6C表示6mm透明玻璃，CTS140是热反射镀膜玻璃型号，CEB12是Low-E玻璃型号。

（2）屋顶与地板节能技术 在建筑物的外围护结构中，屋顶占了很大的份额，所以加强屋顶节能是建筑物节能中相当重要的一环。屋顶按其保温层所在位置分类主要有：单一保温屋顶、外保温屋顶、内保温屋顶和夹芯屋顶四种类型，目前绝大多数为外保温屋顶。屋顶若按保温层所用材料分类，可以分为加气混凝土保温屋顶、乳化沥青珍珠岩保温屋顶、憎水型珍珠岩保温屋顶、玻璃棉板保温屋顶、浮石砂保温屋顶、水泥聚苯板保温屋顶、聚苯板保温屋顶以及彩色钢板聚苯乙烯泡沫夹芯保温屋顶等。屋顶与外界接触的面积较大，会产生冬冷夏热的问题。除加强屋顶保温效果之外，需设置通风屋面和屋面洒水装置。

国外对屋顶节能工作非常重视，方法多种多样。如采用尖顶屋面，其最大的优点是防水效果好，但造价比平顶屋面贵。有的采用铝箔波形纸保温隔热板作为隔热天棚，提高屋面的隔热性能。铝箔保温隔热纸板可固定于钢筋混凝土屋面板下及木屋架下作保温隔热天棚使用。有的采用屋顶现场发泡，喷涂聚氨酯涂层，它是一种双组分的保温防水涂层，保温层也就是防水层，两者为一个整体。一些发达国家研制太阳反射涂料来解决屋面的隔热问题，提出用热塑性树脂或热固性树脂和高折射率的透明无机材料制成的太阳热反射涂料喷涂屋面。该涂料对太阳光反射率达75%以上，热遮断率为90%左右。这种太阳热反射涂料用于建筑物的屋顶隔热处理，可解决屋面温度升高而造成室内环境恶劣和电能消耗过大的问题。

地板（指不直接接触土壤的地面）是楼层之间的分割构件，在保证强度、隔声及防开裂渗水的前提下，尽量减少传热及导热性能，可参考屋顶的节能方法加以实施。

（3）墙体节能技术 墙体是围护结构的重点。目前在建筑物墙体中可选择的新型墙体材料主要是新型砖材、建筑砌块和新型保温节能墙板三大类。新型砖材料主要指各种空心砖，如煤矸石烧结空心砖、粉煤灰烧结空心砖、页岩烧结空心砖等。建筑砌块主要是加气砌块、轻骨料砌块、粉煤灰空心砌块等。新型保温节能墙板主要有彩钢聚苯乙烯复合墙板、彩钢聚氨酯复合墙体、彩钢岩棉复合墙体、钢丝网架聚苯乙烯保温墙体、钢丝网架硬质岩棉夹心复合板等，这类产品均为复合墙体材料，具有很好的保温隔热性，且施工方便，近年发展较快。

随着建筑节能要求的逐步提高，虽然上述三类节能墙体材料都具有较好的保温隔热性，但单一砌筑的墙体结构导热系数将不能满足要求。因此出现了外墙内保温、夹心保温和外墙外保温等复合节能墙体。这类墙体主要是以空心砖、砌块或现浇混凝土墙板为承重材料，与高效保温的聚苯板、玻璃棉板或岩棉板组成复合墙体。这些复合墙体保温隔热效果很好，完全能满足建筑节能要求，其中以外墙外保温复合墙体节能效果最佳。

所谓外墙外保温是将保温隔热体系置于外墙外侧，使建筑达到保温的施工方法。由于结构层在系统的内侧，外界环境对墙体的影响很小，而其高值的蓄热性能得到了充分的利用。当室内受到不稳定的热波作用（如室内温度升高或下降）时，结构层能够通过吸热或释放热量平衡温度，有利于室内温度保持稳定。保温层位于建筑物围护结构的外侧，还可以避免或大大缓冲了外界温度变化导致结构变形而产生的应力及应力积聚，避免了雨雪冰冻、湿热干燥循环造成的结构破坏，显著降低了外界有害气体和物质对结构的侵蚀，对主体结构起保护作用，从而有效地提高了主体结构的耐久性能。

4. 建筑物的采暖制冷节能

建筑物的采暖制冷节能是建筑物节能的关键。在建筑物设计时，就应对采暖制冷方式及其设备的选择进行精心的考虑，并根据当地的资源情况及用户对设备运行费用的承担能力，对不同方案进行技术经济比较。其次，在设备运行时要进行运行方案的优化，在满足用户要求的前提下实现经济运行。

（1）正确选用冷热源设备　冷热源设备的选用直接关系到建筑物的能耗，应在积极发展集中供热、区域供冷供热站和热、电、冷三联产技术的基础上，根据安全性、经济性和适应性的原则来统筹兼顾。具体考虑的因素有：能源、环保和城建的要求和法规；建筑物的用途、规模和冷热负荷；初投资和运行费；机房条件、消防、安全和维护管理；设备的性能和能效比。

若当地供电紧张，但有热电站供热或有足够的冬季采暖锅炉，特别是有废热和余热可供利用时，应优先采用溴化锂机组。当地供电紧张，但夏季有廉价的天然气供应，可选用直燃型溴化锂吸收式冷热水机组。直燃型溴化锂吸收式冷热水机组与溴化锂吸收式制冷机相比，具有热效率高、燃料消耗少、安全性好、可直接供冷和供热、初投资和运行费低、占地面积小等优点。因此在同等条件下，特别是有廉价的天然气供应时，应优先选用。一般情况下宜优先选用两用机。

按性能系数高低来选择制冷设备的顺序为：离心式、螺杆式、活塞式、吸收式。电力制冷机的性能系数高于吸收式，因此在当地供电不紧张时，从性能系数来考虑，应优先选用电力制冷机。大型系统以离心式为主，中型系统以螺杆式为主。选用风冷机组还是水冷机组须因地制宜，因建筑物而异。一般大型建筑物宜选用冷水机组，小型建筑物或缺水地区宜选用风冷机组。在选用冷水机组时应考虑机组之间互为备用或轮换使用的可能性。从节能的角度出发，可选用不同类型、不同机组互相搭配。

在选用制冷机型、台数和调节方式时，应充分考虑建筑物全年空调负荷的分布规律及制冷机在部分负荷下的调节特性来合理选择。这样方可提高制冷系统在部分负荷下的运行效率，降低全年总能耗。为平衡供电的峰谷差，应积极推广蓄冷空调和低温送风相结合的系统。如供电部门给予较大的峰谷差优惠政策，则选择利用谷电蓄热的电热锅炉也是可行的。

（2）广泛采用热泵技术　热泵技术非常适合于建筑物的采暖和制冷，而且已在我国建筑物中得到了广泛的应用。在夏季需要制冷、冬季需要采暖的地区，宜优先考虑选用热泵采暖方式，可以同时兼顾采暖供冷的两种功能。热泵主要用来为建筑物的采暖和制冷提供100℃以下的低温用能。用于建筑物的热泵主要有水源热泵、土壤源热泵和空气源热泵。目前建筑物中热泵应用要解决的主要问题是如何因地制宜正确选用。

对要求全年采暖和空调的中小型建筑，当技术经济比较合适或不便采用一次能源时，宜采用空气源热泵；当冬季因结霜、除霜导致供热不足时，则应在热泵出水管上增设辅助加热装置。热泵机组一般应安装在屋顶、阳台或室外平台上。若必须装在室内时，则须采取措施防止空气短路；对同一建筑物，如果内区要求供冷，外区要求供热，或者外部有廉价的低位热源，如地下水、江河水或工业废水时，可优先选用性能系数较好的水源热泵。但如果使用冷却塔，则必须采用密闭式。目前在京津等地区，出现了所谓“一户一机，深井回灌”的水源热泵系统。这种系统能量利用率高，但地下水回灌的最佳方式和地下水回灌后对含水层热力和水力状态的影响还有待深入研究。

当有良好的地热条件，且技术经济分析合理时，土壤源热泵也很有前途。目前地下埋管的深度日益加深，土壤传热模型和强化措施也取得了很大进展，如北京工业大学已成功地解决了地下埋管的深层（大于70m）置入技术及地下埋管的强化传热问题。北京已有多座别墅采用了该校开发的土壤源热泵技术，解决了全年的供暖、制冷和生活热水供应。

（3）实现经济运行　建筑物采暖和制冷的经济运行是非常重要的。据统计，我国旅馆类建筑的制冷能耗约占全年营业收入的15%，已成为影响经营效益的重要因素。造成建筑物采暖和制冷能耗高的原因，一是因为设计不当，例如目前多数建筑机组选择过大，远远超出实际需要，造成设备的闲置和初投资浪费；又如冷冻水泵配置过大，部分负荷时水泵经常处在低效率区工作。

另外一个原因就是没有经济运行，主要表现是：没有根据天气、负荷和人员的变动情况，选择合适的新风比例，要么空气品质欠佳，要么能耗过大；负荷侧变流量时，冷热源侧未能进行相应的变流量调节，导致输送能耗增加；风机盘管和空调机组过滤器未能经常清洗，不但因阻力增加而使能耗增加，另外也带来卫生方面的问题；过渡季节未能充分利用冷却塔实现全新风运行，造成能量浪费；四管制空调系统仍按两管制运行，造成资源和能量浪费；蓄冷空调和低温送风系统因为管理复杂，未能充分发挥效益。

根据上述情况，从设计和运行两方面着手，加强人员的管理和培训，就能够使建筑物的采暖和制冷的费用有大幅度的下降。

（4）实行供冷暖的分户热计量　供冷暖建筑实施分户热计量，既可以节省建筑物能耗，又可提高供冷暖的质量，同时还有利于物业管理。我国建设部已明令从 2000 年 10 月 1 日起正式实施分户热计量。

实行分户热计量既涉及老系统的改造又涉及新建工程。对新建工程通常可以采用单元设公用总立管，分户则自成独立系统。管道宜暗装并适当加保温。管道最好采用宜施工、接头少、安全可靠的铝塑复合管、交联乙烯管等。一组总立管的楼层数一般不宜超过 16 层。分户计量和控制后的供冷暖系统形成了变流量的运行方式，因此双立管时需设置自立式压差调节阀；单管时则要求设自立式流量调节阀。为使系统能正常工作，应在量热表前加装过滤器或除污器，此外对系统的水质也应严格要求。

由于采用分户热计量，因此设计时对热负荷的计算也应作相应的考虑。例如，室内计算温度通常为 18℃，但随着人民生活水平的提高，以及热作为一种商品，用户可以根据自身经济状况多用或少用，因此室内计算温度也可以适当提高一些，例如提高到 20℃。另外，按户计热和控制温度后，邻户的传热问题也必须考虑。当然邻户的传热与建筑物的入住率有关，因此对此问题即可以进行邻户的传热计算，也可简单地采用附加的修正系数。有专家建议该修正系数可以取 1.2 ~ 1.5。显然分户热计量和分室控温后，各户的热负荷会比常规热负荷大，但各户的最大负荷几乎不可能同时出现。因此整栋建筑物的热负荷并非各户修正后热负荷的累加，而应考虑不同时段使用系数，以防止建筑物计算的总热负荷过高，造成设备选用上的浪费。

目前热计量仪表主要有蒸发式热表和热量表。蒸发式热表目前国外产品居多，适用室内供暖的各种系统。热量表的流量计量有机械式、电磁式、超声波式等多种形式，目前正在发展之中。国内已有多个分户热计量的试点工程，已为我国分户热计量提供了成功经验。

（5）建筑物蓄冷空调技术　采用“蓄冷空调”是平衡空调用电峰谷最好的办法，所谓“蓄冷空调”是指利用深夜至凌晨用电低谷时的电能，采用电动压缩制冷机制冷的方式，将制取的冷量储存在冷水（温度通常为 4 ~ 7℃）、冰或共晶盐中，到白天用电高峰时则停开制冷机，利用储存的冷量供建筑物制冷或用于需要的生产过程。

蓄冷空调系统有很多划分方式，若按蓄冷材料分则有水蓄冷、冰蓄冷、共晶盐蓄冷三大类。水蓄冷的冷水温度为 4～7℃，而空调用水的实际使用温度为 5～11℃，因此这种蓄冷方式系统简单，可以直接使用现有的冷水机组，操作方便，制冷与储冷之间无传热差损失，节能效果显著，其缺点是蓄冷能力小，因此蓄冷装置体积大，占地多。随着地价的日益上升，已较少应用。

因为水在结冰和融化时吸收和放出的潜热通常要比水的湿热大80 倍左右，因此冰蓄冷系统蓄冷装置体积小，蓄冷量大，是目前使用较为广泛的一种蓄冷方式。冰蓄冷的缺点是在制冷与储冷、储冷和取冷之间存在传热温差损失，特别是储冷和取冷之间存在更大的温差，传热温差损失更大。因此冰蓄冷的制冷性能系数 COP 较水蓄冷低。

目前冰蓄冷系统大多采用静态制冰方式（即在冷却管外或盛冰容器内结冰，冰本身始终处于相对静止状态），这种制冰方式有其固有的缺点，即随着冰层增厚，传热阻力增大，致使制冷机的性能系数 COP 下降，另外冰块还会造成水路堵塞。动态制冰由于冰晶和冰浆随水一起流动，单位时间内可携带更多的冷量，因此可减少冰蓄冷的体积和投资，是一种很有前途的冰蓄冷方式，目前正在发展中。

共晶盐的蓄冷系统正是为了克服以上两种方式的缺点而研发的。其特点是既利用相变潜热大的优点，又尽量减少传热温差。采用优态盐蓄冷系统，其充冷水温度为 3～4℃，因此可用现有的冷水机组。当蓄冷槽放水的上限温度为 12℃时，蓄冷槽的蓄冷密度是水蓄冷槽的 3～4 倍。目前各种新型的蓄冷相变材料和新的蓄冷系统已成为世界各国研发的热点。

国外蓄冷空调已有很大发展，在美国有的州已规定大型建筑物（商场、剧场、体育馆等）的空调系统，其能源的 60% 必须来自蓄冷。日本对蓄冷空调更是十分重视，1998 年已有大型蓄冷空调 4500 套，转移高峰电力 7420MW。我国从 1992 年开始发展水蓄冷和冰蓄冷空调，目前已有上百座大型建筑物采用了蓄冷空调系统。

（6）建筑物蓄热供暖技术　建筑物蓄热通常有两种含义，一种是指建筑物围护结构（墙体、屋顶、地板等）本身的蓄热作用；另一种含义是指为了减少城市用电的峰谷差，充分利用夜间廉价的电能加热变相材料，使其产生相变，以潜热的形式储存热能。白天这些相变材料再将储存的热能释放出来，供房间采暖。

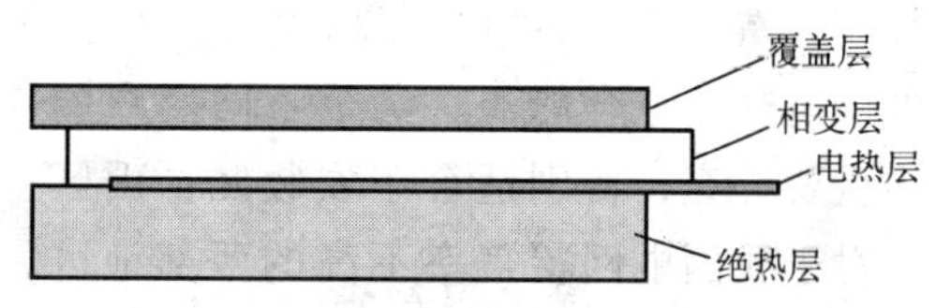

图 4-8　相变蓄热地板

在利用相变蓄热的采暖方式中，应用最广的是电加热蓄热式地板采暖（图 4-8）。和传统的散热器相比，其主要优点是：①舒适性好。普通散热器一般布置在窗下，主要靠空气对流散热。地板采暖主要利用地板辐射，人可同时感受到辐射和对流加热的双重效应，更加舒适。②清洁无污染。③容易布置。较理想地解决了大跨度空间散热器难以合理布置的问题，可用于旅馆大厅、体育馆等大空间供暖。④运行管理方便。⑤适用于家居和办公室。⑥运行费用远低于无蓄热的电热供暖方式。通常其费用仅为无蓄热的电供暖方式的1/2。

5. 建筑物分布式能量系统

由于科学技术的发展，传统的建筑物能量供给模式受到严重的挑战，其弊端主要表现在：①能量利用非联产。其能量供给模式有两种，其一是从电网购电，满足照明、动力用电负荷，或驱动压缩式水冷机组来满足建筑物空调系统的冷热负荷；同时购买燃气或燃油，通过锅炉提供生活热水。另一种模式是从电网购电，满足照明、动力用电负荷，购买燃气或燃油供直燃式溴化锂吸收式制冷机提供冷水或热水。这两种模式能量利用率均不高。②对电网的依赖性强。随着建筑物的现代化，除冷暖空调外，照明、电梯、给水排水、计算机、其他办公和家用电器用电迅速增加，而且此类用电绝大部分集中在高峰用电时段。不但扩大了市政电网的峰谷差，而且对供电的安全和稳定性带来很大威胁。2001 午 3 月，美国加州电网崩溃就是因气温突然上升引发电力危机，造成100 万用户断电。③燃气和电使用峰谷期不能互补。例如，上海夏季 82.3% 的建筑物采用电制冷方式进行空调制冷，采用燃气或燃油作输入能源的仅占 17.7%，于是电力紧张，燃气市场却处于淡季；相反，在北京冬季高峰平均用气量为夏季最低月份用气量的6 倍，于是电网电量过剩，燃气或燃油供应则处于旺季。显然这种不能互补的供能方式是不可取的。

为了克服以上弊端，建筑物分布式能量系统得到了很大的发展，特别是在发达国家。这种系统有以下特征：燃料多元化；设备小型、微型化；热、电、冷联产化；智能化控制和信息化管理；充分利用可再生能源和高标准的环保。

分布式能量系统是在建筑物中设置小规模（数千瓦至 50MW）模块化的能量利用系统，可以独立地输出电、热、冷。其原动机采用气体或液体燃料的内燃机、微型燃气轮机或燃料电池。与常规的集中供电相比，分布式能量系统有以下优点：无需建配电站，输配电损耗小；适合多种热电比的变化，年设备利用小时高；土地及安装费用低；各电站互相独立，不会发生大规模的供电事故，供电可靠性高；能提供电热冷综合能源，满足不同用户的需要。显然分布式能量系统作为集中供电的重要补充，特别适合于农牧区、山区、发展中的区域及商业区和居民区。此外，对于我国电网覆盖率不高的西部地区，或对供电安全性、稳定性要求较高的用户，如医院、银行，以及能源需求多样化的用户，分布式能量系统也有特殊的意义。从可再生能源的利用看，分布式能量系统也为太阳能、风能、地热能的利用开辟了新的方向。

第5节 交通节能

随着我国经济的快速发展，石油总需求越来越大。除了内燃机以外，航空发动机的用油，燃油工业炉窑和锅炉以及燃煤的工业炉窑和锅炉用以点火和稳燃的用油，用作溶剂和清洁剂的柴油、汽油等的迅速增加都将加剧我国石油的供需矛盾。

我国交通运输业的能源利用效率与国外发达国家相比仍有较大差距。如机动车燃油经济性水平比欧洲国家低25%，比日本低20%，比美国整体水平低10%；载货汽车100km·t油耗7.6L，比国外先进水平高1倍以上；内河运输船舶油耗比国外先进水平高10%～20%。因此我国交通行业的节能潜力十分巨大。

1. 内燃机节油技术

目前车用内燃机所面临的挑战主要来自三个方面：第一是日益严厉的排放法规；第二是更低的能耗要求；第三是替代动力的发展。因此内燃机在节油的同时必须尽可能地减少污染物的排放。

（1）传统内燃机燃料利用率和有害物排放极限　传统内燃机包括火花点燃式和压燃式两大类。汽油机属于预混合均质燃烧，借助于火花点燃。由于汽油机特性和爆燃等诸多因素的限制，汽油机只能采用较低的压缩比，故热效率比柴油机低得多，且易产生大量的NOx和不完全燃烧物。另外，汽油机需要用节气门控制进气量，部分负荷时的泵气损失也会使机械效率降低，因此汽油机的燃料利用率比柴油机低30%，此即为传统汽油机难以克服的燃料利用率极限。

柴油机属于燃料喷雾扩散燃烧，依靠发动机活塞压缩到接近终点时的高温使混合气自燃着火。由于喷雾与空气的混合时间很短，燃料与空气混合严重不均匀，形成了高温火焰区和高温过浓区，在高温火焰区局部火焰温度高达2700K，极有利于NOx的形成。在高温过浓区，由于缺氧又生成大量碳烟。因此由于柴油机非均质燃烧的固有特性，使柴油机存在碳烟和NOx排放的最低极限。

所以，突破传统内燃机燃料利用率和有害物排放两个极限是内燃机技术进步的关键。目前改进内燃机性能，提高内燃机的热效率以及减少排放的工作在两方面同时进行，一是对内燃机进行改良，二是基于全新的燃烧理论，研究新一代内燃机。

（2）内燃机改良技术　内燃机改良技术包括合理组织换气过程、改善燃烧过程、提高机械效率等一系列措施。对柴油机来说，由于采用自喷式燃油系统、高压喷射、电子控制等新技术，使柴油机的燃油消耗由20世纪60年代的260g/（kWh）降到20世纪90年代的170g/（kWh），与此同时，柴油机的污染物的排放也大为降低，发动机的动力性、安全性和可靠性也大大增加。对汽油机而言，由于改善了气缸内的空气运动和燃烧过程，采用分层稀薄燃烧系统，使汽油机的油耗也大大下降。如丰田 D-4 直喷式汽油发动机，空燃比高达 50:1，是目前稀薄燃烧的最高水平，其油耗比同排量的汽油机低 30%，加速性能也提高了 10%。

1）汽油直喷技术。在内燃机改良技术中，最重要的技术进步是汽油直喷技术和先进直喷柴油机技术。汽油缸内直喷（GDI）技术是针对火花点燃式内燃机的新技术。尽管该技术的预混合气形成方式与传统方式不同，但仍保持点燃预混合气的本质。新的汽油缸内直喷发动机在低工况时采用类似柴油机的燃油喷射形式，即压缩冲程喷射，利用活塞顶的复杂形状形成分层充气，进行稀薄燃烧；在高工况时采用进气冲程喷射，形成均匀混合气。由于采用分层充气，低燃空比点燃得到了保证。GDI 不再依赖节气门来调节负荷，其充量系数比传统点燃机高了很多。另外，燃油直喷过程使气缸吸收了燃油蒸发过程的汽化潜热，温度降低，充量系数又可以进一步提高。此外，稀燃方式又提高了燃烧的效率。GDI 发动机在低负荷时燃油经济性已经接近相同转速的欧Ⅲ排放水平柴油机，在中负荷时燃油经济性甚至超过了柴油机。从排放看，GDI 发动机也具有较高潜力。GDI 发动机的微粒排放虽然明显高于传统点燃机，但还是远远低于现代柴油机的限制。现在批量生产的 GDI 发动机的微粒排放已经可以达到美国 ULEV 的标准（0.01g/mile，1mile = 1609.344m）。

但 GDI 发动机也面临着很多问题。比如：发动机的供油系统成本高。GDI 发动机的 NOx 排放后处理也是一个难题。由于低工况时采用稀薄燃烧，传统的三元催化器就无法在 GDI 发动机上发挥作用。因此为了进一步挖掘 GDI 发动机的节油潜力，在开发稀薄燃烧 NOx 催化器，提高催化器的耐久性方面还有很多工作要做。

2）先进直喷柴油机技术。先进直喷柴油机是将各种新技术应用于传统直喷柴油机上以改善燃烧和排放。由于传统直喷柴油机扩散燃烧的特点，对 NOx 和 PM 完全实现缸内控制非常难，所以先进直喷柴油机采用缸内控制排放和缸外控制排放并举的方式。供油系统作为燃烧的核心部分，对燃烧和排放性能起主导作用，是决定燃烧品质的最重要因素。现代直喷柴油机供油系统的主流是泵嘴系统和共轨系统，不论采用泵嘴系统还是共轨系统，先进直喷柴油机的供油系统的发展都要符合：更高的喷油压力，达到 200MPa 数量级；喷油速率、形状控制，即靴形或三角形自主控制；多级喷油，包括降低排烟黑度和噪声的预喷射、主喷射和适当排放后处理要求的后喷射；提高小油量的精度控制。

3）内燃机废气再循环技术。内燃机废气再循环（EGR）是满足欧Ⅲ以上排放标准所必须采用的另一项技术。采用 EGR 后，燃烧温度大大降低，从而降低了 NOx。在相同工况下，冷却 EGR 比无冷却 EGR 降低 NOx 的效果好，是达到欧Ⅳ标准的必要条件，且不影响燃油经济性。先进直喷柴油机对 EGR 的动态控制要求也很高。目前正在研发的控制方法有两种：闭环加过量空气率传感器控制和开环加 map 图控制。

在采用了 EGR 后，由于过量空气系数的降低，有可能导致燃烧速率降低，排烟黑度上升。因此，先进直喷柴油机要采用高旋流来改善混合气形成，提高燃烧速率，以避免烟度上升的不良后果。另外，采用高旋流的柴油机可以降低低负荷时的喷油压力，从而降低燃烧噪声。

为达到欧Ⅳ排放法规的要求，要在采用 EGR 的基础上再加上氧化催化器。氧化催化器是一种被动排放后处理装置，用来降低柴油机排放中的 HC、CO 和 SOF（可溶性有机物）。氧化催化器已经是一些汽车公司柴油机的标准配置。

(3) 内燃机的革新技术

1）新一代内燃机燃烧理论。传统内燃机的燃烧方式决定了经济性与污染物排放的矛盾，这对矛盾也是内燃机发展的主要矛盾。燃烧学和热力学基本原理证明，新一代内燃机燃烧方式的基本特征是：均质、压燃、低火焰燃烧。新一代内燃机理论是一种全新的燃烧理论，它摒弃了传统的柴油机和汽油机概念，根据这一理论可以组织最清洁、热效率最高的燃烧过程。这一理论涉及混合气形成过程的流动、传热、传质和稀薄均质混合气燃烧中的物理和化学过程，以及内燃机动态工况燃烧控制和燃烧设计等基础理论问题，其内涵极为丰富，强烈依赖现代高新技术和前沿基础理论的进步，是21世纪重点发展的技术之一。

新一代内燃机燃烧理论是在20世纪90年代中期开始酝酿，并逐步形成清晰概念的。全世界科学界，包括我国学者在内，在最近的3~4年内，为实现柴油机均质压燃燃烧的目标开展了大量探索性研究，其中日本 Nissan 公司的 MK（modulated kinities）燃烧过程是最成功的范例。它把排放出来的废气再引入燃烧室，提高燃烧室内惰性物质的浓度，减少氧浓度，降低燃烧温度，使柴油喷雾自燃着火的滞后期延长，从而使喷入燃烧室的燃料获得更多的混合时间。同时设法提高混合速率，使 MK 发动机在中、低负荷下实现了均质压燃着火和可控燃烧速度的目标。但由于柴油的十六烷值高，自燃着火时间短，在高负荷时，没有足够时间形成燃料与空气的均质混合气，因此，在高负荷时实现均质压燃着火燃烧仍是国际上尚未解决的技术难点。新一代的燃烧技术将使车用内燃机燃料利用率提高10%~30%，仅我国每年即可节约石油3000万 t 左右。此外，它还可大幅度降低内燃机有害物排放，改善大气环境状况。

2）传统的内燃机节能技术。传统的内燃机节能技术，如利用内燃机余热的废气涡轮增压技术，内燃机的电子控制技术等也得到进一步的发展和完善。以废气涡轮增压技术为例，它是利用内燃机本身高温高压的排气推动涡轮机，再由涡轮机带动压气机来增加进入内燃机气缸的空气压力，从而大幅度提高发动机功率的一种技术。现在几乎所有的船用柴油机和80%以上的车用柴油机都采用废气涡轮增压技术，车用汽油机采用涡轮增压技术也逐年增多。采用废气涡轮增压技术有许多优点：①可改善内燃机的热效率。采用涡轮增压后，可使柴油机的油耗下降10%左右。②可使内燃机的功率大大提高，对大、中型柴油机来说，可使功率提高30%～50%。③因进气充足，燃烧完善，可使尾气污染物排放减少。④由于增压缘故，可使内燃机在高原稀薄空气下正常工作。⑤涡轮增压消耗了排气能量，可降低内燃机排放噪声。

目前，增压技术的发展主要表现在两方面，一是增压器的压比和效率不断提高，例如ABB公司的增压器单级压比已达5，总效率提高到72%。二是增压系统的适应性越来越好，使得变工况和低负荷下发动机都具有良好的运行特性。为了使车用柴油机涡轮增压器响应性更好，先进的直喷柴油机多采用可变几何截面积的涡轮增压器。

用电子控制技术对内燃机参数进行监控，并利用反馈系统使内燃机一直处在最佳的运行工况，从而使燃油消耗率经常保持在最佳值，这是内燃机最有效的节油措施之一。采用电控方法可以使内燃机节油10%～20%。甚至更多。

电子技术的发展，特别是微型计算机技术的进步为内燃机电控提供了有力的技术保证。为了解决当前内燃机面临的燃油经济性、排放、噪声等问题，对电控技术也提出了更高的要求。汽油机电控的内容包括：燃油喷射与空燃比控制、点火定时与爆燃控制、怠速控制、超速保护、减速断油、废气再循环控制等。柴油机电控的内容包括：喷油量控制、喷油定时控制、怠速和暖车控制、进气系统控制、自动停缸控制等。在电控中最重要是对喷油系统的控制，因为它直接影响到内燃机的排气、噪声、燃油的经济性。随着控制理论的发展，各种新颖的控制方法正在逐步取代经典的控制方法，如最优控制、自适应控制、模糊控制和专家系统控制等已应用于内燃机的电控中。

2. 替代燃料油技术

内燃机采用代用燃料已成为当前节油的热点之一。采用代用燃料实际上包含两层含义：一是燃用劣质油，即用品质低的燃油去代替品质高的燃油；二是燃用其他的替代气体或液体燃料。

（1）燃用劣质油　内燃机燃用的汽油、柴油、重油等都是由石油炼制的，其中广泛使用的柴油又可分为轻柴油（10号、0号、－10号、－20号、－35号）和重柴油（10号、20号、30号、船用重柴油）。－35号轻柴油的凝点为－35℃，30号重柴油的凝点为30℃，其他依此类推，船用重柴油的凝点为15～20℃。由于在石油提炼过程中也要消耗能源，所以柴油机燃用重质柴油，其本身就是节能的重要措施。在国外机车和船用的中速柴油机很多已燃用重柴油甚至重油，而我国仍然与高速柴油机一样燃用0号轻柴油，从节能来看是很不经济的。另外，国外大型低速柴油机大多用劣质重油。

我国柴油机数量巨大，如果设法使它们尽可能燃用品质差的柴油，例如宽馏分柴油、低十六烷值柴油、高凝点柴油，将会取得较好的节能效果。宽馏分柴油实质上是把本来属于重柴油或重油的一部分重质燃料与一部分轻质燃料掺混调和成可在高速柴油机中使用的柴油。这样即可以降低柴油成本，增加柴油产量，又可以减少炼油厂的能耗，从而达到节能的目的。

柴油的十六烷值表示了柴油的着火性能，是柴油的主要性能指标之一。柴油的十六烷值低说明重质油比例高、炼制过程短、节能。通常高速柴油机着火和燃烧时间短，因此要求十六烷值较高的柴油。现在高速直喷式柴油机、高速分隔燃料室柴油机都可燃用低十六烷值柴油。

通常在品质较差的柴油中加入添加剂以增加柴油十六烷值，或降低凝点，或促进燃烧等。由于加添加剂成本低、效益高，也是节油措施之一。

（2）燃用替代气体燃料　内燃机可替代的气体燃料有天然气、液化石油气、煤气（包括高炉和焦炉煤气、裂解煤气、发生炉煤气）、沼气、H_2 等。

气体燃料在汽油机中应用较方便，不需要做大的改动即可应用，但对于柴油机就不那么容易，主要由于气体燃料在压缩空气中喷射及压燃点火不宜控制。

天然气和液化石油气是内燃机首选的替代气体燃料。天然气与柴油的热值相当，价格则仅为柴油的2/3左右。由于天然气汽车在排放方面具有明显的优越性。与使用汽油车相比，天然气汽车颗粒物排放几乎为零，NOx、CO和HC的排放也显著降低，所以天然气汽车在改善空气质量方面有着重要作用。估计目前全世界共有410万辆液化石油气汽车在使用。我国政府1999年成立了全国清洁汽车协调小组，实施以天然气替代汽车燃油计划，首选北京、上海、重庆、哈尔滨等12个城市进行试点。与此同时，天然气汽车技术也得到了发展，从过去的常压天然气汽车发展到压缩天然气汽车和液化天然气汽车。尽管如此，天然气汽车在使用中仍然存在一些问题，其中最为突出的是发动机功率下降、发动机腐蚀与早期磨损的问题。

据相关资料报道，汽车在使用天然气作为燃料时，功率一般要下降15%左右，个别时候下降更多。提高天然气汽车功率的措施主要有：提高充气系数，适当提高发动机压缩比，使用专用天然气汽车发动机润滑油等。减少腐蚀和磨损的措施有：天然气脱硫，采用耐腐蚀材料及使用专门的天然气汽车发动机润滑油。5万km行车试验表明，该润滑油能有效防止硫化氢的腐蚀，减少发动机磨损，延长发动机大修期1/2以上。

（3）燃用替代的液体燃料　内燃机燃用的替代液体燃料主要是醇类燃料、二甲基醚（DME）及所谓绿色燃料。

1）燃用醇类燃料。醇类燃料是由纤维素通过各种转换技术而获得的优质液体燃料，其中最重要的是甲醇和乙醇（酒精）。它们的生产原料丰富，生产方法和生产工艺也很成熟，是内燃机理想的替代燃料。

乙醇的发热值比汽油低30%左右，但乙醇密度高，因此以纯乙醇作燃料的机动车其功率比烧汽油的机动车还高18%左右。采用乙醇作燃料，对环境的污染比汽油和柴油小得多，而生产的成本却和汽油差不多。用20%的乙醇和汽油混合使用，汽车的发动机可以不必改装。因此，乙醇作为化石燃料（特别是汽油、柴油）的最佳替代能源，展现了良好的前景。目前我国乙醇燃料汽车使用的通常是一种混合燃料E85，E85用15%的乙醇和85%的无铅汽油混合而成。出于能源或空气质量等考虑，乙醇还被大规模地用作汽油添加剂混在汽油中制成10%乙醇成分的混合液体，称作酒精-汽油混合燃料。

甲醇也是一种优质的液体燃料，其突出优点是燃烧效率高，而碳氢化合物和CO排放却很小。比如用甲醇作燃料的汽车发动机输出的功率可比汽油、柴油高17%左右，而排出的氮化物只有汽油、柴油的1/2，CO只有后者的12%。

现在甲醇通常都以天然气作原料，通过重整而获得。然而为了利用生物质能，变废为宝，用树木及城市废物大量生产甲醇是世界各国研究的重点。世界各国对利用生物质能制备醇类燃料十分重视。如美国自20世纪80年代以后，在使用非粮食类生物质，例如能源植物、草类、秸秆等生产甲醇和乙醇方面取得了很大进步，美国2005年生产90亿L乙醇，每升价格为0.2美元。巴西是发展乙醇燃料最快的国家，仅在1976~2001年间，用酒精燃料替代汽油就减少了大量的石油进口，共节省465亿美元的外汇。现在，巴西的能源90%自给，正朝着完全自给的目标前进。

2）燃用绿色燃料。绿色燃料泛指以植物为原料的燃料。植物类的原料极为广泛，主要有：农作物，如薯类、甘蔗及谷物等可提炼醇燃料；各种植物的种子可提炼植物油；淡水生植物可生产甲烷；海水生植物，如海藻、藻类经处理后可生产沼气；广阔的森林资源可生产碳氢燃料和提炼甲醇。显然绿色燃料就是生物质能。在内燃机中替代燃油的绿色燃料通常是指由树木、植物中提炼出的碳氢液体燃料，即所谓绿色石油，以及各种植物油燃料。

3）燃用煤制甲醇和二甲基醚。我国是煤炭资源富有国，煤制甲醇和二甲基醚作为内燃机的石油替代燃料，是能源领域的重大科学问题之一。二甲基醚是一种含氧燃料，十六烷值为55~60，常压下为气态，C/H值低，可实现无烟燃烧，NOx也可降低1/2，以二甲基醚作为柴油代用燃料，在国际上受到了重视。由于二甲基醚燃料的卓越性能，二甲基醚燃料发动机技术已引起西方发达国家政府和专家的高度重视。实现二甲基醚超低排放内燃机的关键技术问题是扩散燃烧方式，解决NOx超低排放和燃料系统的可靠性问题，以及二甲基醚在存储、运输、分配等环节中的适用性问题。

3. 替代动力汽车

汽车是用油大户，世界每年的汽车产量约4700~4900万辆，20世纪90年代中期，世界的汽车保有量为6.25亿辆，预计到2020年，世界汽车的保有量将达12亿辆。我国是世界增长最快的汽车市场，各类汽车年产量2006年为727.89万辆，2007年为888.89万辆，年增长22.12%，其中轿车年产量2006年为386.94万辆，2007年为479.78万辆，年增长23.99%。根据这种形势，世界各国除大力发展内燃机节油技术，采用替代燃料外，还积极实施替代动力汽车计划。目前替代现有内燃机汽车的动力汽车主要有电动汽车、混合动力汽车和燃料电池车。

（1）电动汽车　电动汽车以车载电源为动力。其主要优点是：电动汽车本身不排放污染大气的有害气体，即使按所耗电量换算为发电厂的排放，其污染物显著减少，且发电厂大多建在远离人口密集的地区，集中排放对清除各种有害排放物较容易，对此也已有相关技术。此外，电动汽车还可以充分利用晚间用电低谷时富余的电力充电，使发电设备日夜都能充分利用，大大提高其经济效益。研究还表明，原油经过粗炼，送至电厂发电，向蓄电池充电，再由蓄电池驱动汽车，其能量利用效率比经过精炼变为汽油，再经汽油机驱动汽车要高，因此有利于节约能源和减少CO_2的排放。正是由于这些优点，使电动汽车的研究和应用成为汽车工业的一个“热点”。

电池是电动汽车发展的关键技术之一。电动汽车目前的困难是蓄电池单位重量所储存的能量太少，使一次充电的行驶里程受到限制，且蓄电池价格较贵。现在普遍看好的是氢镍电池，以及锂离子和锂聚合物电池。氢镍电池单位重量所储存的能量比铅酸电池多一倍，其他性能也都优于铅酸电池，但目前价格为铅酸电池的4~5倍。锂是最轻、化学特性十分活泼的金属，锂离子电池单位重量的储能为铅酸电池的3倍，锂聚合物电池为铅酸电池的4倍，而且锂资源较为丰富，价格也不很贵，是很有希望的电池。

电动汽车其他相关技术近年来都有巨大的进步，如交流感应电动机及其控制，稀土永磁无刷电动机及其控制，电池和整车能量管理系统，智能及快速充电技术，低阻力轮胎，轻量和低风阻车身，制动能量回收等。这些技术的进步使电动汽车日渐完善和走向实用化。

（2）混合动力车　混合动力车上装有两个动力源，通常是内燃机再加上蓄电池。它有许多优点：①采用混合动力后，可按平均需要的功率来确定内燃机的最大功率，使其处于油耗低、污染少的最优工况下工作。负荷大而内燃机功率不足时，由电池来补充；负荷小时内燃机富余的功率可发电给电池充电。由于内燃机可持续工作，电池又可以不断得到充电，故其行程和普通汽车一样，不受蓄电池容量的限制。②因为有了电池，可以十分方便地回收制动、下坡、怠速时的能量。③在繁华市区，可关停内燃机，由电池单独驱动，实现“零”排放。④有了内燃机，可以十分方便地解决耗能大的汽车空调、取暖、除霜等纯电动车遇到的难题。⑤可以利用现有的加油站加油，不必再投资。⑥可让电池保持在良好的工作状态，不发生过充、过放，延长其使用寿命，降低成本。

混合动力车有三种基本的工作方式，即串联式、并联式和串并联式（或称混联式）。混合动力车的缺点是：需要两套动力，再加上两套动力的管理控制系统，结构复杂，技术难度大，价格高。

经过多年研究，混合动力车已有一些成功的例子。日本丰田汽车公司1997年12月宣布，将混合动力电动轿车投入小批量商业化生产，其100km油耗为3.4L，比原汽油车减少一半，CO_2排放量也相应减少一半，CO、HC、NOx仅为现行法规允许值的10%，售价约15000美元。美国克莱斯勒汽车公司于1998年2月在底特律展出第二代混合动力车，100km油耗为3.4L。

为了节约石油，随着我国自主开发的绿色电池的进步，混合动力车在我国也将得到迅速发展。按中、长期发展规划，混合动力车的节油率为40%，2010年，清洁能源汽车将达60万辆，产值1000亿元，占汽车总产量的8%，2020年增至800万辆。

（3）燃料电池电动汽车　燃料电池是把燃料中的化学能直接转化为电能的能量转换装置。燃料电池有多种类型，经过多年的研究和探索，最有望用于汽车的是质子交换膜燃料电池。它的工作原理是：将H_2送到负极，经过催化剂（Pt）的作用，H原子中两个电子被分离出来，这两个电子在正极的吸引下，经外部电路产生电流，失去电子的H离子（质子）可穿过质子交换膜（即固体电解质），在正极与O原子和电子重新结合为水。由于O_2可以从空气中获得，只要不断给负极供应H_2，并及时把水（蒸汽）带走，燃料电池就可以不断地提供电能。

燃料电池的主要优点：①能量转换效率高。其能量转换效率可达60%～80%，为内燃机的2～3倍。②不污染环境。燃料电池的燃料是H_2和O_2，生成物是清洁的水，它本身工作不产生CO和CO_2，也没有S及其微粒排出，没有高温反应，也不产生NOx。如果使用车载的甲醇重整催化器供给H_2，仅会产生微量的CO和较少的CO_2。③寿命长。燃料电池在汽车上没有噪声，没有振动，其电极仅作为化学反应的场所和导电的通道，本身不参与化学反应，没有损耗，寿命长。

经过多年研究，燃料电池在汽车上的应用已取得重大进展，质子交换膜电池（简称PEM燃料电池）功率密度已大大提高。1990年时，每立方分米可产生140W电力，1995年提高至1000W，2001年为2000W。质子交换膜的价格也下降到540美元/cm^2，工作寿命可长达57000h。质子交换膜燃料电池工作温度为80℃，用于催化的Pt的用量大大减少，过去用量是5mg/cm^2，一辆汽车仅燃料电池用Pt就要30000美元，比整个汽车还贵，现在已下降到0.4mg/cm^2，甚至0.1mg/cm^2。在燃料电池的能量转换效率方面，加拿大巴拉德公司已达到怠速时为60%，满负荷时为40%。德国在额定负荷时为59%，在20%的额定负荷时为69%。各种供给H_2的方法，如高压储气瓶、液化氢储存器、金属储氢技术都有明显进步。从甲醇和汽油经重整器获得高密度H_2的技术也有很大进步，为利用现有加油站“加油”而保持汽车长距离行驶提供可能。诚然，PEM燃料电池要在性能及价格方面达到与内燃机汽车有竞争力的水平还有大量的工作要做，特别是价格方面。为了降低价格，正在大力研究新材料（如新的质子交换膜、新的催化材料及技术等）、新结构、新工艺和新技术。

在21世纪，各国都提出了替代动力发展计划，其中美国通用汽车推出的第三代燃料电池汽车，车速可达160km/h，行驶距离为400km，各方面都已达到或非常接近目前普通汽车的水平，到2010年将可以大批量生产。我国在“863”计划中，已明确了替代汽车发展的重点是燃料电池汽车，同时兼顾混合动力电动汽车和纯电动汽车。

第5章　清洁能源技术

第1节　煤的高效清洁利用技术

煤炭资源是有限的不可再生资源，永久持续的开发利用是不可能的，因此，为了实现社会、经济、资源及环境协调发展，研究和开发煤的高效清洁利用技术，提高煤炭资源的利用效率势在必行。

1. 我国煤炭资源现状

我国煤炭资源丰富，探明可采储量占世界相应总量的11.1%，名列世界前列。我国煤炭保有储量平均硫分为1.10%，硫分小于1%的煤占63.5%，硫分大于2%的煤占24%，动力煤储量中平均硫分为1.15%，煤炭灰分较高，一般为15%～25%（表5-1）。另外，我国煤炭资源分布广泛但不均衡，90%以上的煤炭资源分布在秦岭－大别山以北，大兴安岭－雪峰山以西的地区。山西、内蒙古、陕西、新疆、贵州、宁夏、安徽这七个省和自治区合计占总储量的84.5%。

表5-1　我国商品煤中硫的分布

煤种	各煤种所占比例（%）						
	平均硫分（%）	特低硫煤（<0.5%）	低硫煤（0.5%～1.0%）	中低硫煤（1.0%～1.5%）	中硫煤（2.0%～3.0%）	中高硫煤（2.0%～3.0%）	高硫和特高硫煤（>3.0%）
全国	1.08	43.48	18.55	12.80	6.70	6.98	5.82
动力煤	1.00	42.13	21.97	15.04	10.30	3.00	4.44
炼焦煤	1.10	45.10	16.63	10.71	3.90	9.69	7.44
华北	0.92	39.14	23.66	19.30	9.85	3.25	1.80
东北	0.54	50.68	16.61	3.29	2.15	3.87	0.95
华东	1.12	45.79	20.12	13.37	5.34	5.34	9.89
中南	1.18	61.99	11.08	10.07	4.83	7.58	4.44
西南	2.13	23.87	10.14	6.77	5.33	14.58	38.66
西北	1.42	30.21	12.66	14.22	9.21	25.13	5.75

2. 推行煤的高效清洁利用技术的必要性

煤炭能源在我国占有不可或缺的地位，在21世纪的今天，煤炭仍是我国的主要能源，我国也是世界上最大的煤炭生产国和消费国（表5-2）。但是，煤炭的大规模、低效率开采和利用导致了大量的资源浪费和严重的环境污染。煤炭开采量今后仍将持续增长，含硫量水平有增加趋势，而且煤炭是不可再生资源，寻找替代能源和新能源也不是短时间之内就能够实现的，这一系列问题促使我们必须采取应对措施，在煤炭生产和利用的全过程中，促进传统的开采、加工和利用方式向减害和无害方向转变，提高利用效率。我们知道，清洁生产是可持续发展的关键因素，因此，走清洁生产之路，发展洁净煤技术，推广煤的清洁生产和利用，降低污染物排放，并把煤炭转化为液体、气体，减少对环境的污染，实现煤的高效、清洁、持续利用是符合可持续发展的一种清洁能源技术手段。

表 5-2　我国一次能源消费总量及消费结构

年份	能源消费总量/万 t 标准煤	消费结构（%）			
		煤炭	石油	天然气	水电、核电
1960	9637	95.6	2.5	0.5	1.4
1970	3099	81.6	14.1	1.2	3.1
1980	60275	72.2	20.7	3.1	4.0
1990	98703	76.2	16.6	2.1	5.1
2000	130297	66.1	24.6	2.5	6.8
2001	134914	65.3	24.3	2.7	7.7
2002	148222	65.6	24.0	2.6	7.8
2003	170943	67.6	22.7	2.7	7.0
2004	197000	67.7	22.7	2.6	7.0

3. 洁净煤技术

洁净煤技术（Clean Coal Technology，简称 CCT）是实施煤炭清洁生产和利用的重要手段。洁净煤技术是指煤炭在开发、加工和利用的全过程中旨在减少污染、提高能源利用效率的加工、燃烧、污染控制等技术的总称。洁净煤技术涵盖了煤炭生产和利用的全过程，即前处理、煤利用过程中的污染物控制和尾气处理三个阶段，促进传统的开采、加工和利用方式向减害和无害方向转变，提高煤的利用效率。其中，煤炭的前处理是提高商品煤总体质量的关键，是煤炭优化利用的前提和洁净化的基础，而燃烧设备尾气脱硫脱硝技术是无害化最为彻底的技术方式。

1986 年，美国率先投资 57 亿多美元，推出“洁净煤技术示范计划（CCT-DP）”，主要涉及四个领域：环境控制技术（SO_2、NOx 排放控制系统）、先进燃煤发电技术（IGCC、FBC 先进的燃烧与热机系统）、煤炭加工成洁净能源技术（洗选、温和气体、甲醇生产新工艺、预测电厂新煤种操作特性的软件系统）和工业应用技术（煤代 40% 焦炭炼铁、铁矿石直接还原炼铁与发电联合，减少水泥窑污染物排放和高效燃烧器）。

欧共体国家继而研究开发了一些洁净煤技术（未来能源计划），主要有：煤气化联合循环发电（IGCC）、煤和生物质及废弃物联合气化（或燃烧）、循环流化床燃烧（FBC）和固体燃料气化与燃料电池联合循环技术等。

日本开发的洁净煤技术包括：提高煤炭利用效率的技术（IGCC、FBC、增压流化床联合循环发电（PEBC）），脱硫、脱氮技术（先进选煤技术、富氧燃烧技术、废烟处理技术等），煤炭转化技术（煤炭直接液化、加氢气化、燃料电池和煤热解等）及粉煤灰有效利用技术。

目前，各种形式的洁净煤发电技术已经得到很大的发展。除了前述 IGCC 技术以外，增压流化床燃烧联合循环（PFBCC）、常压流化床燃煤联合循环（AFBCC）等技术也日趋成熟。此外，以煤气化为核心的近零排放发电系统也越来越受到重视。如，美国提出的 FutureGen 计划能利用煤炭制取 H_2 的同时实现近零排放的技术；美国和加拿大联合成立的 ZECA 公司提出的 ZEC 技术，也是利用煤炭制取 H_2，进行燃料电池发电的近零排放技术；日本的新日光能源计划（NEDO）也是通过煤的气化技术实现近零排放的技术等。

近年来，我国以煤炭降灰、脱硫为主的煤炭处理技术取得了快速发展。例如：洗选设备、跳汰机、重介质分选机、浮选机、不脱泥重介旋流器选煤新工艺、高硫煤全重介洗选脱除无机硫的成套工艺与设备、简化重介选煤工艺、复合干法选煤、风力干法选煤、节水型动筛跳汰选煤技术等。1997 年，国务院批准了《中国洁净煤技术九五计划和 2010 年发展规划》，明确我国洁净煤技术包含四个领域，14 项技术见表 5-3。

表 5-3　我国洁净煤技术领域

技术领域	过　程	技术所处的开发阶段
煤炭加工	煤炭利用前	选煤、型煤、配煤、水煤浆
煤炭高效燃烧及先进发电	煤炭燃烧中	FBC、PFBC、IGCC、中小型工业锅炉改造
煤炭转化	煤炭利用中	煤炭气化、煤炭液化、燃料电池
污染控制与废弃物处理	煤炭燃烧后	烟气净化、电厂粉煤灰综合利用
	煤炭开采中	煤层气、矿区生态环境技术（矿井水、煤矸石利用及资源化）

4. 煤的高效清洁利用技术

（1）煤炭前处理技术　如前所述，煤炭前处理技术主要有煤炭深加工的洗煤、型煤、水煤浆等。

1）动力用煤新型分选技术。随着选煤的发展，我国商品煤的质量明显改善：炼焦精煤、动力精煤、发电用煤的平均灰分、硫分均有所下降。这种前处理分选方法脱除 1% 次生矿物硫分（FeS_2）的投入费用一般只是烟气脱硫费用的 1/2 ~

1/3。燃用分选加工煤不仅可以减轻后处理脱硫的负担，还通过脱灰提高了能源利用效率。一般而言，选煤方法可以脱除50%～80%的灰分和30%～60%的硫分。

2）型煤技术。型煤具有很大的节能和环保的双重效益，与直接燃用原煤相比可以减排50%～80%的烟尘和40%～60%的SO_2，同时燃烧效率还可提高20%～30%。工业型煤一般包括燃料型煤、造气型煤、焦用型煤和配焦型煤。型煤中加有添加剂/固硫剂，可改善使用性能，并有较好的脱硫效果。

3）煤层成气利用技术。煤层气俗称煤矿瓦斯，是一种以吸附状态为主，生成并储存在煤系地层中的非常规天然气。其成分与常规天然气基本相同（甲烷含量大于95%，发热量大于8100大卡），完全可以与常规天然气混输、混用，井下抽放的煤层气不需提纯或浓缩就可直接作为发电厂的燃料，可大大降低发电成本。煤层气是近20年来崛起的新型洁净能源，它在发电、工业、民用燃料、汽车燃料及化工原料等方面有广泛的应用。煤层气的开发利用具有一举多得的功效：提高瓦斯事故防范水平，具有安全效应；有效减排温室气体，产生良好的环保效应；作为一种高效、洁净能源，产生巨大的经济效益，在一定程度上改善我国的能源结构。因此，开发、利用煤层气不仅能够提供新能源，而且有利于煤矿安全和环境保护。

加拿大、俄罗斯、乌克兰及我国都是煤层气（煤层甲烷）资源十分丰富的国家，我国大陆埋深小于2000m的煤层甲烷蕴藏量比全国各类常规天然气资源量总和还要多。我国的煤层气资源不仅在总量上占有一定的优势，而且在区域分布、埋藏深度等方面也有利于规划开发。煤层气资源在我国境内分布广泛，基本可以划分为中部、西部和东部三大资源区。其中，中部地区约占资源量的64%，西部地区的沁水盆地和鄂尔多斯盆地资源量最大，超过10万亿m^3，为集中开发提供了资源条件。据统计，我国煤层气埋藏于300～1000m的资源量约占总量的29.05%，1000～1500m的煤层气占总量的31.6%，1500～2000m的煤层气占总量的39.35%。埋深1500m适于开发的约占总资源量的60%。不少专家都提出，21世纪是煤层气大发展的时代，煤层气是我国常规天然气最现实可靠的替代能源。

4）水煤浆技术。水煤浆是20世纪70年代兴起的煤基液态燃料，由70%左右的煤、30%的水及少量化学添加剂制成。水煤浆较好的流动性和稳定性使其易于储存，可以像油一样泵送、雾化、贮存和稳定燃烧，其热值相当于燃料油的一半，可作为炉窑燃料或合成气原料代替燃料油用于锅炉、电站、工业炉和窑炉，用于代替煤炭燃用，具有燃烧效益高、负荷调整便利、减少环境污染、改善劳动条件和节省用煤等优点。水煤浆是石油危机中发展的一种新型低污染代油燃料，可代重油缓解石油短缺的能源安全问题，因而成为一种燃烧效率较高、低污染、较廉价的洁净燃料。

我国水煤浆技术包括水煤浆制备、储运和燃烧，另外，我国在水煤浆气化技术方面也积累了丰富的操作、运行、管理与制造经验，气化技术日趋成熟与完善。水煤浆气化技术可将廉价的煤炭转化成为清洁煤气，既可用于生产化工产品，如合成氨、甲醇、二甲醚等，还可用于煤的直接与间接液化、联合循环发电（IGCC）和以煤气化为基础的多联产等领域。一个最具代表性的例子是以水煤浆为原料的Texaco气化技术，该技术具有气化炉结构简单、煤种适应较广、水煤浆进料易控安全、单炉生产能力大等特点。自20世纪80年代起，我国相继引进了四套Texaco水煤浆气化装置，用于生产甲醇与合成氨。西北化工研究院、原鲁南化肥厂分别建立了日处理24～35t煤和15t煤、8.5MPa的Texaco水煤浆气化中试装置，并在中试装置上进行了多样煤种的试烧研究，为水煤浆气化技术在国内的成功应用打下了基础。目前，专家正致力于水煤浆制备技术、开发方法与气流床气化理论、新型气化喷嘴与耐磨气化喷嘴、新型（多喷嘴对置式）水煤浆气化炉的研究，以期为我国传统产业的改造提升和清洁能源的发展应用提供可靠的技术支撑，并进一步带动洁净煤技术领域相关技术的进步与发展。

（2）煤清洁燃烧技术

1）空气分段低NOx燃烧技术。空气分段低NOx燃烧技术是基于第二代低NOx燃烧技术发展起来的先进低NOx燃烧技术。在距离原燃烧器上方较高的一段距离，布置分段风喷嘴，原来的部分二次风从分段风喷嘴中喷入炉膛，这样在主燃区形成低氧还原区。燃煤锅炉的燃料型NOx主要是在燃烧开始阶段挥发成分燃烧时产生的，主燃区的焦炭在缺氧的条件下，要和已生成的NOx中的氧发生反应，使NOx分解还原成N_2，分段风的距离越高，NOx的分解还原反应时间越长，NOx的降低量就越大。分段风的目的是使一些未完全燃烧的可燃物燃尽。由于在分段风区域的炉温已较低，一般已不具备大量产生热力型NOx的条件。此技术可以降低30%～40%的NOx排放，排放浓度水平可以达到450mg/m^3左右。目前该技术成熟，已经在外高桥、谏壁、洛河和望亭等电厂成功实施。投资成本为27元/kw，无运行费用。

2）天然气再燃低NOx燃烧技术。天然气再燃低NOx燃烧技术是将燃料分级送入炉膛，在主燃烧区火焰的上方喷入天然气，以建立一个富燃料区，使生成的NOx还原。比较典型的案例是将80%～85%的燃煤送入主燃烧区，在过量空气系数α略大于1的条件下燃烧并生成NOx，其余15%～20%的热量使用天然气（称为二次燃料、再燃燃料），把天然气从主燃烧器的上部送入再燃区，在$\alpha<1$的条件下形成很强的还原性气氛，在主燃烧区生成的NOx就会被还原成氮分子（N_2）。在再燃区中不仅能使已生成的NOx得到还原，同时还抑制了新的NOx生成，可使NOx的排放浓度进一步降低。此外，再燃区的上面还需布置燃尽风喷口以形成第三级燃烧区（燃尽区），以保证在再燃区中生成的未完全燃烧的产物燃尽。此技术可以降低60%～70%的NOx排放，排放浓度水平可以达到300mg/m^3以下。用于

还原NOx的天然气，在相同发热量基础上，用量占锅炉总入炉热量的10%左右，运行费用为天然气费用减去节约煤炭的费用。投资成本为50元/kW，运行费用为0.038元/kWh。

3）天然气高级再燃低NOx燃烧技术。天然气高级再燃低NOx燃烧技术与再燃技术相似，将炉膛可以近似地划分为三个区域：①主燃区，这是主燃料的主要燃烧区，整个锅炉的大部分热量在该区内被释放出来，主燃燃料在主燃区着火、燃烧，释放出其中的大部分NOx，随后NOx将随烟气离开该区进入再燃区。②再燃区，再燃燃料喷射到主燃烧区的下游（即主燃区出口处），在炉膛内形成缺氧富燃料的还原性再燃区。在高级再燃技术中，将向再燃区喷入氨基活化剂，以达到进一步减排NOx的目的。氨基活化剂并不一定是随再燃燃料一起喷入炉内的，它也可在再燃燃料喷入后再喷入，具体的喷入点可根据炉膛形式和炉温等因素来决定。还可向炉内喷入催化剂，催化剂本身并不能与NOx反应，但是它的存在却可以大大促进氨基活化剂与NOx的反应。③燃尽区，这是炉膛内的最终燃烧区，燃尽风喷入炉膛在该区造成富氧状态，以促进所有剩余的燃料燃尽。但是这个区域中仍有再燃区中未除尽的NOx存在，同时又由于它的富氧状态使燃尽区中还会有一部分NOx生成。为了进一步还原此时产生的NOx，还可以向其中喷射氨基活化剂和催化剂。

高级再燃技术对原先的再燃技术做了如下的改进：①在一处或多处加入氨基活化剂，这些氨基活化剂可以在再燃区加入，也可以随燃尽风喷入，或者在燃尽风的下游喷入，这样就能将剩余的NOx还原。②加入可溶于水的催化剂，以提高氨基活化剂还原NOx的效率。③催化剂可随氨基活化剂在一处或多处喷入。天然气高级再燃技术能达到90%以上的脱硝效率，而且再燃燃料还可以采用更为低廉的生物质或煤层气等。然而，目前对于天然气高级再燃的脱硝机理和各运行参数等对其脱硝效率的影响规律正在研究过程中，尚处在示范工程阶段。

（3）近零排放煤利用技术（图5-1） 近零排放煤利用系统是煤气化发电技术和污染物，尤其是CO_2控制有机结合的先进动力系统。它由两大部分组成，即煤气化制取H_2，燃料电池发电部分和CO_2扣押处理部分。第一部分的主要设备有加氢气化炉、气体净化装置、甲烷重整炉、煅烧炉和固体氧化物燃料电池系统；第二部分的主要设备有CO_2化工处理系统。

近零排放煤利用系统的工艺流程如下：煤经过加氢气化，除去煤气中的硫化物等污染物，成为富含甲烷气的混合气体，然后甲烷经过以CaO为吸收介质的水蒸气重整制取燃料气H_2，H_2进入高温固体氧化物燃料电池发电；重整炉内另一生成物$CaCO_2$进入煅烧炉煅烧生成CaO返回系统循环使用，同时得到高纯度的CO_2气体。CO_2通过加压进入扣押处理部分，在此通过富碱镁石进行吸收永久处理。

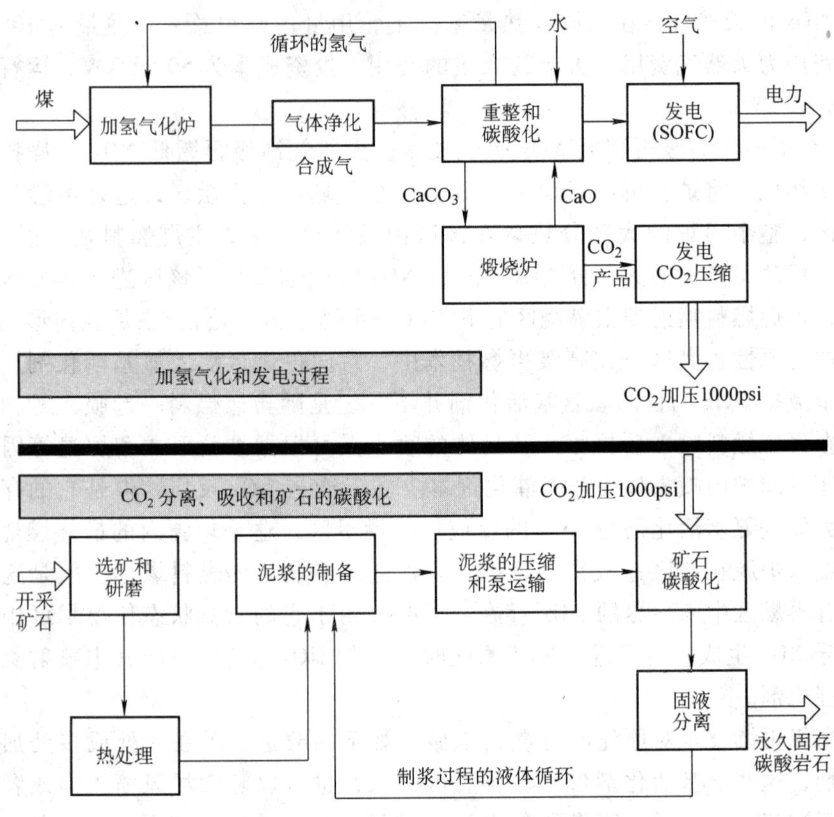

图 5-1　近零排放煤利用系统示意图

注：145psi = 1MPa。

（4）煤变油技术　煤变油技术就是将煤转化为类似于石油的液体，其产品是石油的替代产品。煤变油技术在科学上称为煤基液体燃料合成技术，分为直接液化和间接液化两种方式将煤转化成石油。就组成元素而言，石油和煤都由碳、氢、氮、硫组成。从石油中提取的燃料油是直链碳氢化合物中一系列烷烃的液态混合物。煤炭是一种碳含量高、但氢含量低（只有5%）的固体燃料。与从原油中提取的液体燃料相比，煤炭的组成结构复杂、组成物质的分子量大，不便于处理和运输。通过脱碳和加氢，煤炭可以直接或间接转化、提高其氢/碳比，而成适于运输的液体燃料。这种直接或者间接转化的过程就是“煤变油”。

（5）尾气脱硫、脱硝技术　烟气净化（尾气脱硫、脱硝技术）作为煤炭燃烧后的污染控制的手段，由于投资和运行成本高昂，早年未能在中国普及应用。近年来，国家颁布了《“十一五”期间二氧化硫排放总量控制计划》，要实现《计划》所提出的2010年SO_2减排目标，全面实施燃煤电厂烟气脱硫是关键所在。因此，全国各大城市已开始实施燃煤电厂烟气脱硫工程，特别是上海，截至2008年年底，全市已完成约1020万kW机组的燃煤电厂脱硫设施运行验收工作，占燃煤机组总装机容量的79%，取得了阶段性的成果。在这一背景下，NOx排放控制也被提上议程，各种脱硝技术已日趋成熟，并逐步投入运用。

1）石灰石－石膏湿法脱硫技术。石灰石－石膏湿法脱硫设施工艺流程如图5-2所示。烟气先进入除尘器除去粉尘，再进入换热器（GGH），冷却后进入吸收塔，在向上流动的过程中SO_2与从上部喷入的吸收剂（$CaCO_3$）混合接触反应，生成$CaSO_3$。脱硫后的烟气经除雾器除去携带的细小液滴，通过换热器加热后进入烟囱排放。$CaSO_3$在吸收塔底部与鼓入空气中的O_2发生反应生成石膏。此工艺方法脱硫效率高、可靠性好，副产品石膏可回收利用。

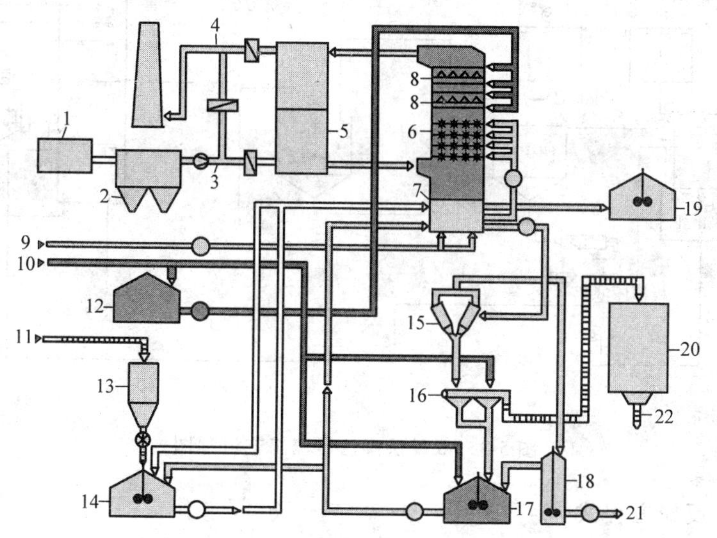

图5-2 石灰石－石膏湿法脱硫设施工艺流程图

1—锅炉 2—电除尘器 3—未经处理后烟气 4—经处理后烟气 5—再热交换器 6—吸收塔 7—氧化池 8—除雾器 9—氧化空气 10—工艺水 11—石灰石 12—工业用水贮存池 13—石灰石筒仓 14—石灰石浆液 15—水力旋流器 16—带式脱水机 17—循环水池 18—废水贮存池 19—排水罐 20—石膏仓 21—废水 22—石膏

2）双碱法脱硫技术。双碱法烟气脱硫技术（图5-3）是利用NaOH和Na_2CO_3溶液作为启动脱硫剂，配制好的NaOH或Na_2CO_3溶液直接打入脱硫塔洗涤脱除烟气中SO_2来达到烟气脱硫的目的，然后脱硫产物经脱硫剂再生池再生成NaOH再打回脱硫塔内循环使用。双碱法脱硫工艺降低了投资及运行费用，通常比较适用于中小型锅炉进行脱硫改造。

3）选择性催化还原脱硝技术。选择性催化还原法（Selective Catalytic Reduction，SCR）是利用氨作为还原剂注入含NOx的烟道气中，通常是在空气预热器的上游。NOx 在以贵金属、碱金属氧化物或沸石等催化剂的作用下被还原为 N_2 分子和水，反应的适宜温度为 285 ~ 400℃。催化剂的组成和活性对 SCR 的处理效率影响很大，此技术可以降低 90% 以上的 NOx 排放，排放浓度水平可以达到 $100mg/m^3$ 以下。

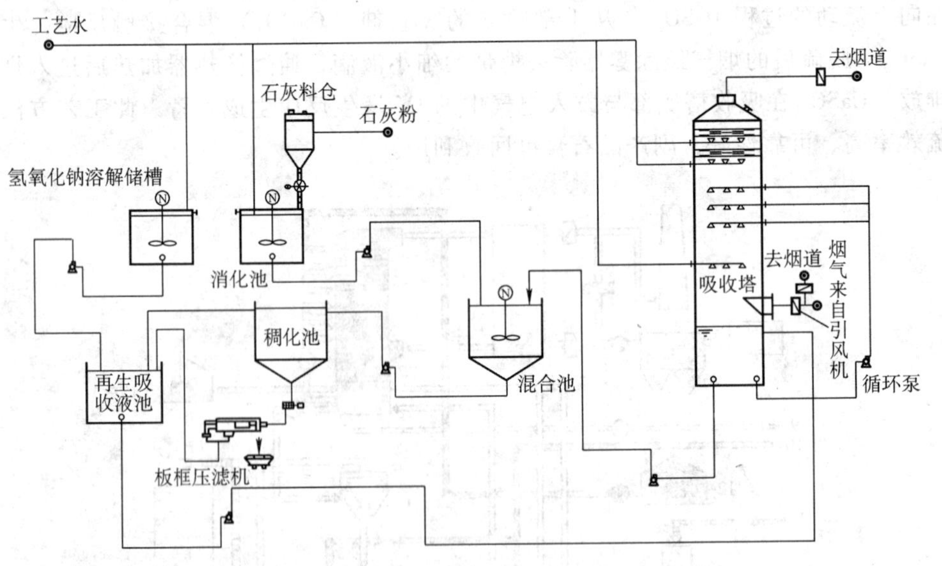

图 5-3 双碱法湿法脱硫工艺流程图

其主要反应方程式为

$$4NH_3 + 4NO + O_2 = 4N_2 + 6H_2O \tag{5-1}$$

$$8NH_3 + 6NO_2 = 7N_2 + 12H_2O \tag{5-2}$$

$$或\ 4NH_3 + 2NO_2 + O_2 = 3N_2 + 6H_2O \tag{5-2a}$$

SCR 法工艺系统流程主要由贮氨、混氨、喷氨系统，反应塔（催化剂）系统，烟道及控制系统等组成。首先，液氨被运送到液氨储罐贮藏。无水液氨的储存压力取决于储罐的温度（例如 20℃时压力为 10bar）。然后液氨通过蒸发器被减压蒸发输送到氨蒸发罐，通过鼓风机向氨蒸发罐中鼓入与氨量成一定配比的空气，其作用一是稀释纯氨气，二是增加反应塔中的氧含量。稀释的氨气经注射喷嘴被注入烟道隔栅中，与原烟气混合。在喷嘴数量较少的情况下，为了获得氨和烟气的充分均匀分布，要在反应塔前加装一个静态混合器，这样，从省煤器后出来的烟气经与部分旁路高温烟气混合调温（烟气在反应塔中与高温催化剂的反应最佳温度为 370 ~ 440℃）后进入反应塔。在催化剂的作用下，烟气中的 NOx 与氨气发生化学反应转化。当反应塔发生故障时，烟气走反应塔前设置的 100% 烟气旁路，对锅炉正常运行没有影响。

SCR技术在国际上已发展成熟，SCR技术投资成本为250元/kW，运行费用为0.02元/kWh；最大的是在美国应用的一台1300MW燃煤电站锅炉。日本和德国安装SCR占烟气脱硝总装置数的比例分别为93%和95%。台塑集团投资、华阳电业有限公司运营的福建漳州后石电厂600MW机组烟气脱硝装置是我国内陆地区安装的第一台烟气处理装置。目前已经投运或者正在建设的有江苏苏源环保股份有限公司承建的国华太仓发电有限公司2×600MW机组、福建厦门华夏国际电力公司（嵩屿电厂）4×300MW机组、国华台山电厂5号600MW机组、国华宁海电厂4号600MW机组、广州恒运电厂D厂2×600MW机组脱硝工程等。

4）选择性非催化还原脱硝技术。选择性非催化还原法（SNCR）工作原理：用NH_3、尿素等还原剂喷入炉内与NOx进行选择性反应，不用催化剂，因此必须在高温区加入还原剂。还原剂喷入炉膛温度为870～1100℃的区域，该还原剂迅速热分解成NH_3并与烟气中的NOx进行SNCR反应生成N_2，该方法是以炉膛为反应器。

SNCR技术的投资成本为50元/kW，运行费用为0.003元/kWh，脱硝效率约为40%～70%，多用作低NOx燃烧技术的补充处理手段。SNCR建设周期短、投资少、脱硝效率中等，比较适合于中小型电厂改造项目。目前大部分锅炉都不用此法，主要原因是SNCR技术氨液消耗量大、对温度要求严格、氨的泄漏量大、NOx的脱除率也不是很高。

5. 我国推行煤的高效清洁利用技术的可行性

与工业发达国家相比，我国的煤炭价格和人员工资较低，再加上生产设备大部分可以国产化，因此，可以利用一些成熟技术在我国建设煤的高效清洁利用项目，不断消化国外成熟技术，促进并加快间接技术的开发；增强我国技术储备，把国外先进经验和我国具体国情相联系，将煤的高效清洁利用技术尽快推向产业化。从技术上看，我国具备将煤的高效清洁利用技术进行产业化推广的条件。

然而，需要注意的是，部分煤的高效清洁利用技术的推广和产业化发展存在一定的风险。例如煤炭液化产业化的发展存在资金问题，一般煤炭液化工厂规模大而且投资多。此外，目前我国缺乏部分技术产业化发展的成套技术和关键设备，大型煤气化、煤高压加氢液化、气体催化合成、催化剂等关键单元技术还达不到为工业化建设提供支持的水平，存在自主知识产权的问题。

第2节 天然气水合物利用技术

1. 天然气水合物

（1）天然气水合物的一般概念 天然气水合物（Natural Gas Hydrate，简称

Gas Hydrate）因其外观像冰一样而且遇火即可燃烧，所以又被称作“可燃冰”或者“固体瓦斯”和“气冰”。它是在低温高压下由水和天然气（主要是甲烷气）混合时组成的类冰的、非化学计量的、笼形白色结晶固体。天然气水合物为超分子结构，具有很强的吸附（浓缩）气体能力，分子量小，成分不稳定，除以甲烷气体为主外，还含有乙、丙、丁烷多种气体。

天然气水合物的形成与海底石油、天然气的形成过程相仿，而且密切相关。埋于海底地层深处的大量有机质在缺氧环境中，厌气性细菌把有机质分解，最后形成石油和天然气，其中，许多天然气又被包进水分子中，在海底的低温与压力下又形成可燃冰。天然气水合物在自然界广泛分布在大陆、岛屿的斜坡地带、活动和被动大陆边缘的隆起处、极地大陆架以及海洋和一些内陆湖的深水环境。由于天然气水合物中含有大量的甲烷，在标准状况下，一单位体积的天然气水合物分解最多可产生164单位体积的甲烷气体，而国内外很多文献中都提到天然气水合物中的有机碳总量是石油、天然气等常规能源的两倍，因此，可以说天然气水合物是一种重要的潜在未来资源，使用方便、燃烧值高、清洁无污染，被称为21世纪最具商业开发前景的战略资源。

（2）天然气水合物的分类　中国科学院专家根据水合物产出特性和形成储藏机制的差异，将天然气水合物分为扩散型和渗漏型两类。

扩散型水合物分布广泛，水合物产出带天然气含量非常低，游离气仅发育于水合物带之下，在地震剖面上常产生指示水合物底界的强反射面。该类水合物含量较低，一般不超过沉积物孔隙的7%，埋藏深（>20m），海底不发育水合物，除进行钻探施工外，海底常规采样方法无法获取水合物样品。水合物产出带没有游离气存在，是水-水合物的二相热力学平衡体系，水合物的沉淀主要与沉积物孔隙流体中溶解的甲烷有关，受原地生物成因甲烷与深部甲烷向上扩散作用的控制。

渗漏型水合物与海底天然气渗漏活动有关，是深部烃类气体沿通道向海底渗漏，在合适条件下部分渗漏天然气沉淀形成的天然气水合物。由于渗漏作用具有异常高的天然气渗漏量，天然气以游离气方式迁移，甚至在海底可观测到渗漏进入水体的天然气气泡。水合物发育于整个稳定带，是水—水合物—游离气的三相非平衡热力学体系。该类天然气水合物产出集中、埋藏浅，含量高，在海底可观测到出露的块状天然气水合物，并在海底和水体中形成一系列特殊的地质、地球物理、地球化学和特异生物异常。另外，该类水合物不具有明显的似海底反射层（BSR）标志，应用常规的BSR探测方法不易发现。

（3）天然气水合物资源分布　天然气水合物在世界范围内广泛存在，这一点已得到广大研究者的公认。在地球上大约有27%的陆地是可以形成天然气水合物的潜在地区，而在世界大洋水域中约有90%的面积也属这样的潜在区域。天然气水合物资源主要存在于世界范围内的沟盆体系、陆坡体系、边缘海盆陆缘，尤其是与泥火山、热水活动、盐泥底壁及大型断裂构造有关的深海盆地中，另外还包括扩张盆地和北极地区的永久冻土区（图5-4）。大西洋的85%、太平洋的95%、印度洋的96%的地区中含有天然气水合物，并且主要分布于海平面下200~600m的深度内。

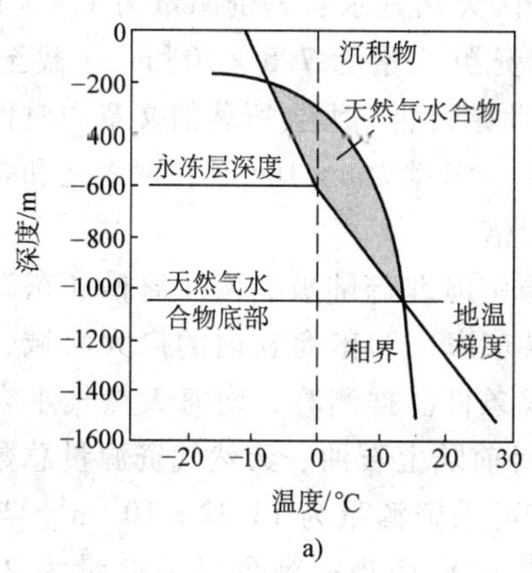

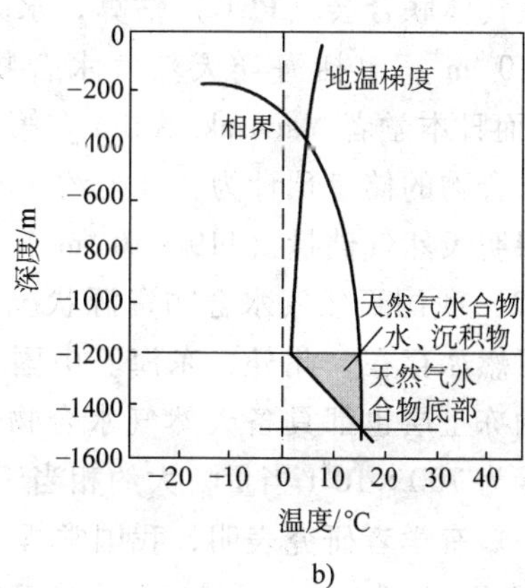

图5-4 北极地区与海洋环境下天然气水合物存在条件
a）北极地区 b）海洋环境

1）海洋中的分布。海洋中天然气水合物主要分布在西太平洋海域的白令海、鄂霍茨克海、千岛海沟、冲绳海槽、日本海、四国海槽、南海海槽、苏拉威西海、新西兰北岛；东太平洋海域的中美海槽、北加利福尼亚-俄勒冈滨外、秘鲁海槽；大西洋海域的美国东海岸外布莱克海台、墨西哥湾、加勒比海、南美东海岸外陆缘、非洲西西海岸海域；印度洋的阿曼海湾；北极的巴伦支海和波弗特海；南极的罗斯海和威德尔海；其他，如黑海与里海等。中国在西沙海槽、东沙陆坡、台湾西南陆坡、冲绳海槽、南海北部等区域发现了天然气水合物的大量地球物理与地球化学证据。这些海域内有88处直接或间接发现了天然气水合物，其中26处岩心见到天然气水合物，62处见到BSR，许多地方见有生物及碳酸盐结壳标志。

2）大陆中的分布。天然气水合物在大陆主要分布于阿拉斯加北坡、加拿大马更些三角洲、加拿大西北部北极诸岛、俄罗斯季曼-伯朝拉地区、西西伯利亚麦索雅哈、东西伯利亚贝略依气田、勘察加地区等地。中国青藏高原永久冻土带区域也有大量天然气水合物资源。

2. 世界天然气水合物资源现状

（1）国外天然气水合物资源状况　目前，天然气水合物资源的估计值仅仅是理论推测结果，由于采用的标准不同，不同机构对全世界天然气水合物储量的估计值差别很大，甚至相差几个数量级。据美国地质调查局（USGS）的调查，世界海域基于水合物形式的天然气储量为 $1372\times10^{15}m^3$，陆地为 $336\times10^{15}m^3$（截至2005年8月），美国储藏在水合物中的甲烷气体达 $8.88\times10^{15}m^3$，美国加州沿海地区拥有基于水合物的甲烷储量约为 $36.4\times10^{12}m^3$，美国阿拉斯加和北极区冰层与永冻层之下也蕴藏大量天然气水合物资源，这些大大增加了美国未来能源供应的潜力。而据美国能源部（DOE）估计，美国天然气储藏量为 $5.24\times10^{12}m^3$。另外，据潜在气体联合会（PGC）估算，永久冻土区天然气水合物资源量为 1.4×10^{13} ~ $3.4\times10^{16}m^3$，包括海洋天然气水合物在内资源总量为 $7.6\times10^{18}m^3$（截至1981年）。而日本学者 Yanazaki Akira 在第20届世界天然气大会所著的文章中对世界天然气水合物的储量预计为：陆上约 $n\times10^{12}m^3$，海洋为 $n\times10^{15}m^3$，两者之和是世界常规探明天然气储量（$119\times10^{12}m^3$）的几十倍。

（2）我国天然气水合物资源状况　我国南海北部陆坡、南沙海槽和东海陆坡均有可燃冰存在，此外，东海、中国台湾以东海区和南海在内的广大海域、青藏高原的冻土层也都具备天然气水合物的形成条件。据测算，南海天然气水合物的资源量为 700×10^8t 当量，大约相当于我国目前陆上石油、天然气资源量总数的二分之一。有学者研究表明，我国常规天然气可采资源量为 $13.32\times10^{12}m^3$，与加拿大（$13.75\times10^{12}m^3$）和沙特（$13.73\times10^{12}m^3$）相当；剩余可采储量为 $2.09\times10^{12}m^3$，仅次于沙特阿拉伯、伊朗、美国和俄罗斯。

3. 天然气水合物开发技术

自20世纪60年代以来，世界上有近百个国家和地区都发现了天然气水合物。目前，各国对于天然气水合物的开发利用都寄予很大期望。2002年，日本、加拿大、美国、德国、印度共同展开研究活动，在加拿大首先实现了从地下的天然气水合物层向地表输送甲烷气体。美国把天然气水合物作为国家发展的战略能源，将“甲烷水合物研究与资源开发利用”列入国家发展长远计划，要求2010年达到计划目标，2015年进行商业性试采。目前，研究天然气水合物资源量及勘探开发技术的国家主要有美国、英国、德国、加拿大、俄罗斯、日本、印度、韩国、中国等，各个国家都相继投入了大量的资金进行天然气水合物的资源特征、生产开发、对环境的影响、安全性和海底稳定性等方面的研究。

（1）天然气水合物的开发历程　天然气水合物的开发大致经历了实验室研究、管道堵塞及防治、资源调查与开发利用四个阶段。自1979年国际深海钻探计划（DSDP）在中美海槽的钻孔岩心中发现了海底的天然气水合物后，水合物成为许多国家和部分国际组织关注的热点，当时的美国、苏联、日本、德国、加拿大、英国、挪威等国以及大洋钻探计划（ODP）、综合大洋钻探计划（IODP）进行了大量调查研究，在世界各地直接或间接地发现了大量天然气水合物产地。2002年，美国、日本、加拿大、德国、印度合作，成功地从加拿大马更些冻土区 Mallik 5L－38 的1200m 深的水合物层中分离出甲烷并予以回收，并获得了较好的天然气水合物成矿条件和找矿前景，由此进入到天然气水合物开发利用阶段。目前，世界各国都在大力开展天然气水合物的开发利用研究，预计在2020年前后能实现陆上冻土区水合物的商业性开发，2030～2050年前后有望实现海底水合物的商业性开发。我国对天然气水合物的开发较晚，广州海洋地质调查局于1999年启动"奋斗五号"调查船，在西沙海槽开展高分辨率多道地震调查，开启了中国天然气水合物调查的处女航，调查结果表明西沙海槽存在多段典型的BSR标志。2002年，我国政府正式设立《我国海域天然气水合物资源调查与评价》国家专项，加上2000～2001年的专项预研究项目，广州海洋地质调查局在南海北部陆坡完成了数十航次的地质、地球物理和地球化学调查，开展了浅层剖面、地质地球化学取样、海底摄像、热流测量等调查工作。

（2）天然气水合物的勘探技术　目前，天然气水合物的勘探技术主要有以下几种：

1）似海底反射层（BSR）。海洋沉积物中存在天然气水合物的最直接证据是具有异常地震反射层，其位于海底之下几百米处与海底地形近于平行，这种异常地震反射层为似海底反射层（BSR），现已证实BSR代表海底沉积物中天然气水合物稳定带基底。但是，由于在冰胶结永冻层地震波传播速度与水合物层相当，因而BSR技术不能用于对永久冻土区的天然气水合物进行勘探。

2）钻孔取心资料。钻孔取心资料是证明地下天然气水合物存在的最直观和最直接的方法之一。目前已经在墨西哥湾、布莱克海岭等地取到了天然存在的含气水合物岩心。用于研究的天然气水合物样品通常取自钻杆岩心或用活塞式取样器、恒压取样器采集的海底样品。

3）测井方法。测井方法是在天然气水合物勘探中继地震反射法和钻孔取心法之后又一有效手段。该法在鉴定特殊层含气水合物时需具备四个条件：①具有高的电阻率（大约是水电阻率的50倍以上）；②短的声波传播时间（约比水低131μs/m）；③在钻探过程中有明显的气体排放（气体的体积分数为50‰～100‰）；④必须在有两口或多口钻井区（仅在布井密度高的地区）。

（3）天然气水合物的开采技术　由于天然气水合物呈固态，不会像石油开采那样自喷流出，因此天然气水合物的大规模商业开采面临着许多困难。首先，若将天然气水合物从海底一块块搬出，在从海底到海面的运送过程中甲烷就会快速挥发，导致大量温室气体的排放，给大气造成巨大危害，并且由于天然气水合物在常温、常压环境下极易分解，在运送过程中会迅速变成一滩水；其次，天然气水合物经常作为沉积物的胶结物存在，其形成和分解能够影响沉积物的强度，进而诱发海底滑坡等地质灾害的发生；再次，目前技术条件下开采成本过高，且很难保证井底稳定，使甲烷气不泄漏、不引发温室效应。所以说，和石油、天然气相比，天然气水合物不易开采和运输，世界上至今还没有完美的开采方案。

目前，天然气水合物的开采方法主要有三类：热激发法、化学试剂法、减压法。

1）热激发法（图 5-5）。热激发法是将蒸气、热水、热盐水或其他热流体从地面泵入水合物地层，也可采用开采重油时使用的火驱法或利用钻柱加热器。概而言之，只要能促使温度上升达到水合物分解的方法都可称为热激发法。热激发法的主要问题是会造成大量的热损失，效率很低，特别是在永久冻土区，即使利用绝热管道，永冻层也会降低传递给储集层的有效热量。为了提高热激发法的效率，人们研究出井下装置加热技术，例如井下电磁加热方法，即在垂直（或水平）井中沿井的延伸方向在紧邻水合物带的上下（或水合物层内）放入不同的电极，再通以交变电流使其生热直接对储层进行加热。储层受热后压力降低，通过膨胀产生气体。电磁热还很好地降低了流体的粘度，促进了气体的流动。

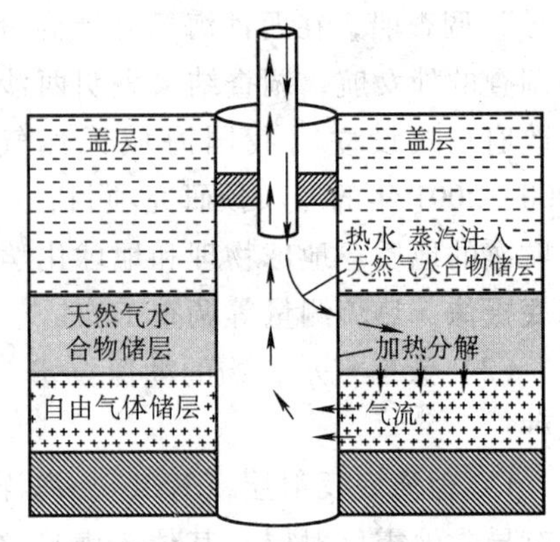

图 5-5 热激发法开采原理图

2）化学试剂法（图 5-6）。化学试剂法是将盐水、甲醇、乙醇、乙二醇、丙三醇等可以改变水合物形成的相平衡条件、降低水合物稳定温度的化学试剂从井孔泵入，从而引起水合物的分解。化学试剂法具有降低初始能源输入的优点，但较热激发法作用缓慢，且费用太昂贵。由于大洋中水合物的压力较高，因而不宜采用此方法。

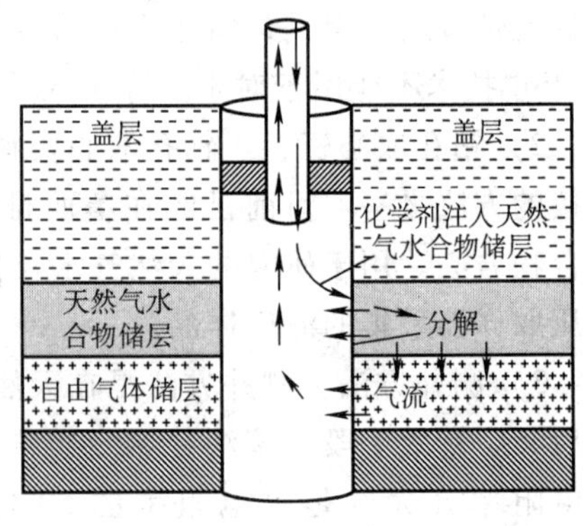

图 5-6 化学试剂法开采原理图

3）减压法（图 5-7）。减压法是指通过降低压力而引起天然气水合物稳定的相平衡曲线的移动，从而达到促使水合物分解的目的。该法一般是通过在一水合物层之下的游离气聚集层中“降低”天然气压力或形成一个天然气“囊”（由热激发或化学试剂作用人为形成），与天然气接触的水合物变得不稳定并且分解为天然气和水。开采水合物层之下的游离气是降低储层压力的一种有效方法，另外通过调节天然气的提取速度可以达到控制储层压力的目的，进而达到控制水合物分解的效果。减压法最大的特点是不需要昂贵的连续激发，因而其可能成为今后大规模开采天然气水合物的有效方法之一。但是，单使用减压法开采天然气是很慢的。

4）驱替法（图 5-8）。驱替法是用 CO_2 置换开采，通过形成 CO_2 水合物放出的热量来分解天然气水合物。此法可使用工业排放的 CO_2。

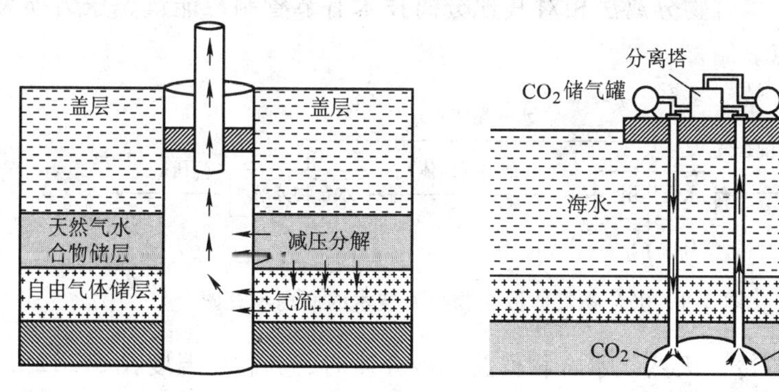

图 5-7　减压法开采原理图　　图 5-8　驱替法开采原理图

5）综合法。从以上各方法的优缺点来看，单一地使用某一种方法来开采天然气水合物是不经济的，只有结合不同方法的优点才能达到对水合物的有效开采，例如用热激发法分解天然气水合物，而用降压法提取游离气体。

4. 天然气水合物利用技术

天然气水合物应用技术的研究日益受到各国的重视，其应用技术包括天然气储运、污水处理与海水淡化、气体混合物分离、水合物蓄冷、液体的近临界和超临界萃取以及水溶液浓缩等。

（1）清洁能源　如前所述，全球的天然气水合物储量较大，可满足人类日益增长的能源需求，而且天然气水合物的能量密度高、在自然界中分布范围广，有利于大范围的使用，因此可以用作未来潜在的清洁能源。此外，开采技术的不断发展也将为天然气水合物作为能源提供技术保障。

（2）污水处理与海水淡化　天然气水合物污水处理技术是在一定条件下，使天然气与污水中的水生成水合物，水合物沉积后分离出来再进行分解，脱除水分，起到污水净化的目的，而天然气可重复利用。研究表明，利用水合物技术可将造纸废水中的盐含量降低 23% ~31%，废物含量降低 26%。天然气水合物海水淡化技术与污水处理原理类似，也是使天然气与海水中的水形成水合物，固液分离后，再对水合物进行分解得到淡水。

天然气水合物技术用于污水处理与海水淡化的优点在于能耗低、设备简单、处理效果好，但水合物形成需一定的条件，且存在水洗耗水大，效率不高等缺点。因此，该技术目前只在一些缺水的中东国家和地区得到了工业应用。

（3）气体混合物分离　酸性气田产出的天然气含有大量的 CO_2 和 H_2S，会对输送管线和设备等造成严重的腐蚀。利用天然气水合物的生成技术可将 CO_2 和 H_2S

等进行分离。在一定的温度条件下，不同气体生成水合物的压力不同，因而可控制天然气体系的压力来生成不同气体的水合物，从而实现不同气体的分离，其原理如图 5-9 所示。水合物分离法相对其他分离技术有节省制冷能量、压力损失小、分离效率高等优点。

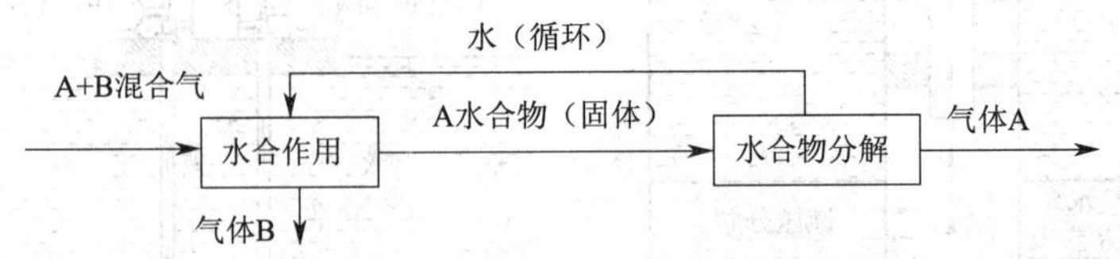

图 5-9　水合物气体混合物分离技术的原理示意图

（4）水合物蓄冷　天然气水合物作为蓄冷介质时，其相变温度在 5～12℃，适合常规空调冷水机组。天然气水合物的蓄冷密度与冰相当，熔解热约为 302.4～464kJ/kg。由于天然气水合物结晶的生成过程是晶粒形式，因此其热阻小，热传递效率高，若采用直接接触式蓄冷系统，还可进一步提高其传热效率。

（5）液体的近临界和超临界萃取　水合物技术用于液体的近临界和超临界萃取是将一种化合物同时作为水合物形成物及近临界和超临界萃取剂，使萃取过程中伴随着有水合物的生成。水合物的生成使溶液浓缩，破坏原有的萃取平衡，使萃取效率大大提高。水合物技术应用于液体的近临界和超临界萃取，不仅避免了水合物晶体和溶液完全分离的困难，而且大大增加了萃取过程的有效分配系数和选择性。

（6）水溶液浓缩　水合物是一种具有立方晶格结构的晶体，由水和与其形成水合物的气体组成，而离子和一些强极性组分均不能进入水合物中。将可生成水合物的气体注入水溶液中，在一定温度和压力条件下形成水合物。水合物中包含大量的水，通过固液分离使得原本水溶液中的水随水合物而除去，从而得到了浓缩液。与常规水溶液浓缩方法相比，此法能耗低、效率高。

（7）天然气储运　常规的天然气储运技术存在投资高、风险大，不宜长距离输送等缺点。由于天然气水合物的密度是常压天然气的 180 倍，将天然气制成水合物可以大大减小天然气储运体积，降低运输成本，提高储运过程中的安全性。天然气水合物储运技术路线示意图如图 5-10 所示。

（8）其他应用　除以上方面外，水合物技术还可运用于其他许多领域：水合物压井是利用水合物在井下生成，暂时封堵井底，在需要时可通过分解水合物对井底进行解堵；水合物自动制冷是在需制冷的密闭容器中注入一定量气体和水，在一定条件下生成水合物，当开启密闭容器后，由于压力降低，水合物分解吸热而产生自动制冷效应。

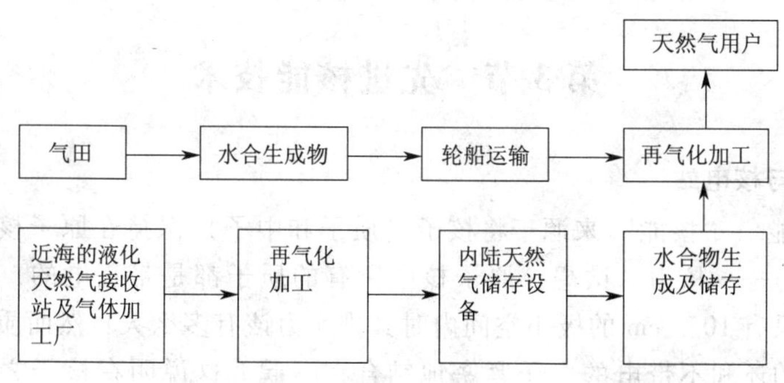

图 5-10　天然气水合物储运技术路线示意图

5. 我国研究开发前景

从前面的分析可以看出，天然气水合物具有高效能、储量大、分布广等特点，作为能源发展前景广阔。但与国外相比，我国天然气水合物研究起步较晚、基础较差，与国外水平还存在较大差距，具体如下：

1）技术装备有待发展，缺乏钻井取心资料，水合物气资源量评价参数条件不充分；

2）基础地质研究程度较低，即使调查程度相对较高的南海海域仍处于普查阶段，对天然气水合物有利区缺乏详查，且有利区地理位置不如上述试验区优越；

3）实验研究与地质研究缺乏有机结合，缺乏统一规划和有效组织管理。

鉴于以上问题，建议我国成立全国性的天然气水合物专家咨询委员会，为制定中长期的国家目标和科学任务提供决策咨询，各相关部门共享资源、齐头并进。此外，也可学习和借鉴国外的经验，鼓励油气公司投资天然气水合物的研究与勘查，以节约投资、避免重复配置研究和勘探设备，充分发挥油气公司现有技术装备功能。另外，逐步改进和完善天然气水合物的勘探与开发技术也是我国今后努力的方向。

天然气水合物作为一种潜在的清洁能源，为我国新能源的开发开辟了一条道路。利用天然气水合物的生成特性，积极探讨与之相关的应用技术，特别是天然气储运、污水处理与海水淡化等与能源或环境相关的水合物应用技术，有助于解决目前的能源短缺和环境问题。国务院于 2006 年 1 月先后颁发了《国家中长期科学和技术发展规划纲要（2006 ~ 2020 年）》和《国务院关于加强地质工作的决定》，两份文件均大力重视天然气水合物的调查研究工作，将“天然气水合物开发技术”列为 22 项前沿技术之一，并将“天然气水合物等非常规能源资源的调查评价和勘查”列为地质工作的主要任务。因此，我国天然气水合物的调查研究将会得到进一步加强和重视，调查研究进程将会进一步加快。

第 3 节 先进核能技术

1. 核能与核电站

（1）核能 “核能”来源于将核子（质子和中子）保持在原子核中的一种非常强的作用力——核力。试想，原子核中所有的质子都是带正电的，当它们拥挤在一个直径只有 10^{-13}cm 的极小空间内时其排斥力该有多么大！然而质子不仅没有飞散，相反的还和不带电的中子紧密地结合在一起。这说明在核子之间还存在一种比电磁力要强得多的吸引力，这种力科学家就称之为“核力”。核力和人们熟知的电磁力以及万有引力完全不同，它是一种非常强大的短程作用力。当核子间的相对距离小于原子核的半径时，核力显得非常强大；但随着核子间距离的增加，核力迅速减小，一旦超出原子核半径，核力很快下降为零。而万有引力和电磁力都是长程力，它们的强度虽会随着距离的增加而减小，但却不会为零。

科学家在研究原子核结合时发现，原子核结合前后核子质量相差甚远。例如氦核是由四个核子（两个质子和两个中子）组成，对氦核的质量测量时发现，其质量为 4.002663 原子质量单位；而若将四个核子的质量相加则应为 4.032980 原子质量单位。这说明氦核结合后的质量发生了“亏损”，即单个核的质量要比结合成核的核子质量数大。这种“质量亏损现象”正是缘于核子间存在的强大核力。核力迫使核子间排列得更紧密，从而引发质量减少的“怪”现象。

任何物质的质量 m 和能量 E 之间遵循爱因斯坦的质能关系（$E=mc^2$）。根据质能关系式，氦核的质量亏损所形成的能量为 $E=28.30MeV$。当然就单个氦核而言，质量亏损所形成的能量很小，但对 1 克氦而言，它释放的能量就大得惊人，达 6.78×10^{11}J，即相当于 19 万 kW · h 的电能。由于核力比原子核与外围电子之间的相互作用力大得多，因此核反应中释放的能量就要比化学能大几百万倍。科学家将这种由核子结合成原子核时所释放出的能量称之为原子核的总结合能。由于各种原子核结合的紧密程度不同，原子核中核子数不同，因此总结合能也会随之变化。由于结合能上的差异，于是产生了两种利用核能的不同途径核裂变和核聚变。

（2）核裂变和核聚变

1）核裂变。核裂变又称核分裂，它是将平均结合能比较小的重核设法分裂成两个或多个平均结合能大的中等质量的原子核，同时释放出核能。重核裂变一般有自发裂变和感生裂变两种方式。自发裂变是重核本身不稳定造成的，由此其半衰期都很长。如纯铀自发裂变的半衰期约为 45 亿年，因此要利用自发裂变释放出的能量是不现实的。感生裂变是重核受到其他粒子（主要是中子）轰击时裂变成两块质量略有不同的较轻的核，同时释放出能量和中子，这就是原子核的核分裂。如铀^{235}原子分裂后会产生两三个新中子，这些新中子又继续撞击其他的铀原子，这一过程称为链式反应。在链式反应中，能量会源源不断地释放出来。虽然链式反应能释放出巨大的能量，但链式反应能自动进行，如果不加以控制，其反应速度极快，在百万分之几秒内所有的核燃料裂变反应可全部完成，这就是威力巨大的原子弹爆炸。只有通过有控制地缓慢地释放核裂变能，才能达到大规模地和平利用的目的。只要控制中子数的多寡就能控制链式反应的强弱。最常用的控制中子数的方法就是用善于吸收中子的材料制成控制棒，并通过控制棒位置的移动来控制维持链式反应的中子数目，从而实现可控核裂变。铬、硼等材料吸收中子能力强，常用来制作控制棒。

2）核聚变。核聚变又称热核反应，它是将平均结合能较小的轻核，例如氘和氚在一定条件下将它们聚合成一个较重的平均结合能较大的原子核，同时释放出巨大的能量。由于原子核间有很强的静电排斥力，因此一般条件下发生核聚变的概率很小，只有在几千万度的超高温下，轻核才有足够的动能去克服静电斥力而发生持续的核聚变。由于超高温是核聚变发生必需的外部条件，所以又称核聚变为热核反应。

由于原子核的静电斥力同其所带电荷的乘积成正比，所以原子序数越小，质子数越少，聚合所需的动能（即温度）就越低。因此只有一些较轻的原子核，如氢、氘、氚、氦、锂等才容易释放出聚变能。最有希望的聚合反应是氘和氚的反应，它释放的能量是铀裂变的5倍。由于核聚变要求很高的温度，目前只有在氢弹爆炸和由加速器产生的高能粒子的碰撞中才能实现。因此使聚变能能够持续地释放，让其成为人类可控制的能源，即实现可控热核反应仍是21世纪科学家奋斗的目标。

（3）反应堆

1）反应堆类型。实现大规模可控核裂变链式反应的装置称为核反应堆，简称为反应堆，它是向人类提供核能的关键设备。根据反应堆的用途、所采用的燃料、冷却剂与慢化剂的类型以及中子能量的大小，反应堆有许多分类的方法。

① 按反应堆的用途分类。a. 生产堆。这种堆专门用来生产易裂变或易聚变物质，其主要目的是生产核武器的装料钚和氚。b. 动力堆。这种堆主要用作发电和舰船的动力。c. 试验堆。这种堆主要用于试验研究，它既可进行核物理、辐射化学、生物、医学等方面的基础研究，也可用于反应堆材料、释热元件、结构材料以及堆本身的静、动态特性的应用研究。d. 供热堆。这种堆主要用作大型供热站的热源。

② 按反应堆采用的冷却剂分类。a. 水冷堆。它采用水作为反应堆的冷却剂。b. 气冷堆。它采用氦气作为反应堆的冷却剂。c. 有机介质堆。它采用有机介质作反应堆的冷却剂。d. 液态金属冷却堆。它采用液态金属钠作反应堆的冷却剂。

③ 按反应堆采用的核燃料分类。a. 天然铀堆。以天然铀作核燃料。b. 浓缩铀

堆。以浓缩铀作核燃料。c. 钚堆。以钚作核燃料。

④ 按反应堆采用的慢化剂分类。a. 石墨堆。以石墨作慢化剂。b. 轻水堆。以普通水作慢化剂。c. 重水堆。以重水作慢化剂。

⑤ 按核燃料的分布分类。a. 均匀堆。核燃料均匀分布。b. 非均匀堆。核燃料以燃料元件的形式不均匀分布。

⑥ 按中子的能量分类。a. 热中子堆。堆内核裂变由热中子引起。b. 快中子堆。堆内核裂变由快中子引起。

在核能的利用中动力堆最为重要。动力堆主要有轻水堆、重水堆、气冷堆和快中子增殖堆。

2）轻水堆。轻水堆是动力堆中最主要的堆型。在全世界的核电站中轻水堆约占85.9%。普通水（轻水）在反应堆中既作冷却剂又作慢化剂。轻水堆又有两种堆型即沸水堆和压水堆。前者的最大特点是作为冷却剂的水会在堆中沸腾而产生蒸汽，故叫沸水堆。后者反应堆中的压力较高，冷却剂水的出口温度低于相应压力下的饱和温度，不会沸腾，因此这种堆又叫压水堆。

现在压水堆以浓缩铀作燃料，是核电站应用最多的堆型，在核电站的各类堆型中约占61.3%。图5-11是压水堆结构示意图。由燃料组件组成的堆芯放在一个能承受高压的压力壳内。冷却剂从压力壳右侧的进口流入压力壳，通过堆芯筒体与压力壳之间形成的环形通道向下，再通过流量分配器从堆芯下部进入堆芯，吸收堆芯的热量后再从压力壳左侧的出口流出。由吸收中子材料组成的控制棒组件在控制棒驱动装置的操纵下，可以在堆芯上下移动，以控制堆芯的链式反应强度。

3）重水堆。重水堆以重水作为冷却剂和慢化剂。由于重水对中子的慢化性能好，吸收中子的几率小，因此重水堆可以采用天然铀作燃料。这对天然铀资源丰富，又缺乏浓缩铀能力的国家是一种非常有吸引力的堆型。在核电站中重水堆约占4.5%。重水堆中最有代表性的是加拿大坎杜堆。

4）气冷堆。气冷堆是以气体作冷却剂，石墨作慢化剂。气冷堆经历了三代。第一代气冷堆是以天然铀作燃料，石墨作慢化剂，CO_2作冷却剂。这种堆最初是为生产核武器装料钚，后来才发展为产钚和发电两用。这种堆型早已停建。第二代称之为改进型气冷堆，它是采用低浓缩铀作燃料，慢化剂仍为石墨，冷却剂亦为CO_2，但冷却剂的出口温度已由第一代的400℃提高到650℃。第三代为高温气冷堆。与前两代的区别是采用高浓缩铀作燃料。并用氦作为冷却剂。由于氦冷却效果好，燃料为弥散型无包壳。堆芯石墨又能承受高温，所以堆芯气体出口温度可高达800℃，故称之为高温气冷堆。核电站的各种堆型中气冷堆占2%～3%。

5）快中子增殖堆。前述的几种堆型中，核燃料的裂变主要是依靠比较小的热中子，都是所谓热中子堆。在这些堆中为了慢化中子，堆内必须装有大量的慢化剂。快中子反应堆不用慢化剂，裂变主要依靠能量较大的快中子。如果快中子堆中采用钚^{239}作燃料，则消耗一个钚^{239}核所产生的平均中子数达 2.6 个，除维持链式反应用去一个中子外，因为不存在慢化剂的吸收，故还可能有一个以上的中子用于再生材料的转化。例如可以把堆内天然铀的铀^{238}转换成钚^{239}，其结果是新生成的钚^{239}核与消耗的钚^{239}核之比（所谓增殖比）可达 1.2 左右，从而实现了裂变的增殖。所以这种堆也称为快中子增殖堆。它所能利用的铀资源中的潜在能量要比热中子堆大几十倍。这正是快堆突出的优点。

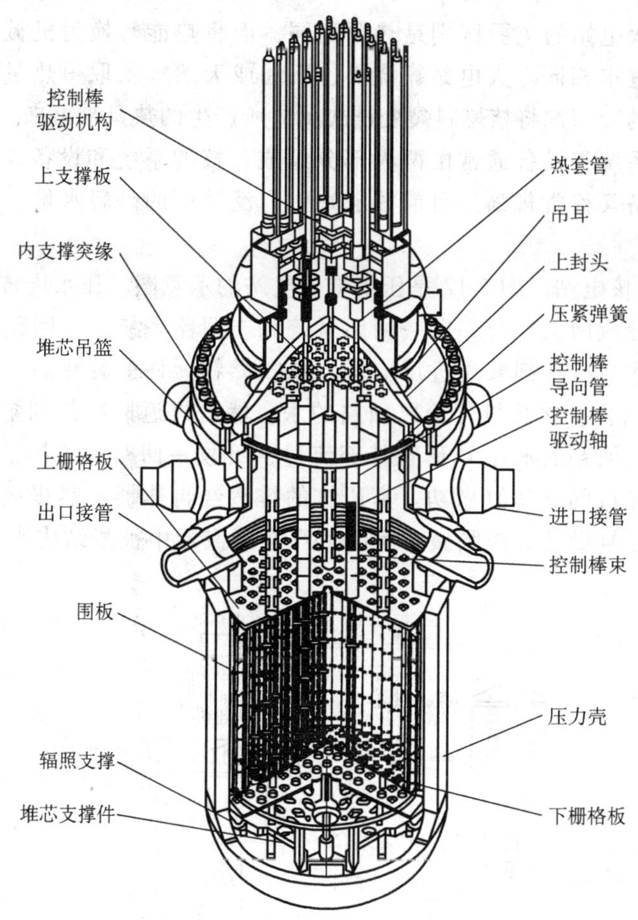

图 5-11 压水堆结构示意图

由于快堆堆芯中没有慢化剂，所以堆芯结构紧凑、体积小，功率密度比一般轻水堆高 4 ~ 8 倍。由于快堆体积小，功率密度大，它的传热问题显得特别突出。通常为强化传热都采用液态金属铀作为冷却剂。快中子堆虽然前途广阔，但技术难度非常大，目前在核电站的各种堆型中仅占 0.7%。

(4) 核电站的组成　核能最重要的应用是核能发电。核能能量密度高，其热值比煤的热值约高出250万倍。作为发电燃料，其运输量非常小，发电成本低。例如一座1000MW的火电站，每年约需三四百万t原煤，相当于每天8列火车用来运煤。同样容量的核电站若采用天然铀作燃料只需130t，采用3%的浓缩铀^{235}作燃料则仅需28t。利用核能发电还可避免化石燃料燃烧所产生的日益严重的温室效应。作为电力工业主要燃料的煤、石油和天然气又都是重要的化工原料。基于以上的原因，世界各国对核电的发展都给予了足够的重视。

核电站和火电站的主要区别是热源不同，而将热能转换为机械能，再转换成电能的装置则基本相同。火电站靠烧煤、石油或天然气来取得热量，而核电站则依靠反应堆中的冷却剂将核燃料裂变链式反应所产生的热量带出来。

核电站的系统和设备通常由两大部分组成：核的系统和设备，又称核岛；常规的系统和设备又称常规岛。目前核电站中广泛采用的是轻水堆，即压水堆和沸水堆。

1) 压水堆核电站。图5-12是压水堆核电站的示意图。压水堆核电站的最大特点是整个系统分成两大部分，即一回路系统和二回路系统。一回路系统中压力为15MPa的高压水被冷却剂泵送进反应堆，吸收燃料元件的释热后，进入蒸汽发生器下部的U形管内，将热量传给二回路的水；然后再返回冷却剂泵入口，形成一个闭合回路。二回路的水在U形管外部流过，吸收一回路水的热量后沸腾，产生的蒸汽进入汽轮机的高压缸做功。高压缸的排汽经再热器再热提高温度后，再进入汽轮机的低压缸做功。膨胀做功后的蒸汽在凝汽器中被凝结成水，然后再送回

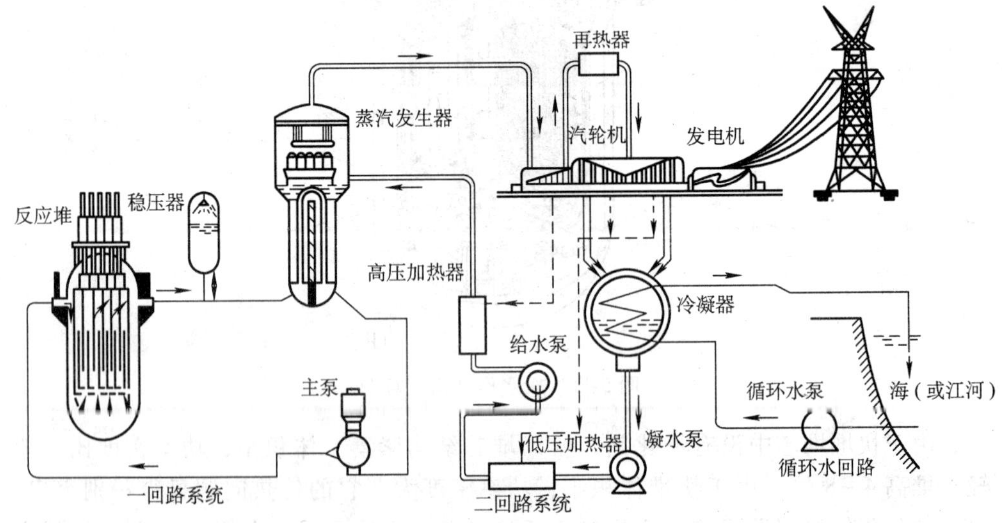

图5-12　压水堆核电站的示意图

蒸汽发生器形成另一个闭合回路。一回路系统和二回路系统是彼此隔绝的，万一燃料元件的包壳破损，只会使一回路水的放射性增加，而不致影响二回路水的品质。这样就大大增加了核电站的安全性。

稳压器的作用是使一回路水的压力维持恒定。它是一个底部带电加热器，顶部有喷水装置的压力容器，其上部充满蒸汽，下部充满水。如果一回路系统的压力低于额定压力，则接通电加热器，增加稳压器内的蒸汽，使系统的压力提高。反之，如果系统的压力高于额定压力，则喷水装置喷冷却水，使蒸汽冷凝，从而降低系统压力。

通常一个压水堆有 2 ~ 4 个并联的一回路系统（又称环路），但只有一个稳压器。每一个环路都有一台蒸发器和 1 ~ 2 台冷却剂泵。

压水堆核电站由于以轻水作慢化剂和冷却剂，反应堆体积小，建设周期短，造价较低，加之一回路系统和二回路系统分开，运行维护方便，需处理的放射性废气、废液、废物少，因此在核电站中占主导地位。

2）沸水堆核电站。在沸水堆核电站中，堆芯产生的饱和蒸汽经分离器和干燥器除去水分后直接送入汽轮机做功。与压水堆核电站相比，这种系统省去了既大又贵的蒸汽发生器，但有将放射性物质带入汽轮机的危险，另外对沸水堆而言堆芯下部含汽量低，堆芯上部含汽量高，因此下部核裂变的反应性高于上部。为使堆芯功率沿轴向分布均匀，与压水堆不同，沸水堆的控制棒是从堆芯下部插入的。

在沸水堆核电站中反应堆的功率主要由堆芯的含汽量来控制，因此在沸水堆中配备有一组喷射泵。通过改变堆芯水的再循环率来控制反应堆的功率。当需要增加功率时，可增加通过堆芯的水的再循环率，将气泡从堆芯中扫除，从而提高反应堆的功率。另外万一发生事故，如冷却循环泵突然断电时，堆芯的水还可以通过喷射泵的扩压段对堆芯进行自然循环冷却，保证堆芯的安全。

由于沸水堆中作为冷却剂的水在堆芯中会产生沸腾，因此设计沸水堆时一定要保证堆芯的最大热流密度低于所谓沸腾的“临界热流密度”，以防止燃料元件因传热恶化而烧毁。

（5）核电站系统　核电站是一个复杂的系统工程，它集中了当代的许多高新技术。为了使核电站能稳定、经济地运行，以及一旦发生事故时能保证反应堆的安全和防止放射性物质外泄，核电站设置有各种辅助系统、控制系统和安全设施。以压水堆核电站为例，有以下主要系统。

1）核岛的核蒸汽供应系统。核蒸汽供应系统包括以下子系统：①一回路主系统。它包括压水堆、冷却剂泵、蒸汽发生器、稳压器和主管道等。②化学和容积控制系统。它的作用是实现对一回路冷却剂的容积和调节冷却剂中的硼浓度，以控制压水堆的反应性变化。③余热排出系统。又称停堆冷却系统，它的作用是在反应堆停堆、装卸料或维修时，用以导出燃料元件发出的余热。④安全注射系统。又称紧急堆芯冷却系统，它的作用是在反应堆发生严重事故，如一回路主系统管道破裂而引起失水事故时为堆芯提供应急的和持续的冷却。⑤控制、保护和检测系统。它的作用是为上述四个系统提供检测数据，并对系统进行控制和保护。

2）核岛的辅助系统。核岛的辅助系统包括以下主要的子系统：①设备冷却水系统。它的作用是冷却所有位于核岛内的带放射性水。②硼回收系统。它的作用是对一回路系统的排水进行贮存、处理和监测，将其分离成符合一回路水质要求的水及浓缩的硼酸溶液。③反应堆的安全壳及喷淋系统。核蒸汽供应系统大都置于安全壳内，一旦发生事故，安全壳既可以防止放射性物质外泄，又能防止外来的袭击，如飞机坠毁等；安全壳喷淋系统则保证事故发生引起安全壳内的压力和温度升高时能对安全壳进行喷淋冷却。④核燃料的装换料及储存系统。它的作用是实现对燃料元件的装卸料和储存。⑤安全壳及核辅助厂房通风和过滤系统。它的作用是实现安全壳和辅助厂房的通风，同时防止放射性外泄。⑥柴油发电机组。它的作用是为核岛提供应急电源。

3）常规岛的系统。常规岛系统与火电站的系统相似，它通常包括：①二回路系统。又称汽轮发电机系统，它由蒸汽系统、汽轮机发电机组、凝汽器、蒸汽排放系统、给水加热系统及辅助给水系统等组成。②循环冷却水系统。③电气系统。

在核电迅猛发展的今天，公众最关心的仍是核电的安全问题。首先公众提出的第一个问题是核电站的反应堆发生事故时会不会像核武器一样爆炸？回答是否定的。核弹是由高浓度（>90%）的裂变物质（几乎是纯铀^{235}或纯钚^{239}）和复杂精密的引爆系统组成的。当引爆装置点火起爆后，弹内的裂变物质被爆炸力迅猛地压紧到一起，大大超过了临界体积，巨大核能在瞬间释放出来，于是产生破坏力极强的、毁灭性的核爆炸。核电反应堆的结构和特性与核弹完全不同，既没有高浓度的裂变物质，又没有复杂精密的引爆系统，不具备核爆炸所必须的条件，当然不会产生像核弹那样的核爆炸。核电反应堆通常采用天然铀或低浓度（约3%）裂变物质作燃料，再加上一套安全可靠的控制系统，从而能使核能缓慢地有控制地释放出来。

由于核技术的进步，使核电站防御事故的能力大大增强，从而也使公众对发展核电更有信心，可以预计，21 世纪将是核电蓬勃发展的世纪。

2. 核能发展现状与趋势

（1）世界核能发展现状与趋势　20 世纪 50 年代，美国、前苏联等工业发达国家在进行核军备竞赛的同时，也竞相发展核电站。1954 年苏联建成功率为 5 千 kW 的试验性原子能电站，为世界上首座核电站；1957 年美国建成功率为 9 万 kW的希平港原型核电站。这些成就证明了利用核能发电的技术可行性。国际上把上述试验性和原型核电机组称为第一代核电机组。

20 世纪 60 年代中期，在试验性和原型核电机组基础上，陆续建成电功率在 30 万 kW 以上的压水堆、沸水堆、重水堆等核电机组，它们在进一步证明核能发电技术可行性的同时，也使核电的经济性得到证明，可与火电、水电相竞争。20 世纪 70 年代，因石油涨价引发的能源危机促进了核电的发展，当时核电发展速度远大于火电和水电，目前世界上商业运行的核电机组绝大部分是在这段时期建成的，称为第二代核电机组。

从前苏联建成第一座核电站至今，世界核电得到了迅速发展。特别是 20 世纪 70 年代后，核电技术的成熟和中东战争引发的石油危机，更促成了核电发展的高潮。截至 2002 年，全世界有 441 座核电站在运行。其中美国 104 座，法国 59 座，日本 54 座分别居前三位。从核电占电能的比例看，法国以 77.07% 居首位，超过 40% 的国家还有立陶宛、比利时、保加利亚、斯洛伐克、瑞典、乌克兰和韩国。目前全世界核电提供的电能占世界电力供应的 16%，为此每年可以减少 23 亿 t CO_2 的排放量，这意味着如果不使用核电，全世界 CO_2 的排放量将增加 10%。

1979 年以前，人们普遍认为核电是安全清洁的能源。然而在过去 10 年中，核电变成了一个备受争议的话题，它已从世界发展最快的能源沦为发展最慢的能源，远远落后于石油甚至煤炭之后，核电事业的发展进入低潮。例如在欧洲许多国家不但不建核电站，反而是讨论如何迅速关闭核电站。究其原因，主要是美国三里岛和前苏联切尔诺贝利核电站事故引起公众对核的恐惧。但是这种恐核心理导致的核电发展停滞已带来严重的负面影响，例如 1999 年瑞典核电占 47%，因为关闭核电站，只能被迫向丹麦燃煤电厂购电，不但电费上涨，而且导致西欧 CO_2 的排放总量超标。现在德国、瑞士等国也不得不暂缓关闭核电站。

但法国、日本和韩国等国家发展核电事业的方针仍然没有改变。20 世纪 80 年代，虽然美国撤消了不少拟建核电项目，但没有放弃发展核电事业的可行性研究。美国能源部和电力研究院的研究结果认为以已有核电经验和技术水平为基础，美国能够设计出新一代核电机组，其安全性能为社会公众和电力投资者所认可，其经济性具备参与市场竞争的能力。进而美国电力研究院于 20 世纪 90 年代出台了“先进轻水堆用户要求（URD）”，用一系列定量指标来规范核电站的安全性和经济性。欧洲出台的“欧洲用户对轻水堆核电站的要求（EUR）”也表达了相同或相近的看法。国际原子能机构也对其推荐的核安全法规（NUSS 系列）进行了修订补充，进一步明确了防范与缓解严重事故、提高安全可靠性和改善人因工程等方法的要求。

切尔诺贝利事故已经过去 24 年，其间世界 400 多座核电机组又积累了 1 万多堆年的运行经验，且无重大事故发生。这说明核电站改进措施已见成效，核电安全性和经济性都有所提高。但公众和用户仍对发展核电事业有疑虑，因而必须着力解决以下问题：①进一步降低堆芯熔化和放射性向环境释放的风险，使发生严重事故的概率减少到极限，以消除社会公众的顾虑。②进一步减少核废料（特别是强放射性和长寿命核废料）的产量，寻求更佳的核废料处理方案，减少对人员和环境的剂量影响。③降低核电站每单位千瓦的造价和缩短建设周期，提高机组热效率和可利用率，提高寿命，以进一步改善其经济性。

美国、欧洲和国际原子能机构建议法规第二版就是主要依据上述目标而提出的。与此同时，为了从根本上解决核能利用的必要性、可行性和可持续性，以美国为首的一些工业发达国家已经联合起来进行第四代核能利用系统的概念设计和研究开发工作，试图在2030年左右能够商用建造。

与欧美发达国家相反，亚洲由于经济迅速崛起，核电发展方兴未艾。亚洲目前共有100余座核电站在运行，其中一半集中在日本。韩国、中国内地和中国台湾地区、印度、巴基斯坦等仍有许多座新核电站在建设之中。由于先进堆型的开发，核电技术的不断完善，核安全程度越来越高，加上全球经济的迅速发展，以及为了解决温室气体排放及酸雨等环境问题，核电在未来20年将又有一个新的发展，对发展中国家更是如此。美国能源部估计，工业化国家、前东欧和前苏联各国、发展中国家占世界核电的比例1999年底分别为79.7%、13.0%、7.3%，而到2020年这一比例将变为70.1%、10.8%、19.0%。

（2）中国核能发展现状与趋势　我国核能利用起步较晚，但发展迅速，截至2007年年底，我国大陆地区核电运行机组达11台，运行总装机容量达到907.8万kW。2007年，我国核电总发电量628.62亿kWh，上网电量为592.63亿kWh，同比分别增长14.61%和14.39%。核电总发电量的比例为1.9%，占电力总装机容量的比例为1.29%。按照国家《核电中长期发展规划》，到2020年，全国要建成核电机组4000万kW，在建1800万kW，核电机组装机容量占电力总装机容量的比例将达到4%。在经济发达、电力负荷集中的沿海地区，核电将成为电力构成中的重要组成部分。

由于核能利用是高技术的集成，是一个国家综合实力的体现，因此我国政府除了大力发展核电站外，还积极支持核能利用的基础研究工作，奋力赶超国际先进水平。例如：①2000年我国已建成第一座快中子增殖实验堆，热功率为65MW，电功率2MW。②2000年我国已建成第一座高温气冷实验堆，热功率10MW，电功率2MW。③“九五”国家重大工程大型全超导托卡马克核聚变实验装置HT-7U已正式动工兴建，该项目投资1.65亿元。④21世纪初将建设一座聚变－裂变混合堆。⑤《国家重点基础研究发展规划》已将加速器驱动洁净核能系统立项支持，研究经费达3000万元。⑥激光惯性约束核聚变研究也正在进行之中，总能量为6.4MW的8路激光装置已在建造之中。

在21世纪，核能利用将在我国取得更大的进展，并在改善我国能源结构中发挥越来越大的作用。根据专家估计，为了适应2020年我国国民经济翻两番对电力的需求，那时我国年发电量至少需要翻一番，总装机容量将达10亿万kW左右。为了减少燃煤发电对采煤、运煤和环境的压力，各方面都希望尽可能多建核电站，希望到2020年核电装机容量能在现有基础上翻两番，达到4000万kW，占全国总装机容量的4%。在2020年实现这一目标后，核电增长速度将更为加快，预期到2035年，使核电装机容量达到2亿万kW以上是可能的。

核能的利用是解决能源可持续问题的必由之路，它在能源中的比例将逐步加大，从而改善能源结构，并有望在将来彻底解决人类对能源的需求。然而，核能的开发利用是一个循序渐进的长期过程。按其科技难度的不同，大致可以分为热中子堆、快中子堆、可控聚变堆三步，这三步需要互相衔接，逐步进入实用阶段。

第一步是热中子反应堆（简称热堆）。压水堆、沸水堆、重水堆、石墨堆都是热堆。世界上现有400多座热堆核电机组，其中约70%为压水堆。我国建成的和正在建设的核电机组9套是压水堆，2套是重水堆。现在可以说，至少到21世纪30年代，压水堆仍然是发展核电的主要堆型。发展大型先进压水堆核电站当是重中之重。根据我国“863”高科技计划决定，清华大学核能设计研究院已建成一座热功率为10MW的高温气冷试验堆。高温气冷堆是一种先进的热中子堆型，其冷却堆芯的氦气温度可达800~1000℃，除了能高效发电外，还可用于炼钢、煤的气化、H_2生产等。但其技术难度高，一系列高温工艺和氦密封技术等需要攻关。目前我国已在规划建设高温气冷堆示范电站。

热中子反应堆的主要缺点是核燃料利用率低。在开采、精炼出来的铀中，只有约1%能在热中子堆内裂变产生核能，99%将作为铀^{238}积压下来，要等待快中子增殖堆方能大量利用。

第二步是快中子增殖堆（简称“快堆”）。快堆最大的优点是它能充分利用核燃料。快堆在消耗裂变材料以产生核能的同时，还能产生相当于消耗量1.2~1.6倍的裂变燃料，使得热堆所积压的铀^{238}在快堆中得到充分利用，所以快堆也称增殖堆。

但是，目前世界上已建成发电的快堆都是钠冷快堆，它的工艺系统仍相当复杂，投资甚大，因此冲淡了它在燃料上的优越性。其发电成本还不能与压水堆相竞争。如何使快堆技术成熟、工艺简化、降低成本是21世纪快堆研究的主攻任务。估计到2030年以后，快堆才可能有商用经济性，发挥其优势。

我国“863”高科技计划决定，把研究、设计、建造一座热功率6.5万kW、电功率2.5万kW的试验性快堆电站列入重点高科技项目。之后将陆续研制示范性快堆和经济实用的快堆电站，以期在2030年前后达到国际先进水平。

第三步是可控热核聚变堆。聚变堆是利用氢的同位素氘、氚等聚变成氦而释放核能的反应堆。聚变反应堆成功后，水中的氘足以满足人类几十亿年对能源的需求。但实现可控聚变热核反应堆的难度非常大。关键问题是如何把极高温（至少几千万度以上）的轻原子核约束到一起，使它们产生聚变。众所周知，太阳就是一个巨大的聚变反应堆，其中心温度约1500万℃，压力约3000亿个大气压（1个大气压等于1.01×10^5Pa）。太阳之所以有如此高温高压，是因其质量是地球的33万倍，物质之间引力特别大，足以克服带正电的氢原子核之间的正电斥力，使四个氢原子核聚合成一个氦原子核，并产生能量。所以，太阳能本质上是核聚变能。

与太阳相比，地球尚不具备自然聚变的条件。由于原子核带正电，相互之间的正电斥力远远大于质量引力，所以在地球上只能靠人工条件来实现聚变。研究表明，把原子核约束到一起的主要途径有磁约束和惯性约束。自20世纪50年代以来，各国建成多种类型的试验装置200多台，向聚变目标逐渐靠近。20世纪80年代以来，一些大型托卡马克（磁约束）装置试验成果证明了输出能量大于输入能量，磁约束受控热核聚变的科学可行性已被证实。在此基础上，欧盟、美国、日本、俄罗斯四方联合开发的国际热核试验反应堆（ITER）已于1998年完成了工程设计，预期在2020年前建成。ITER设计功率50万kW，等离子体持续时间大于500s。如果ITER能如期建成并运行，聚变发电的工程可行性将得以证实。但实现经济的商用发电仍需解决一系列技术问题。国际聚变界认为，虽然核聚变前景是光明的，但从“聚变研究”到“聚变经济”尚需要50年。我国已决定参加ITER项目，在前沿科技上与国际社会展开密切合作。

我国早在20世纪50年代中期就已开始了可控热核聚变研究。2002年12月，我国新一代受控核聚变研究装置—中国环流二号（HL-2A）建成开机，这是继20世纪80年代中型托卡马克HL-1和20世纪90年代改进型HL-1M及合肥超托卡马克-7号（HT-7）之后，我国在核聚变领域的新跨越。HL-2A和正在建设的EAST超导磁约束聚变装置标志着我国聚变研究进入大规模装置试验阶段，具备了在更高层次上参与国际合作研究与竞争的基础。随着激光技术的发展，惯性约束研究也有重大进展，各国科学家先后建立了一批几百焦耳至数千焦耳的中小规模固体激光驱动器和KrF准分子激光驱动器，包括我国的SGⅡ和HEAVEN-1。专家们认为，准分子激光具有良好的物理特性和较高的能量、价格比，是极其有希望的一种驱动源。

目前国家各有关部门正在制订规划，以期充分利用我国已积累的核电技术和经验，并充分吸收国际先进技术和经验，通过新的核电工程实践项目，在较短时间内达到自主设计和建造百万千瓦级大型先进核电机组的目标，早日进入第三代核电机组发展阶段。我国已建成的高温气冷堆试验核电站和正在建设的快堆试验核电站以及对一体化超临界水堆和闭式核燃料循环系统已进行的研究开发工作，有力地推动着我国迈向第四代核能利用系统的进程。我国在热核聚变方面取得的研究成果和积极参与国际合作的走向也是令人鼓舞的。

3. 第三代和第四代核电技术

（1）第三代核电技术　为了指导核电发展商开发更安全更经济的核电机型，统一目标，美国针对轻水堆（包括压水堆和沸水堆）的安全性和经济性提出了一系列定量指标要求的URD文件。欧洲也提出EUR文件，表达了相同或相似的看法和要求。国际原子能机构提出了NUSS修订第二版，明确了对防范和缓解严重事故，提高安全性、可靠性和改善人因工程等要求。

第三代核电机组的设计原则是以第二代核电机组积累技术储备和运行经验为基础，针对其不足之处，采用经过开发验证可行的新技术，以显著改善其安全性和经济性，满足URD文件或EUR文件和NUSS建议法规的要求。归纳各国已提出的设计方案，有以下指标和特点：

1）安全性指标。在安全性上，应有预防和缓解严重事故的设施，以达到下列指标要求：①堆芯熔化事故概率$\leqslant 1.0\times10^{-5}$堆·年（即每座反应堆每运行一年出现此类事故的概率不大于十万分之一）。②大量放射性释放到环境的事故概率$\leqslant 1.0\times10^{-6}$堆·年（即每座反应堆每运行一年出现此类事故的概率不大于百万分之一）。③核燃料热工安全余量≥15%。

2）经济性指标。在经济性上，要求能与联合循环的天然气电厂相竞争（我国的提法是要求能与脱硫煤电相竞争），具体指标包括：①机组可利用率≥87%。②设计寿命为60年。③建设周期不大于54个月。

3）采用非能动安全系统。采用非能动安全系统，即利用物质固有的重力、流体对流和蒸发扩散等自然原理，设计不需要专设电源或其他动力源驱动的安全系统，以便在应急情况下自然冷却反应堆和带走堆芯余热。这即使系统简化和设备减少，又提高了安全可靠性和经济性。

4）单机容量进一步大型化。研究和工程建造经验表明，轻水堆核电站的单位千瓦比投资是随单机容量（kW数）的加大而减少的（在单机容量为150～170万kW前均如此）。因此，欧洲法马通、德国电站联盟联合设计的EPR机组额定电功率约160万kW，已在芬兰中标。美国西屋公司和燃烧公司也出于经济性的考虑将原单机容量65万kW的AP－600型机组发展为约110万kW的AP－1000型机组。日本三菱提出的NP－21型压水堆核电机组的电功率为170万kW。俄罗斯也正在设计的VVER型第三代核电机组，功率为150万kW。

5）采用整体数字化控制系统。国外近年来新建成投产的核电机组，如法国的N4、英国的SizeweⅡ、捷克的Temelin、日本的ABWR均采用了数字化仪表控制系统。经验证明，采用数字化仪表控制系统可显著提高可靠性，改善人因工程，避免误操作。世界各国核电设计和机组供应商提出的第三代核电机组无一例外地均采用整体数字化仪表控制系统。我国1万kW高温气冷试验堆和田湾核电站均已采用整体数字化控制系统。

6）施工建设模块化以缩短工期。核电建设工期的长短对其经济性有显著影响。因此，新的核电机组从设计开始就考虑如何缩短工期。有效办法之一就是改变传统的把单项设备逐一运往工地安装方式，向模块化方向发展以设计标准化和设备制造模块化的方式尽可能在制造厂内（条件较工地好）组装，减少现场施工量以缩短工期。美国和日本联合建设的 ABWR 机组已成功地采用了这种技术。美国 AP-1000 也将采用模块化设计、建造技术，其工期可缩短为 48 个月。德国、美国、南非正在研究设计的高温气冷堆，也往模块化方向发展。

目前，国际上开发的第三代核电堆型均为热中子堆，如压水堆、沸水堆、高温气冷堆。这是因为目前仅热中子堆有把握在近期实现商用化。我国已明确第三代核电的堆型是电功率为百万 kW 以上的压水堆。

就压水堆而言，国际上比较成熟的第三代大型核电机组有 AP-1000、EPR 和 System 80 + 三个型号。System80 + 虽已通过美国核管会批准，但由于安全系统应用非能动太少，美国已放弃使用。

美国西屋公司 AP-1000 和法国法马通公司的 EPR 虽都满足第三代核电机组的设计要求，但各有优缺点。EPR 的单机功率（约 160 万 kW）大于 AP-1000 的单机功率（约 110 万 kW），但它的能动安全系统比传统的能动安全系统更加复杂，不如 AP-1000 的非能动安全系统先进。

2001 年 4 月，美国总统布什在其《能源政策报告》中再次表明了美国政府支持发展核电的决心，指出发展核电是美国能源政策的重要组成部分。目前，美国工业界在能源部的支持下，正在从比较成熟的压水堆、沸水堆、高温气冷堆中选择第三代核电的系列发展堆型。

我国目前正在通过招标和竞标谈判选择第三代核电机组的合作伙伴。与此同时，我国也做好了在我国已掌握的第二代核电技术的基础上，自主开发第三代核电站的准备。

（2）第四代核能利用系统研究进展　近年来，世界各国提出了许多反应堆设计和核燃料循环方案的新概念。2000 年 1 月，在美国能源部的倡议下，美国、英国、瑞士、南非、日本、法国、加拿大、巴西、韩国和阿根廷十个有意发展核能利用的国家派专家参加了“第四代国际核能论坛”（简称 GIF），并于 2001 年 7 月共同签署了合作研究开发第四代核能系统的合约。

第四代核能系统开发的目标是 2030 年前创新地开发出新一代核能系统，使其安全性、经济性、可持续发展性、防核扩散、防恐怖袭击等方面都有显著提高；研究开发不仅包括用于发电或制氢等的核反应堆装置，还包括核燃料循环，以达到组成完整核能利用系统的目标。

GIF 协会主要由各国政府部门支持的科研院所、高等院校和工业界专家组成。2000 ~ 2002 年，先后召开了有 100 多名专家参加的八次研讨会，提出了第四代核能系统的具体技术目标，主要包括：①核电机组比投资不大于每 kW 1000 美元，发电成本不大于3美分每 kW 时，建设周期不超过3年。②极低的堆芯熔化概率和燃料破损率，人为错误不会导致严重事故，不需要厂外应急措施。③尽可能减少核从业人员的职业剂量，尽可能减少核废物产生量，有完整的核废物处理和处置方案，其安全性能为公众所接受。④核电站本身要有很强的防核扩散能力，核电技术和核燃料技术难于被恐怖主义组织利用。⑤全寿期和全环节的管理系统。⑥国际合作开发机制。2002年5月，巴黎 GIF 研讨会选出六种优先发展的第四代核能系统，包括三种热中子堆和三种快中子堆。

三种热中子堆是超临界水冷堆（SCWR）；超高温气冷堆（VHTR）；熔盐堆（MSR）。三种快中子堆是带有先进燃料循环的钠冷快堆（SFR）；铅冷快堆（LFR）；气冷快堆（GFR）。

参加 GIF 的专家对上述六种核能利用系统的研究开发路径进行了研究，对国际分工合作进行了协商，提出了初步的工作“路线图”，认为从现在的概念设想转变成商业实施（产业化）需经四个步骤：第一步，可存在性研究。明确方案切实可行的关键之所在，并证明其原则上是可行的。第二步，性能研究。工程规模的研究开发和优化，使其性能达到期望的水平。第三步，系统示范。建造中等或较大规模的示范系统以验证设计。第四步，商用实施。

目前，参加 GIF 的相关单位只对第一步和第二步做了初步安排和分工，尚未启动第三步和第四步。目前尚不能确定究竟哪种堆型系统能成功实现产业化。但按照 GIF 对第四代的发展计划，将在2020年前后选定一种或几种堆型；2025年前后建成创新的原型机组系统示范。如果在原型机组上能成功地显示这种创新技术在安全性和经济性上的优越性，确实能与其他能源的发电机组竞争，那么大约从2030年起就可广泛地采用第四代核电机组系统。而到那时，现在正在运行的第二代核电机组均将达到60年寿期（批准延寿后）的退役年限。

国际原子能机构除了赞同 GIF 的 Gen IV 倡议外，也在2001年倡议开始了“INPRO”国际项目（International Project on Innovative Nuclear Reactors and Fuel Cycles，简称 INPRO，即创新型反应堆和燃料循环国际项目）。目前参加 INPRO 项目的有中国、法国、俄罗斯、印度、西班牙、加拿大、荷兰、土耳其和欧洲委员会等。INPRO 的工作不是具体设计某种型号的反应堆和燃料系统，其主要任务是：①论证说明为了满足21世纪经济发展对电力的需求，必须发展核电。②促进国际和各国的设计单位、制造单位和电站业主通力合作，以设计和建造具有竞争能力的创新型反应堆和核燃料系统，既具有固有安全性，又能防止核扩散和核材料丢失。

现对第四代核能利用系统的六种堆型做一简要介绍：

1）超临界水冷堆（SCWR）。水是超临界水冷堆的工作介质，其工作温度压力超过水的热力学临界点，即温度374℃、压力22.1MPa。超临界水冷堆可使电站热效率高达44%～45%，并简化了配套系统和设施。因其反应堆冷却剂也就是汽轮机的工作介质不改变相状，故无“压水堆”、“沸水堆”之分。工作时水压力约25MPa，进堆温度约280℃，出堆温度510～550℃，最高可达550℃，单机组电功率可达170万kW。与压水堆比较，它不需要蒸气发生器等；与沸水堆比较，它不需要气水分离器。

据估算，由于超临界水冷堆系统显著简化和热效率显著提高，电站造价和发电成本将大大降低，每kW造价约为900美元，每千瓦时电价约2.9美分。超临界水冷堆的创新设计可大量沿用已积累的压水堆和沸水堆技术储备及超临界火电站技术，但仍需大量研究开发才能落实设计，特别是堆芯性能和结构材料的开发工作尤为重要。

2）超高温气冷堆（VHTR）。超高温气冷堆是在高温气冷堆（HTGR）的基础上发展起来的。在20世纪70年代，美国、德国已建成电功率为（20～30）万kW的高温气冷堆核电站，但因其经济性不如轻水堆和技术不成熟等原因，未能达到商业化应用。20世纪80年代，德国推出了模块式高温气冷堆的设计概念。以模块式小型化和具有固有安全性为特征，成为国际上高温气冷堆技术发展走向，美、德、日本、南非和我国都在积极研究。清华大学核能设计研究院已建成1万kW的模块式高温气冷试验堆。超高温气冷堆为小型模块堆，单堆热功率60万kW，冷却堆芯的氦气出口温度达1000℃，可用于制氢及石油、化工等工艺过程的供热等；用于发电，效率可达50%。在采用铀－钚燃料循环改进后可使废物量显著减小。超高温气冷堆具有高度的非能动安全特点。

3）熔盐堆（MSR）。熔盐堆的概念设计在20世纪60年代末就已提出。它用铀、钚、钠、锆的氟化盐在高温熔融的液态下既做核燃料，又做载热剂。当熔盐核燃料流入堆芯时产生裂变反应释热，流出堆芯时载热出堆，经过热交换器传出使用，故不需要专门制作燃料组件，这是它最基本的特征。熔盐进、出堆的温度为600～800℃，发电效率可高达45%～50%。但与开放式熔盐核燃料相关的放射性隔离与保护问题，以及熔盐在高温下与各种设备材料之间的相容性等问题的解决难度甚大。

4）钠冷快堆（SFR）。第四代钠冷快堆采用可有效控制锕系元素和可转换铀的闭式燃料循环，钠在接近大气压的压力下运行，在堆出口处温度约500℃，沸腾裕度大。现在，在法、俄两国已有钠冷快堆核电机组能运行发电，但因钠容易与氧或水发生强烈的化学反应，因此在工艺系统中要严防钠与水和空气接触而产生爆炸燃烧，这就大大增加了系统和设备的复杂性，阻碍了快堆的商业化实用。因此，简化快堆系统和运行可靠性是第四代快堆的重要研究任务之一。鉴于快堆在核燃料利用的优越性（热堆只能利用铀资源的1%～2%，快堆能利用60%～70%），我国正积极推进快堆技术研发。在“863计划”安排的推动下，我国已建设一座热功率为6.5万kW的实验钠冷快堆。

5）铅冷快堆（LFR）。铅冷快堆系统利用高温下的液态铅或铅-铋合金冷却，采用闭式燃料循环，以实施铀的有效转化利用并控制锕系元素。堆芯寿命长达15~30年，有利于防核扩散。液态金属靠自然循环对流冷却，在堆出口处温度为550℃。若要用于制氢或为石油、化工工艺供热，则应将出口温度提高到800℃。该堆具有高度的非能动安全性能。

与钠冷快堆比较，铅的化学性质呈现出惰性，比较稳定。但铅的熔点偏高，与别的金属材料相容性较差，这是需要研究解决的关键问题。

6）气冷快堆（GFR）。气冷快堆系统用氦气冷却，采用闭式燃料循环。高温（850℃）氦气直接驱动氦汽轮机发电，热效率可达48%。通过综合利用快中子谱与锕系元素的完全再循环，可将长寿命高放射性废物的产量降至最低，并提高铀资源的利用率。气冷快堆另一优点是还可用于制氢或为其他工艺供热。但氦的传热能力远不如液态金属；如何将功率密度很高的堆芯热量用氦带出是一难题。此外，大功率氦汽轮机也还有待研制。

“第三代”反应堆最主要的优点是比“第二代”反应堆具有更好的安全性和经济性，尤其是严重事故应对措施，可避免设备故障演变成反应堆事故，从而使堆芯熔化事故的概率进一步降低。应当指出，核电由“第二代”技术向“第三代”技术的发展与过渡，是在已经成熟的核电技术的基础上，不断进行技术改进与创新的渐进过程，以期不断提高核电的安全性和经济性，使之具有更好的竞争力。目前世界上属于“第三代”的压水堆核电机组尚未取得实际的运行经验，首期“第三代”核电机组的建设与运行，应由政府和企业共同承担风险。所以，在今后的若干年内，会出现“第二代”核电站与“第三代”核电站共存的局面。在“第三代”技术被市场全面接受之前，改进型的“第二代”技术或“二代+”技术将具有相当规模的发展空间。无疑，改进型的“第二代”的建设将推动“第三代”核电技术的发展。

“第四代”核能技术将是在“第三代”核电站的基础上发展起来的先进核能系统。它最显著的特点是从循环经济的角度出发，将先进反应堆技术和先进核燃料循环技术作为一个系统工程进行研究，而不是孤立地研究反应堆技术本身。“第四代”核能系统不仅考虑发电，还将考虑供热和制氢等应用。为了满足核能可持续发展的需要，“第四代”核能系统应能同时满足：①资源的可持续性，即通过先进燃料循环，充分利用核能资源，实现核废物最少化，降低未来核废物处置库的长期管理压力。②高度的安全性，即改善核电站操作性能和可靠性，降低堆芯损坏的可能性和严重性，免除核电站外部应急响应要求。③良好的经济性，即在全寿命期内具有比其他能源更大的费用优势。④可靠的防扩散性，防止核材料的偷盗或非法转移。

4. 核燃料循环

（1）“一次通过循环”和“闭式循环” 核能系统的核燃料循环（铀/钚燃料循环）是指与裂变材料在裂变堆中的利用有关的活动，也就是指从铀矿开采到核废物最终处置的一系列工业生产过程，它以反应堆为界分为前、后两段。核燃料在反应堆中使用之前的工业过程称为核燃料循环前段，它包括铀矿勘查开采、矿石加工冶炼、铀浓缩和燃料组件加工制造；核燃料从反应堆卸出后的各种处理过程称为核燃料循环后段，它包括乏燃料中间储存、乏燃料后处理、回收燃料（Pu 和 U）再循环、放射性废物处理与最终处置。回收燃料可以在热中子堆（热堆）中循环，也可以在快中子堆（快堆）中循环，统称核燃料“闭式”循环。如果乏燃料不进行后处理而直接处置，则称为“一次通过”循环。

众所周知，热堆核燃料“一次通过”循环的铀资源利用率为 1%；热堆核燃料闭合循环可使铀资源的利用率提高 0.2 ~ 0.3 倍；快堆核燃料闭合循环可使铀资源的利用率提高 50 ~ 60 倍甚至更多。

目前，国际上对于采用核燃料闭合循环还是“一次通过”循环尚无共识。尽管按照目前的铀价和估计的铀资源，“一次通过”循环的经济性略优于闭合循环，但从可持续发展的角度出发，为了充分利用铀资源和减少核废物体积及其毒性，核燃料闭合循环（或循环经济）是必由之路。

核燃料“一次通过”方式不符合核能可持续发展战略。应该说，“一次通过”循环是最为简单的核燃料循环方案，但该方案存在如下问题：①铀资源问题。根据最新公布的数据，地球上已知常规铀资源（开采成本低于 130 美元/kg）的铀储量为 459 万 t。按目前全世界核电站的燃料使用规模［（6 ~ 7）万 t/年］，这些铀资源仅能使用 60 ~ 70 年。当然，随着勘探技术的改进，今后有可能发现更多的经济可开采的铀资源，但其总量毕竟有限。“一次通过”循环方式的铀资源利用率低，约为 1%，而作为废物处置的乏燃料中仅有约 4% 为高放废物（裂变产物（FP）及次锕系核素（MA）），约 96% 为可利用的铀（U）和钚（Pu），将乏燃料中大量的资源与少量的废物一起直接处置，将不仅增加废物处置体积，还将浪费宝贵资源。②环境安全问题。由于乏燃料中包含了所有的放射性核素，要在处置过程中衰变到低于天然铀矿的放射性水平，将需要 10 万年以上。所以，“一次通过”方式对环境安全的长期威胁极大。

长期以来，美国一直是乏燃料“一次通过”方案的倡导者。直到前几年，MIT 和哈佛大学的一些学者还强调，乏燃料“一次通过”是燃料循环的最佳方案。但是，在美国 2006 年 2 月提出的“全球核能合作伙伴”（GNEP）倡议中，美国明确表示乏燃料“一次通过”之路实际上走不通，从而否定了 20 世纪 70 年代“冻结快堆和后处理”的核能政策。美国希望将乏燃料再循环，利用超铀元素的能量，而不是将其作为废物处置掉，即只是将分离出的裂变产物进行地质处置。这样，需要地质处置的废物体积可以大大减小，减少废物固化体的热负荷，从而改善处置库的释热管理，减少需要地质处置的长寿命核素总量。美国人认为，如果GNEP计划得以实施，则美国在21世纪只需一个地质处置库就够用了。我国也有一些专家支持“一次通过”的方案。但是，现在美国能源部出来否定自己原先制定的乏燃料“一次通过”的政策，它代表了美国政府的立场，无疑具有权威性。美国政府最近在燃料循环政策方面的逆转，从另一个侧面证明了法国、俄罗斯、日本、印度和中国等国多年来坚持的闭式燃料循环的政策符合核能可持续发展战略，因而是一个正确的选择。

核燃料闭式循环是实现核能可持续发展的保证。核能可持续发展必须解决两大问题，即铀资源利用的最优化和核废物的最少化。目前国际上已达到商用化水平的热堆燃料循环可部分地实现分离钚（Pu）和铀（U）的再循环，从而适度地提高铀资源的利用率和减少核废物体积。从20世纪90年代开始研究开发的“先进核燃料循环”体系是对现有核能生产及其燃料循环体系的进一步发展，它是现有的热堆燃料循环与将来的快堆或加速器驱动系统（ADS）燃料循环的结合。随着快堆和ADS燃料循环的逐步引入，今后的先进后处理技术将能够处理热堆和快堆-ADS乏燃料，实现铀（U）、钚（Pu）和锕系核素（MA）的闭合循环，从而在充分利用铀资源的同时，实现核废物体积和毒性的最少化。

（2）热堆核燃料闭合循环　热堆闭合循环可适度提高铀资源利用率和减少放射性废物体积。热堆核燃料闭合循环方式是通过后处理将热堆乏燃料中的钚（Pu）和铀（U）提取出来，回到热堆进行再循环，以提高铀资源利用率。

热堆电站乏燃料中大约含有95%的铀（U）、1%的钚（Pu）、4%的裂变产物（FP）与锕系核素（MA）。经后处理得到的钚与贫化铀混合，制成铀钚混合氧化物（MOX）燃料。MOX燃料中的钚含量受热堆反应性的限制，由于钚^{239}裂变时发射的缓发中子数目远低于铀^{235}所发射的，故MOX燃料中的钚含量不能太高，以免反应堆失控。MOX燃料中钚含量一般为5%～10%（其中易裂变钚^{239}的含量为60%～65%），其使用效果相当于铀^{235}富集度为4.5%的UO_2燃料。此举可节省2.5%～3%的分离功。粗略估算，7tUO_2乏燃料后处理得到的钚（约70kg）可制成1t MOX燃料。

铀钚混合氧化物（MOX）燃料在堆芯的装载量为1/3时，反应堆设计无需改变。一般而言，1t MOX燃料（70kg钚）在热堆电站中可以消耗约33%钚（23kg），但有10%（7kg）转变为次锕系核素。这表明钚在热堆中循环一次可以使铀资源的利用率提高约20%。如果分离出的铀（U）也回到热堆中循环，铀资源的利用率还能提高约10%。

由于热堆燃料循环仅能使铀资源的利用率提高0.2～0.3倍，循环过程又受到许多限制，故其对核能可持续发展的贡献是相当有限的。

（3）快堆核燃料闭合循环　快堆核燃料闭合循环是核能可持续发展的根本出路。核裂变能的可持续发展取决于铀资源利用的最优化和核废物的最少化，快堆及其燃料闭合循环恰好能同时满足这两个要求。

如前所述，核燃料在热堆中“一次通过”，铀资源的利用率约为1%；热堆闭合循环仅能使铀资源的利用率提高0.2～0.3倍。而采用快堆闭合循环，一般认为可使铀资源的利用率提高50～60倍。由此可见，只有发展快堆及其燃料循环系统，才能充分利用铀资源，实现核能的大规模可持续发展。

在20世纪60～70年代核能发展的早期，人们以为核电会迅速发展。考虑到地球上铀资源难以满足热堆电站的长期使用，核燃料快堆闭合循环在核工业发展的初期就被视为核能发展的最佳方案。只是由于在过去的20～30年核能发展的速度远比预期的低，快堆电站的技术、经济性能也尚不能与热堆电站相比，导致了快堆商用化的进程大大推迟和分离钚的大量积累（目前已达200t左右）。为了降低分离钚的存量及其核扩散风险，一些国家转而实施钚在热堆中再循环的方案。

最近的研究表明，经历了20余年的停滞之后，核能正在复苏并将会在今后的几十年内得到较大发展。最近，美、俄核专家声称世界将进入“新的核纪元”。如前所述，按目前全世界核电站（363GWe）对核燃料的使用水平，地球上已探明的常规铀资源（130美元/kg）仅能使用60～70年；即使实现钚的热堆循环，也只能维持80～100年。据IAEA组织的INPRO计划的预测，2020年和2050年，全世界核电装机容量将分别达到600GWe和1700GWe。显然，如果不走快堆增殖燃料之路，地球上已探明的常规铀资源将无法满足今后世界核能发展的需要。

在快中子谱条件下（包括快中子临界堆和次临界堆），所有锕系核素都具有一定程度的裂变性能。所以，快堆不仅可以焚烧钚（Pu）的各种同位素，而且可以嬗变MA。LLFP的嬗变依赖于热中子俘获反应，在快堆包裹层中建立热中子区即可实现LLFP（如Tc－99和I－129）的嬗变。由此可见，通过快堆核燃料闭合循环（包括分离－嬗变），不仅可以充分利用铀资源，实现铀资源利用的最优化，还能最大限度地减少高放核废物的体积及其放射性毒性，实现核废物的最少化。

（4）核燃料循环的现状与发展趋势　目前国际上热堆核燃料闭合循环技术已经成熟，并已形成完整的工业体系，其中前段技术已形成多样化的国际市场，燃料循环后段则主要由国家主导。国际上快堆核燃料循环（除MOX燃料制造之外）尚处于研究开发阶段，离商业应用仍需20～30年时间。

我国于20世纪60～70年代建立的军工核燃料循环体系无法满足我国核能发展的需求。我国在核燃料循环前段尽管已具备工业生产能力，但在铀矿勘查、矿冶、铀浓缩、高性能燃料组件制造等技术方面仍需改进和提高，在核燃料循环后段方面与国外的差距较大。

核燃料后处理分离体系极为复杂，操作的放射性水平极高，因而技术操作难度极大。乏燃料后处理 Purex 流程起初是为生产核武器用钚而发展起来的。后来，国际上动力堆乏燃料的后处理仍然采用 Purex 流程，只是随着燃耗的提高，动力堆乏燃料后处理的技术难度更高。

美国是最早建成军用和商用后处理工厂的国家。1978 年，美国政府以防止核扩散为由，冻结商用后处理厂，但后处理技术发展始终未停。英、法、俄、印已建成，并运行商用后处理厂，日本的商用后处理厂于 2005 年投产。目前全世界的商用后处理能力为 4000t/年左右，约占全世界核电站乏燃料年卸出量的 1/3。各国已积累的运营经验表明，后处理已是一种成熟的技术。

为适应未来的要求，后处理厂将具有更高的可靠性、安全性和经济性。为此，对后处理工艺、设备、控制等的研究开发工作仍在进行。

除了对以铀（U）、钚（Pu）分离为基础的常规后处理 Purex 流程进行改进（如简化流程、采用无盐试剂等）之外，考虑到 MA 和 LLFP 的分离 - 嬗变，近年来国际上提出了“先进后处理”概念。“先进后处理”概念可以通过两种方案得以实现，即全分离方案和“后处理 - 高放废液分离”方案。

全分离方案是从 U、Pu、MA 和 LLFP 全分离角度出发，提出全新的全分离流程，该方案实施难度较大。

“后处理 - 高放废液分离”方案是在改进 Purex 流程（如增加 Np 和 Tc 等的分离）的基础上，从高放废液中分离出三价 MA。国际上大都采取“后处理 - 高放废液分离”方案，其优点是可以在现有后处理厂的基础上建设高放废液分离工厂，技术比较成熟，易于实施，投资费用较低。

美国正在开发的 Urex 流程也有一定特色，该流程与 Purex 流程的主要差异在于，Pu 和 Np 不与 U 共萃取而进入高放废液，再采用干法过程分离 Pu、MA 和 LLFP。

总之，“先进后处理”所涉及的方案及流程在国际上均处于研究开发阶段，尚需 10 年左右时间实现商用化。

实现以快堆为龙头的闭合燃料循环的商用化是大规模可持续发展核裂变能的关键。预计再经过约 20 ~ 30 年的努力，国际上快堆及其先进的燃料闭合循环技术有可能达到商用化。

快堆燃料循环系统包括快堆乏燃料后处理和快堆燃料制备等。由于快堆燃料的燃耗很高，放射性辐射很强，释热率很高，可能使传统的水法后处理技术难以胜任而不得不转向干法后处理。干法后处理的优点在于试剂耐辐照性能好、流程设备简单、成本较低、有利于防扩散等。干法后处理被视为下一代乏燃料后处理的候选技术，但多数国家仍处于实验室研究阶段，只有美、俄两国已达到中试规模或半工业规模而处于世界领先地位。在快堆燃料方面，国际上比较成熟的是 MOX 燃料技术，但 MOX 燃料的增殖性能较差（增殖比 1.28，倍增时间 16 年）。

为了缩短增殖周期，还必须研究开发金属合金燃料（增殖比 1.63，倍增时间 6 年）。目前世界上只有美国掌握了 U-Pu-Zr 金属合金燃料的加工技术，日本利用美国技术正在开展金属合金燃料的工业规模应用试验。

在快堆核能系统的研究开发方面，日本于 1999 年启动的商用快堆循环的可行性研究计划具有代表性。该计划的两大目标是：①充分利用快堆循环系统的优势，在确保安全的前提下实现其经济竞争性，从而明确商用快堆循环的商用发展前景。②建立若干技术系统，促使快堆循环系统成为今后的重要能源。日本拟定了一项包括四个阶段的研究计划。第一阶段（1999 ~ 2000 年），评价各种具有创新性的技术方案，筛选若干有用的快堆循环体系概念，并制订出必要的研究开发计划；第二阶段（2001 ~ 2005 年），在考虑工程规模实验数据的基础上，将若干快堆、后处理和燃料制备作为整体的快堆循环系统进行评价与优化，筛选出几个最有希望的快堆循环概念体系，并提出方案实施的“路线图”；第三、四阶段（2006 ~ 2015 年），对每阶段（5 年）的工作进行检查与评估，在 2015 年之前优化出具有经济竞争性的快堆循环技术体系。日本的快堆开发思路是，打通快堆循环系统的所有环节，为快堆核能系统的商用化铺平道路。

印度的快堆发展计划也不孤立地局限于快堆研究本身，而是对快堆技术及整个燃料循环体系的所有环节都开展较为深入的研究，从而使快堆技术与相关的燃料制备、后处理及燃料再循环、废物处理、核安全等技术得到了同步协调发展，实现快堆及其燃料循环体系的整体发展。

第 4 节　太阳能规模利用技术

1. 太阳能概述

（1）太阳能　太阳是一个巨大、久远、无尽的能源。尽管太阳辐射到地球大气层的能量仅为其总辐射能量（约为 3.75×10^{26} W）的 22 亿分之一，但已高达 1.73×10^{17} W，换句话说，太阳每秒钟照射到地球上的能量就相当于 500 万 t 煤。地球上的风能、水能、海洋温差能、波浪能和生物质能以及部分潮汐能都是来源于太阳；即使是地球上的化石燃料从根本上说也是远古以来储存下来的太阳能。

太阳能既是一次能源，又是可再生能源。它资源丰富，既可免费使用，又无需运输，对环境无任何污染。但太阳能也有两个主要缺点：一是能流密度低；二是其强度受各种因素（季节、地点、气候等）的影响不能维持常量。这两大缺点大大限制了太阳能的有效利用。

人类对太阳能的利用已有悠久历史。太阳能利用主要包括太阳能热利用和太阳能光利用。太阳能热利用应用很广，如太阳能热水、供暖和制冷；太阳能干燥农副产品、药材和木材；太阳能淡化海水；太阳能热动力发电等。太阳能光利用主要是太阳能光伏发电和太阳能制氢。由于常规能源的日渐短缺，在世界各国政府的大力支持下，作为可再生能源主力的太阳能将在全球能源供应中扮演越来越重要的角色。

（2）太阳辐射 太阳是一个炽热的气态球体，它的直径约为 1.39×10^6km，其主要组成气体为氢（约80%）和氦（约19%）。由于太阳内部持续进行着氢聚合成氦的核聚变反应，所以不断地释放出巨大的能量，并以辐射和对流的方式由核心向表面传递热量，温度也从中心向表面逐渐降低。由核聚变可知，氢聚合成氦在释放巨大能量的同时，每1g质量将亏损0.0072g。根据目前太阳产生核能的速率估算，其氢的储量足够维持100亿年，因此太阳能可以说是用之不竭的。

众所周知，地球每天绕着通过它本身南极和北极的“地轴”自西向东自转一周。每转一周为一昼夜，所以地球每小时自转15°。地球除自转外还循偏心率很小的椭圆轨道每年绕太阳运行一周。地球自转轴与公转轨道面的法线始终成23.5°。地球公转时自转轴的方向不变，总是指向地球的北极。因此地球处于运行轨道的不同位置时，太阳光投射到地球上的方向也就不同，于是形成了地球上的四季变化。

由于地球以椭圆形轨道绕太阳运行，因此太阳与地球之间的距离不是一个常数，而且一年里每天的日地距离也不一样。众所周知，某一点的辐射强度与距辐射源的距离的平方成反比，这意味着地球大气上方的太阳辐射强度会随日地间距离不同而异。然而，由于日地间距离太大（平均距离为 1.5×10^8km），所以地球大气层外的太阳辐射强度几乎是一个常数。因此人们就采用所谓“太阳常数”来描述地球大气层上方的太阳辐射强度。它是指平均日地距离时，在地球大气层上界垂直于太阳辐射的单位表面积上所接受的太阳辐射能。近年来通过各种先进手段测得的太阳常数的标准值为1367W/m²。一年中由于日地距离的变化所引起太阳辐射强度的变化不超过±3.4%。

太阳辐射穿过大气层而到达地面时，由于大气中空气分子、水蒸气和尘埃等对太阳辐射的吸收、反射和散射，不仅使辐射强度减弱，还会改变辐射的方向和辐射的光谱分布。因此实际到达地面的太阳辐射通常是由直射和漫射两部分组成。直射是指直接来自太阳其辐射方向不发生改变的辐射；漫射则是被大气反射和散射后方向发生了改变的太阳辐射。

到达地面的太阳辐射主要受大气层厚度的影响。大气层越厚，对太阳辐射的吸收、反射和散射就越严重，到达地面的太阳辐射就越少。此外大气的状况和大气的质量对到达地面的太阳辐射也有影响。显然太阳辐射穿过大气层的路径长短与太阳辐射的方向有关。因此，地球上不同地区、不同季节、不同气象条件下到达地面的太阳辐射强度都是不同的。通常根据各地的地理和气象情况，将到达地面的太阳辐射强度制成各种可供工程使用的图表，它们不但对太阳能利用，而且对建筑物的采暖、空调设计也是至关重要的数据。

我国幅员辽阔，太阳能资源十分丰富。全国各地的年太阳辐射总量为3340～8400MJ/m²，中值为5852MJ/m²。据估计，我国陆地表面每年接受的太阳辐射能约为147×10⁸GWh，相当于4.9万亿t标准煤。全国太阳年辐射总量超过5000MJ/m²、年日照时数大于2000h的太阳能资源丰富或较丰富地区占全国总面积的2/3以上，包括青藏高原和西北地区、华北地区、东北大部以及云南、广东、海南等部分低纬度地带。青藏高原地区年太阳辐射总量达6000～8000MJ/m²，年日照时数达到3200～3300h，太阳能资源仅次于撒哈拉大沙漠。我国荒漠面积约为85万km²，荒漠地区一般都是太阳能资源极为丰富的地区，按照现有的技术水平，利用我国荒漠土地1%的面积，可生产12.5亿t标准煤的能源。应该说我国最为丰富的能源资源是太阳能资源及适合发展太阳能发电技术的土地资源，这为我国大规模利用太阳能提供了充分的资源和土地条件。

2. 太阳能热转化技术

（1）太阳能集热器　太阳能集热器是把太阳辐射能转换成热能的设备，它是太阳能热利用中的关键设备。太阳能集热器按是否聚光这一主要特征可以分为非聚光和聚光两大类。

1）平板集热器。平板集热器是非聚光类集热器中最简单且应用最广的集热器。它吸收太阳辐射的面积与采集太阳辐射的面积相等，能利用太阳的直射和漫射辐射。典型的平板集热器如图5-13所示。

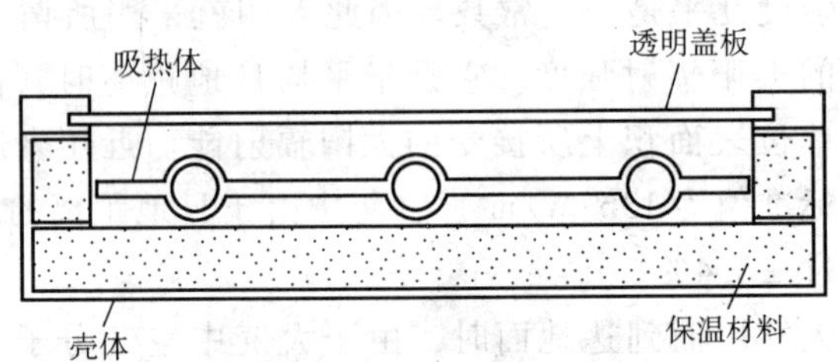

图5-13　典型的平板集热器

① 吸热体。它的作用是吸收太阳能并将其内的流体加热。它包括吸热面板和与吸热面板结合良好的流体管道。为提高吸热效率，吸热板常经特殊处理或涂有选择性涂层，所谓选择性涂层是对太阳的短波辐射具有很高的吸收率，而本身发射出的长波辐射的发射率却很低，这样既可吸收更多的太阳辐射能，又可减少吸热体因本身辐射而造成的对环境的热损失。

② 透明盖板。它布置在集热器的顶部，其作用是减少集热板与环境之间的对流和辐射散热，并保护集热板不受雨、雪、灰尘的侵袭。透明盖板应对太阳光透射率高，而自身的吸收率和反射率却很低。为提高集热器效率可采用两层盖板。

③ 保温材料。它填充在吸热体的背部和侧面，其作用是防止集热器向周围散热。

④ 外壳。它是集热器的骨架，应具有一定的机械强度，良好的水密封性能和耐腐蚀性能。

经过多年发展，平板集热器的性能日益提高，形式多样，规格齐全，能满足各种太阳能热利用装置的需要。近年来真空管平板集热器有了很大发展，它是将单根真空管装配在复合抛物面反射镜的底面，兼有平板和固定式聚光的特点。它能吸收太阳光的直射和 80% 的散射。由于复合抛物面反射镜是一种性能优良的广角聚光镜，集热管又为双层玻璃真空绝热，隔热性能优良，工作流体通道采用不锈钢管，集热面为选择性吸收热表面，因此这种真空管平板集热器性能优良，工作温度最高可超过 175℃。即使在环境温度比较低和风速较高的情况下，也有较高的效率，已广泛用于家庭热水采暖、空调和工业热利用中。图 5-14 为全玻璃真空集热管的示意图。

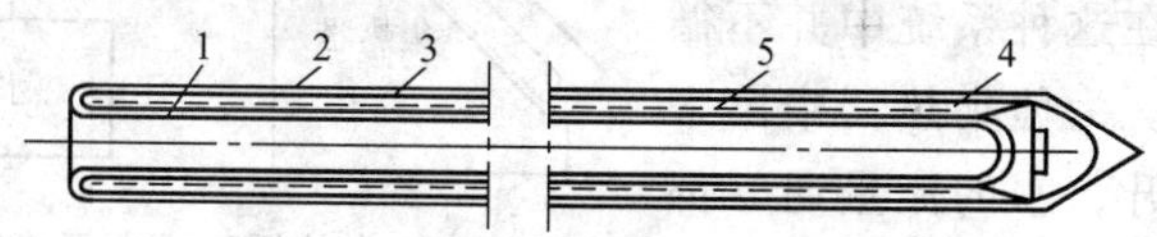

图 5-14　全玻璃真空集热管的示意图

1—内玻璃管　2—外玻璃管　3—真空夹层　4—带有吸气剂的卡子　5—选择性涂层

2）聚光集热器。平板集热器直接采集自然阳光，集热面积等于散热面积，理论上不可能获得较高的运行温度。为了更有效地利用太阳能就必须提高入射阳光的能量密度，使之聚焦在较小的集热面上，以获得较高的集热温度，并减少散热损失，这就是聚光集热器的特点。

聚光集热器通常由三部分组成聚光器、吸收器和跟踪系统。其工作原理是，自然阳光经聚光器聚焦到吸收器上，并加热吸收器内流动的集热介质；跟踪系统则根据太阳的方位随时调节聚光器的位置，以保证聚光器的开口面与入射太阳辐射总是互相垂直的。

提高自然阳光能量密度的聚光方式很多，根据光学原理可以分为反射式和折射式两大类。所谓反射式，是指依靠镜面反射将阳光聚集到吸收器上。常用的有槽形抛物面和旋转抛物面反射镜、圆锥反射镜、球面反射镜等。折射式则是利用制成棱状面的透射材料或一组透镜使入射阳光产生折射再聚集到吸收器上。

聚光集热器的跟踪装置大体上可以分为两类，两维跟踪系统和一维跟踪系统。前者的跟踪系统同时跟踪太阳的方位角和高度角的变化，通常采用光电跟踪方式。后者只跟踪太阳的方位角，对高度角只作季节性调整，通常采用光电跟踪或时钟机械跟踪。时钟机械跟踪精度虽比不上光电跟踪，但结构简单，维修方便，且无需外部动力，对一些小型聚光集热器颇为经济实用。

（2）太阳能热水器　太阳能热利用中历史最悠久，应用得最广泛的就是太阳能热水器。自1891年美国马里兰州的肯普发明第一台太阳能热水器以来至今已有一百多年的历史。发展到今天，日本就有一千万幢以上的住宅安装了太阳能热水器。

太阳能热水器通常由平板集热器、蓄热水箱和连接管道组成。按照流体流动的方式分类，可将太阳能热水器分成三大类：闷晒式、直流式和循环式。

①闷晒式。闷晒式的特点是水在集热器中不流动，闷在其中受热升温，故称闷晒式。这种热水器结构十分简单，当集热器中的水升温到一定值时即可放水使用。②直流式。直流式热水器由集热器、蓄热水箱和相应的管道组成。水在这种系统中并不循环，故称直流式。为使集热器中出来的水有足够的温升，水的流量通常都比较小。③循环式。循环式太阳能热水器是应用最广的热水器。按照水循环的动力又可分为自然循环和强迫循环。图5-15就是自然循环式太阳能热水器的示意图。水箱中的冷水从集热器的底部进入，吸收太阳能后温度升高，密度降低。与冷水之间形成的密度差构成了循环的动力。当循环水箱顶部的水温达到使用温度的上限时，则由温控器打开电磁阀使热水流入热水箱，与此同时补给水箱自动补水。当水温低于使用温度的下限时，温控器使电磁阀关闭。这种装置可使用户得到所需温度的热水，使用起来非常方便。

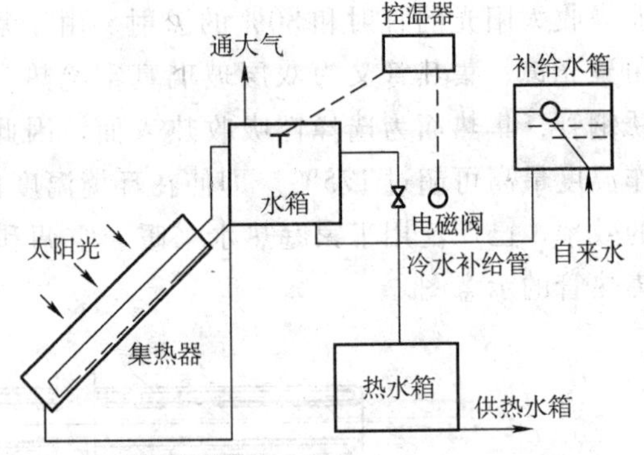

图5-15　自然循环式太阳能热水器的示意图

因为自然循环压头小，对于大型太阳能供热系统通常就需要采用强迫循环，由泵提供水循环的动力。

（3）太阳能采暖　太阳能采暖可以分为主动式和被动式两大类。主动式是利用太阳能集热器和相应的蓄热装置作为热源来代替常规热水（或热风）采暖系统中的锅炉。而被动式则是依靠建筑物结构本身充分利用太阳能来达到采暖的目的，因此它又称为被动式太阳房。

1）被动式太阳房。图5-16是最简单的自然供暖的被动式太阳房的示意图。这种太阳房白天的中午直接依靠太阳辐射供暖，多余的热量为热容量大的建筑物本体（如墙、天花板、地基）及由碎石填充的蓄热槽吸收；夜间通过自然对流使室内保持一定的温度，达到采暖的目的。这种太阳房构造简单，取材方便，造价便宜，无需维修，有自然的舒适感，特别适合发展中国家的广大农村。

为进一步提高被动式太阳房的采暖率，增大接受阳光的窗户面积，同时采用隔热套窗和双层玻璃窗来防止散热是首先应采取的措施。对被动式太阳房的进一步改进是在向阳的垂直的玻璃窗面内装设厚约60cm的混凝土墙，墙涂黑，兼作集热和蓄热壁。玻璃窗面和墙面之间有30～50mm夹层。墙上下两端开有长方形的通气孔。当墙壁吸收阳光被加热后，夹层中的热空气就通过上端开孔流入房间中；冷空气则从下端开孔流进夹层，构成自然循环，从而达到采暖的目的。这种带蓄热墙的太阳房是1967年由法国人特朗布提出的，故这种结构的太阳房又称作特朗布墙太阳房。

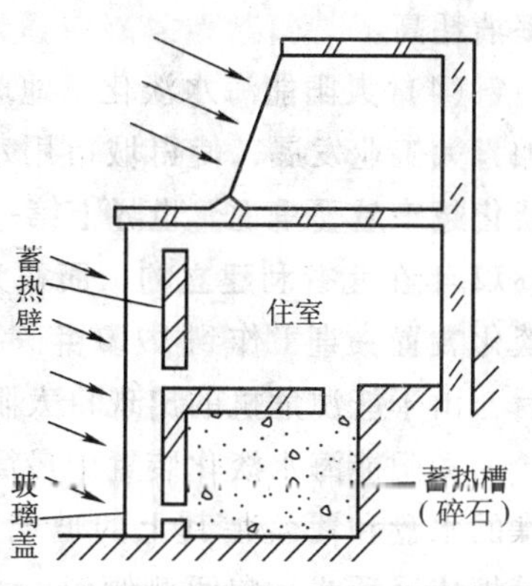

图5-16 被动式太阳房的示意图

2）主动式太阳能采暖。主动式太阳房的结构形式很多，图5-17是一典型的无辅助锅炉的主动式太阳房。它利用集热器产生的热水采暖，结构简单，蓄热器置于室外，室内又是由地板供暖，故不占用室内居住面积是这种系统的一大优点。

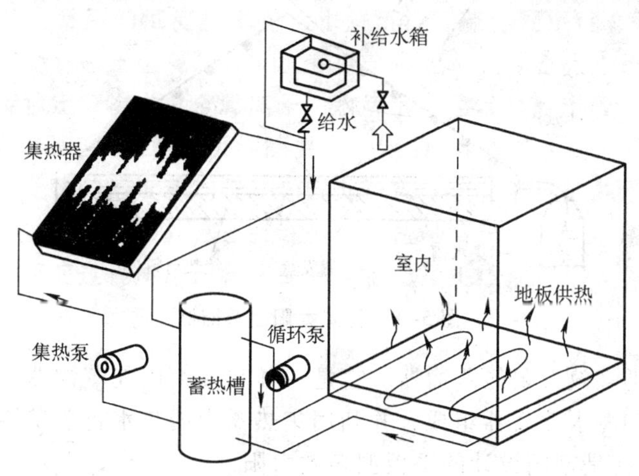

图5-17 无辅助锅炉的主动式太阳房

因为太阳辐射受天气影响很大，为保证室内能稳定供暖，并在供暖的同时还能供热水，因此对比较大的住宅和办公楼通常还需配备辅助热水锅炉。来自太阳能集热器的热水先送至蓄热槽中，再经三通阀将蓄热槽和锅炉的热水混合，然后送到室内暖风机组给房间供热。这种太阳房可全年供热水。除了上述热水集热、热水供暖的主动式太阳房外，还有热水集热、热风供暖太阳房以及热风集热、热风供暖太阳房。前者的特点是热水集热后，再用热水加热空气，然后向各房间送暖风；后者采用的就是太阳能空气集热器。热风供暖的缺点是送风机噪声大，功率消耗高。

(4) 太阳能海水淡化　地球上的水资源中含盐的海水占了97%，随着人口增加，大工业发展，使得城市用水日趋紧张。为了解决日益严重的缺水问题，海水淡化越来越受重视。世界上第一座太阳能海水蒸馏器是由瑞典工程师威尔逊设计，1872年在北智利建立的，面积为44504m^2，日产淡水17.7t。这座太阳能蒸馏海水淡化装置一直工作到1910年，可见太阳能海水淡化的悠久历史。20世纪70年代后，由于能源危机的出现，太阳能海水淡化也得到了更迅速的发展。

太阳能海水淡化装置中最简单的是池式太阳能蒸馏器（图5-18）。它由装满海水的水盘和覆盖在其上的玻璃或透明塑料盖板组成。水盘表面涂黑，底部绝热。盖板成屋顶式，向两侧倾斜。太阳辐射通过透明盖板，被水盘中的水吸收，蒸发成蒸汽。上升的蒸汽与较冷的盖板接触后被凝结成水，顺着倾斜盖板流到集水沟中，再注入集水槽。这种池式太阳能蒸馏器是一种直接蒸馏器，它直接利用太阳能加热海水并使之蒸发。池式太阳能蒸馏器结构虽简单，但产淡水的效率也低。

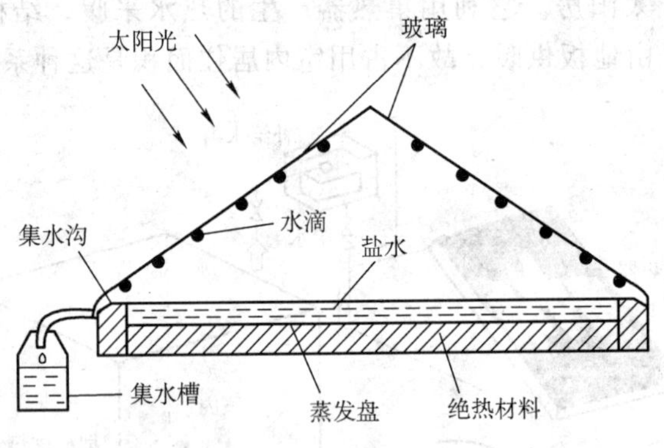

图5-18　池式太阳能蒸馏器

还有另一类多效太阳能蒸馏器。它是一种间接太阳能蒸馏器，主要由吸收太阳能的集热器和海水蒸发器组成，并利用集热器中的热水将蒸发器中的海水加热蒸发。图5-19就是德国设计的平板型多效太阳能蒸馏器的示意图。这种装置能连续制取淡水。

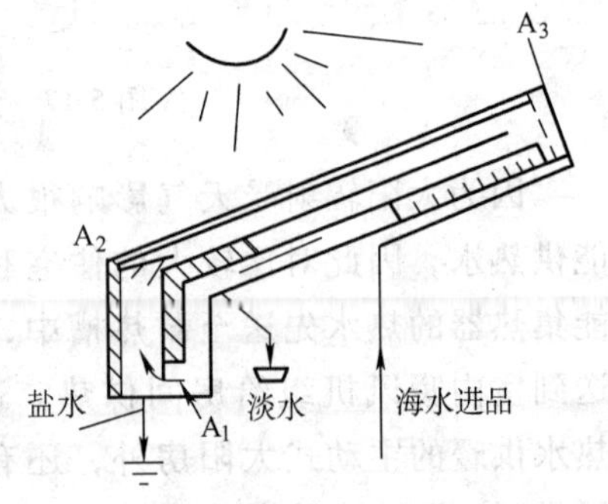

图5-19　平板型多效太阳能蒸馏器

在干旱的沙漠地带将咸水淡化和太阳能温室结合起来非常有前途。图5-20就是这种装置的示意图。这种装置采用特殊的滤光玻璃，这种玻璃只阻挡阳光中的红外线，而让可见光和紫外线透过，以供植物光合作用之需。白天用盐水喷洒在滤光玻璃板上，吸走由于吸收红外线所产生的热量，然后流回热水池中。夜间储存的热水重新循环，向温室提供热量。洒在玻璃板上的盐水有一部分蒸发，产生的蒸汽凝结在温室外墙板的反面，然后顺板流入淡水回收池中。从海水或咸水中制取的淡水除用来灌溉温室中的植物外，剩余的淡水还可用于其他目的。

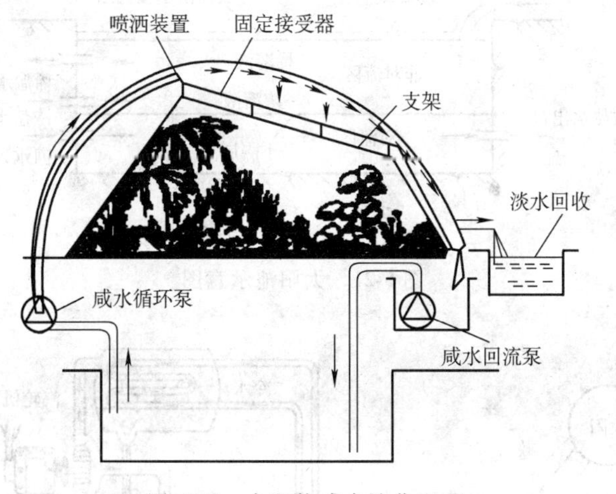

图 5-20　太阳能咸水淡化温室

（5）太阳池　太阳池是一种人造盐水池。它利用具有一定盐浓度梯度的池水作为太阳能的集热器和蓄热器，从而为大规模地廉价利用太阳能开辟了一条广阔的途径。

1）太阳池工作原理。由于水对太阳辐射中的长波是不透明的，因此到达太阳池水面的长波部分（红外线）在水面以下几厘米就被吸收了。而短波部分（可见光和紫外线）则可穿过清水层达到太阳池涂黑的池底，并被池底吸收。太阳池中盐水的作用是利用一定的盐浓度梯度，阻止底层水和表层水之间的自然对流。由于水体和池底周围土壤的热容量非常大，这样太阳池就变成了一个巨大的太阳能集热器和蓄热体。为了进一步改善太阳池的性能，通常可以在池中部加一透明塑料制的下隔层，以进一步阻止池中水的自然对流。在池的顶部也加一上隔层，用以防止池表面水的蒸发并避免风吹的影响。建造良好的太阳池，其底层水可接近沸腾温度。图 5-21 为太阳池示意图。

2）太阳池的应用。太阳池的贮热量很大，因此可以用来采暖、制冷和空调。许多国家都利用太阳池为游泳池提供热量或为健身房供暖，或用于大型温室。其中利用太阳池发电是最为吸引人的。图 5-22 为太阳池发电系统的原理示意图。它的工作过程是先把池底层的热水抽入蒸发器，使蒸发器中的低沸点的有机工质蒸发，产生的蒸汽推动汽轮机做功；排汽再进入冷凝器冷凝。冷凝液通过循环泵抽回蒸发器，从而形成循环。太阳池上部的冷水则作为冷凝器的冷印水。因此整个系统十分紧凑。

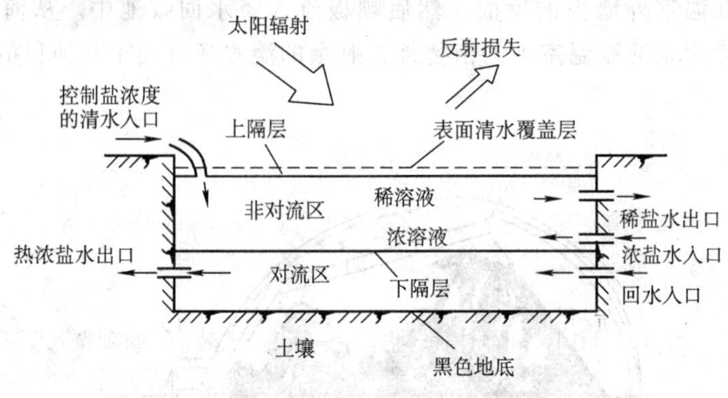

图 5-21　太阳池示意图

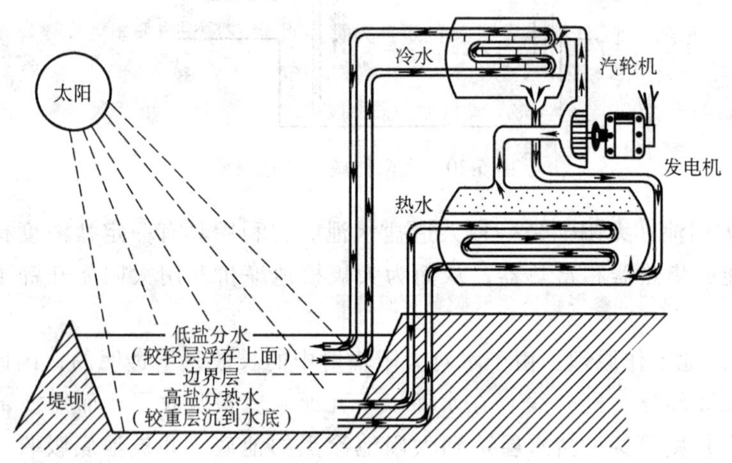

图 5-22　太阳池发电系统的原理示意图

以色列 20 世纪 80 年代在死海建了一座功率为 5MW 的太阳池发电站。2000 年以后，以色列的太阳池发电将达 2000MW。美国已在建单机容量为 30MW 的太阳池发电站。由于太阳池发电的成本远低于其他太阳热发电方法，其价格还可同燃油电站竞争，因此 21 世纪将有较大发展。

3. 太阳能热发电

（1）太阳能热发电概述　太阳能热发电是指聚集太阳光将其转化为足够温度的热能，然后转换成电能的技术。首先是利用聚光集热装置将太阳能收集起来，将集热工质加热到一定的温度，经过换热器将热能传递给动力回路中循环做功的工质，或产生高温高压的过热蒸汽，驱动汽轮机，再带动发电机发电。而从汽轮机出来的乏汽，其压力和温度已大大降低，或经冷凝器凝结成液体后，被重新泵入换热器，开始新的循环；或产生高温高压的空气，驱动汽轮机，再带动发电机发电。从热力学角度讲，太阳能热发电系统与常规的化石能源热力发电方式的热力学工作原理相同，区别仅在于两者的热源不同，且太阳能电站一般带有储热装置。

太阳能热发电系统一般由六部分组成：太阳能集热子系统、吸热与输送热量子系统、蓄热子系统、蒸汽发生子系统、动力子系统和发电子系统。前两部分合称为太阳场，是太阳能热发电技术的核心。太阳能聚光装置将太阳能聚集到吸热器上，被吸热器中的传热介质吸收并输送到蓄热子系统中，将能量存储起来。当需要能量时，蓄热介质通过蒸汽发生器将热量传递给动力子系统的工质，产生的高温高压工质进入动力装置中做功。

另外，由于太阳能供应不稳定、不连续，而热发电系统需要稳定运行，要尽量避免系统频繁的启停和负荷波动。为此，有两种解决方法：一是系统中配置蓄能子系统，将收集到的太阳能热能存储起来，以保证在夜间或太阳辐照不足时的发电；二是将太阳能与其他能源组成综合互补的发电系统，在太阳能供应不足的情况下由其他形式的能源供应。在第一种方式中，目前还没有成熟的低成本蓄热技术；第二种方式可以降低太阳能发电的成本，是现阶段太阳能热发电商业化的重要途径。

经过近半个世纪的研究和实际运行经验的积累，目前太阳能热发电的技术已日臻成熟，电站关键设备的成本也有了较大幅度的下降。从总体上看，整个20世纪太阳能热发电技术都处于试验和示范阶段，而从21世纪开始，可再生能源发展呈现全球性繁荣局面，具有低成本潜力的太阳能热发电技术也进入了快速发展时期。但由于太阳能热发电系统的集成技术及能源利用方式较多，因而系统类型繁多。

（2）太阳能热发电系统分类　太阳能热发电主要包括两大类型：一是太阳能间接热发电，即太阳热能通过热机带动常规发电机发电；二是太阳能直接热发电，即太阳热能利用半导体或金属材料的温差发电、真空器件的热电子和热离子发电等。前者已有100多年的发展历史，而后者尚处于原理性试验阶段。通常所说的太阳能热发电技术主要是指太阳能间接热发电。

由于太阳能热发电系统的复杂性，现有的系统形式多种多样，可以有很多分类方法，归纳起来主要有：①按照太阳能聚光集热方式的不同可分为抛物槽式、塔式、碟式、太阳能热气流和太阳能电池等；②按照太阳能热功转换的热力循环方式不同，可以分为Rankine循环（汽轮机）、Brayton循环（燃气轮机）、Stirling循环（斯特林机）、Otto和Diesel循环（内燃机）及联合循环等；③按照太阳能热利用模式或各种能源转化利用模式的不同，可以分为单纯太阳能发电系统、太阳能与化石能源互补综合发电系统以及太阳能热化学整合的多能源互补的发电系统。

本书将按照世界现有运行的基本太阳能热发电方式分类，可分为槽式线聚焦系统、塔式系统和碟式系统三大基本类型。

(3) 槽式太阳能热发电系统　槽式太阳能热发电系统是利用槽式抛物面反射镜聚光的太阳能热发电系统的简称。该聚光镜面从几何上看是将抛物线平移而形成的槽式抛物面，它将太阳光聚在一条线上，在这条焦线上安装有管状集热器，以吸收聚焦后的太阳辐射能，并常常将众多的槽式抛物面串并联成聚光集热器阵列。槽式抛物面对太阳辐射多进行一维跟踪（设备轴线南北放置，然后东西旋转跟踪），其几何聚光比在10～100，温度可达400℃左右。

系统一般由聚光集热装置、蓄热装置、热机发电装置或和辅助能源装置（如锅炉）等组成。图5-23为一个槽式太阳能热发电系统示意图。利用导热油作为集热介质，293℃的低温导热油从储油罐中泵入槽式太阳能集热场，被加热到390℃，然后依次通过再热器、过热器、蒸发器、预热器等，将收集到的太阳能交换给动力回路中的蒸汽，产生10.4MPa/370℃的过热蒸汽进入汽轮机中做功。该系统中集热油回路和动力蒸汽回路分离开来，经过一系列换热器来交换热量。当太阳能供应不足时，利用一个辅助加热器将油回路中的导热油加热，从而实现系统的稳定连续运行。也有文献提出，在未来的集热装置设计中采用直接蒸汽发生系统（DSG）以提高效率，减小热量损失，但DSG方式尚未成熟，还有待深入研究。

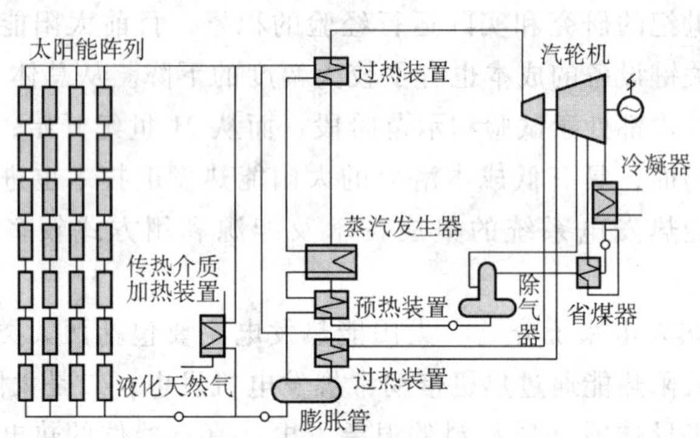

图5-23　槽式太阳能热发电系统

LUZ公司在1985～1991的6年间，在美国加州建立了9座槽式太阳能热发电站，总装机容量353.8MW，并已投入并网营运。电站的初次投资由1号电站的4490美元/kW，降到8号电站的2650美元/kW，发电成本从24美分/（kWh）降到8美分/（kWh），在不久的将来经济上有可能具有与常规热力发电相竞争的潜力。

(4) 塔式太阳能热发电系统　塔式太阳能热发电系统也称为集中式太阳能热发电系统。它利用定日镜将太阳光聚焦在中心吸热塔的吸热器上，在那里将聚焦的辐射能转变成热能，然后将热能传递给热力循环的工质，再驱动热机做功发电。塔式太阳热发电系统通常可达到的聚光比为 300～1500，运行温度可达 1000～1500℃。

从 20 世纪 70 年代中期开始，我国的一些高等院校和科研院所对太阳能热发电技术做了不少应用性基础试验研究，并在天津建造了一套功率为 1kW 的塔式太阳能热发电模拟装置。西班牙的塔式太阳能发电站（PS10）是世界上第一个进入商业化运行的塔式太阳能发电站。图 5-24 为塔式太阳能热动力发电的示意图，该电站位于美国加州的 Bras-tow 地区，运行于 1982～1988 年，是当时世界上最大的验证第一代塔式发电技术的太阳能电站。它由跟踪太阳光的定日镜（收集器）、吸热器、工质加热器、热量储存系统以及热机单元组件等组成。由平面镜、跟踪机构、支架等组成的定日镜阵列，可由微处理机控制实现最佳聚焦，始终对准太阳捕获并聚集太阳辐射能到高塔顶端的吸热器上，再通过吸热器把热力循环的工质加热至较高温度；储存系统把部分热能储藏起来备用，以最大限度地平衡系统能量供需；而热机单元实现热转功的功能，把太阳能转换为电能输出。吸热器中通入 205℃的水，直接产生 516℃/10.1MPa 的过热蒸汽，进入非再热的汽轮机膨胀做功，过热蒸汽也可送入油－沙石蓄热系统进行能量的存储，满足动力系统的启停和机组在夜晚时的用汽需求。如果要求在阴雨天和夜间也能正常发电，可以增加合适的常规燃料作为辅助能源的辅助能源子系统，以形成太阳能和化石燃料综合互补的多能源发电系统。此外，不难看出，塔式太阳能热发电系统和槽式的系统相比，除聚光集热器有所不同外，两者在系统构成和工作原理等方面都基本相似。

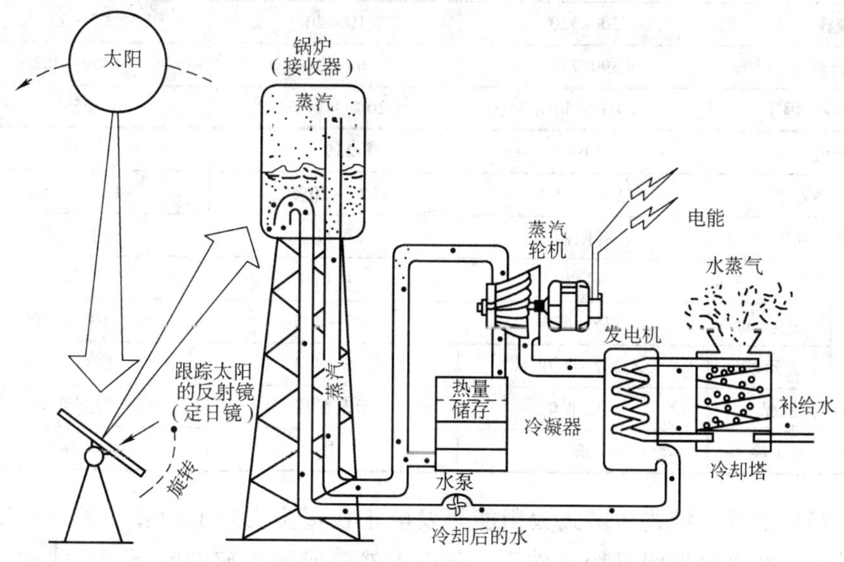

图 5-24　塔式太阳能热动力发电的示意图

（5）碟式太阳能热发电　碟式太阳能热发电系统借助于双轴跟踪，利用旋转抛物面反射镜，将入射的太阳辐射进行点聚集，聚光点的温度一般为500～1000℃，吸热器吸收这部分辐射能并将其转换成热能，加热工质以驱动热机（如燃气轮机、斯特林发动机或其他类型等），从而将热能转换成电能。图5-25为一个典型的碟式太阳能热发电系统示意图，它利用双轴跟踪的碟式聚光器将太阳能聚集到吸热器上，将来自回热器的高压空气加热到850℃，然后进入燃气轮机做功，该回热循环燃气轮机的压比约为2.5，当太阳能供应不足时，利用燃料进入燃烧室补燃。该系统的太阳能净发电效率高达30%。

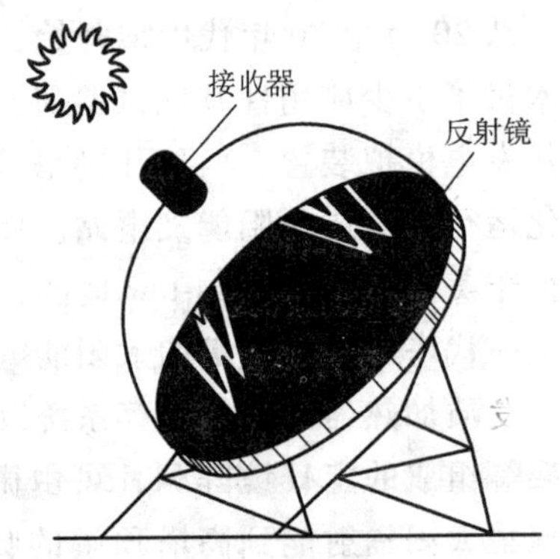

图5-25 碟式太阳能热发电系统

目前，这类系统单元容量多为30～50kW，相对较小，而太阳能发电最高效率可达25%，在同类发电方式中为最高。它主要应用于分布式能源系统，组成分散的动力系统，也可以将多个系统组合，向电网供电。

（6）三种太阳能热发电方式比较　上述三种太阳能热发电系统的主要性能参数、优缺点、发展现状以及技术经济指标见表5-4。

表5-4 太阳能热发电系统性能比较

性能		槽式系统	塔式系统	碟式系统
规模/MW		30～320	10～20	5～25
运行温度/℃		390/734	565/1049	750/1382
年容量因子		23%～50%	20%～77%	25%
峰值效率		20%	23%	24%
年净效率		11%～16%	7%～20%	12%～25%
可否储能		有限制	可以	蓄电池
互补系统设计		可以	可以	可以
价格	美元/m^2	275～630	200～475	3100～3200
	美元/W	2.7～4.0	2.5～4.4	1.3～12.6
商业化情况		可商业化	示范阶段	试验阶段
技术开发风险		低	中	高

从经济上看，槽式和塔式太阳能热发电正在逐步实现商业化，相对于碟式商业风险小。在美国加州日照条件下，若以天然气或油作辅助能源，槽式太阳能热发电系统的电力输出可达到单纯太阳能热发电的2倍，即太阳能热发电和辅助能源发电各占50%，这相当于电站对太阳能依存率为50%。太阳能热发电站的设计寿

命一般为30年，在寿命期内，每平方米集热面积可替代1桶石油。

在上述三种类型太阳能热发电系统中，槽式和塔式系统正在逐步实现商业化阶段，碟式仍处在示范阶段，有实现商业化的可能和前景。从理论上说，塔式热电站的太阳能利用率可以达到23%，但单位容量投资过大且降低造价很难，商业化程度不及槽式太阳能发电；碟式系统光学效率高、启动损失小，效率高达25%，在三类系统中位居首位；塔式系统还可以模块化，适合小容量分散发电，尤其是边远地区独立系统供电，符合分布式能量的利用特点。三种系统均可单独运行，也可与常规发电模式集成进行混合发电，以克服太阳能的间歇性和不稳定性，与常规发电集成进行混合发电有利于降低新技术投资的风险和初投资成本，也有利于降低太阳能热发电自身的成本及大规模发展太阳能热发电。

4. 光电转化技术

（1）太阳能电池　太阳能的光电转换是指太阳的辐射能光子通过半导体物质转变为电能的过程，称为光伏效应。太阳能电池就是利用这种效应制成的一种器件，所以也叫光伏电池。实质上它是一种物理电源，与普通化学的干电池、蓄电池是完全不同的。太阳能电池理论上的寿命是非常长的，只要有光子照射，它就能发出电来。

太阳能电池的工作原理是当太阳光照射到半导体上时，其中一部分被表面反射，其余部分被半导体吸收或透过。被吸收的光子有一些转变成热能，另一些光子则同组成半导体的原子介电子碰撞，于是产生电子－空穴对。这样，光能就以产生电子－空穴对的形式转变为电能。如果半导体内存在P-N结，则P型和N型交界面两边形成势垒电场，能将电子驱向N区，空穴驱向P区，从而使得N区有过剩的电子，P区有过剩的空穴，在P-N结附近形成与势垒电场方向相反的光生电场。光生电场的一部分除抵消势垒电场外，还使P型层带正电，N型层带负电，这样在N区与P区之间的薄层产生所谓光伏电动势。若分别在P型层和N层焊上金属引线，接通负载，则外电路便有电流通过。图5-26为硅太阳能电池光电转换示意图。

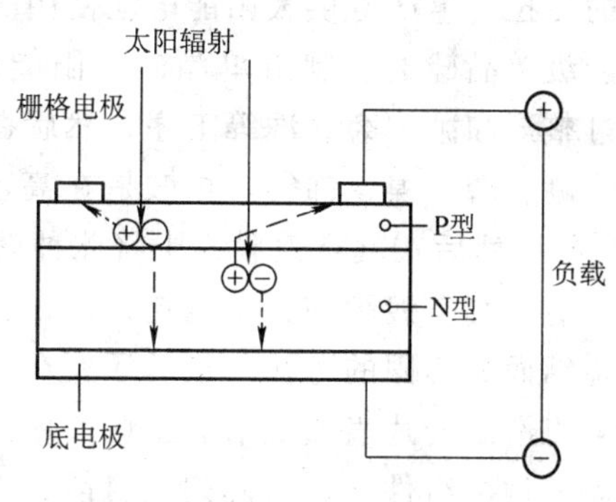

图5-26　硅太阳能电池光电转换示意图

太阳能电池单体是光电转换的最小单元，尺寸一般为4～100cm^{2}不等。太阳能电池单体的工作电压约为0.5V，工作电流密度约为20～25mA/cm^2，一般不能单独作为电源使用。将太阳能电池单体进行串、并联并封装后，就成为太阳能电池组件，其功率一般为几瓦至几十瓦，是可以单独作为电源使用的最小单元。太阳能电池组件再经过串、并联并装在支架上，就构成了太阳能电池方阵，可以满足负载所要求的输出功率(图 5-27)。

（2）太阳能电池的种类　目前世界上已有很多种太阳能电池，按照材料的不同可以分为硅太阳能电池、多元化合物太阳能电池(包括碲化镉太阳能电池、硒铟铜太阳能电池、Ⅲ-Ⅴ族电池)、有机太阳能电池、HIT 太阳能电池、纳米敏化太阳能电池。硅太阳能电池中又包括单晶硅太阳能电池、多晶硅太阳能电池、非晶硅太阳能电池、硅薄膜太阳能电池、带硅太阳能电池等。一般来说，太阳能电池的厚度在 50μm 以下又可以称为薄膜太阳能电池，如非晶硅太阳能电池、碲化镉太阳能电池、硒铟铜太阳能电池以及砷化镓之类Ⅲ-Ⅴ族电池等。除此之外，还有聚光太阳能电池。聚光太阳能电池要求电池本体具有较大的传导电流和耐高温的能力。

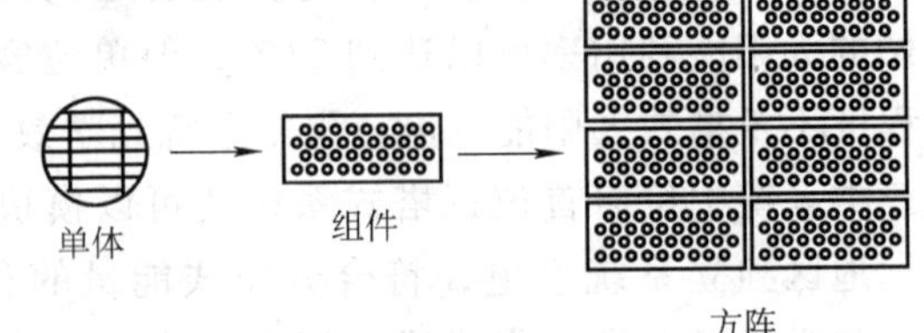

图 5-27　太阳能电池单体、组件和方阵

1）硅太阳能电池。硅是地球上最丰富的元素之一。人们首先使用高纯硅制造太阳能电池，即单晶硅太阳能电池。由于高纯硅材料昂贵，所以这种太阳能电池成本过高，初期多用于空间技术作为特殊电源，供人造卫星使用。20 世纪 70 年代开始，把硅太阳能电池转向地面应用。采用废次单晶硅或较纯的冶金硅专门生产太阳能级硅材料，以及利用多晶硅生产硅太阳能电池，均能大幅度降低太阳能电池的造价。

① 单晶硅太阳能电池。单晶硅太阳能电池的原料为高纯度（99.999%）的单晶硅。目前大部分利用半导体器件加工时切除的头尾或废次单晶硅，经过单晶炉的复拉，生产专供太阳能电池使用的单晶硅。国外也有用较纯材料直接拉制太阳能级单晶硅的。制造单晶硅太阳能电池，首先将单晶硅切成 0.3mm 的薄片，经过整形和抛、磨、洗等工序，然后在硅片上进行掺杂和扩散。一般掺杂物为微量的硼、磷、镍、锑等。扩散是在高温扩散炉中进行。首先在硅片浅层上形成 P-N 结，然后在真空镀膜机中将此种硅片蒸镀上、下电极。为了加速电极制作过程，免除真空镀膜的大量电耗，现在已采用银浆丝网印刷法制作上电极栅线，经过烧结而成牢固的电极。最后还要在硅片表面涂覆一层减反射膜，以防止大量光子被光滑的硅片表面反射。至此。单晶硅太阳能电池的单体就制作完毕，然后根据需要做成组件、方阵阵列。目前，地面使用的单晶硅太阳能电池组件的光电转换效率一般为 10% 左右，空间技术使用的太阳能电池则要求在 13% 以上。

② 多晶硅太阳能电池。单晶硅太阳能电池的发展非常迅速。随着电池制备和

封装工艺的不断改进，在单晶硅太阳能电池总成本中，硅材料所占比重已由原先的1/3 上升到1/2。生产厂家希望在不降低光电转换效率的前提下，找到替代单晶硅的材料。目前，比较适用的材料就是多晶硅。多晶硅太阳能电池的电性能和力学性能都与单晶硅太阳能电池基本相似，而生产成本却低于单晶硅太阳能电池。20 世纪 80 年代开始，德国、法国、美国、日本、意大利等先后投入工业化生产多晶硅太阳能电池，并大幅度降低单晶硅太阳能电池的产量。

在实验室条件下，可以制备的多晶硅太阳能电池的转换效率最高可达 18%。工业化生产的多晶硅太阳能电池的光电转换效率为 10% 左右。中国研究的多晶硅材料已试制出太阳能电池，光电转换效率 8% ~ 11%。最高可达 12%。

③ 非晶硅太阳能电池。非晶硅太阳能电池又称无定形硅太阳能电池，简称a-Si太阳能电池，是最理想的一种廉价太阳能电池。非晶硅太阳能电池的最大特点是薄。不同于单晶硅或多晶硅太阳能电池需要以硅片为底衬，而是在玻璃或不锈钢带等材料的表面上镀一层薄薄的硅膜，其厚度只有单晶硅片的1/300。因此，可以大量节省硅材料，加之可连续化大面积生产，能耗和成本也大幅度降低。由于电池本身是薄膜型的，太阳的光可以穿透，所以还可以做成叠层式的电池，以提高电池的电压。通常单晶硅太阳能电池每个单体只有 0.5V 左右的电压，必须几个单体串联起来，才能获得一定的电压。一个非晶硅太阳能电池就能做到几伏电压，使用比较方便。

2）多元化合物太阳能电池。多元化合物太阳能电池是指不是用单一元素半导体制成的太阳能电池，以区别于各种硅太阳能电池。目前，国内外研制的多元化合物太阳能电池品种繁多，较有代表性的有硫化镉太阳能电池和砷化镓太阳能电池。

① 硫化镉太阳能电池。用硫化镉材料制作的太阳能电池种类也很多，研究较多的是硫化亚铜 - 硫化镉构成的异质结太阳能电池，其中尤以薄膜硫化镉太阳能电池引人注目。这种薄膜太阳能电池轻薄如纸，仅厚 50 ~ 100μm，制作工艺简单，可以连续化生产，因此成本低廉。硫化镉太阳能电池的制备方法主要有两种：一种是真空镀膜法，另一种为烧结法。

真空镀膜法是先在玻璃基片上喷涂一层氧化锡透明电极，再用真空镀膜机蒸镀一层多晶硫化镉薄膜，然后用钢扩散制成 P-N 结，构成太阳能电池。新的改进技术是以钼或塑料为基底，先镀一层锌，再蒸镀多晶硫化镉薄膜，厚约 15μm，然后在氯化亚铜中浸渍，生成硫化亚铜薄膜，厚约 1 ~ 5μm，最后加上铜栅网，制成电极。

烧结法制备硫化镉太阳能电池，是以硫化镉、硫化亚铜烧结在陶瓷上，形成一个个固体电池，所以又叫陶瓷硫化镉太阳能电池。其制作过程是硫化镉原料在750 ~ 800℃通氮条件下预烧，研磨烧结料成细粉，然后压片成型，经 850℃左右的温度烧结，制成N型陶瓷硫化镉基片，再用化学沉淀法或真空蒸发沉积镍制成负电极，而后用浸泡法形成P层，并压粘金属栅线网，形成正电极，最后进行封装。一般烧结硫化镉太阳能电池比上述薄膜硫化镉太阳能电池的光电转换效率要高，实验室制备可达11%左右，电池的稳定性也较好。

我国研制的薄膜硫化镉太阳能电池的光电转换效率达7%，烧结硫化镉太阳能电池达9.5%。

② 砷化镓太阳能电池。砷化镓是一种很适合制备太阳能电池的材料，它与太阳光谱的匹配较理想，砷化镓-硅复合太阳能电池，最高光电转换效率已达30%。特别是这种材料制成的太阳能电池能耐高温，在250℃的条件下光电转换性能良好，因此适合做高倍聚光太阳能电池。

砷化镓系列的太阳能电池种类也很多，例如单晶砷化镓太阳能电池、多晶薄膜砷化镓太阳能电池、镓铝砷-砷化铝异质结太阳能电池、金属-半导体砷化镓太阳能电池以及金属-绝缘体-半导体砷化镓太阳能电池等。

通常砷化镓太阳能电池的制备工艺与硅太阳能电池类似，唯其材料制造过程不同。一般砷化镓太阳能电池都采用密栅结构，以适应聚光要求，往往可聚光数百倍。

3）液结太阳能电池。液结太阳能电池是一种光电、光化学的复杂转换。它是将一种半导体电极插入某种电解液中，在太阳光照射的作用下，电极产生电流，同时从电解液中释放出H_2。适合作这种电极的材料很多，如硫化镉、碲化镉、砷化镓、磷化镓、磷化铟、二氧化钛等。它预示着太阳能利用的广阔前景，人们不仅可以通过光电转换利用太阳能，还能从光化学获得新的能源。

4）聚光太阳能电池。聚光太阳能电池是降低太阳能电池利用总成本的一种措施。它通过聚光器而使较大面积的阳光汇聚在一个较小的范围内，形成焦斑或焦带，并将太阳能电池置于这种焦斑或焦带上，以增强光强，克服太阳辐射能流密度低的缺陷，从而获得更多的电能输出。它需要考虑聚光器的结构、跟踪装置和散热措施。

通常聚光器的倍率大于几十，其结构可采用反射式或透镜式。反射式有槽形平面聚光器和抛物面聚光器；透镜式则多选用菲涅尔透镜。聚光器的跟踪一般用光电自动跟踪。散热方式可以是气冷或水冷，有的与热水器结合，即获得电能，又得到热水。用于聚光太阳能电池的单体要在较高温度下保证光电转换性能，故在半导体材料选择、电池结构和栅线设计等方面都要进行一些特殊考虑。最理想的制造聚光太阳能电池的材料为砷化镓，因为它的频带宽度和载流子浓度均适合于在强光下工作，其次是单晶硅材料。在电池结构方面，聚光电池的P-N结要求较深，普通太阳能电池多用平面结，而聚光太阳能电池常采用垂直结，以减少串联电阻的影响。同时，聚光电池的栅线也较密，典型的聚光电池的栅线约占电池面积的10%，以适应大电流密度的需要。

(3) 光伏发电系统 光伏发电系统的组成主要包括三部分太阳能电池组件：充、放电控制器、逆变器、测试仪表和计算机监控等电力电子设备、蓄电池或其他蓄能和辅助发电设备。光伏发电系统的基本形式可分为三大类：独立发电系统、并网发电系统和混合光伏发电系统。

光伏发电系统的应用主要在太空航天器、通信系统、微波中继站、电视差转台、光伏水泵和无电缺电地区用户供电等。但并网发电在光伏市场中的份额逐年增加并占据主导地位，2003年并网发电的市场份额达到55.5%。并网发电在光伏市场中的主导地位在人类能源变革中具有重要意义，它标志着光伏发电由边远地区和特殊应用向城市过渡、由补充能源向替代能源过渡、人类社会趋向建立可持续发展的能源体系。

光伏发电系统的规模和形式各异，小到0.3~2W的太阳能庭院灯，大到兆瓦MW级的太阳能光伏电站。尽管光伏发电系统规模大小不一，但其组成结构和工作原理基本相同。其中包括几个主要部件：①光伏组件方阵。由太阳能电池组件按照系统要求串、并联而成，在太阳光照射下将太阳能转换成电能输出，它是光伏发电系统的核心部件。②蓄电池。将太阳能电池产生的电能储存起来，当光照不足，或晚上，或负载需求大于太阳能电池所发的电量时，将储存的电能释放，以满足负载的能量需求，它是太阳能光伏发电系统的储能部件。目前光伏发电系统常用的是铅酸蓄电池，通常采用深放电阀控式密封铅酸蓄电池、深放电吸液式铅酸蓄电池等。③控制器。它对蓄电池的充、放电条件加以规定和控制，并按照负载的电源需求控制太阳能电池组件和蓄电池对负载的电能输出，是整个系统的核心控制部分。目前控制器向多功能发展，有将传统的控制部分、逆变器以及监测系统集成的趋势。④逆变器。在太阳能光伏供电系统中，如果含有交流负载，那么就要使用逆变器设备，将太阳能电池产生的直流电或者蓄电池释放的直流电转化为负载需要的交流电。

光伏供电系统的工作原理就是在太阳光的照射下，将太阳能电池组件产生的电能通过控制器的控制给蓄电池充电或者在满足负载需求的情况下直接给负载供电，如果日照不足或者在夜间则由蓄电池在控制器控制下给直流负载供电，对于含有交流负载的光伏发电系统而言，还需要增加逆变器将直流电转换成交流电。

(4) 光伏系统设计 光伏发电系统设计的总体原则是，在保证满足负载供电需要的前提下，使得系统的经济性最好。

光伏发电系统设计可分为软件设计和硬件设计，一般软件设计先于硬件设计。软件设计包括对负载的调查和负载用电量的估算，太阳能电池方阵面辐射量的计算，太阳能电池组件、蓄电池容量的计算和两者之间匹配的优化计算，方阵最佳倾角的计算，系统运行情况的预测和系统经济效益的分析等。硬件设计包括负载的选型及必要的设计，太阳能电池和蓄电池的选择，组件和阵列支架的设计，逆变器的选择和设计，以及控制、测量系统的选择和设计。在进行软件设计的时候可以借助一些使用的 PV 系统设计软件作为参考。

1）光伏系统具体设计步骤和思路如下：

① 对光伏系统安装地点进行详细的现场考察，获取详尽的相关资料，包括地理位置、气象资料、现场情况、负载情况、用户要求等方面。

② 系统的软件计算和设计。主要是斜面辐射量计算，方阵倾角计算，太阳能电池组件大小和数量的计算，蓄电池容量的计算，方阵年发电量的计算，阴影估计和间距设计等。必要的时候还应该考虑混合系统发电。

③ 系统硬件设计。选择组件、蓄电池、逆变器、支架设计，考虑最大功率跟踪，测量和数据采集设备的设计等。对于大型的光伏发电系统，还要有方阵场设计、防雷接地的设计、配电系统的设计以及辅助备用电源的选型和设计等。

④ 对系统进行经济效益的分析。分析的时候应该参考工程经济分析的标准，对项目的经济效益作出合理客观的评价，若不符合用户对经济性的要求，应该考虑改变方案。

⑤ 系统的安装和连接。

⑥ 对系统运行情况的监测、评价、优化调整。

2）系统设计时应注意的一些问题：

① 详细信息的获取。为了能够更好地完成设计任务，必须在进行系统软件设计之前获得足够多的准确的信息，应该尽量对系统安装的地点进行考察，充分了解情况。

a. 地理位置。包括安装地点的纬度、经度、海拔等。

b. 气象资料。气象资料数据的齐全和准确与否对系统设计的成功有很大的影响。气象数据包括逐月的太阳能总辐射量、直接辐射量、散射辐射量、反射辐射量，年各月的平均气温、最高最低气温，最大连续阴雨天数，各月平均风速和最大风速，以及冰雹、降雪等特殊的气象情况。

这些气象数据和太阳能资源情况与光伏系统的发电量、太阳能电池组件工作温度、蓄电池自给天数、最大放电深度和容量等设计参数密切相关，直接影响到光伏发电系统的性能和造价，所以十分重要。气象资料一般没有办法预测，只能以过去 10 ~ 20 年的平均值作为依据。另外，从气象部门获得的资料，一般只有水平面的太阳辐射量，实际使用时必须设法换算到斜面上的辐射量。换算的算法（天空各向异性模型）已经相对成熟和被认同，可以自己编制程序或者借助设计软件进行换算。

c. 现场情况。比如可供光伏阵列安装的占地面积（屋顶面积），周围有没有树木或者高楼大厦等遮挡物，在未来会不会出现，如果是大型电站的话还应该考虑当地的土质情况，离电网多远，当地的电价等。

d. 负载情况。只有清楚地了解负载的类型、功率大小、运行时间、运行规律、运行状况等，才能对负载电量作出相对准确的估计。对于大的光伏发电系统和具有复杂负载的光伏系统更是这样，如大型独立电站，家庭光伏系统等。负载可大致分为四类，分别是恒定负载、夏季型负载、冬季型负载、无规则负载。

在了解了负载耗电规律以后，作出每月的负载电量曲线，看看属于哪种类型的负载。负载的类型不同，设计的思路也就不同。如果 7 月、8 月耗电量最大，12 月、1 月耗电量最小，那么其负载的类型属于夏季型负载。通常来说，太阳在夏季的时候辐射最强，而夏季型负载在夏季的耗电量比较大，正好和辐照强度形成很好的匹配，所以这类负载一般需要的组件和蓄电池容量相对少些。最佳倾角是使得夏季获得最大的太阳辐射的倾角。如果 12 月、1 月耗电量最大，7 月、8 月耗电量最小，那么其负载类型属于冬季型负载，对于光伏系统来讲这是一种比较恶劣的情况。设计时应加大组件和蓄电池的容量，同时加大倾角，这样初期投资大大提高。一般来说，这类负载不适宜安装光伏系统。对恒定负载的系统设计相对容易，而变化负载则需要计算每个月的耗电量，使光伏系统的发电量最大限度与之匹配，一般借助计算机完成。

e. 用户要求。要充分了解用户对系统的要求和设计想法以及对预算的控制等。

② 系统的软件设计。在软件设计中始终应遵循的原则是在满足负载断电率的前提下，太阳能电池方阵的发电量以及蓄电池的容量应最大限度和负载耗电量匹配。这个重要的原则决定了太阳能电池组件大小的选择、蓄电池容量的选择、最佳倾角的选择等。

阴影间距的设计也是十分重要的，因为组件发电量的损失并不是和它被遮挡的面积成正比的，只要被遮挡很小的一部分面积，其性能就有很大的影响。要确保在 12 月 23 日（冬至 - 北半球光照强度最小日）这天的上午 9：00 到下午3：00 这段时间内，光伏阵列的组件不被其他物体的阴影遮挡，同时也不被前面一排的组件遮挡。

设计时在考虑了初期投资成本、负载的工作情况、当地地点状况等因素的前提下，可以考虑使用混合发电系统（如风/光互补、光伏/柴油机等）。光伏/柴油机互补系统有其自身的优点，首先可以减少初期投资成本，当然其运行和维护成本比较大，但按工程经济学的理论分析，在寿命周期内的成本还是比规模相似的光伏独立系统的成本要小。其次，对于无规则负载状况，其每月的发电量变化比较大，而且规律性不强，这样使用独立光伏系统的话则很难保证负载断电率和经济性的要求。这种情况下使用一定比例的光伏系统，额外的电可以由柴油发电机提供，这样既可以充分利用太阳能，也可以保证负载的断电率，是一个不错的选择。其缺点是控制系统相对复杂，建设初期的工程量比独立光伏系统大，维护量大，有一些污染和噪声。但很多情况下，都可以考虑混合系统的选用。

③ 光伏系统的硬件设计。硬件设计应该在软件设计之后，以详细的相关信息和之前的软件设计为基础进行选择，既要考虑满足性能的要求，又要有比较好的经济性。具体有以下的内容：太阳能电池组件和蓄电池的选择、二极管的选择、电缆设计、支架的设计、控制器与逆变器的选择、考虑安装最大功率跟踪、测量和数据采集设备、防雷接地保护、方阵场设计、备用电源选择、输配电系统设计等。一般来说蓄电池不适宜并联，因为其性能会有一定的损失。在设计时，最好数目不要超过四组。支架的类型对组件的工作温度有影响，不能忽视。控制器选择或者设计的时候应该考虑对蓄电池进行补偿，最好采用脉宽调制设计。监测系统应该有较好的性能，采集的数据应该齐全准确，一些处于偏远地点的系统应该有遥控遥测。电缆的大小选择也需要谨慎，否则容易造成事故。

④ 系统经济效益的分析。这里指的经济效益的分析是在决定进行光伏发电系统设计和安装的经济分析，在考虑是否投资哪个方案的时候就应该进行一次项目的经济效益分析，以净现值等几个指标作为评价标准。对决定投产的系统的经济效益分析，应该计算系统生命周期内的成本，包括 a. 购买器件和安装的初期投资成本；b. 每年进行维护、换燃料等操作的成本；c. 仪器更换和维护等偶生成本。计算的时候要考虑资金的时间价值，这体现在一些经济因子上，如利率、燃料膨胀率、生命周期等。在考虑了这些因素以后，总的成本比上生命周期内的发电量（kWh）就可以得到生命周期成本，以产生每度电花费的美元数表示。这是一个比较客观准确的评价方法。

⑤ 系统的安装。软件设计和硬件设计都完成以后，就可以开始光伏系统的安装。安装应参照各种国标严格进行。安装组件的时候应用不透明物遮挡其正面，以减少危险。

⑥ 系统的评价和优化。对于已建成的光伏系统还有必要对光伏系统进行性能分析。性能分析的主要目的就是了解已建成的光伏系统的工作状况，看系统是否能够正常工作；通过各种参量的分析找出对该系统的性能产生影响的主要因素，为将来的光伏系统积累经验数据。因此需要通过对已建光伏系统进行长期的累计观测，以了解系统的工作过程，了解各种因素对系统性能的影响以及考核系统的部件和整体的工作性能。为了得到比较全面的分析结果，至少需要对一个完整的工作年度进行数据观测和分析。

5. 国外利用太阳能介绍

目前国际上太阳能的开发与利用已经成为日益关注的热点，其中主要集中在太阳能热利用与太阳能发电等领域。

（1）太阳能热利用　在太阳能热利用方面，太阳能热水器及热水系统得到了较为普遍的应用，其中希腊、以色列等国家与我国一样，太阳能热水器主要供应生活和洗浴热水；在欧洲、澳大利亚等国家，太阳能热水系统主要是作为辅助热源与常规能源系统联合运行，既能供应生活和洗浴热水，还为建筑供暖；在美国，太阳能热水器主要是用于游泳池的加热。欧盟90%以上的太阳能热能用于居民住宅，并有希望到2030年成为最大的消费者，太阳能热利用到2030年有望达到35Mtoe。OECD国家能源消费中的15%～20%用于水加热，太阳能热水器的潜力是巨大的，尤其是阳光充足的地区。

太阳能发电主要包括太阳能热发电与太阳能光伏发电等形式。

(2) 太阳能热发电 首先，太阳能热发电主要指聚光类太阳能热发电，是利用聚光集热器将太阳辐射能转换成热能并通过热力循环持续发电的技术。20世纪80年代以来，美、以、德、意、俄、澳、西等国积极开展了研究开发工作，相继建立起槽式系统、塔式系统和碟式系统等不同形式的示范装置。如30MW以上的线聚焦抛物面槽式系统、30MW以上点聚焦塔式系统以及几千瓦到数十千瓦的采用燃气轮机或斯特林发动机的点聚焦抛物面碟式系统，其中前两种一般与大电网并网运行，后一种一般供用户作为独立电源使用，但同时也可并网使用。

抛物槽式太阳能热发电系统虽然在美国已取得了大规模商业化运行的经验，但目前的主要问题是当系统集热温度高于400℃后，峰值集热效率急剧下降。当直射辐射强度（DNI）为800W/m^2，温度为500℃时的集热效率比250℃时的集热效率约降低22.5%。由于其几何聚光比低及集热温度不高等条件的制约，使得抛物槽式太阳能热发电系统中动力子系统的热转功效率偏低，通常在35%左右。因此，单纯的抛物槽式太阳能热发电系统在进一步提高热效率、降低发电成本方面的难度较大。

塔式太阳能热发电系统与槽式太阳能热发电系统相比，其集热温度更高，易生产高参数蒸汽，因此，热动装置的效率相应提高。目前，塔式太阳能热发电系统的主要障碍是当定日镜场的集热功率增大时，即单塔的太阳能热发电系统大型化后，定日镜场的集热效率随之降低。目前，SolarOne是较为成功的塔式太阳能热发电系统，容量为10MW，定日镜场的年均集热效率为58.1%。针对上述问题，国外学者提出多塔的定日镜场形式，我国的金红光研究员提出了槽塔结合的双级蓄热太阳能热发电系统，这些研究为塔式太阳能热发电技术的发展开拓了新方向。

目前，碟式太阳能热发电系统规模较小，高效发电技术还不成熟（尚处于试验阶段），在上述三种太阳能热发电技术中，开发风险最大且投资成本最高。

太阳能热发电的另一种方式是太阳能热气流发电，太阳能热气流发电系统也称太阳烟囱发电系统。热气流发电的工作原理类似于温室效应，如在一片广阔的平地上，用透明塑料或玻璃做一个中间向上倾的屋顶，形成巨大的篷式地面太阳空气集热器，在其中央有一个高大的竖直烟囱。于是在阳光的照射下，地面空气集热器内的空气就被加热，它对环境的温差可高达35℃。利用冷热空气的温度差或密度差，加热了的空气将向屋顶上方运动，并通过烟囱迅速上升，其速度可达15m/s。也可以把烟囱看做是将空气中的热能转换为压力能的转换器。在烟囱的底部安装一台风力发电机，从而将热风的动能转变成了电能。屋内的土地具有储能的作用，以减少电能输出的波动。如图5-28所示，太阳能热气流发电系统主要由三部分构成：太阳能集热棚、导流烟囱和涡轮发电机组。其中集热棚采用透光隔热材料制成，吸收太阳辐射加热棚内空气；在位于集热棚中央的烟囱抽气和集热棚内热空气压力的联合作用下，引导棚内空气形成强大气流；气流驱动涡轮机带动发电机发电。

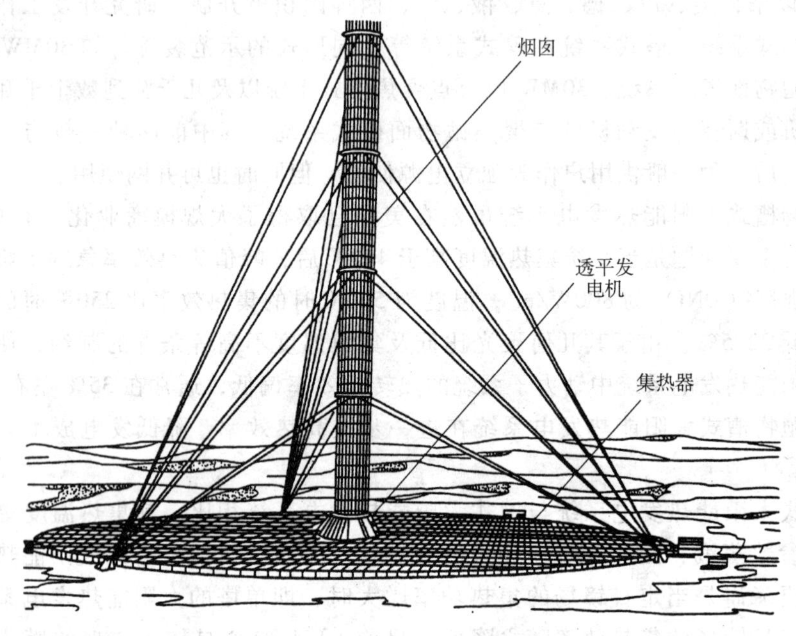

图5-28　太阳能热气流发电示意图

太阳能热气流发电的构想是由德国斯图加特大学的Jorgan. Schlaich教授在1978年首先提出的。1982年，在西班牙的门泽纳雷斯市（Manzanres）成功建起了一个白天平均功率为50kW的试验性太阳能烟囱发电站。它成功地将成熟的温室技术、烟囱技术和风力涡轮机技术结合为一体。

这种太阳能发电具有以下优点：①集热器既能吸收直射的太阳光，也能吸收漫射太阳光。而依靠聚焦型太阳能集热器生产蒸汽来驱动热机发电的系统则只能吸收直射辐射，因此受天气情况影响小。②太阳能热气流发电技术是一种很好的太阳能转化技术，集热棚地面吸收的太阳能不但白天能够发电，而且晚上也能释放能量，保证发电机组的连续运行。③太阳能热气流电厂结构坚固，不易损坏。

稳定气流状况下的太阳能热气流电厂中，风力透平、传动器和发电机是仅有的运动部件，这使电厂维护相对简单。④太阳能集热器以及烟囱材料均可以使用现有的常规材料，设备较其他发电技术简单，运行费用低，而且设备规模越大，功率越大，发电的效率也越高，经济性上适合于建立大功率的太阳能热气流发电系统。⑤和传统电厂（包括部分其他形式的太阳能电厂）不同，太阳能热气流电厂不需要冷却水，对于那些阳光充裕而饮用水缺乏的国家而言，是一个极为重要的优势。⑥建造太阳能热气流电厂所需的主要建筑材料是混凝土和玻璃，利用沙漠地区富含的石子和沙土以及已建成的太阳能热气流电厂的电能，又可以继续生产混凝土和玻璃。

缺点是太阳能热气流电厂只能把集热器所吸收的太阳能的一部分转化为电能，因此“效率很低”，其原因是太阳能首先变成低品位的热能，才又转变成气流和电能。但是太阳能热气流电厂造价低廉，架构坚固，维修费用低，这些足以弥补其效率低的缺点。

从世界范围看，太阳能热发电技术已基本完成了实验室探索阶段，正处在逐步实现商业化的过程中。西班牙、美国、德国、以色列、意大利、澳大利亚、日本、韩国等国家都投入了大量资金和人力进行研究，取得了大量科研成果，全世界先后建立了20余座塔式太阳能热发电示范电站。

1984～1990年，在美国加州安装了九个槽式太阳能热发电厂，功率为13～80MW不等。槽式太阳能热发电技术是目前最为成熟的太阳能热发电技术。随着技术的不断发展，系统从光到电的效率从起初的11.5%提高到13.6%，并且最大的峰值效率曾达到过21%。建造费用由5976美元/kW降低到目前的2300～2500美元/kW。系统光到电的年净效率为11%～15%。在太阳资源为2940kWh/m^2地区的发电成本已经由26.3美分/kWh降低到12美分/kWh。一个商业规模的发电厂的大小在50MW以上。

从1996～1999年，美国的Solar Two发电厂显示太阳能塔式发电技术在10MW试验规模水平。全世界目前已经有10个塔式的太阳能热发电试验电站在运行。随着技术的不断发展，系统从光到电的效率由1995年Solar Two的7.6%提高到2004年Solar Two的13.7%。系统建造费用由5976美元/kW降低到目前的2500～2900美元/kW。系统光到电的年净效率为15%～20%。目前在太阳资源每年为2940kW/m^2地区的LEC大约为0.15美分/kWh。一个商业规模的发电厂的大小在50～200MW。

太阳能热发电在商业上还未得到大规模应用，或者说正在逐步实现商业化的过程中，其根本原因是目前太阳能热发电系统的发电成本高，是常规能源发电成本的1倍以上。造成太阳能热发电成本高的原因主要有以下三个方面：①太阳能热气流密度低，需要大面积的光学反射装置和昂贵的接收装置将太阳能直接转换为热能，这一过程的投资成本约占整个电站投资的一半。②太阳能热发电系统的发电效率低，年太阳能净发电效率不超过15%。在相同的装机容量下，较低的发电效率需要更多的聚光集热装置，增加了投资成本。③由于太阳能供应不连续、不稳定，需要在系统中增加蓄热装置，大容量的电站需要庞大的蓄热装置和管路系统，造成整个电站系统结构复杂，增加了成本。

(3) 太阳能光伏发电　太阳能发电的另一种方法是通过太阳能电池将太阳辐射能转换为电能的发电系统，即太阳能光伏发电系统。太阳能光伏发电目前工程上广泛使用的光电转换器件晶体硅太阳能电池，生产工艺成熟，已进入大规模产业化生产，并且发展迅速。1990～2006年以来世界太阳能电池的生产实现了持续增长，尤其是最近10年太阳能电池及组件生产的年平均增长率达到33%，最近5年的年平均增长率达到43%。2006年，世界太阳能电池产量达到2500MWp（Wp代表在大气质量为1.5、太阳辐射1000W/m^2时，太阳能电池的输出功率Watt，1MW等于1000kW)，累计发电量达到8590MWp，呈现加速增长的态势。根据欧洲可再生能源委员会《可再生能源状况2040》报告，太阳能占世界总发电量的比例在2010年将达到0.1%，2020年将达到1.1%，2030年将达到8.3%。日本新能源产业技术开发机构（NEDO）对太阳能组件的未来预测以及从费用角度绘制的路线图，到2030年，太阳能电池的发电量将达到100GW。

随着光伏技术的进步，世界光伏产量有了很大的提高，20世纪90年代的年平均增长率达到20%，从1991年的55MW增长到2000年的287MW；2001年以来，光伏电池产量快速增长，光伏组件的年平均增长率更是高达30%以上。2005年，世界太阳能电池产量达到1656MW，比2004年增加了38%；日本光伏电池产量再次领先增长到762MW，增长率为27%；欧洲产量增加48%，达到464MW；美国增加12%，达到156MW；世界其他地区增加96%，达到274MW。

光伏电池板是太阳能光伏发电系统中的基本核心部件，它的大规模应用需要解决两大难题：一是提高光电转换效率；二是降低生产成本。

目前太阳能电池的发展已经历了三代。第一代光伏电池以硅片为基础，虽然其技术已经发展成熟，但高昂的材料成本在全部生产成本中占据主导地位，不仅消耗了过多的硅材料，而且制作全过程中要消耗很多能源。第二代光伏电池基于薄膜技术，将很薄的光电材料铺在非硅材料的衬底上，大大减少了半导体材料的消耗，并且易于形成批量自动化生产，从而大大降低了光伏电池的成本，国际上已经开发出了电池效率在15%以上、组件效率在10%以上和系统效率在8%以上、使用寿命超过15年的薄膜电池工业化生产技术。第三代高转换效率的薄膜光伏电池通过减少非光能耗，增加光子有效利用以及减少光伏电池内阻，使光伏转换效率的上限有望获得新的提升。

另外，多晶硅光伏电池比单晶硅光伏电池的材料成本低，是世界各国竞相开发的重点。目前它的研究热点包括开发多晶硅生产技术，开发快速掺杂和表面处理技术，提高硅片质量，研究连续和快速的布线工艺，多晶硅电池表面结构化技术和薄片化，开发高效率电池工艺技术等。非晶硅电池仍处在发展之中，每年的新增产量在10MW以上。化合物太阳电池（如铜铟镓硒等）正以其转换效率高、成本低、弱光性好及寿命长等优点成为新一代光伏电池的发展方向。

总之，经过世界各国几十年的不懈努力，太阳能技术已经有了长足的发展，并表现出如下特点：一是发达国家占据着太阳能核心技术的高端，自2000年以来，太阳能专利的大部分权利人来自日本，日本拥有的发明专利数量绝对第一，占45%，美国以21%排名第二，德国、中国紧随其后，分别为10%和8%，此外，韩国占3%，澳大利亚占2%，俄罗斯和世界知识产权组织（WIPO）各占1%，其他国家共占9%；二是太阳能核心技术的拥有者为企业，目前全球太阳能产业领域申请专利前十名的全部为日本企业，其中日本佳能株式会社最多，专利申请数量为1503项，夏普次之，为1345项，京都陶瓷883项、三洋电子799项及松下530项，表现出绝对的领先优势；其他发达国家的企业，如美国的SunPower和德国的Siemena Solar等企业在太阳能光伏市场上都有非常强的竞争力，不容忽视。

第5节　风能规模利用技术

1. 风能概述

（1）风能资源

1）有关风的知识。对人类来说，风是最熟悉的自然现象，它是由太阳辐射热引起的。太阳照射到地球表面，地球表面各处受热不同产生温差，从而引起大气的对流运动形成风。

由于地球自转轴与围绕太阳的公转轴之间存在66.5°的夹角，因此对地球上不同地点，太阳照射角度是不同的，而且对同一地点一年365天中这个角度也是变化的。地球上某处所接受的太阳辐射能与该地点太阳照射角的正弦成正比。地球南北极接受太阳辐射能少，所以温度低，气压高；而赤道接受热量多，温度高，气压低。另外，地球又绕自转轴每24h旋转一周，温度、气压昼夜变化。这样由于地球表面各处的温度、气压变化，气流就会从压力高处向压力低处运动，而形成不同方向的风，并伴随不同的气象变化。

有两个描述风的重要参数，这就是风向和风速。风向是指风吹来的方向，如果风是从北方吹来就称为北风。风速是表示风移动的速度，即单位时间内空气流动所经过的距离。显然风向和风速这两个参数都是在变化的。

风随时间的变化，包括每日的变化和季节的变化。通常一天之中风的强弱在某种程度上可以看做是周期性的。如地面上夜间风弱，白天风强；高空中正相反是夜里风强，白天风弱。这个逆转的临界高度约为100～150m。

由于季节的变化，太阳和地球的相对位置也发生变化，使地球上存在季节性的温差，因此风向和风的强弱也会发生季节性的变化。我国大部分地区风的季节性变化情况是春季最强，冬季次之，夏季最弱。当然也有部分地区例外，如沿海温州地区，夏季季风最强，春季季风最弱。

风还会随高度而变化。从空气运动的角度，通常将不同高度的大气层分为一个区域。离地2m以内的区域称为底层；2～100m的区域称为下部摩擦层，二者总称为地面境界层；100～1000m的区段称为上部摩擦层，以上三区域总称为摩擦层。摩擦层之上是自由大气。

地面境界层内空气流动受涡流、黏性和地面植物及建筑物等的影响，风向基本不变，但越往高处风速越大。各种地面不同情况下，如城市、乡村和海边平地，其风速随高度的增加而增加。

2）风能资源。地球上风能资源十分丰富。据世界能源理事会估计，在地球陆地面积中有27%的地区年平均风速高于5m/s（距地面10m处）。如果将地面平均风速高于5.1m/s的陆地用作风力发电场，则每平方公里的发电能力为8MW，据此推算上述陆地面积的总装机容量可达24×10^{13}W。当然这只是个假想数字，因为这部分陆地还有其他的用途。美国和荷兰有关风力发电潜力的研究表明，上述面积中只有约4%可用作风力发电。如果再考虑到风力发电机的利用率，则全球陆上风力发电能力估计可达2.3×10^{12}W，每年可发电20×10^{12}kW·h。这个数字是惊人的，要知道1987年全球的能源消耗仅为12.5×10^{12}W。值得注意的是，上述全球风力发电的估计潜力是对大规模联网风力发电场而言。实际上平均风速在4.4～5.1m/s之间的陆地面积约占地球陆地总面积的一半，而对于平均风速为3m/s地区，风力泵也是一种很经济的风能利用方式。这表明小型风力发电机和风力泵可应用于世界上的许多地区。

中国是季风盛行的国家，风能资源量大面广。风能理论总储量约为16×10^{11}W，可利用的风能资源约为2.5×10^{11}W。据气象部门多年观测资料，中国风能资源较好的地区为东部沿海及一些岛屿；内陆沿东北、内蒙古、甘肃至新疆一带，风能资源也较丰富。平均风能密度150～300W/m^2，一年中有效风速超过3m/s的时间为4000～8000h。

（2）风能利用与价值　风能利用历史悠久，我国是世界上最早利用风能的国家之一。公元前数世纪，我国人民就利用风能提水、灌溉、磨面、舂米，用风帆推动船舶前进。在国外，公元前2世纪，古波斯人就利用风能碾米；10世纪，伊斯兰人用风能提水；11世纪，风力机已在中东获得广泛的应用；13世纪，风力机传至欧洲，14世纪时已成为欧洲不可缺少的原动机，除了汲水外还用于榨油和锯木；在 19 世纪，风力机更为荷兰、丹麦、美国等国的经济发展作出了重要贡献。例如，19 世纪初，荷兰大约有 1 万台叶片长达 28m 的大型风力机。19 世纪后半叶，风力机在丹麦已很流行，当时约有 3000 多台风力机在运行，总功率达 150 ~ 200GW，当时丹麦工业界的约 1/4 的能源依赖风能。

工业革命后，特别是到了 20 世纪，由于煤炭、石油、天然气的开发，农村电气化的逐步普及，风能利用呈下降趋势，风能技术发展缓慢。直到 20 世纪 70 年代中期，由于能源危机才使人们重新重视风力机的研究和发展，30 年来风能利用技术已取得了显著的进步。

目前风能主要用于以下几方面：

1）风力发电。利用风力发电已越来越成为风能利用的主要形式，受到世界各国的高度重视，而且发展速度最快。风力发电通常有三种运行方式。一是独立运行方式，通常是一台小型风力发电机向一户或几户提供电力，它用蓄电池蓄能，以保证无风时的用电。二是风力发电与其他发电方式（如柴油机发电）相结合，向一个单位或一个村庄或一个海岛供电。三是风力发电并入常规电网运行，向大电网提供电力。常常是一处风场安装几十台甚至几百台风力发电机，这是风力发电的主要发展方向。

近几年风力发电有了惊人的增长。截止 2005 年年底，世界风电装机总容量为 59322MW，比上年增长 25%。2005 年全世界新增风电装机容量 11769MW，比上年增加 3562MW，增长 43%；新增风电总投资达 140 亿美元。世界风电装机容量前六位的国家依次为德国 18428MW、西班牙 10027MW、美国 9149MW、印度 4430MW、丹麦 3122MW、意大利 1717MW。其他国家包括英国、荷兰、中国、日本和葡萄牙等的风电装机容量都达到了 1000MW。

尽管风力发电具有很大的潜力，但目前它对世界电力的贡献还是很小的，这是因为风力发电的大规模发展仍受到许多因素的影响，例如风力机的效率不高，寿命还有待延长，风力机在大型化上仍存在某些困难，风力发电的高投资和发电成本仍高于常规发电方式，由于风能资源区远离主电网，联网的费用较大等。另外，公众和政府部门对风力发电的认识也在某种程度上影响风力发电的发展（例如认为建风力发电场妨碍土地在其他方面的使用）。

显然随着风力发电技术的进步，在风能资源好的地区，其发电成本可与常规电厂一样，加上替代能源的需求，在未来 20 年，风力发电将会有一个较大的发展。到 2020 年，全球的风力发电能力将达 40 万 MW，相当于 200 个大型发电站。

2）风力泵水。风力泵水自古至今一直得到较普遍的应用。至 20 世纪下半叶，为解决农村、牧场的生活、灌溉和牲畜用水以及为了节约能源，风力泵水机有了很大的发展。现代风力泵水机根据用途可以分为两类：一类是高扬程小流量的风力泵水机，它与活塞泵相配提取深井地下水，主要用于草原、牧区，为人畜提供饮用水；另一类是低扬程大流量的风力泵水机，它与螺旋泵相配，提取河水、湖水或海水，主要用于农田灌溉、水产养殖或制盐。

3）风帆助航。在机动船舶发展的今天，为节约燃油和提高航速，古老的风帆助航也得到了发展。航运大国日本已在万吨级货船上采用电脑控制的风帆助航，节油率达 15%。

4）风力致热。随着人民生活水平的提高，家庭用能中热能的需要越来越大，特别是在高纬度的欧洲、北美，取暖、煮水是耗能大户。为解决家庭及低品位工业热能的需要，风力致热有了较大的发展。“风力致热”是将风能转换成热能。目前有三种转换方法。一是风力机发电，再将电能通过电阻丝发热，变成热能。虽然电能转换成热能的效率是 100%，但风能转换成电能的效率却很低，因此从能量利用的角度看，这种方法是不可取的。二是由风力机将风能转换成空气压缩能，再转换成热能，即由风力机带动离心压缩机，对空气进行绝热压缩而放出热能。三是将风力机直接转换成热能。显然第三种方法致热效率最高。

风力机直接转换热能也有多种方法。最简单的是搅拌液体致热，即风力机带动搅拌器转动，从而使液体（水或油）变热。“液体挤压致热”是用风力机带动液压泵，使液体加压后再从狭小的阻尼小孔中高速喷出而使工作液体加热。此外还有团体摩擦致热和涡电流致热等方法。

2. 风力机的基本理论与技术

（1）风力机

1）风力机的构成。风力机又称风车，是一种将风的动能转换成机械能、电能或热能的能量转换装置。风力机的类型很多，通常分为水平轴风力机、垂直轴风力机和特殊风力机三大类。但应用最广的还是前两种类型的风力机。图 5-29 为各种不同形式的风力机的示意图；图 5-30 为水平轴风力发电机和垂直轴风力发电机组的结构图。

风力机安装地点的风力和风速是不断变化的，因此为了使风力机能稳定的工作，并有效地利用风能，风力机上都必须有调向和调速装置。调向装置的作用是使风力机风轮的迎风面始终正对来流方向。常用的调向装置有尾舵调向、侧风轮调向、自动调向和伺服电动机调向等。调速装置的作用是使风力机在风速变化时能保持不变，此外在风速过高时还能起过速保护作用。常用的调速装置有固定叶片调速装置和可变桨距调速装置等。

风力机的效率主要取决于风轮效率、传动效率、储能效率、发电机和其他工作机械的效率。风力机按功率输出的大小，一般分为小型（10kW 以下），中型（10～100kW）和大型（100kW 以上），其中 1000kW（1MW）到 2000kW（2MW）以下又称为兆瓦级，2000kW 及以上又称为多兆瓦级。

2）风力机功率控制方法。现代用于发电的属于高速风力机的发电机一般只需

1~3 个叶片，最普遍的是三叶片，因为它系统运行平稳，能输出稳定的转矩。由于风速的不稳定，风力机应具备功率控制功能。风力机的功率控制是指对其在低于额定风速时的功率优化和高于额定风速时的功率限制。功率控制的方法主要有三种：失速控制，变桨距控制和主动失速控制。

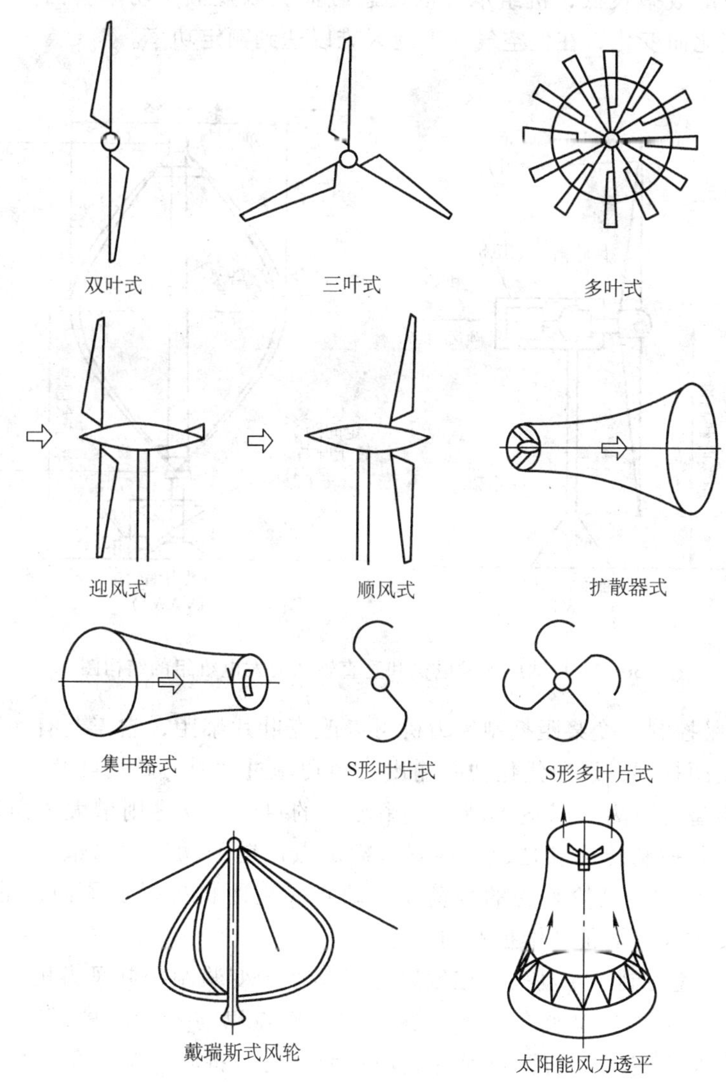

图 5-29　各种不同形式的风力机

① 失速控制。失速控制风力机的风轮叶片以一个固定的角度紧固到轮毂上，为定桨距。失速控制用于在风速超过额定风速时限制功率输出，这可以通过对风

轮叶片的几何设计确定叶片翼型的扭角分布，使风力机功率达到额定点后，继续增大风速则升力减少、阻力增加，在叶片上表面产生流动分离，从而限制功率输出。风力机的失速控制要求对风轮叶片的精确加工和叶片安装角的准确安装。失速控制风力机的优点是结构简单，造价低，运行维护方便。其缺点是起动性差，低风速情况下的效率较低，机组承受的动态载荷大以及额定功率会因空气密度和电网频率的变化而变化，在低空气密度地区难以达到额定功率。

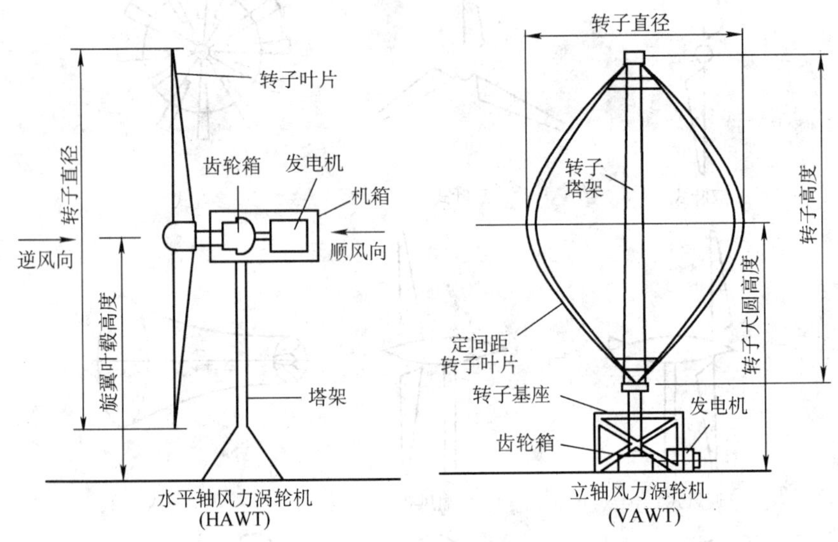

图 5-30　水平轴风力发电机和垂直轴风力发电机组的结构图

② 变桨距控制。变桨距控制风力机可以改变叶片桨距，它需要有一套机构来保证准确的变距控制，以便优化功率输出。当功率过大时，转动叶片来减少攻角，由此来减小翼型的升力，以达到减小功率输出的目的；反之则增大攻角以增加功率输出。变桨距控制的优点是起动性好，额定点以前的功率输出饱满，额定点以后的输出功率平滑，风轮承受的载荷小。缺点是变距机构增加了额外的复杂性。可靠性设计要求高，造价和维护费用高。

③ 主动失速控制。主动失速控制风力机类似于变桨距控制风力机，具有可变桨距的叶片。主动失速又称负变距，在额定功率点以前，与定桨距风力机一样，叶片的桨距角是固定不变的；当到达额定功率点时，将叶片桨距角向增大攻角方向调节，叶片进入失速状态，减小功率输出；而当叶片失速导致功率下降，功率输出低于额定功率时，适当调节叶片的桨距角，提高功率输出。这样能更加精确地控制功率输出，并有可能使风力机在高于额定风速下的运转达到额定功率，这种控制方式也有利于补偿因空气密度变化所造成的功率变化。

3）风力机性能参数。风力机性能可以由两个量纲为 1 的参数，即风能利用系

数 C_p 和叶尖速比 λ 来描述。

风能利用系数指风力机从风能中转换的能量占风力机风轮扫过面积全部风能的比例。如果风轮扫掠面积为 A，扫掠面积的风能为 E（$E=0.5\rho Av^3$，ρ 为空气密度，A 为风轮扫掠面积，v 为风速），风能利用系数 C_p 等于 P/E，则 $C_p=P/0.5\rho Av^3$，其中 P 为风力机功率。

叶尖速比是风轮叶尖线速度与风速的比值。即 $\lambda=R\omega/v$，其中 R 为风轮半径，ω 为风轮角速度。

风力机性能一般用风能利用系数曲线进行描述。风能利用系数曲线是描述风力机的风能利用系数与叶尖速比之间关系的曲线，图5-31显示了一条典型的定转速定桨距水平轴风力机 C_p-λ 曲线，C 点为最大风能利用系数点，B 点为最大功率输出点，A、D 分别对应风力机的切出、切入风速点，叶片攻角沿着 $ABCD$ 逐渐减少，其中 ABC 段为失速区。显然，由于风速不同，C_p 最大点与功率最大点并不重合，功率最大点处虽然 C_p 值较低，但对应的风能 E 较大。风力机功率 P 沿 DCB 随风速提高而上升，到达最大点 B 后，沿 BA 随风速提高而下降。

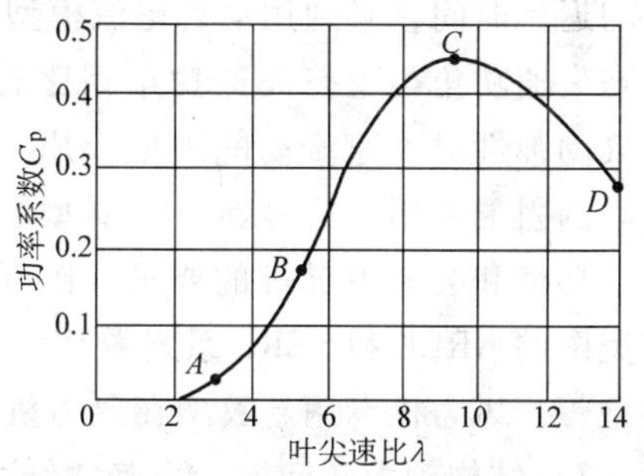

图5-31 定桨距水平轴风力机风能利用系数与叶尖比曲线

4）风力机的关键部件。叶片、轮毂、主轴、齿轮等是风力机的关键部件。叶片通常是由玻璃纤维增强聚酯（GRP）制成的，环氧树脂有时用来代替聚酯，有时也用碳纤维来代替玻璃纤维。采用碳纤维的叶片质量轻、强度大，但成本较高。在大型风轮的叶片中，有时也使用木质层压板。轮毂是用来连接叶片与风轮轴的固定部件，它将来自叶片的载荷传递到风轮的支撑结构上。轮毂通常由球墨铸铁制成，使用铸铁的主要原因是轮毂的复杂形状使得其难于被其他方法加工。主轴将来自轮毂的转动能量传送给齿轮箱或直接传到发电机，还将载荷传递给机舱内的固定系统。除了承受风轮产生的启动载荷外，主轴还承受重力以及轴承、齿轮的反作用力。主轴也承受传动系统的扭转振动。由于表面腐蚀会导致抗疲劳能力的大幅下降，必须保护主轴不受侵蚀。主齿轮是传动系统中传递风轮到发电机的能量并加速转动的关键部件。实际应用的风力机主齿轮系中，最常见的形式是由一个行星齿轮加上一个或多个平行轮系构成的。

（2）风能利用中的关键技术 风能技术是一项涉及多学科的综合技术。而且，风力机不同于通常机械系统的特性动力源，是具有很强的随机性和不连续性的自然风，叶片经常运行在失速工况，传动系统的动力输入异常不规则，疲劳负载高于通常旋转机械几十倍。对于这样的强随机性的综合系统，其技术发展中有下列几个关键问题：

1）空气动力学问题。空气动力设计是风力机设计技术的基础，它主要涉及下列问题：一是风场湍流模型。早期风力机设计采用简化风场模型，无法计算风场湍流引起的随机载荷。研究可以正确反映湍流时空结构的风场湍流模型，对风力机疲劳载荷和极端载荷的确定具有重要意义。二是动态气动模型。湍流风场作用下的动态过程，如当叶片负载变化导致尾流变化影响诱导速度的动态过程需要一定的迟延时间，必须用动态尾流模型来计算诱导因子。在功角急剧变化的情况下，动态失速功角与稳态失速功角相比有明显的滞后。传统采用的准稳态近似、低估了气动弹性对失速流动的阻尼作用，必须用动态失速模型来计算气动弹性对失速流动的阻尼作用。三是新系列翼型。传统沿用的航空翼型不能很好地满足风力机低空环境和失速工况等的要求，国际上高度重视发展风力机专用翼型系列，现已有美国的 NREL 和 SERL 系列翼型、丹麦的 RIφ-A 系列翼型、瑞典的 FFA-W 系列翼型等。风力机专用新翼型在风力机叶片设计中起着重要的作用。

2）结构动力学问题。准确的结构动力学分析是风力机向更大、更柔、结构更优化方向发展的关键。一方面是风轮叶片增长后，叶片变得更加柔性，这时叶片除了发生挥舞和摆振振动外，还可能发生扭转振动。当叶片挥舞、摆振和扭转振动相互耦合时，会出现气弹失稳，导致叶片破坏。因此，设计时必须确保叶片的扭转刚度，并调整好叶片质心的位置。另一方面是风力机的动态特性变得更加重要，这既要准确预测作用在风力机上的气动载荷和机械载荷，对于海上风力机还要预测海上波浪和海流产生的水动力载荷；还要对风力机结构动力特性，包括响应和结构稳定性进行分析。风力机系统是机舱、轮毂等相对刚性的构件和塔架、叶片等相对柔性的构件组成的刚 - 柔混合多体系统，必须用现代刚 - 柔多体系统动力学理论进行分析和设计，以保证其结构可靠性和系统安全性。

3）控制技术问题。风力机组的控制系统是一个综合性的控制系统。随着风力机组由恒速定桨距运行发展到变速变桨距运行，控制系统除了对机组进行并网、脱网和调向控制外，还要对机组进行转速和功率的控制，以保证机组安全和跟踪最佳运行效率。由于风力机是一个非线性系统，以往采用线性控制理论设计的控制器不能完全满足风力机在非设计工况下的运行控制，必须通过微分几何全局线性化理论，应用非线性坐标变换，把非线性系统在全局上转化为线性系统，再应用线性系统加以设计。另外，近年来又提出了基于模糊逻辑和神经网络的风力机组智能控制系统，用模糊逻辑控制器来进行转速和功率控制，用神经网络控制叶片桨距和预测风轮气动特性。智能控制的最大优点是不需要对机组建立准确的数学模型，即可执行控制功能，并通过其在线学习能力，保持系统有较高的风能转换效率。

4）并网运行问题。目前，兆瓦级风力机组多采用变速恒频发电系统。近年来又发展了无齿轮箱风力发电机组，采用低速（多级）交流发电机经变频器与电网连接运行。对风力机组的并网运行特性进行数值仿真是风力发电机组研制中的一个重要内容。数值仿真的关键是建立机组全系统的数学模型，包括风轮、传动装置、发电机、控制系统、并网装置和电网系统的数学模型。全系统动态响应的动力来自气动力，而风轮转速等的变化又反过来改变叶片攻角等关键气动参数。因此，系统动态过程是一个综合气动模型、系统机械特性、控制方法以及执行机构响应分析的耦合过程。

5）可靠性设计技术问题。随着风电技术的发展，风力机系统可靠性日益受到重视。现在可靠性已与性能、成本、时间等技术经济指标共同作为评价系统优劣的主要指标。风力机可靠性研究包括两个主要内容：一个是系统可靠性评估分析，另一个是关键部件在极限载荷下的损害分析。在系统可靠性评估分析方面，国际上主要采用结构可靠性设计方法，通过建立风力机全系统故障树，分析计算系统的失效概率，这适用于已知各部件失效模式的全系统可靠性评价和可靠性优化。关键部件在极限载荷下的损害分析是可靠性研究的关键因素。针对我国特有的气候环境，研究风力机特殊过程的极限载荷问题，建立较完善风力机可靠性设计方法，对大型风力机组的研究以及风电场的运行很重要。

（3）风能利用中的其他问题　风能利用前景广阔，但在风能利用中还有两个问题需要特别注意：一是风力机的选址，二是风力机对环境的影响。

1）风力机的选址。无论是哪一种用途的风力机，选择设置地点都是十分重要的。选址合适不但能降低设备费用和维修成本，还能避免事故的发生。除了考虑设置地点的风况外，还应考虑其他自然条件的影响，例如雷击、结冰、盐雾和沙尘等。

在平坦地形上设置风力机时应考虑的条件是：①离开设置地点 1km 的方圆内无较高的障碍物。②如有较高的障碍物（例如小山坡）时，风力机的高度应比障碍物高 2 倍以上。在山丘的山脊或山顶设置风力机时，山脊不但可以作为巨大的塔架，而且风经过山脊时还会加速。因此山顶和山脊的肩部（即两端部）是安装风力机的好场所。

2）风力机对环境的影响。如果不考虑风能利用中由于所采用材料（如钢铁、水泥等）在生产过程中对环境的污染，通常认为风能利用对环境是无污染的。但是由于人们对环境的要求越来越高及环境保护的含义越来越广，因此在风能利用中也必须考虑风力机对环境的影响，这种影响反映在以下几方面：①风力机的噪声。风力机产生的噪声包括机械噪声和气动噪声，分析表明风轮直径小于 20m 的风机，机械噪声是主要的。当风轮直径更大时，气动噪声就成为主要的噪声。噪声会对风力机设置处的居民产生一定的影响，特别是对人口稠密地区（例如荷兰）噪声问题更加突出，因此应采取各种技术措施来减少风力机的噪声。②对鸟类的伤害。风力机的运行常常会对鸟类造成伤害，如鸟被叶片击落。大型风力场也影响附近鸟类的繁殖和栖息。虽然许多研究表明上述影响不大，但对一些特殊地区，例如鸟类大规模迁徙的路线上，应充分考虑对鸟类的影响，在选址上予以避开。③对景观的影响。风力机或因其庞大，或因其数量多（大型风力电场风力机可多达数百台）势必对视觉景观产生影响。对人口稠密和风景秀丽区域更是如此，对这一问题，处理得好，会产生正面影响，使风力机变为一个景观。而处理不好，则会产生严重的负面效应。因此在风景区和文化古迹区，安装风力机尤应慎重。④对通信的干扰。风力机运行会对电磁波产生反射、散射和衍射，从而对无线通信产生某种干扰。在建设大型风力场时应考虑这一因素。

3. 风力发电

（1）风力发电机组　风力发电机组一般由叶片（集风装置）、发电机（包括传动装置）、调向器（尾翼）、塔架、限速安全机构和储能装置等构件组成。图 5-32 为风力发电机组的结构示意图。

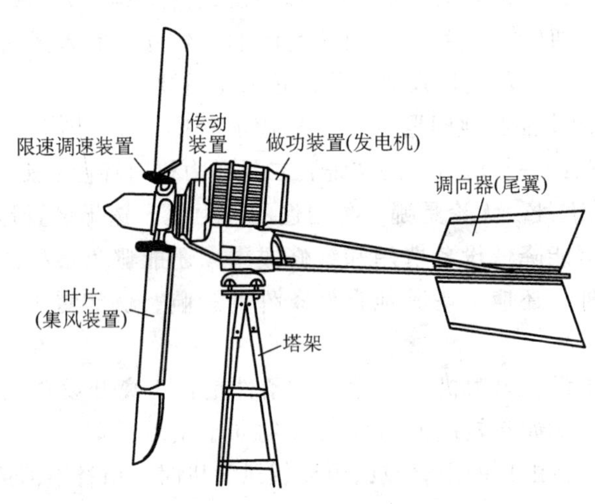

图 5-32　风力发电机组的结构示意图

叶片是集风装置，它把流动空气具有的动能转变为叶片旋转的机械能。一般风力发电由两个或三个叶片构成。叶片在风的作用下，产生阻力和升力，设计优良的叶片可以产生大的升力和小的阻力。

风力发电机目前有直流发电机、同步交流发电机和异步交流发电机三种。小功率风力发电机多采用同步或异步交流发电机，发出的电流通过整流装置转换成直流电。与直流发电机相比，同步发电机效率高，而且在低风速下比直流发电机发出的电能多，能适应比较宽的风速范围，缺点是成本较高。

调向器的作用是尽量使风力发电机的叶片随时都迎着风向，从而最大限度地获取风能。除了下风式风力发电机外，一般风力发电机几乎全部是利用尾翼来控制叶片的迎风方向的。

限速安全机构用来保证风力发电机的安全运行。叶片转速和功率随风速的提高而增加，风速过高会导致叶片转速过高和发电机超负荷，从而危及风力发电机的安全运行。

塔架是风力发电机的支撑机构，也是风力发电机的重要部件。

目前，风力发电系统在应用上分为并网风电系统和独立风电系统两类。

并网风电系统的风电机组直接与电网相连接。由于涡轮风机的转速随着外来风速改变，不能保持一个恒定的发电频率，因而需要有一套交流变频系统相配套，将涡轮风机产生的电力转变为交流电网频率的交流电后再进入电网。由于风电输出功率的不稳定性，电网系统内还需要配置一定的备用负荷。

独立风电系统主要建造在电网不易到达的边远地区。同样，由于风力发电机输出功率的不稳定和随机性，需要配置储能装置，在风力发电机组不能提供足够的电力时，为照明、广播通信、医疗设施等提供应急电力。目前蓄电池是风力发电机采用的最为普遍的储能装置。风力发电机组在为用电装置提供电力的同时，将过剩的电力通过逆变器转换成直流电，向蓄电池充电；在风力发电机电力不足时，储存在蓄电池内的电能通过逆变器将直流电转变为交流电后再向用电负荷供电。因此，独立的风电系统由风力发电机、逆变器和蓄电池三部分组成。另外，还有一种独立风电系统是混合型风电系统，除了风力发电机外，还带有一套备用的发电系统，通常采用柴油机。在风力发电机不能提供足够的电力时，柴油机投入运行。

（2）定桨距风力发电机组和变桨距风力发电机组　并网型风力发电机组从 20 世纪 80 年代中期开始，逐步实现了商业化和产业化，目前主要分为定桨距风电机组和变桨距风电机组两种。

定桨距风力发电机组的主要结构特点是桨叶与轮毂的连接是固定的，即当风速变化时，桨叶的迎风角度不能迎风变化。因此，定桨距风电机组必须解决两个问题：

一是当风速高于叶轮的设计点风速即额定风速时，桨叶必须能够自动地将功率限制在额定值附近，以免超过材料的物理性能极限。桨叶的这一特性被当成自动失速控制。二是运行中的风电机组在突然失去电网负荷（突甩负荷）的情况下，桨叶必须具备制动能力，使机组能够在大风情况下安全停机。早期的定桨距风电机组风轮并不具备制动能力，脱网时完全依靠安装在低速轴或高速轴上的机械制动装置制动，这对于大型风电机组的整体结构强度造成严重影响。20 世纪 70 年代，用玻璃钢复合材料成功研制了失速性能好的风力机桨叶，解决了定桨距风电机组在大风时的功率控制问题；80 年代又将尖叶扰流器应用在风电机组上，解决了突甩负荷情况下的安全停机问题，使定桨距（失速型）风电机组在近 20 年的风能开发利用中始终占据主导地位。最新推出的兆瓦级风电机组仍有机型采用该项技术。

变桨距风力发电机是指整个叶片绕叶片中心旋转，使叶片攻角在一定范围内（一般为 0°～90°）变化，以便调节输出功率不超过设计允许值。与定桨距风电机组相比，变桨距风电机组具有如下优点：

一是在额定功率点以上输出功率平稳。当功率在额定功率点以下时，控制器将叶片节距角置于 0°附近，不作变化，相当于定桨距风电机组；当功率超过额定功率时，变桨距机构开始工作，调整叶片节距角，将发电机的输出功率限制在额定值附近。二是在额定点具有较高的风能利用系数。在相同的额定功率点，变桨距机组的额定风速比定桨距机组要低。定桨距风电机组一般在低风速段的风能利用系数较高，在风速过了额定点后风能利用系数开始大幅下降，因为此时桨叶已开始失速，风速升高，功率反而下降。而由于变桨距风电机组的桨叶节距可以控制，无须担心风速超过额定点后的功率控制问题，使得额定功率点仍然具有较高的功率系数。三是可以确保高风速段的额定功率。由于变桨距风电机组的桨叶节距角是根据发电机输出功率的反馈信号来控制的，不受气流密度变化的影响。无论由于温度变化还是海拔引起空气密度变化，变桨距系统都能通过调整叶片角度使之获得额定功率输出，保证较高的发电量。与功率输出完全依靠桨叶气动性能的定桨距风电机组相比，具有明显的优越性。四是起动与制动性能好。变桨距风电机组在低风速时，桨叶节距可以转动到合适的角度，使风轮具有最大的起动力矩。在变桨距风电机组上，一般不再设计电动机起动的程序。当风电机组需要脱离电网时，变桨距系统可以转动叶片使之减小功率，在发电机与电网断开之前，功率减小至零，使发电机与电网脱开时，没有转矩作用于风电机组，避免了在定桨距风电机组每次脱网时所要经历的突甩负荷的过程。

变桨距风力发电机组比较适于高原空气密度低的地区运行，避免了当失速安装角确定后，有可能夏季发电低而冬季又超发的问题。变桨距风电机组适合于额定风速以上风速较多的地区，这样发电量的提高比较显著。从今后的发展趋势看，大型风电机组将会普遍采用变桨距技术。

（3）变速运行风电机组与恒速运行风电机组　目前市场上的恒速运行的风电机组一般采用双绕组结构（4 极/6 极）的异步发电机，双速运行。在高风速段，发电机运行在较高转速上，4 极电机工作；在低风速段，发电机运行在较低转速上，6 极电机工作。也有如西班牙的生态技术公司那样，采用两个容量相同的异步发电机的恒速风力发电机。恒速运行的风力机的好处是控制简单，可靠性好，一般单机容量为 600～750kW 的风电机组多采用恒速运行方式。恒速运行的缺点是由于转速基本恒定，而风速经常变化，因此风力机经常工作在风能利用系数较低的点上，风能得不到充分利用。

变速运行的风电机组一般采用双馈异步发电机或多极同步发电机。双馈电机的转子侧通过功率转换器（一般为双 PWM 交直流型变换器）连接到电网。该功率变换器的容量仅为电机容量的 1/3，并且能量可以双向流动，这是这种机型的优点。多极同步发电机的定子则通过功率变换器连接到电网，该功率变换器的容量要大于等于发电机的容量。

变速运行方式通过控制发电机的转速，能使风力机的叶尖比较接近最佳值，从而最大限度的利用风能，提高风力机的运行效率。在德国 2004 年上半年所安装的风电机组中有 90.5% 的风电机组采用了变速运行方式。

无齿轮箱系统的市场份额迅速扩大。齿轮传动不仅降低了风电转换效率和产生噪声，更是造成机械故障的主要原因，而且为减少机械磨损需要润滑清洗等定期维护。采用无齿轮箱的直驱方式虽然提高了发电机的设计成本，但却有效地提高了系统的效率以及运行的可靠性。

（4）风电并网技术　风力发电能够顺利并入一个国家或地区电网的电量主要取决于电力系统对供电波动反应的能力。变化不定的风力给电网带来的问题远比怀疑论者估计的低。很多涉及现代欧洲电网系统的评估表明，电网系统中风电容量占 20% 并不存在技术问题。但是，当大规模的风电并入电网以后，风电与电网之间的相互影响及相互作用规律还需要进一步研究。

4. 风力发电的现状与趋势

（1）风力发电的现状　风力发电技术是目前发展最快的清洁能源技术，已经在全球范围内得到大规模开发和利用，其发展速度大大超出人们的预料。1993 ~ 2003 年的 10 年间，世界风力发电的年增长率达到 29.7%。到 2004 年末，全球风力发电装机容量达到 47616.4MW，风力发电量已经占到世界总电量的 0.5%。世界风电装机容量的 73% 在欧洲，2004 年末，欧洲风力发电量总计装机容量为 34760MW。其中德国、西班牙和丹麦三个国家风电机组的装机容量约占欧洲的 84%。新兴的国家有奥地利、意大利、荷兰、瑞典和英国。预计 2010 年，全欧洲风电装机将达到 40000MW，2030 年可达到 100000MW。欧洲之外发展风电的主要国家有美国、印度、中国和日本，目前世界上超过 50 个国家在发展风电。

德国是目前风电装机容量最大的国家，截止 2004 年年底，风电装机容量达到 16628.8MW，其发电量已达到全国总电力需求的 6.2%，占全世界风力发电总量的 33%。德国温室气体排放量近几年来减少了约 1700 万 t，这增强了德国可持续发展的动力。到 2004 年 12 月，印度累计风力发电装机容量也已达到 2985MW，在风能利用规模方面排世界第五位，居发展中国家的首位。

随着风电技术的改进，风电机组越来越便宜和高效。增大风电机组的单机容量就减少了基础设施的费用，而且同样的装机容量需要更少数目的机组，这也节约了成本。随着融资成本的降低和开发商的经验积累，项目开发的成本也就相应降低。风电机组可靠性的改进也减少了运行维护的平均成本。在过去五年里，风力发电的成本下降了 20%。在一些平均风速 7m/s 的地方，每 kW 装机成本为 700 欧元时，风电便可以与燃气发电竞争。预计 2010 年，风电成本将下降至 3 欧分/kWh,2020 年降至 2. 34 欧分/kWh。

（2）风力发电的趋势　随着电力电子技术的不断发展，风电技术和风电系统的性能也在不断地提高，以适应人们对风速变化、经济成本以及稳定运行等各方面的要求，最大限度地挖掘利用风资源的价值，提高输电量。目前风电技术呈现出的主要发展趋势包括以下几个方面：

1）单机容量日趋增大。目前最显著的改进是不断增加的单机容量和风机性能。20 年前，风机单机容量仅为 25kW，从 2001 年开始，兆瓦级风机已经成为市场主流产品。2003 年，世界新增装机容量中 71. 4% 为 MW 级风机，平均单机容量已经高达 1608kW。目前商业化机组容量已经达到 2500kW（风轮直径达 80m，安装在 70 ~ 100m 高的塔架上）。丹麦新建的几个风电场，单机容量都在 2MW 以上。未来在海上风场将安装 3 ~ 5MW 的机组。

2）水平轴风力机成为主导。垂直轴的主要优点是全风向、变速装置及发电机可以置于地面，但主要缺点是轴距过长、风能转换效率不高。目前主流风力机均采用水平轴设计，其优点是风能转换效率高，传动轴距短，对大型风电机组来说经济性更好。但其缺点是风能要根据风向不断调节机舱的方向，需要有对风装置，同时由于变速装置及发电机布置在塔架顶端，增加了塔架的投资和安装维护的难度。

3）从叶片到发电机采用新型驱动方式。目前从风轮到发电机的驱动方式主要有三种。第一种是通过齿轮箱多级变速驱动双馈异步发电机，简称为双馈式。这是目前市场上的主流产品。第二种是风轮直接驱动多级同步发电机，简称为直驱式。直驱式风力机具有节约投资，减少传动链损失和停机时间，以及维护费用低、可靠性好等优点，在市场上正在占有越来越大的份额。但直驱发电机体积大而笨重。第三种是单级增速装置加多级发电机技术，简称为混合式。混合式采用单级变速装置以提高发电机转速，但速度低于标准发电机所需要的转速，同时配以类似于直驱发电机的多级电机。该设计介于纯变速装置驱动和直驱之间，旨在融合两者的优点而避免其缺点。

4）采用长度可变的风力机叶片技术。随着风轮直径的增加，风力机可以捕捉更多的风能。直径 40m 的风轮适用于 500kW 的风力机，而直径 80m 的风轮则可用于 2. 5MW 的风力机。长度超过 80m 的叶片已经成功运行，每增加 1m 叶片长度，风力机可捕捉的风能就会显著增加。和叶片长度一样，叶片设计对提高风能利用也有着重要的作用。利用轻型材料制造叶片可以提高效率、降低成本。目前国际一些知名风电制造企业正在研究长度可变的叶片技术。这项技术可以根据风况调整叶片的长度。当风速较低时，叶片会完全伸展，以最大的限度产生电力；随着风速增大，输出电力会逐步增加至风力机的额定功率；一旦风速超过这一峰点，叶片就会回缩以限制输电量；如果风速继续增大，叶片长度会继续缩小直至最短。风速自高向低变化时，叶片长度也会作相应调整。总体设想是在风速较高时防止风力机受损，而在风速较低时最大限度地发电，目标是降低风力机成本、延长风力机寿命、提高输电量。

5）发展海上风电机组。由于近海风资源更为丰富且有许多优势，目前专门针对近海风电场的大型风力机正在开发。虽然近海风电场的前期资金投入和运行维护费用都要高得多，但大型风电场的规模经济使大型风力机变得切实可行。为了在海上风场安装更大机组，大型风力机制造商目前正在开发 3 ~ 5MW 的机组。德国正在建设的北海近海风电场，总功率在 100 万 kW，单机功率为 5 万 kW，是目前世界上最大的风力发电机，该风电场生产出来的电量之大，相当于常规电厂，而且可以在几个月的时间内建成。

6）采用提高风力机输电量的技术。风力机尺寸上的微小增加都会导致发电量的提高。通用公司 3.6MW 风力机的风轮直径不到 1.5MW（70.5m）风力机的两倍，但是扫风面积却是 1.5MW 风力机的两倍以上。风力机的切入风速更低（3.6MW 机型为 3.5m/s，1.5MW 机型为 4m/s），输电量更大。为了降低风力机整体的产能成本，现代大型风力机的设计中采用了大量的技术革新，包括全新的先进叶片设计，改进的齿轮箱设计，通过调整结构加强载荷吸收，优化装配、运输和服务管理，变速运行方式取代恒速运行方式，变桨距调节取代定桨距调节等。此外，还配有脉冲宽度调制变频器，三级齿轮箱和异步双馈发电机，只有发电机转子产生的电能（通常为 25% ~ 30%）通过变频器接入电网。这些措施有助于降低维护成本。

7）采用新型塔架结构。目前，美国的几家机构正在以不同方法测试塔架设计的极限。犹他州的 IsoTruss 公司提出，大型风力机通过加快安装速度，最多可降低 65% 的成本。新型塔架结构有助于提高风力机的经济可行性。Valmount 工业公司提出了一个完全不同的塔架概念，发明了由两条斜支架支撑的非锥形主轴。这种设计比钢制结构坚固 12 倍，能够从整体上降低结构中无支撑部分的成本，是传统筒式风力机结构的一半，而且为减少运输费用，每个部件均可以装入 40in 的标准海运集装箱。一个活动提升平台可以将叶轮等部件提升到塔架顶部。据该公司介绍，对于容量最高 2.5MW、高度最高达 120m 的风力机来说，塔架的设计参数能够显著节约风力机的成本。六个具有工作经验的人员能够在两天内安装一个 50m、62m 或 74m 的结构，这种塔架具有占地面积少和自安装的特点，由于其成本低且无需大型起重机，拓宽了风能利用的可用场址。

8）采用抗干扰电力电子技术。随着风电场规模的扩大，越来越多的公用事业机构将风电纳入其供电系统，无事故运行的重要性也会越来越高。风力机生产厂家必须满足的输电标准也更加苛刻。过去的风力机设计是电网发生重大扰动如雷击、设备故障或输电线垂落时，风力机断网。传统的风力机设计是当电压低于正常值的70%时就与线路切断，直至电网恢复正常时对风力机的这种保护才会结束。断网造成的发电损失不仅影响系统的稳定性，导致多级跳闸，而且严重影响风电场的收入。美国通用公司开发了一个称作“低电压穿越技术”，能够在电网低电压状态下确保风力机不断网。风电控制系统和保护系统方面广泛应用电子技术和计算机技术，不仅可以有效地改善并提高风力发电总体设计能力和水平，而且对于增强风电设备的保护功能和控制功能也有重大作用。

第6章 工业污染治理技术

第1节 工业污染概述

1. 工业污染

(1) 工业污染的定义与危害 工业污染是指工业企业在生产过程中，对包括人在内的生物赖以生存和繁衍的自然环境的侵害。污染主要是由生产中的“三废”(废水、废气、废渣)及各种噪声造成的，可分为废水污染、废气污染、固体废物污染、噪声污染。这些污染如不预防和治理，人类社会正常生活条件将遭受到严重破坏，后患无穷。

工业污染对工农业建设和人类健康危害极大，主要表现在：①工业生产中排放大量未经处理的水、气、渣等有害废物，会严重破坏生态平衡和自然资源，对生产发展造成极大的危害；②工业“三废”对工业生产本身的危害也很严重，有毒的污染物质会腐蚀管道，损坏设备，影响厂房等的使用寿命；③环境污染直接危害人体健康，构成疾病威胁；④某些工业污染不容易发现，污染持续时间长，后果严重。

(2) 工业污染源 工业污染源是指工业生产中对环境造成有害影响的生产设备或生产场所。它通过排放废气、废水、废渣和废热污染大气、水体和土壤，产生噪声、振动等危害周围环境。

各种工业生产过程排放的废物含有不同的污染物，如煤燃烧排出的烟气中含有CO、SO_2、苯并(a)芘和粉尘等；化工生产废气中含有H_2S、NOx、HF、甲醛、氨等；电镀工业废水中含有重金属(铬、镉、镍、铜等)离子、酸碱、氰化物等；火力发电厂排出烟气和废热等。此外，由于化学工业的迅速发展，越来越多的人工合成物质进入环境；地下矿藏的大量开采，把原来埋在地下的物质带到地上，从而破坏了地球物质循环的平衡；重金属和各种难降解的有机物，在人类生活环境中循环、富集，对人体健康构成长期威胁。

2. 工业污染现状

2006年10月，国务院成立了第一次全国污染源普查领导小组，以期把全国污染源的最新情况摸清楚，全面了解环境污染的国情，为优化经济结构、科学制定经济社会政策，建设环境友好型社会奠定基础。经过两年多的努力，普查工作圆满结束，中华人民共和国环境保护部、中华人民共和国国家统计局、中华人民共和国农业部三部门于 2010 年 2 月 9 日联合发布了《第一次全国污染源普查公报》。

根据《第一次全国污染源普查公报》调查结果，我国各类源废水排放总量 2092.81 亿 t，废气排放总量 637203.69 亿 m^3。主要污染物排放总量：化学需氧量 3028.96 万 t，氨氮 172.91 万 t，石油类 78.21 万 t，重金属（镉、铬、砷、汞、铅）0.09 万 t，总磷 42.32 万 t，总氮 472.89 万 t；二氧化硫 2320.00 万 t，烟尘 1166.64 万 t，氮氧化物 1797.70 万 t。

（1）工业废水

1）产生和排放情况。

① 全国工业废水产生量 738.33 亿 t，排放量 236.73 亿 t。工业企业废水处理设施 140652 套，设计处理能力 2.35 亿 t/d，废水年处理量 458.52 亿 t。

② 工业废水中主要污染物产生量：化学需氧量 3145.35 万 t，氨氮 201.67 万 t，石油类 54.15 万 t，挥发酚 12.38 万 t，重金属 2.43 万 t。

③工业废水中主要污染物排放量：a. 厂区排放口排放量：化学需氧量 715.1 万 t，氨氮 30.4 万 t，石油类 6.64 万 t，挥发酚 0.75 万 t，重金属 0.21 万 t；b. 厂区排放后，再经城镇污水处理厂及工业废水集中处理设施削减，实际排入环境水体的污染物排放量：化学需氧量 564.36 万 t，氨氮 20.76 万 t，石油类 5.54 万 t，挥发酚 0.70 万 t，重金属 0.09 万 t。

2）主要行业排放情况。

① 化学需氧量排放量居前几位的行业：造纸及纸制品业 176.91 万 t、纺织业 129.60 万 t、农副食品加工业 117.42 万 t、化学原料及化学制品制造业 60.21 万 t、饮料制造业 51.65 万 t、食品制造业 22.54 万 t、医药制造业 21.93 万 t。上述七个行业化学需氧量排放量合计占工业废水厂区排放口化学需氧量排放量的 81.1%。

② 氨氮排放量居前几位的行业：化学原料及化学制品制造业 13.16 万 t、有色金属冶炼及压延加工业 3.13 万 t、石油加工炼焦及核燃料加工业 2.57 万 t、农副食品加工业 1.79 万 t、纺织业 1.60 万 t、皮革毛皮羽毛（绒）及其制品业 1.49 万 t、饮料制造业 1.24 万 t、食品制造业 1.12 万 t。上述八个行业氨氮排放量合计占工业废水厂区排放口氨氮排放量的 85.9%。

③ 石油类排放量居前几位的行业：通用设备制造业 1.25 万 t、黑色金属冶炼及压延加工业 0.90 万 t、交通运输设备制造业 0.75 万 t、化学原料及化学制品制造业 0.66 万 t、金属制品业 0.64 万 t、石油加工炼焦及核燃料加工业 0.57 万 t、煤炭开采和洗选业 0.46 万 t。上述七个行业石油类排放量合计占工业废水厂区排放口石油类排放量的 78.8%。

④ 挥发酚排放量居前几位的行业：石油加工炼焦及核燃料加工业 5110.68t、化学原料及化学制品制造业 861.82t、黑色金属冶炼及压延加工业 717.72t、造纸及纸制品业 346.04t、电力燃气及水的生产和供应业 194.41t。上述五个行业挥发酚排

放量合计占工业废水厂区排放口挥发酚排放量的 96.5%。

（2）工业废气

1）产生和排放情况。全国工业废气产生和排放量均为 612275.17 亿 m^3。工业企业废气处理设施 244641 套，设计处理能力 172.43 亿 m^3/h，废气年处理量 401513.33 亿 m^3。

① 工业废气中主要污染物产生量：二氧化硫 4345.42 万 t，烟尘 48927.22 万 t，氮氧化物 1223.97 万 t，粉尘 14731.49 万 t。

② 工业废气中主要污染物排放量：二氧化硫 2119.75 万 t，烟尘 982.01 万 t，氮氧化物 1188.44 万 t，粉尘 764.68 万 t。

2）主要行业排放情况。

① 二氧化硫排放量居前几位的行业：电力热力的生产和供应业 1068.70 万 t、非金属矿物制品业 269.44 万 t、黑色金属冶炼及压延加工业 220.67 万 t、化学原料及化学制品制造业 130.15 万 t、有色金属冶炼及压延加工业 122.04 万 t、石油加工炼焦及核燃料加工业 65.30 万 t。上述六个行业二氧化硫排放量合计占工业源二氧化硫排放量的 88.5%。

② 烟尘排放量居前几位的行业：电力热力的生产和供应业 314.62 万 t、非金属矿物制品业 271.68 万 t、黑色金属冶炼及压延加工业 97.73 万 t、化学原料及化学制品制造业 78.81 万 t、造纸及纸制品业 29.83 万 t、农副食品加工业 26.29 万 t。上述六个行业烟尘排放量合计占工业源烟尘排放量的 83.4%。

③ 氮氧化物排放量居前几位的行业：电力热力的生产和供应业 733.38 万 t、非金属矿物制品业 201.24 万 t、黑色金属冶炼及压延加工业 81.74 万 t、化学原料及化学制品制造业 41.98 万 t、石油加工炼焦及核燃料加工业 29.80 万 t。上述五个行业氮氧化物排放量合计占工业源氮氧化物排放量的 91.5%。

④ 粉尘排放量居前几位的行业：非金属矿物制品业 222.18 万 t、黑色金属冶炼及压延加工业 193.92 万 t、石油加工炼焦及核燃料加工业 59.51 万 t、木材加工及木竹藤棕草制品业 55.72 万 t。上述四个行业粉尘排放量合计占工业粉尘排放量的 69.6%。

（3）工业固体废物和危险废物

1）工业固体废物　工业固体废物产生量 38.52 亿 t，综合利用量 18.04 亿 t（其中综合利用往年储存量 2124.44 万 t），处置量 4.41 亿 t（其中处置往年储存量 1964.05 万 t），2007 年储存量 15.99 亿 t（其中符合环保要求储存量 12.11 亿 t），倾倒丢弃量 4914.87 万 t。

2）工业源中危险废物　工业源中危险废物产生量 4573.69 万 t；综合利用量 1644.81 万 t（其中综合利用往年储存量 68.82 万 t），处置量 2192.76 万 t（其中处置往年储存量 11.44 万 t），2007 年贮存量 812.44 万 t（其中符合环保要求储存量

275.64 万 t)，倾倒丢弃量 3.94 万 t。

第 2 节 废气治理技术

能源转化、交通运输、工业生产等过程是我国大气污染物的重要来源。工业生产过程中，需要消耗大量的能源，燃料燃烧产生的废气不仅污染环境、破坏生态，而且直接影响产品的生产质量，腐蚀生产设备。此外，工业废气中有害物通过呼吸道和皮肤进入人体后，能给人的呼吸、血液、肝脏等系统和器官造成暂时性和永久性病变，直接危害人体的健康。

1. 工业废气污染物的来源

工业废气包括有机废气和无机废气。有机废气主要包括各种烃类、醇类、醛类、酸类、酮类和胺类等；无机废气主要包括硫氧化物、氮氧化物、碳氧化物、卤素及其化合物等。工业废气中主要污染物来源见表 6-1。

表 6-1 工业废气污染物来源

污染物	主要来源
二氧化硫	燃料燃烧
氮氧化物	火力发电厂燃料燃烧
一氧化碳	燃料燃烧
挥发性有机物	燃料燃烧、化工厂
有毒微量有机物（多氯联苯、多环芳烃、二恶英等）	垃圾焚烧、焦炭生产
有毒金属（铅、镉、砷、镍、铍等）	燃料燃烧、黑色和有色金属冶炼和加工、电池制造、垃圾焚烧、水泥和肥料生产
有毒化学品（氯气、氟化物等）	化工厂、金属加工
温室气体（甲烷、CO_2 等）	燃煤、采煤
气味	污水处理厂、垃圾填埋场

2. 工业废气排放的危害

(1) 对环境的影响 工业废气中的二氧化硫是导致酸雨的主要污染物。二氧化硫在太阳的紫外线照射和某些粉尘颗粒的催化作用下，经过一系列的光化学反应，变成三氧化硫，当它们和空气中的水蒸气相遇，就变成了硫酸，随雨水降落形成了酸雨。近年来研究发现氮氧化物也是酸雨的前驱物质之一。酸雨不仅使受污染水体酸化，导致水生生物的大量死亡，而且还会因沉积导致钾、钙、磷等类碱性营养物质被淋洗而使土壤肥力显著下降，大大影响作物的生长，损害森林。

此外，工业废气中的污染物还会腐蚀金属、造成衣物和建筑物的退色以及建筑材料的老化分解。二氧化碳、水蒸气和臭氧浓度的增高也会改变空气对光的吸收和透射特性，影响空气的能见度。

（2）对人体健康的影响　工业废气对人体健康的主要影响包括：中毒、致癌、致畸、刺激眼睛及呼吸道，增加人体对病毒感染的敏感性而易于患上肺炎，支气管炎等疾病。例如：二氧化硫有很强的刺激性，对人体的呼吸器官有较强的毒害作用，造成鼻炎、支气管炎、哮喘、肺气肿、肺癌等；一氧化碳会妨碍血红蛋白吸收氧气，恶化心血管疾病，影响神经并导致心绞痛；二氧化氮的急性接触可引起呼吸疾病（如咳嗽和咽喉痛），如果再加上二氧化硫的影响则可加重支气管炎、哮喘病和肺气肿；某些挥发性有机化合物可刺激眼睛和皮肤，引起困倦、咳嗽和打喷嚏，而另一些挥发性有机化合物也是致癌物质，可引起白血病；臭氧能够损害敏感的肺部组织，削弱身体对细菌和病毒的抵抗力，并对呼吸系统气管造成伤害；砷、铬和镍等微量金属是致癌物质，并损害心血管循环系统和肺部系统，引起皮肤疾病，影响中枢神经系统。

3. 废气治理技术

工业废气治理是一项系统性工程，主要包括：减少污染物产生和散发；污染物收集、处理；捕集物/反应产物的利用或妥善处置等。根据工业废气排放量、温度、浓度及本身物理化学性质的不同，其治理方法各不相同。总体而言，工业废气治理技术主要分为物理治理技术、化学治理技术和生物治理技术三大类，具体见表6-2。

表6-2　工业废气治理技术

原理	治理技术	适用对象
物理法	冷凝	有机蒸汽和高沸点无机气体
	物理吸收	无机气体、部分有机气体
	物理吸附	绝大多数有机气体、多数无机气体
	膜分离	有机气体、无机气体
化学法	燃烧	可燃气体
	化学吸收	大部分无机气体
	化学吸附	大部分无机气体
	催化转化和光催化转化	大部分有机气体、部分无机气体
	激活转化	部分无机气体、有机气体
生物法	生物吸收（洗涤、滴滤）	有机气体、恶臭
	生物过滤	有机气体、恶臭

可以看到，废气治理技术种类繁多，此处仅对部分废气治理方法做一阐述。

（1）燃烧　燃烧法又称“热破坏法”，是通过热氧化作用将废气中的可燃有害成分转化为无害或易于进一步处理和回收的方法。该法适用于含有碳氢化合物、一氧化碳、沥青烟、黑烟等有害物质的废气。燃烧法主要有直接火焰燃烧、热力燃烧和催化燃烧三种。

1）直接火焰燃烧法是一种将废气中的可燃组分当做燃料直接燃烧的方法，适用于净化含可燃组分浓度较高的废气。石化行业中的火炬气燃烧就是将废气通入烟囱，在烟囱末端进行燃烧。直接火焰燃烧法安全简单，但不能回收热能。

2）热力燃烧是利用废气中组分的易燃性质进行处理的一种方法。废气进入燃烧室后，在足够温度、过量空气、湍流的条件下进行完全燃烧，从而使有害组分在高温下分解成无害物质（二氧化碳和水等）。热力燃烧的效果主要决定于燃烧的温度、停留时间、废气在炉膛内的湍流程度。

3）催化燃烧是热力燃烧的改进与发展，通过催化剂的引入，可有效降低氧化温度，减少能源消耗和燃烧烟气中的大气污染物。常用的催化剂有贵金属催化剂（铂、镤及其合金），过渡金属催化剂（铜、铬、锰、镍等），金属氧化物催化剂等。催化燃烧法具有操作温度低、燃料消耗量低、反应速度快、反应器容积小等优点，但由于有机废气中常出现杂质，很容易引起催化剂中毒。另外，催化剂常只针对特定类型的化合物，因此催化燃烧的广泛应用在一定程度上受到了限制。

（2）冷凝　冷凝法是利用物质在不同温度下具有不同饱和蒸气压这一性质，采用降温、加压的方法，使气态的污染物冷凝而与废气分离。冷凝法适用于处理高浓度有机废气，常作为吸附、燃烧等方法净化高浓度废气的前处理和预处理。该法能回收有机溶剂，工艺流程简单，但需要制冷设备，能耗较高。

（3）吸收　吸收法对是根据有机物相似相溶的原理，通常用高沸点、低蒸汽压、低挥发性或不挥发性溶剂对气相污染物进行吸收，再利用污染物组分与吸收剂之间物理性质的差异进行分离的气相污染物控制技术。

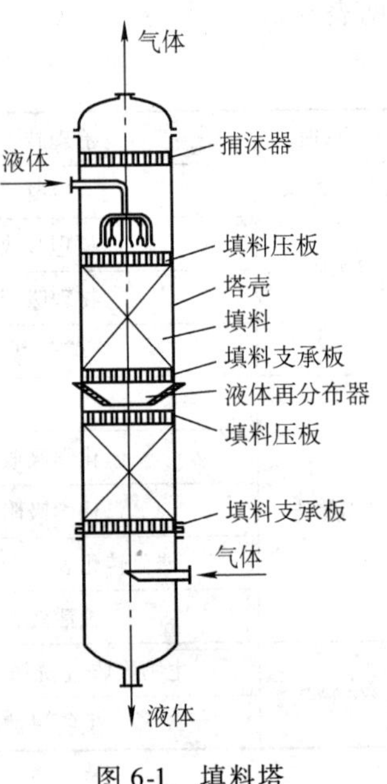

图 6-1　填料塔

常见的吸收设备有填料塔（图 6-1）、旋转喷雾塔、洗涤吸收塔等。影响吸收法去除效率的因素主要有机物在溶剂中的溶解度、有机物在气体中的浓度、气体的温度、液气比和接触的面积。吸收法具有设备简单、捕集效率高、一次性投资低等优点，但吸收后的吸收溶液需进一步处理，有可能造成二次污染。常用吸收剂见表 6-3。

表 6-3　常用吸收剂

吸收剂	适用对象
水	氯化氢、氨、二氧化硫、氟化氢等
烧碱溶液、石灰乳、氨水等碱液	二氧化硫、氮氧化物、硫化氢等酸性气体
硫酸溶液、盐酸溶液等酸液	氨等碱性气体
碳酸丙烯酯、冷甲醇等有机溶剂	二氧化碳、硫化氢

(4) 吸附　由于固体表面上存在着未平衡和未饱和的分子引力或化学键力，当固体表面与气体接触时，就能吸引气体分子，使其聚集在固体表面并保持其上。吸附法就是利用固体表面的这种性质，使废气与大表面多孔性固体物质接触，将废气中的有害组分吸附在固体表面上，使其与气体混合物分离，达到净化目的。

吸附技术常用的吸附剂有：颗粒活性炭、活性炭纤维、沸石、分子筛、多孔粘土矿石、活性氧化铝及硅胶等，其中又以颗粒活性炭、含高锰酸钾的活性氧化铝及改性颗粒活性炭最常用。

活性炭是用烟煤、褐煤、果壳或木屑等原料经炭化、活化制成的黑色多孔颗粒，由微晶碳和无定形碳构成，含有数量不等的灰分。其最大的特点是具有发达的孔隙结构和巨大的比表面积，吸附性能良好，具有足够的化学稳定性、机械强度，耐酸、耐碱、耐热，不溶于水和有机溶剂，使用失效后容易再生。活性炭能有效的吸附净化那些大分子量的化合物（如苯系物、氯仿等），但对于甲醛之类的小分子量物质的净化效果一般，必须采用含高锰酸钾的活性氧化铝及改性颗粒活性炭。

活性炭改性方法分为表面物理结构特性改性、表面化学性质改性以及电化学改性三种。表面物理结构特性改性方法主要有：①物理法：先对原料进行炭化处理以去除其中的可挥发成分，使之生成富炭的固体热解物，然后用合适的氧化性气体（如水蒸气、二氧化碳、氧气或空气）对炭化物进行活化处理，通过开孔、扩孔和创造新孔，形成发达的空隙结构；②化学法：利用有碱金属、碱土金属的氢氧化物、无机盐类、酸类等化学物质使活性炭进一步炭化和活化，从而创造出更加丰富的微孔。表面化学性质改性方法主要有：a. 氧化改性：利用强氧化剂（硝酸、硫酸、盐酸和臭氧等）在适当的温度下对活性炭表面的官能团进行氧化处理，从而提高表面的含氧酸性基团的含量，增强表面的极性；b. 还原改性：在适当温度下通过用还原剂（氢气、氨水等）对表面官能团进行改性，提高碱性基团的相对含量，增强表面的非极性，从而提高活性炭对非极性物质的吸附性能；c. 负载杂原子和化合物改性：通过活性炭的还原性和吸附性，使金属离子在活性炭表面上吸附，再利用活性炭的还原性，将金属离子还原成单质或低价态的离子，通过金属或金属离子对被吸附物较强的结合力，从而增加活性炭对被吸附物的吸附性能。电化学改性是通过改变电压，使活性炭表面的带电性发生变化，从而改变其化学性质来达到改变活性炭的吸附性能。

吸附法的净化效率较高，特别是对低浓度气体仍具有很强的净化能力。吸附法是治理废气中挥发性有机物最常用的技术。但是由于吸附剂的吸附容量有限，吸附剂的再生利用会增加操作费用，因此一般不用于处理高浓度的废气。吸附剂再生主要有热再生、降压再生、通气吹扫再生、置换脱附再生、化学再生等方式。

（5）催化转化　催化转化法是利用催化剂的催化作用，使废气中的污染物通过催化剂床层，转化为无害物质或是易于处理和回收利用的物质的方法。催化作用的基本特征在于加速化学反应速度，对化学反应具有定向作用（选择性），这种有选择性地加速化学反应速度的效能起源于催化剂表面上的活性中心对反应物分子的化学吸附。

催化剂由活性中心、载体（分散负载活性组分的支撑物）、助催化剂（改善催化剂活性及热稳定性的添加剂）等组成。活性中心的结构具有一定的几何规则性，只有当反应分子的结构与之几何对应时才能被吸附而形成活化络合物，使其化学键松弛而有利于形成相应结构的新键。常见的催化剂有颗粒状（包括无定形、球形和条状等）、片形、网状和整体蜂窝状等。一般来说，颗粒状催化剂容易加工，与气流接触紧密，装卸简单，结构灵活多变，但由于颗粒本身多孔而影响传热，在颗粒层之间有着显著的温差，容易导致局部过热。其他成型催化剂在床温分布和阻力两个方面都得到了不同程度的改善，较适用于热效应大的场合。

催化转化主要有催化氧化和催化还原两种类型。催化转化一般在气固相催化反应器中完成，工业上常用的有固定床、移动床及流化床等。

催化转化法净化效率高，与前面介绍的吸收法和吸附法有一处根本的不同，即一般无需使污染物与主气流分离而将它直接转化为无害物，因而避免了其他方法容易产生的二次污染，并使操作过程得到简化。但催化剂价格往往比较昂贵，操作要求高。目前，催化转化法已经成功应用于烟气脱硫、脱硝和有机气体净化等方面。

光催化净化是基于光催化剂在紫外线照射下具有的氧化还原能力而净化污染物。光催化氧化技术的反应机理为：半导体粒子具有能带结构，由填满电子的低能价带和空的高能导带构成，价带和导带之间存在禁带。当用能量等于或大于禁带宽度的光照射半导体时，价带上的电子被激发跃迁到导带，在价带上产生空穴，并在电场作用下分离并迁移到粒子表面光生空穴因具有极强的得电子能力，而具有很强的氧化能力，能将其表面吸附的 OH^- 和水分子氧化成氧化性极强的 ·OH 自由基，再通过与污染物之间的羟基加和、取代、电子转移等方式将污染物最终降解为二氧化碳和水。

光催化氧化技术的重点在于催化剂以及载体的选择。光催化剂属半导体材料，包括 TiO_2、ZnO、Fe_2O_3、CdS 和 WO_3 等。其中 TiO_2 具有良好的抗光腐蚀性和催化活性，而且性能稳定，价廉易得，无毒无害，是目前公认的最佳光催化剂。常见的载体有二氧化硅、氧化铝、沸石、活性炭等。

影响光催化净化的主要因素有：反应条件（气体流量、氧气含量、水含量、光强）和 TiO_2 结构与性质（晶型、粒径、表面积、焙烧条件）。通过在半导体表面负载贵金属、半导体的金属离子掺杂、半导体的表面敏化、复合半导体和半导体与黏土交联等方式可以提高光催化作用的能力。

光催化氧化技术具有广谱性、经济性、消毒杀菌等优点。研究表明，光催化氧化可以使大多数烷烃、芳香烃、卤代烃、醇、醛和酮等有机物降解，还可以使有机酸发生脱碳反应，在去除废气中的挥发性有机物方面具有广阔的应用前景。此外，光催化氧化技术还可用于废气中二氧化硫和氮氧化物的降解（烟气脱硫脱硝），这一方法解决了分离与回收难的问题，所用载体如玻璃、金属板、海沙、沸石、多孔硅胶等材料也廉价易得。由于光催化氧化分解污染物要经过许多中间步骤，生成有害中间产物，因此也有研究将光催化方法与其他方法联用，如光催化与吸附或臭氧氧化分解组合方法。采用光催化与吸附组合方法处理废气中的挥发性有机物，可利用活性炭的吸附能力使挥发性有机物浓集到一特定环境，从而提高了光催化氧化反应速率，而且可以吸附中间副产物使其进一步被光催化氧化，达到完全净化。目前，臭氧－光催化联用技术的研究还主要集中在液相中有机物的去除，对废气中污染物的去除还不多。

（6）激活转化

1）等离子体。等离子体是除固体、液体和气体之外的第四种物质存在形态，是由电子、离子、自由基和中性粒子组成的导电性流体，整体保持电中性。根据粒子温度的差异，等离子体可分为热平衡等离子体（热等离子体）和非平衡等离子体（低温等离子体）。热平衡等离子体主要用作高温热源，非平衡等离子体则具有工业上可利用的特殊的物理性质。

非平衡等离子体的产生方法很多，常见的有电子束照射法和气体放电法。电子束照射法是利用电子加速器产生的高能电子束，直接照射待处理气体，通过高能电子与气体中的氧分子及水分子碰撞，使之离解、电离，形成非平衡等离子体，继而与污染物进行反应，使之氧化去除。该法一次性投资和运行费用相对较低，但是目前电子束照射法用于产生高能电子束的电子枪价格昂贵，电子枪及靶窗的寿命短，此外 X 射线的屏蔽与防护问题也不易解决。气体放电法产生非平衡等离子体的种类较多，按电极结构和供能方式的差异，可将气体放电方法分为：电晕放电、介质阻挡放电和表面放电等。这些放电方式有一个共同的特点，就是均能在较高的气体压力（常压）下形成非平衡等离子体。影响非平衡等离子体净化效果的因素主要有：脉冲电晕的特性、反应器结构形式（电晕极结构、反应器直径、反应器外筒材料、反应器长度的影响、电晕线间距）和气体特性。

根据等离子体区是否填充了颗粒物，可将等离子体反应器分为空腔式和填充式两种类型：①空腔式反应器：被处理气体通过相对较宽的等离子体区，中间没有绝缘介质。根据电极结构形式，又可分为线－筒式和线－板式。这些反应器都是从电除尘器发展而来的，不同之处是非平衡等离子体反应器大多采用高压纳秒级脉冲或者高压纳秒级脉冲叠加直流供电，以便提供高浓度的等离子体；②填充式反应器：填充式反应器是一种以不同绝缘介质为填充物的放电反应器，所用填充介质主要是 $BaTiO_3$、$SrTiO_3$、TiO_2 和 Al_2O_3 等，其中 TiO_2 和 Al_2O_3 在一定的反应条件下还可充当催化剂的作用。在这种反应器中，被处理气体通过相对较窄的等离子体区，当在反应器上施加高压脉冲或交变电压时，颗粒会被部分极化，在颗粒与颗粒的接触点附近将形成强电场，导致该处附近的气体发生局部放电而形成非平衡等离子体空间，当有机物分子通过此空间时很容易被氧化降解。与空腔式等离子体反应器相比，填充式反应器的能耗高、气体阻力比较大。

与其他污染物治理技术相比，等离子体法具有处理流程短、效率高、能耗低、适用范围广等特点。该法最先应用于烟气脱硫、脱硝，利用等离子体技术去除烟气中的二氧化硫和氮氧化物效率较高，而且产物是高质化肥，易于收集，无废液处理和腐蚀结垢等问题。近年来，该技术还应用于多种挥发性有机物的净化。

2）微波降解技术。微波降解技术是指微波辐射后产生高温，废气中的污染物在高温中分解或还原成无害物质。有学者对微波降解技术治理燃煤烟气中的二氧化硫、氮氧化物进行了研究，利用易吸收微波射频能的活性炭为还原剂制成炭床，常温下将二氧化硫、氮氧化物通过炭床吸附到饱和后，再进行微波加热，吸附的二氧化硫、氮氧化物分别被炭还原为单质硫和氮气，而炭转化为二氧化碳，氮氧化物去除率达到98%。与传统的湿式石灰法相比，微波脱硫脱硝克服了前者工艺复杂、处理效率低、腐蚀设备、二次污染等缺点。

第3节　颗粒物治理技术

颗粒物是大气污染物的一种存在状态，工业生产过程中燃料燃烧、矿物质加工和精炼、工业无组织排放等都会产生颗粒污染物。可以说，控制和治理工业废气中的颗粒污染物是大气环境保护的重要内容。

1. 颗粒物的来源与危害

工业废气中颗粒物的产生除了来源于燃料（煤炭、柴油、煤油、燃料油等）燃烧以外，还有很大一部分来源于各种工艺过程，如工业原料和成品的机械破碎、粉末，各类扬尘和无组织排放等。钢铁（烧结矿、铁、钢、铸造铁）、有色金属（铝、氧化铝）、建材（水泥、砖瓦、石灰、玻璃）、石油化工（炼焦、化肥、碳素、炼油）等行业是颗粒物的排放大户。以水泥生产过程为例，不仅炉窑烟气排放中含有颗粒物，而且矿物开采、原料运输、生料粉碎、生料运输、生料投加、熟料运输、熟料磨制、水泥混合以及水泥运输/包装等一系列工序也会造成颗粒物的排放。

颗粒物，尤其是细颗粒物会降低空气质量，引起能见度的下降。颗粒物可以通过散射或吸收太阳光直接影响太阳对地面的辐射，也可以通过提供凝结核，促进云雾形成等机制间接影响对太阳辐射的吸收，并可能造成区域性的气候变化。此外，颗粒物会影响人体健康，引起肺功能的改变，导致心血管和呼吸（哮喘）疾病增加。更为严重的是，颗粒物可能含有经过再次凝结的有机物或金属蒸气，使得其毒性更明显。如炼焦炉工人、煤气工人和铝厂工人的工作环境中，颗粒物往往含有多环芳烃类复杂有机化合物，使得这些人群患职业性肺癌的比例较高。

2. 颗粒物治理技术

颗粒物排放方式可以分为有组织排放和无组织排放两种。有组织排放是受控的，而无组织排放多呈弥散状态，对其控制和管理较难，应从生产工艺入手，尽量减少无组织排放。根据颗粒物不同的排放方式，其治理技术也相应地有所不同。对于有组织排放的颗粒物，可以在燃烧过程中通过改变或改进燃料、改进燃烧技术，在工艺过程中通过改变原材料、改进作业条件、采用静电沉积、内部过滤、喷淋等治理技术对颗粒物进行治理。对于无组织排放的颗粒物，可以通过喷水或覆盖剂、建挡风网、建围挡构筑物、改进破碎、输运、包装等环节的工艺、分散设置除尘器等方式加强颗粒物的控制和管理。

颗粒污染物是由固体微粒或液体微滴分散于气体（载气）中形成的。由于颗粒物与介质气体分子之间的质量差别大，因此，颗粒物治理技术的原理就是利用作用在颗粒物与气体介质上的作用外力差，实现两者的分离。按照作用原理，可以分为重力沉降、惯性分离、离心分离、静电沉积、过滤和洗涤。颗粒物治理技术比较见表 6-4。

表 6-4 颗粒物治理技术比较

作用原理	分离作用力	设 备	特 点	应 用
重力沉降	重力	沉降室	低效、低阻	大颗粒预分离
惯性分离	惯性力	惯性除尘器	低效、低阻	大颗粒预分离
离心分离	离心力	旋风除尘器	中效、高阻	预除尘
静电沉积	电场力	静电除尘器	高效、低阻	广泛应用
过滤	多重作用力	超细纤维纸	特高效	超净净化
		袋式除尘器	高效，高可靠性	广泛应用
		非织造布	高、中效	中效（超净净化前级）过滤
		纤维填充	高、中效，容尘量大	中效过滤
		颗粒层	耐高温、腐蚀	高温、腐蚀性气体净化
		多孔体	高、中效	按材质应用
		复合膜	高效	高效、超净净化
洗涤	多重作用力	洗涤器（湿式除尘器）	可同时去除气态污染物	可用于可燃污染物净化

（1）重力沉降室　重力沉降室是利用颗粒污染物与气体密度不同，使颗粒物在重力作用下从气流中自然沉降的除尘装置。其机理为含尘气流进入沉降室后，由于扩大了流动截面积而使得气流速度大大降低，使较重颗粒在重力作用下缓慢向灰斗沉降。

重力沉降室可分为单层沉降室（空心式）和多层沉降室（图6-2，室内装有横向隔板或竖向挡板）两种。重力沉降室具有结构简单，投资少，压力损失小的特点，维修管理较容易，但是体积大，效率相对低（约40% ~ 60%），一般只作为高效除尘装置的预除尘装置，来除去较大和较重的粒子。

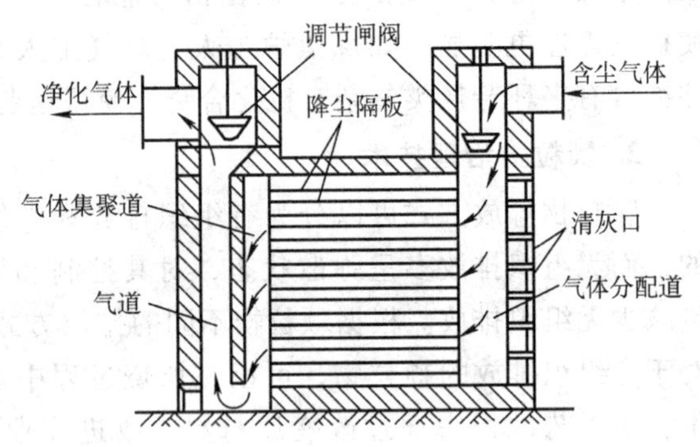

图6-2　多层沉降室

（2）惯性除尘器　惯性除尘器是使含尘气体与挡板撞击或者急剧改变气流方向，由于运动气流中尘粒与气体具有不同的惯性力，含尘气体急转弯或者与某种障碍物碰撞时，尘粒的运动轨迹将分离出来，从而分离并捕集颗粒物的除尘设备。

惯性除尘器分为碰撞式和回转式两种。前者是沿气流方向装设一道或多道挡板，含尘气体碰撞到挡板上使颗粒物从气体中分离出来。后者是使含尘气体多次改变方向，在转向过程中把颗粒物分离出来。当气体在设备内的流速低于10m/s时，除尘效率为50% ~70%。这种设备结构简单，阻力较小，但除尘效率不高，在实际应用中，惯性除尘器一般放在多级除尘系统的第一级，用来分离颗粒较粗的粉尘。

（3）旋风除尘器　旋风除尘器是使含尘气流做旋转运动，借助于离心力使颗粒物从气流中分离，并捕集于器壁，再借助重力作用使颗粒物落入灰斗。净化的气体到达锥体底部后，转而向上沿轴心旋转，最后经排管排出。普通旋风除尘器由筒体、锥体、进气管、排气管、排灰口等组成（图6-3）。

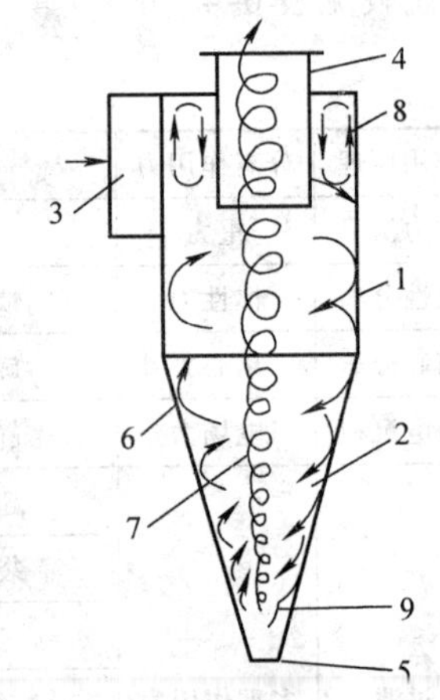

图6-3　旋风除尘器
1—筒体　2—锥体　3—进气管
4—排气管　5—排灰口
6—外旋流　7—内旋流
8—二次流　9—回流区

旋风除尘器结构简单，易于制造、安装和维护管理，设备投资和操作费用都较低。在普通操作条件下，作用于粒子上的离心力是重力的5 ~2500倍，所以旋风除尘器的效率显著高于重力沉降室。但是旋风除尘器对5μm以下的细小颗粒物去除效果不理想。

（4）静电除尘器 静电除尘器是利用高压电场使烟气发生电离，气流中的粉尘荷电在电场作用下与气流分离（图 6-4）。其工作原理如下：含尘气体在高压电场进行电离过程中，通过电晕放电电场，使尘粒荷电，然后在电场库仑力作用下，荷电的尘粒向集尘极驱进，当尘粒在集尘极表面沉积到一定厚度时，振打电极使凝聚成较大的尘粒集合体从电极上沉落于集尘器中，并被清除（图 6-5）。

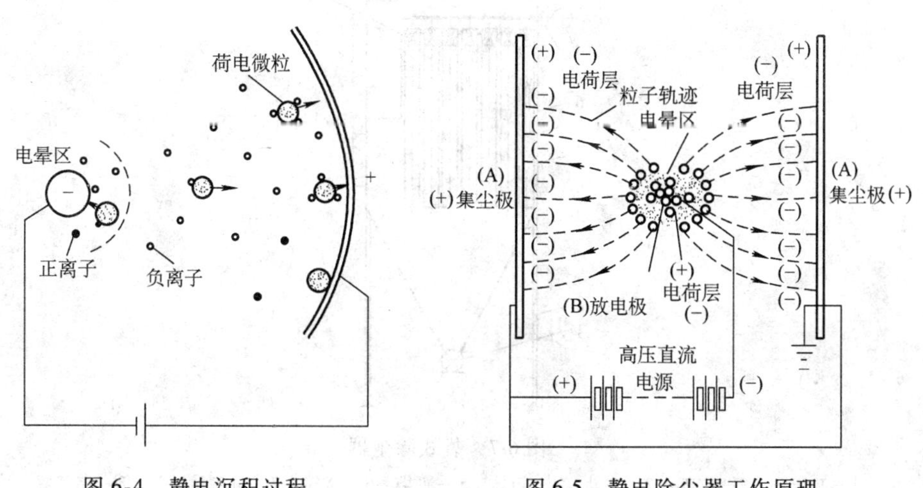

图 6-4 静电沉积过程　　图 6-5 静电除尘器工作原理

静电除尘器由放电极（圆线、星形线、芒刺线等）、集尘极（板式、管式、蜂窝式等）、振打清灰装置、气流布板、壳体和灰斗、电源（直流、脉冲）和控制装置等部分组成。一组放电极 - 集尘极构成一个电场。电场可以设置为单区（放电、集尘合一）或双区（放电、集尘分开）型。大型电除尘器可设计为多室（单元电联）、电场（单元电场串联）形式。

静电除尘器的除尘性能受粉尘性质、设备构造、烟气流速、电源输出电压等因素的影响（图 6-6）。静电除尘器与其他除尘设备相比耗能低，除尘效率高（可达 99% 以上），处理烟气量大，能捕集烟气中粒径 0.1μm 或更小的尘粒，而且可用于高温或强腐蚀性烟气、高压的场合，在工业除尘上应用广泛，但是静电除尘器的一次性投资和技术要求比较高。

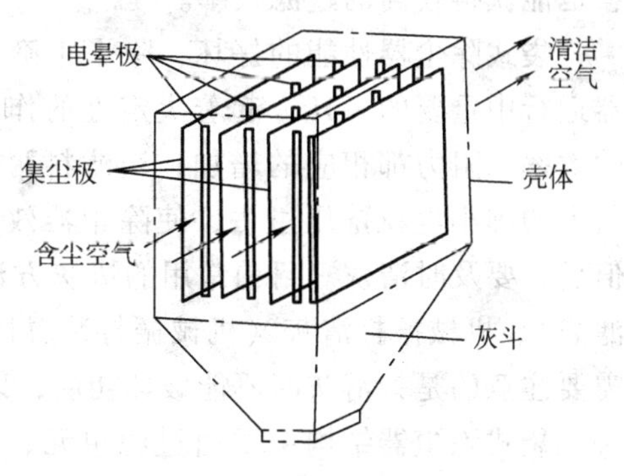

图 6-6 静电除尘器

（5）过滤除尘器 过滤除尘器是使气流通过多孔滤料，气流中的颗粒物被阻留下来而使气体得到净化的设备，主要有袋式除尘器和颗粒层除尘器两种。

1）袋式除尘器（图 6-7）是利用滤袋捕集颗粒物的过滤除尘设备，利用纤维织物的过滤作用对含尘气体进行过滤，当含尘气体进入袋式除尘器后，颗粒大、比重大的尘粒由于重力的作用沉降下来，落入灰斗，含有较细小尘粒的气体在通过滤料时，尘粒被阻留，从而使气体得到净化。

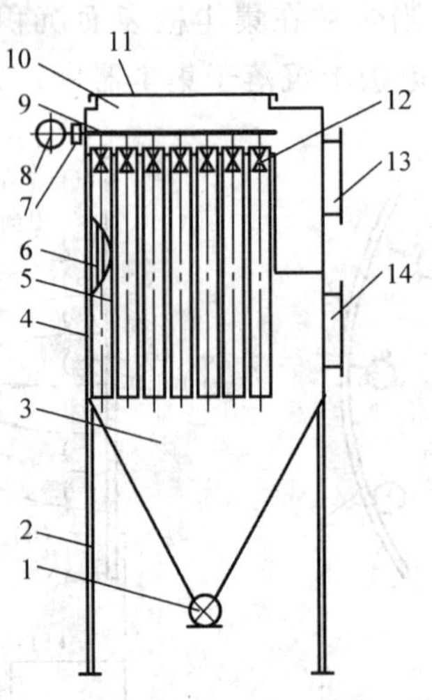

图 6-7　袋式除尘器

1—卸灰阀　2—支架　3—灰斗　4—箱体　5—滤袋　6—袋笼　7—电磁脉冲阀　8—储气罐　9—喷管　10—清洁室　11—顶盖　12—环隙引射器　13—净化气体出口　14—含尘气体入口

滤料的材质、组织和结构是袋式除尘器的关键。袋式除尘器的滤袋采用纺织的滤布或非纺织的毡制成，不同纤维织成的滤料具有不同性能。常用的滤料有 208 或 901 涤纶绒布，使用温度一般不超过 120℃，玻璃纤维滤袋使用温度一般不超过 250℃，棉毛织物一般适用于没有腐蚀性、温度在 80 ~ 90℃ 以下含尘气体。一般来说，新滤料的除尘效率是不够高的。滤料使用一段时间后，由于筛滤、碰撞、滞留、扩散、静电等效应，滤袋表面积聚了一层粉尘，这层粉尘称为初层，在此以后的运动过程中，初层成了滤料的主要过滤层，依靠初层的作用，网孔较大的滤料也能获得较高的过滤效率。

袋式除尘器性能的好坏，除了正确选择滤袋材料外，清灰系统也是袋式除尘器运行中重要的一环，起着决定性的作用。随着粉尘在滤料表面的积聚，除尘器的效率和阻力都相应的增加，当滤料两侧的压力差很大时，会把有些已附着在滤料上的细小尘粒挤压过去，使除尘器效率下降。因此，除尘器的阻力达到一定数值后，要及时清灰。目前常用的清灰方法有气体清灰（高压气体或外部大气反吹滤袋）、机械振打清灰（机械振打装置周期性的轮流振打各排滤袋）和人工敲打。需要注意的是，清灰时不能破坏初层，以免除尘效率下降。

袋式除尘器结构主要由过滤单元、壳体、清灰系统和灰斗等部分组成。袋式除尘器的结构按滤袋的形状分为扁形袋（梯形及平板形）和圆形袋（圆筒形）；按进出风方式分为下进风上出风、上进风下出风和直流式（只限于板状扁袋）；按滤袋的过滤方式分为外滤式及内滤式。

袋式除尘器除尘效率高（99%以上），可靠性高，适用于捕集细小、干燥、非纤维性颗粒物，应用范围很广。另外，袋式除尘器结构比较简单，使用灵活，运行比较稳定，维护方便，相对静电除尘器初期投资较少。随着环保要求的不断提高，为了适应低浓度颗粒物排放的要求，国外发达国家从上世纪八九十年代就出现将火电厂的静电除尘器改为袋式除尘器的趋势，并在普通煤粉炉以及设有喷雾脱硫系统的煤粉炉和沸腾炉上都得到了成功的应用，除尘效率达 99.9% ~ 99.99%，烟尘排放浓度降到 5 ~ 10mg/m^3。但是袋式除尘器的应用受到滤袋耐温、耐腐蚀等操作性能的限制，且滤袋易破损、维修工作量大、可能影响发电机组正常运行，因此尚未在我国全面推广。

2）颗粒层除尘器是通过将松散多孔的滤料（如硅石、砾石等）填充在框架内作为过滤层的内滤式（颗粒物在滤层内部被捕集）除尘装置。颗粒层除尘器的工作原理与袋式除尘器相似，主要靠筛滤、惯性碰撞、截留及扩散作用等，使颗粒物附着于颗粒滤料及尘粒表面。

颗粒层除尘器具有结构简单、维修方便、耐高温、耐腐蚀、效率高、占地面积小、投资省等优点。我国目前使用的颗粒层除尘器有沸腾床颗粒层除尘器（图 6-8）和塔式旋风颗粒层除尘器（图 6-9）。塔式旋风颗粒层除尘器中，含尘气体经旋风除尘器预净化后引入带梳耙的颗粒层，使细粉尘被阻留在填料表面活颗粒层空隙中。清灰时反吹空气以 45 ~ 50m/min 的气速按相反方向鼓进颗粒层，使颗粒层处于活动状态，同时旋转梳耙搅动颗粒层，反吹清灰的含尘气流再返回旋风除尘器。沸腾床颗粒层除尘器不设梳耙清灰，反吹清灰风速较大（50 ~ 70m/min），使颗粒层处于沸腾状态。

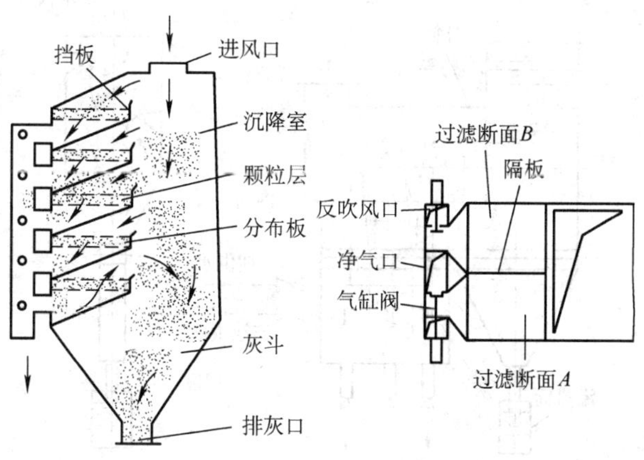

图 6-8　沸腾床颗粒层除尘器

（6）湿式除尘器　湿式除尘器也称作“洗涤除尘器”，是使含尘气体与液体（一般为水）密切接触，利用液滴和尘粒的惯性碰撞及其他作用使尘粒被液滴、液膜或气泡吸附，凝聚变大而随液体排出，从而分离和捕集气体中颗粒物的设备。

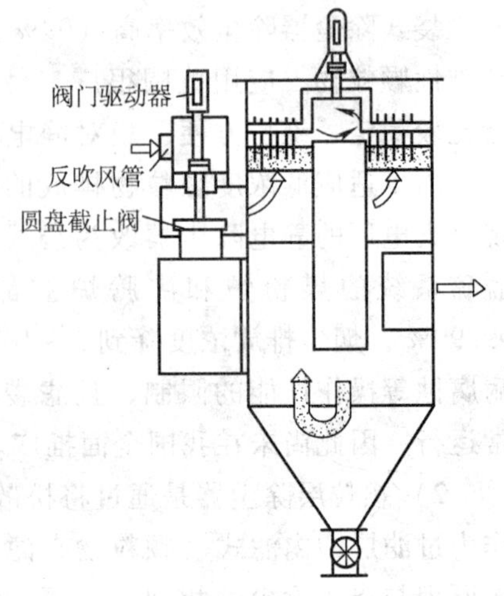

图 6-9　塔式旋风颗粒层除尘器

湿式除尘器制造成本相对较低，结构简单，适用于处理高温、高湿的烟气以及化工、喷漆、喷釉、颜料等行业产生的带有水分、黏性大的颗粒物。在去除颗粒物的同时，湿式除尘器还可净化部分有害气体（如少量的 SO_2、盐酸雾等）。但是湿式除尘器有洗涤污泥需要处理，否则会造成二次污染，且设备易腐蚀，管道、叶片易堵塞，动力消耗较大，在北方或者寒冷地区使用时还需要采用设备防冻措施。

湿式除尘器按结构形式可分为贮水式（如冲激式除尘器、水浴式除尘器、卧式旋风水膜除尘器）、加压水喷淋式（如文氏管除尘器、泡沫除尘器、填料塔等）和强制旋转喷淋式（如旋转喷雾式除尘器）三种。

1）卧式旋风水膜除尘器（图 6-10）中，含尘气体由一端沿切线方向进入，沿导流片做旋转运动。在气流带动下，液体在外壁形成一层水膜，同时还产生大量水滴。尘粒在惯性离心力作用下向外壁移动，到达壁面后被水膜捕集。部分尘粒与液滴发生碰撞而被捕集。气体连续流经几个螺旋形通道，便得到多次净化，使绝大部分尘粒分离下来。

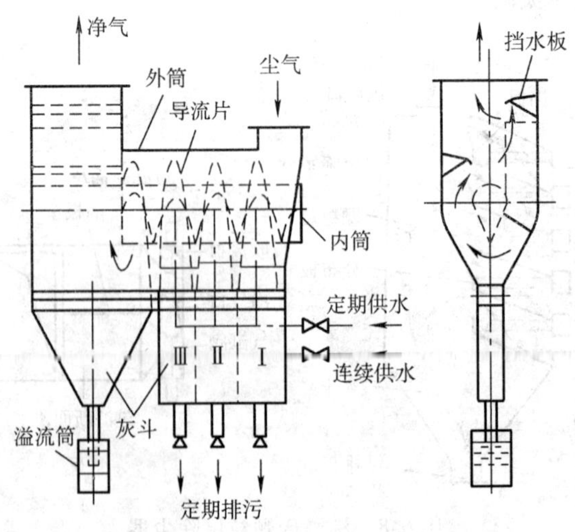

图 6-10　卧式旋风水膜除尘器

2）文氏管湿式除尘器（图6-11）是一种高能耗高效率的湿式除尘器。含尘气体以高速通过喉管，水在喉管处被湍流运动的气流雾化，尘粒与水滴之间相互碰撞使尘粒沉降，这种除尘器结构简单，对0.5～5μm的尘粒除尘效率可达99%以上，但其费用较高。

3）麻石除尘器（图6-12）是用麻石加工成砌块，用耐酸胶泥砌筑而成的圆筒形除尘设备。麻石是花岗岩的一种，属于天然石材，具有硬度高、耐磨损、耐风化、耐腐蚀的特点。

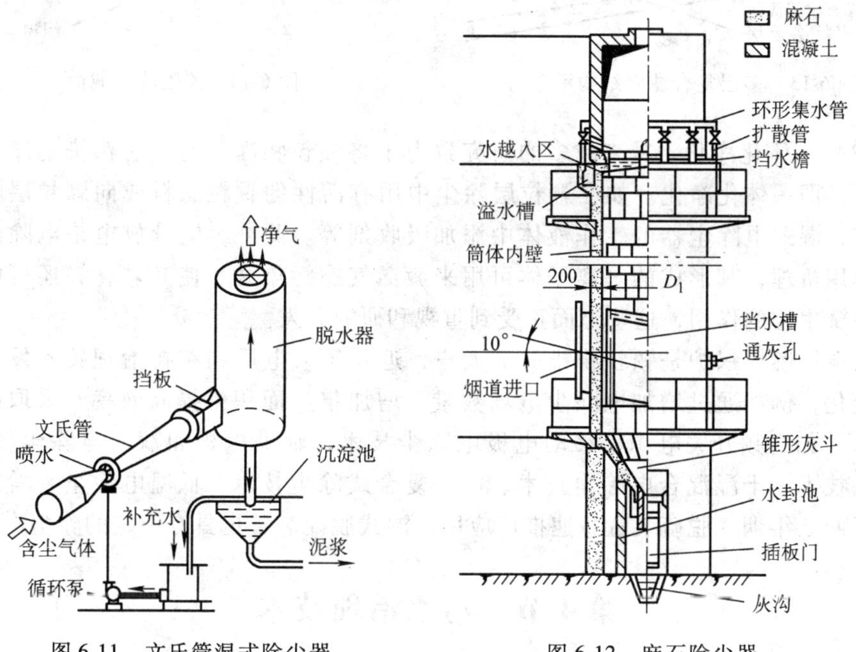

图6-11　文氏管湿式除尘器　　　图6-12　麻石除尘器

3. 颗粒物治理技术新进展

随着科学技术的不断发展，颗粒物治理技术也有了不小的进展，主要表现为多技术组合、新滤料使用、设备结构改进、一体化净化等方面。

（1）多技术组合　将各种颗粒物治理技术进行组合已成为提高颗粒物治理效率的有效途径，例如预荷电－过滤、电沉积－洗涤、离心（或惯性）分离－电沉积等。此外，磁泳、热泳、光泳、扩散泳、超声波等技术用于颗粒物治理的研究也正在进行之中。

（2）新材料使用、设备结构改进　材料技术的迅速发展为过滤除尘器新型滤料的开发提供了条件。新型滤料的研究开发重点在于提高效率、耐热性、耐腐性、降低阻力、提高使用寿命和方便程度等。新材料主要有各种高分子材料、金属

(如钛合金多孔体、不锈钢纤维)和陶瓷等纤维、膜或多孔体。滤料形式主要有覆膜滤料(图 6-14,微孔聚四氟乙烯薄膜与各种基材复合)、多层复合滤料(图 6-13)、多孔烧结塑料成型件(塑烧板)、外装卸滤筒式除尘器等。此外,设备结构改进是除尘技术发展的主要方面,例如电除尘器的电极形状、构造和配置等。

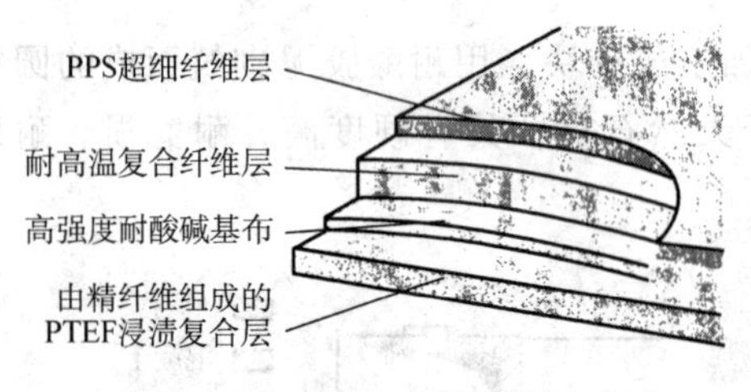

图 6-13　多层复合滤料结构示意图

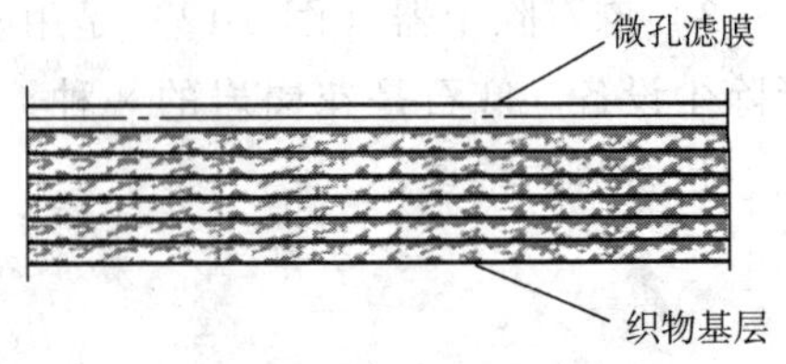

图 6-14　覆膜滤料截面

(3)一体化净化　越来越多的研究致力于将颗粒物净化与气态污染物净化同时进行,即一体化净化。如在颗粒层除尘中用有活性的颗粒滤料或向颗粒层喷洒吸收液,湿式电除尘器的工作液体中添加吸收剂等。此外,电晕放电是电除尘的主要作用机理,其形成的等离子体可用来激活气态污染物,使其转化,还可能起到消除微生物的作用,这些方面正受到重视和研究开发。

火电厂燃煤锅炉是颗粒物排放的大户,近几年火电厂颗粒物治理技术发生了重大变化,例如通过增加电除尘电场数量、增加集尘面积来提高效率,采取除尘新技术(如高频开关电源、移动电极电除尘技术、辅助电极和双区电除尘技术、电凝并技术、干湿混合电除尘技术、电袋复合式除尘技术、低温电除尘)等。此外,近两三年烟气脱硫装置急速推广应用,湿式脱硫装置也具有一定的除尘作用。

第 4 节　污水治理技术

工业废水是工农业生产过程中排出的废水,根据污染物的类别,可以分为无机废水、有机废水、放射性废水等。工业废水中的化学性污染物主要有酸、碱及其盐类等无机无毒或低毒物质;重金属离子、氰化物、氟化物、亚硝酸盐等无机有毒物质;碳水化合物、蛋白质等有机无毒或低毒物质;多氯联苯、芳香胺、染料等有机有毒物质;氮、磷等植物营养物质。此外,工业废水中还有悬浮物、热污染物等物理性污染物以及致病微生物等生物性污染物。要有效地控制水污染,必要的控制技术和工程措施是不可或缺的。污水治理就是利用各种技术措施将各种形态的污染物分离出来,或将其转化为无害和稳定的物质,使污水得以净化。污水治理技术主要有物理法、化学法、物理化学法、生物法四种方法。

1. 污水物理治理技术

污水物理治理通常是在不改变物质的化学性质的条件下利用过滤、重力分离、重心分离等物理方法使得废水中的某些污染物质得以分离的单元操作过程。其目的是去除那些在大小或性质方面不利于后续处理过程的物质，如大块漂浮物、悬浮固体、砂和油类等，从而保护后续处理设施能够正常运行。与其他处理方法相比，物理处理工艺具有设备简单、成本低、管理方便、效果稳定等优点。污水物理治理常用的方法主要有格栅和筛滤、水质水量调节、重力分离和气浮等。

（1）水质水量调节　调节法主要用于污水的预处理，为后续各级处理提供方便。工业污水排放的水质和水量会随生产产品和生产周期不同而变化，因此，为了使污水治理设备的负荷保持稳定，不受流量、浓度、酸碱度、温度等条件变化的影响，需要在污水治理设施之前设置调节池，调节废水的水质、水量及温度等，使废水均衡地流入治理装置。

（2）筛滤截留　筛滤截留法是利用具有孔隙的粒状介质或滤层截留废水中的悬浮固体的方法，以防止后续的泵、管渠等设备被堵塞。筛滤截留主要借助于格栅、筛网或滤管（板）直接拦截废水中悬浮固体。

1）格栅是由一组平行金属栅条制成的具有一定间隔的框架，用以截阻大块呈悬浮或漂浮状态的固体污染物，如纤维、碎皮、毛发、木屑、果皮、蔬菜、塑料制品等，截流效率取决于栅条缝隙的宽度。格栅的种类很多，分类方法也不同。按格栅形状，可分为平面格栅和曲面格栅两种，曲面格栅又可分为固定曲面格栅与旋转敲筒式格栅两种；按格栅栅条的间隙，可分为粗格栅（50～100mm）、中格栅（10～40mm）、细格栅（3～10mm）三种。新设计的污水处理厂一般都采用粗、中两道格栅，甚至采用粗、中、细三遭格栅串联使用；按栅渣的清理方式，格栅又可分为人工清渣格栅（图6-15、图6-16）和机械格栅两种。机械格栅主要适用于栅渣量大的大中型污水处理厂，安设位置与人工清渣格栅相同。

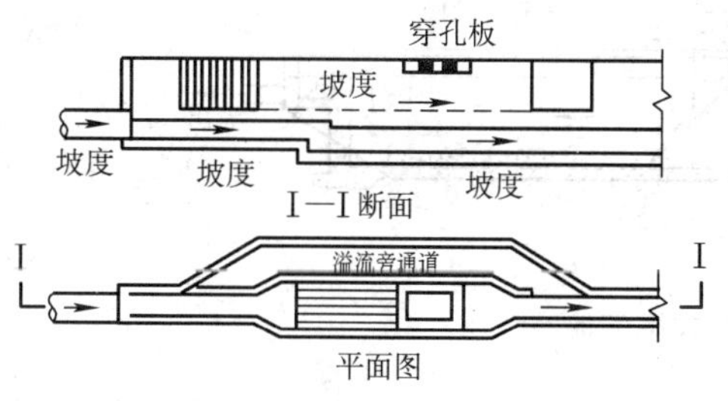

图6-15　有溢流旁通道的人工清渣格栅

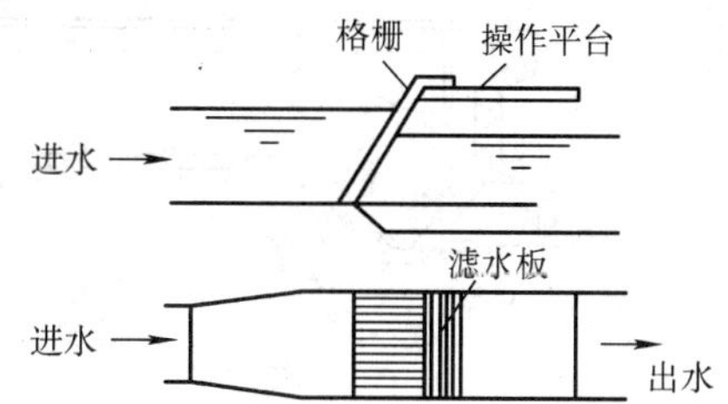

图6-16　没有溢流旁通道的人工清渣格栅

2）筛网是由金属丝或纤维丝编织而成的过滤设备，主要用以截阻、去除废水中的纤维、纸浆等较细小的悬浮物。

3）布滤设备用以截阻、去除废水中的细小悬浮物。砂滤设备用以过滤截留更为微细的悬浮物。

（3）重力分离　污水重力分离处理法是利用重力作用原理使废水中的悬浮物与水分离，去除悬浮物质而使污水净化的方法，可分为沉淀法和上浮法。悬浮物比重大于废水者沉降，小于废水者上浮。影响沉淀或上浮速度的主要因素有：颗粒密度、粒径大小、液体温度、液体密度和绝对黏滞度等。此种物理处理法是最常用、最基本的污水治理方法。

1）沉淀法既可分离污水中原有的悬浮固体，如泥沙、铁屑等，也可分离在污水处理过程中生成的次生悬浮体，如化学絮凝体等。根据悬浮固体的凝聚性能和浓度及比重，沉淀分为四种类型：①自由沉淀：悬浮固体浓度不高，物理性质不变，单独沉淀，沉淀轨迹为直线（沉砂池）；②絮凝沉淀：悬浮固体互相絮凝聚合增大加快沉降，轨迹为曲线（混凝）；③分层沉淀：悬浮固体浓度较高，整体下沉，有泥水界面（二沉池、污泥浓缩池）；④压缩沉淀：高浓度悬浮固体沉降，呈现团块结构，互相支撑挤压，有浓缩作用（二沉池污泥斗、污泥浓缩池）。

对污水进行沉淀处理的设备称为沉淀池，根据沉淀池内水流方向的不同，沉淀池可以分为平流式、竖流式和辐流式三种。

① 平流式沉淀池池体平面为矩形，由进、出水口、水流部分和污泥斗三个部分组成，污水水平流动（图 6-17）。污水进口设在池长的一端，一般采用淹没进水孔，水由进水渠通过均匀分布的进水孔流入池体，进水孔后设有挡板，使水流均匀地分布在整个池宽的横断面。沉淀池的出口设在池长的另一端，多采用溢流堰，以保证沉淀后的澄清水可沿池宽均匀地流入出水渠。堰前设浮渣槽和挡板以截留水面浮渣。污泥斗用来积聚沉淀下来的污泥，大多设在池前部的池底以下，斗底有排泥管，定期排泥。平流式沉淀池构造简单，沉淀效果好，工作性能稳定，使用广泛，但占地面积较大，排泥不方便。

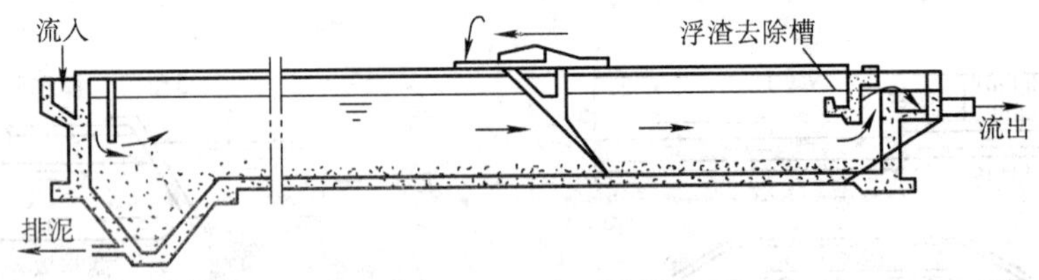

图 6-17　平流式沉淀池

② 竖流式沉淀池池体平面为圆形或方形，污水由设在沉淀池中心的进水管自上而下排入池中，进水的出口下设伞形挡板，使废水在池中均匀分布，然后沿池的整个断面缓慢上升（图 6-18）。悬浮物在重力作用下沉降入池底锥形污泥斗中，澄清水从池上端周围的溢流堰中排出。溢流堰前也可设浮渣槽和挡板，保证出水水质。这种沉淀池除泥较容易，占地面积小，但造价高，深度大，施工较困难。

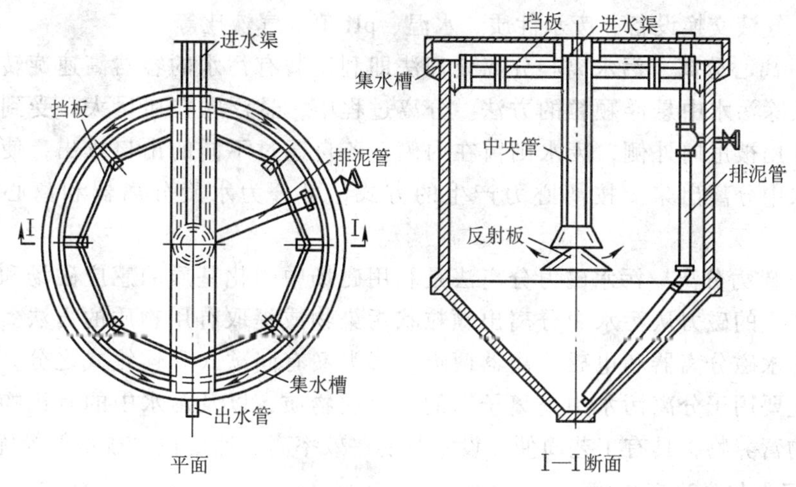

图 6-18 竖流式沉淀池

③ 辐流式沉淀池池体平面多为圆形，也有方形的（图 6-19)。污水自池中心进水管入池，沿半径方向向池周缓慢流动。悬浮物在流动中沉降，并沿池底坡度进入污泥斗，澄清水从池周溢流入出水渠。这种沉淀池沉淀效果比较好。

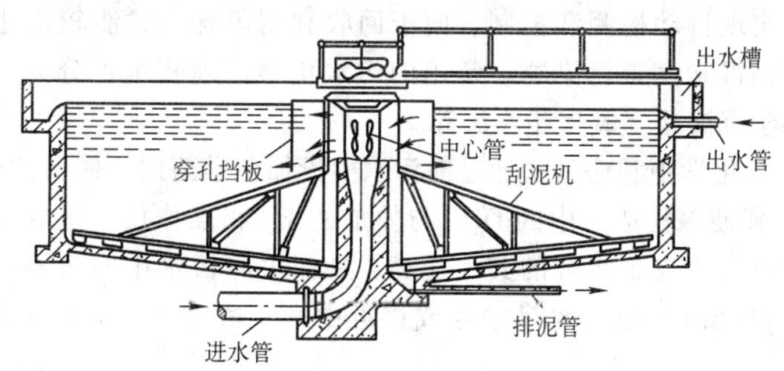

图 6-19 辐流式沉淀池

除了以上三种主要类型的沉淀池以外，还有斜板或斜管沉淀池、周边进水沉淀池、回转配水沉淀池以及中途排水沉淀池等。

2）上浮法就是借助水的浮力，使污水中密度小于或接近于水、靠自身重力难以沉降的细微颗粒污染物浮出水面而加以分离。

① 自然上浮法也称隔油，即利用颗粒污染物与水之间存在的密度差，让颗粒污染物浮升到水面并去除的方法，此法主要用于去除污水中直径较大的粗分散性可浮油粒。

② 气浮法系采用向废水中打入或溶入氧气或其他能起氧化作用的气体，以氧化水中的某些化学污染物，特别是有机物，或者使溶解于污水中的挥发性污染物转移到气体中逸出，使废水净化的方法。影响气液交换的因素有：气液接触面积

和方式、气液交换设备、废水性质、水温、pH 值、气液比等。

（4）离心分离　污水离心分离处理法即利用装有污水的容器高速旋转形成的离心力去除污水中悬浮颗粒的方法。分离过程中，悬浮颗粒质量大，受到较大离心力的作用被甩向外侧，废水则留在内侧，各自通过不同的出口排出，使悬浮颗粒从废水中分离出来。按离心力产生的方式，可分为水旋分离器和离心机两种类型。

（5）磁力分离　污水磁力分离法是利用磁场中磁化基质的感应磁场和高梯度磁场所产生的磁力从污水中分离出颗粒状污染物或提取有用物质的方法。磁分离器可分为永磁分离器和电磁分离器两类，每类又有间歇式和连续式之分。磁力分离技术主要用于分离污水中呈离子态的重金属物质，以及污水中的有机物和磷酸盐等植物营养物，具有工艺简便、设备紧凑、效率高、速度快、成本低等优点。

2. 污水化学治理技术

污水化学治理是指通过化学反应改变污水中污染物的化学性质或物理性质，使它或从溶解、胶体或悬浮状态转变为沉淀或漂浮状态，或从固态转变为气态，进而从水中除去的污水处理方法。污水化学治理技术的处理对象主要是污水中无机的或有机的（难以生物降解的）溶解物质或胶体物质。化学治理法具有设备容易操作、容易实现自动检测和控制、便于回收利用等优点，能较迅速、有效地去除污水中多种剧毒和高毒污染物。常用的污水化学治理技术可分为：中和法、化学混凝法、化学沉淀法、氧化还原法等。

（1）中和　化学中和法是指通过向污水中投加化学药剂，使酸性废水中的 H^+ 与外加 OH^-，或使碱性废水中的 OH^- 与外加的 H^+ 相互作用，生成弱解离的水分子，同时生成可溶解或难溶解的其他盐类，从而去除污水中的污染物，并调节污水的酸碱度（pH 值），使污水呈中性或接近中性，适宜下一步污水处理的 pH 值范围。

中和处理的方法因废水的酸碱性不同而不同。针对酸性废水，主要有酸性废水与碱性废水相互中和、药剂中和（石灰石、白云石等）、过滤中和（酸性废水流过石灰石、大理石、白云石等碱性滤料时与滤料进行中和反应）三种方法。过滤中和法较药剂中和法具有操作方便，出水 pH 值比较稳定，沉渣量少，运行费用低等优点，但不适于中浓度和高浓度的酸性废水过滤，且需定期倒床，劳动强度较高。对于碱性废水，主要有碱性废水与酸性废水相互中和、药剂中和、烟气中和等。

（2）化学混凝　化学混凝法是通过向污水中投加混凝剂，使污水中难以自然沉降的胶粒物质发生凝聚和絮凝而分离出来，以净化污水的方法。混凝是凝聚作用与絮凝作用的合称，即向污水中投加混凝剂以使胶粒电动势降低或消除，胶体颗粒失去稳定性，脱稳胶粒相互聚结而产生凝聚；由高分子物质吸附搭桥，使胶体颗粒相互聚结而产生絮凝。化学混凝法可以去除污水中高分子物质、呈悬浮状或胶体状的有机污染物和某些重金属物质，降低污水的浊度和色度。水温、pH 值、水力条件、混凝剂的种类和投放量都会影响混凝的效果。

混凝剂主要有两种：①无机盐类，有铝盐（硫酸铝、硫酸铝钾、铝酸钾等）、铁盐（三氯化铁、硫酸亚铁、硫酸铁等）和碳酸镁等；②人工合成的混凝剂与天然高分子物质，有聚合氯化铝，聚丙烯酰胺等。

（3）化学沉淀　化学沉淀法是通过向污水中投加可溶性化学药剂，使之与其中呈离子状态的无机污染物起化学反应，生成不溶于或难溶于水的化合物沉淀析出，从而使污水净化的方法。化学沉淀法可以去除污水中危害性很大的汞、镉、铅、锌、镍、镉、铜等重金属离子，也可去除砷、氟、硫、硼等非金属离子。

根据沉淀剂的不同，化学沉淀法可分为：①氢氧化物沉淀法，用于去除污水中的重金属；②硫化物沉淀法，能更有效地处理含金属的污水，特别是经氢氧化物沉淀法处理仍不能达到排放标准的含汞、含镉废水；③钡盐沉淀法，常用于电镀含铬废水的处理；④碳酸盐沉淀法；⑤卤化物沉淀法；⑥铁氧体沉淀法。

（4）氧化还原　氧化还原法是通过药剂与污染物的氧化还原反应，把污水中有毒害的污染物转化为无毒或微毒物质的处理方法。化学氧化还原法需较高的运行费用，因此目前多用于饮用水处理、特种工业水处理、有毒工业废水处理和以回用为目的的污水深度处理等场合。

1）氧化法是利用强氧化剂氧化分解污水中污染物，以净化污水的方法。强氧化剂能将污水中的有机物逐步降解成为简单的无机物，也能把溶解于水中的污染物氧化为不溶于水，而易于从水中分离出来的物质。氧化法几乎可处理一切工业废水，特别适用于处理废水中难以被生物降解的有机物，如绝大部分农药和杀虫剂、酚、氰化物，以及引起色度、臭味的物质等。此外，氧化法还可以去除导致生物污染的致病性微生物。

在污水处理中常用的氧化剂有：①氯类：有气态氯、液态氯、次氯酸钠、次氯酸钙、二氧化氯等；②氧类：有空气中的氧、臭氧、过氧化氢、高锰酸钾等。氧化剂应对污水中特定的污染物有良好的氧化作用，并且反应后的生成物应是无害的或易于从废水中分离，价格便宜，来源方便，常温下反应速度较快，反应时不需要大幅度调节 pH 值。

2）还原法是通过投加还原性药剂把废水中的有毒有害物质转化为无毒无害或低毒低害物质，以净化污水的方法。还原法在工业污水处理中应用较少，主要用于处理含六价铬和汞等重金属的污水。常用的还原剂有亚硫酸氢钠、二氧化硫、硫酸亚铁、铁屑、锌粉等。

3. 污水物理化学治理技术

污水物理化学治理是运用物理和化学的综合作用使污水得到净化的方法。它是由物理方法和化学方法组成的废水处理系统，或是包括物理过程和化学过程的单项处理方法，如浮选、吹脱、结晶、吸附、萃取、电解、电渗析、离子交换、反渗透等。污水物理化学处理技术具有占地面积少、出水水质好且比较稳定、对污水水量、水温和浓度变化适应性强、管理操作易于自动检测和自动控制等优点，但是处理系统的设备费和日常运转费较高。

（1）电解　污水电解处理法是应用电解的基本原理，使污水中有害物质通过电解转化成为无害物质以实现污水净化的方法。污水进行电解反应时，其中的有毒物质在阳极和阴极分别进行氧化还原反应，反应产物或附在电极表面沉淀或沉淀析出或形成气体逸出溶液，从而降低了废水中有毒物质的浓度。污水电解处理包括电极表面电化学作用、间接氧化和间接还原、电浮选和电絮凝等过程，分别以不同的作用去除污水中的污染物。

电解法主要用于含铬废水和含氰废水的处理，其主要优点如下：①使用低压直流电源，不必大量耗费化学药剂；②在常温常压下操作，管理简便；③如污水中污染物浓度发生变化，可以通过调整电压和电流的方法，保证出水水质稳定；④处理装置占地面积不大。但此法在处理大量污水时电耗和电极金属的消耗量较大，分离的沉淀物不易处理利用。

（2）吹脱　污水吹脱法是指让污水与空气充分接触，使污水中的溶解气体和易挥发的溶质穿过汽液界面，向气相扩散，从而去除污水中污染物的方法。吹脱法常用于处理低浓度污水，还可以同时回收有用的资源。

（3）汽提　污水汽提法是指采用热蒸汽与污水接触，使污水升温至沸点，利用蒸馏作用使污水中挥发性溶解物（如挥发酚、甲醛、硫化氢等）挥发到大气中的处理方法。汽提法常用于炼钢、石油化工、化肥、有机化工、有色金属冶炼等行业的高浓度污水治理。此法效率较高，氨氮去除率能达到90%以上，但能耗较大，不仅需要蒸汽锅炉，而且维护工作量大。

（4）萃取　污水萃取处理法是利用与水不互溶且密度不同于水的特定有机溶剂（萃取剂）和污水接触，通过溶解、配位、螯合式离子缔合等作用下，使原本溶解于污水中的某种组分从水相转移到有机相中，从而净化污水的方法。萃取法常用于较高浓度的含酚或含苯胺、苯、醋酸等工业污水的处理。

萃取法工艺流程为：①混合，即使污水和萃取剂最大限度地接触；②分离，即使轻、重液层完全分离；③萃取剂再生，即萃取后，分离出被萃取物，回收萃取剂，重复使用。

萃取剂的选择应满足如下条件：①对被萃取物的溶解度大，而对水的溶解度小；②与被萃取物的比重、沸点有足够差别；③具有化学稳定性，不与被萃取物起化学反应；④易于回收和再生；⑤价格低廉，来源充足。

（5）膜分离　污水膜分离技术是利用特殊半透膜的选择性透过作用，将污水中的颗粒、分子或离子与水分离的方法。反渗透（RO）、超过滤（UF）、微孔膜过滤（MF）和电渗析（EDI）技术都属于膜分离技术。膜分离技术能够有效地去除水中的溶解盐类、胶体、微生物、有机物等，去除率高达97%～98%。膜分离技术具有容易操作、不消耗热能、设备可工厂化生产等优点，但处理能力相对较小，且需要消耗一定的能量。

（6）臭氧氧化　污水臭氧氧化处理法是用含低浓度臭氧的空气或氧气作氧化剂对污水进行净化和消毒处理的方法。这种方法主要用于水的消毒，去除水中酚、氰等污染物质，水的脱色，水中铁、锰等金属离子的去除，异味和臭味的去除等。主要优点是反应迅速、流程简单、无二次污染，但由于臭氧是一种极不稳定、易分解的强氧化剂，需现场制造。

（7）光氧化　污水光氧化处理法是利用紫外光线和氧化剂的协同氧化作用分解污水中有机物，使污水净化的方法。采用人工紫外光源照射污水可使污水中的氧化剂分子吸收光能而被激发，形成具有更强氧化性能的自由基，增强氧化剂的氧化能力，从而能迅速、有效地去除污水中的有机物。光氧化法适用于化学法难以氧化分解的有机废水的处理。

（8）吸附　污水吸附处理法是利用多孔性固体（吸附剂）吸附污水中某种或几种污染物（吸附质），以回收或去除某些污染物，从而使污水得到净化的方法。吸附法可用于脱色、除臭、去除重金属离子、可溶性有机物以及细菌、病毒等，但预处理要求高、吸附成本较大。常用的吸附剂主要有活性炭、磺化煤、活化煤、沸石、活性白土、硅藻土、焦炭、木炭、木屑、炉渣、褐煤、泥煤、黏土、粉煤灰等，其中最为常用的是活性炭。常用的吸附处理设备有固定床、移动床和流化床等。

吸附法单元操作分三步：①使废水和固体吸附剂接触，废水的污染物被吸附剂吸附；②将吸附有污染物的吸附剂与废水分离；③进行吸附剂的再生或更新。

按吸附剂表面吸附力的不同，吸附法可分为物理吸附和化学吸附两种。

按接触、分离的方式的不同，吸附法可分为：①静态间歇吸附法，即将一定数量的吸附剂投入反应池的污水中，使吸附剂和污水充分接触，经过一定时间达到吸附平衡后，利用沉淀法或再辅以过滤将吸附剂从污水中分离出来；②动态连续吸附法，即当污水连续通过吸附剂填料时，吸附去除其中的污染物，在污水处理中常采用此法。

（9）离子交换　污水离子交换处理法是借助于离子交换剂中的可交换离子同污水中的离子进行当量交换而去除污水中有害离子的方法。离子交换是在固体颗粒和液体界面上发生的离子交换过程，是一种特殊的吸附过程，由于依当量关系进行，因此反应是可逆的，交换剂具有选择性。离子交换法通常用于各种金属表面加工产生的污水处理和从原子核反应器、医院和实验室废水中回收或去除放射性物质。

离子交换操作通常在装有离子交换剂的交换柱中以过滤的方式进行，其交换过程如下：①被处理溶液中的某离子迁移到附着在离子交换剂颗粒表面的液膜中；②该离子通过液膜扩散进入颗粒中，并在颗粒的孔道中扩散而到达离子交换剂的交换基团的部位上；③该离子同离子交换剂上的离子进行交换；④被交换下来的离子沿相反途径转移到被处理的溶液中。离子交换反应是瞬间完成的，而交换过程的速度主要取决于历时最长的膜扩散或颗粒内扩散。

4. 污水生物治理技术

污水生物治理技术根据微生物呼吸方式不同，分为：厌氧技术、缺氧技术、好氧技术。这三种技术中，好氧技术又是污水治理的核心，为了把这三种技术在实践中工程化，出现了多种工艺路线，其主要以几何形状、运行参数及微生物状态不同而加以区分。除简单沿用普通活性污泥法、生物膜法及其各种变法外，为了降低运行费用，提高出水质，减少基建等项目费用，还进行了各种污水处理方法的工艺组合。

目前，污水处理工艺主要有：传统活性污泥法（渐减曝气、分步曝气、完全混合法、浅层曝气、深层曝气），高负荷曝气或变形曝气（克劳斯法、延时曝气、接触稳定法、氧化沟、纯氧曝气），活性污泥生物滤池（ABF 工艺），吸附－生物降解工艺（AB 法），序批式活性污泥法（SBR 法），A/O 脱氮工艺，A/O 除磷工艺，A^2/O 脱氮除磷工艺，UCT 工艺，VIP 工艺，Bardenph 工艺，ICEAS/CASS/SAST/CASP/C－Tech，UNITANK 工艺，MSBR 工艺，膜生物反应器，化学生物絮凝，生物生态处理工艺（人工湿地、浮岛、生态护岸等）。

（1）传统活性污泥法

生物活性污泥法是用好氧生物处理废水的重要方法，它是利用悬浮在废水中人工培养的微生物群体——活性污泥，对废水中的有机物和某些无机毒素产生吸附、氧化分解而使废水得到净化的方法。

活性污泥法的基本流程是：初次沉淀⟶混合⟶曝气⟶二次沉淀。

活性污泥法的净化过程与机理为：①初期去除与吸附作用：活性污泥表面积大，且表面具有多糖类黏质层，污水中悬浮物质和胶体物质是被絮凝和吸附去除的；②微生物的代谢作用：活性污泥微生物以污水中各种有机物作为营养，在有氧的条件下，将其中一部分有机物合成新的细胞物质——原生质，对另一部分有机物进行分解代谢，即氧化分解以获得合成新细胞所需要的能量，并最终形成二氧化碳和水等稳定物质；③絮凝体的形成与凝聚沉淀：多使用重力沉淀法使菌体从水中分离出来。

（2）A/O 法　A/O 法属于分段生物脱氮除磷工艺。生物脱氮主要是通过系统中发生的一系列生化反应：首先通过硝化反应即一些化能自养的微生物如硝化细菌和亚硝化细菌，将废水中的氨氮氧化成硝酸盐，再经过反硝化过程即一些兼性异养微生物如反硝化细菌将硝酸盐还原为氮气，达到脱氮同时去除COD_{cr}的目的。生物除磷则是利用某些嗜磷细菌，在厌氧条件下，通过生物转化作用释放磷，而在好氧条件下，这些嗜磷细菌又可以过量摄取废水中的磷，并以剩余污泥的形式从系统排出磷，达到除磷的目的。

A/O法是Anoxic/Oxic（缺氧/有氧）或Anerabic/Oxic（厌氧/好氧）工艺的缩写，是为污水生物除磷脱氮而开发的污水处理技术。在生物脱氮过程中，由于反硝化菌是异养性细菌，要有充足的碳源作为生命活动的能源，完成反硝化过程；而污水经过好氧硝化反应后，水中的有机物浓度已经很低，不能满足反硝化的需要，因此，传统的生物脱氮除磷工艺在缺氧单元前投加甲醇，以弥补有机碳源。目前典型的A/O工艺是把缺氧单元提前到好氧单元前，利用进水中的有机物作为碳源，称之为前置反硝化流程，通过混合液回流把硝酸盐和亚硝酸盐带入缺氧单元（图6-20）。

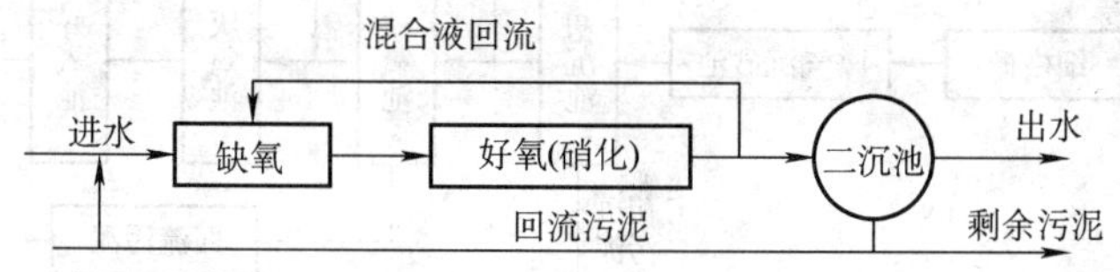

图6-20　A/O法脱氮工艺

A/O法具有以下特点：①工艺成熟、流程简单、运行稳定；②前置反硝化，脱氮效率较高，出水水质好；③连续进水、出水，水头损失低，自控系统简单，运行操作简便；④生物池设计灵活，占地面积较小，充氧效率高；⑤微孔鼓风曝气，能耗省；⑥污泥回流需用泵提升；⑦抗冲击负荷的能力不如SBR工艺及氧化沟工艺；⑧设备数量多，维护管理要求较高，对操作管理人员的专业素质要求较高。

（3）A^2/O法　为了达到同时除磷脱氮的目的，在A/O法基础上形成了A^2/O法，其工艺如图6-21所示。A^2/O法就是在A/O脱氮工艺的缺氧池前增设了一厌氧区，沉淀池的回流污泥和进水首先进入厌氧区进行磷的厌氧释放，然后再进入缺氧区。好氧区具有硝化功能，好氧区的混合液回流到缺氧区，使之反硝化脱氮。

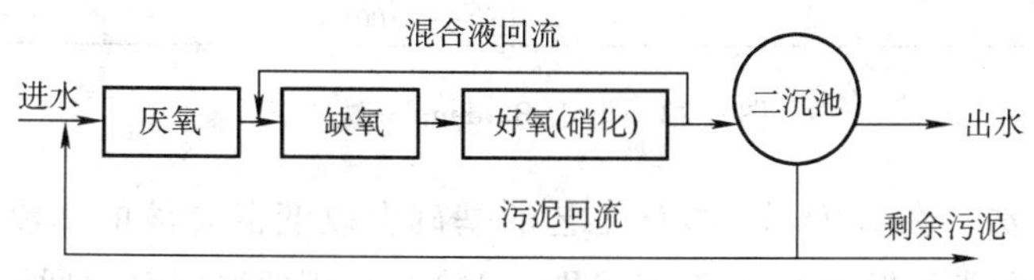

图6-21　A^2/O法工艺示意图

A^2/O法除具有A/O法的基本特点外，还可以同时除磷，处理深度大于A/O法，但A^2/O法前期投资大，除磷效果不稳定。由于A/O、A^2/O法是在普通活性污泥法的基础上发展起来的，因而用于生物法处理的老污水处理厂的改造也较容易。我国对 A/O、A^2/O 法也作了很多研究，主要用于处理焦化废水和煤气废水。

（4）倒置 A^2/O 法　倒置 A^2/O 法就是在常规 A^2/O 法基础上停止内回流，加大污泥回流比而发展起来的。然而与常规 A^2/O 法相比，它有如下特点：首先，参与释磷和吸磷过程的回流污泥量增加，并且经过释磷后的聚磷菌直接进入好氧环境，吸磷动力得到充分利用；其次，缺氧区在工艺前端，反硝化菌优先获得易降解有机物作为碳源，反硝化速率提高；最后，污泥回流系统与内回流系统合二为一，流程简捷，节省运行费用，其工艺流程图如图 6-22 所示。

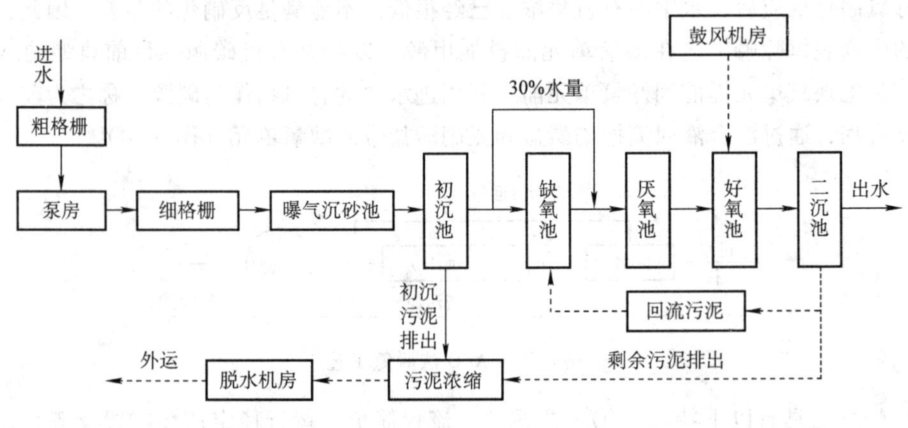

图 6-22　倒置 A^2/O 法工艺流程图

（5）五级 Bardenpho 法　据处理的要求和废水的水质情况，在 A/O 或 A^2/O 法的基础上增加缺氧、好氧反应池的级数，强化处理效果，如五级 Bardenpho 法（图 6-23），脱氮效率可以达到 90%，出水总氮浓度不超过 3mg/L，缺点是水力停留时间较长。

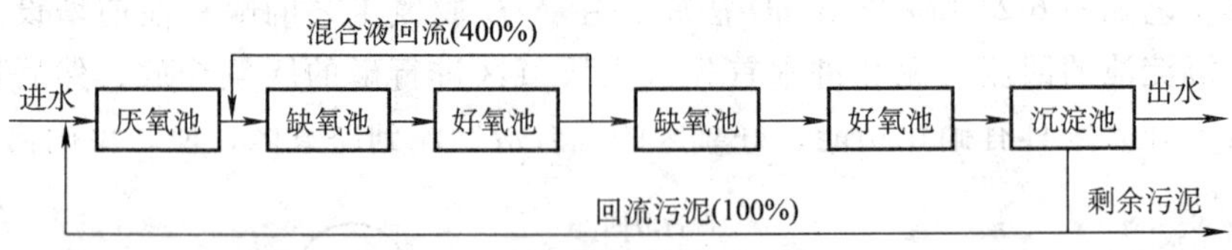

图 6-23　五级 Bardenpho 法工艺

（6）UCT 法　在 A/O 或 A^2/O 工艺的基础上改变混合液的回流方式或系统的进水方式，如南非开发的 UCT 工艺（图 6-24），采用两股混合液回流。在传统的好氧池混合液回流的基础上，又增加了由缺氧池至厌氧池的混合液回流，由于缺氧池中的反硝化作用已大大降低了池内 NH_3-N 的浓度，这样就可以避免缺氧池回流液携带的 NH_3-N 浓度过高而破坏厌氧池的厌氧状态，影响除磷效果。为了避免缺氧池和好氧池两股回流液由于短流造成的交叉干扰，改良 UCT（图 6-25）又将缺氧池一分为二，提高除磷效果。

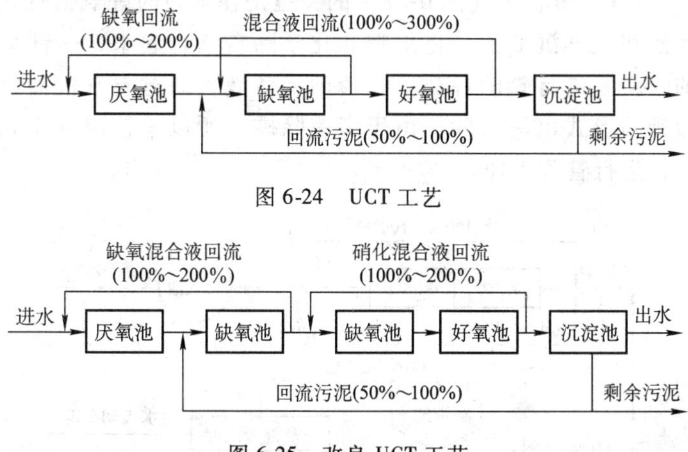

图 6-24　UCT 工艺

图 6-25　改良 UCT 工艺

（7）百乐克（BIOLAK）法　百乐克（BIOLAK）污水处理系统（又称悬挂链曝气工艺）是一种高效的生化处理系统，采用低负荷活性污泥工艺，通过生化方法有效降解 COD 及 BOD_5，并且能够通过波浪式氧化工艺对氮、磷进行高效去除。百乐克法乐克曝气头悬挂在浮动链上，浮动链被松弛固定在曝气池两例，每条浮链可在池中的一定区域中运动。在曝气链的运动过程中，自身的自然摆动就可以达到很好的混合效果，节省了混合所需的能耗。百乐克工艺实际是由多级 A/O 工艺组成，只是曝气设备和方式不同，其工艺如图 6-26 所示。

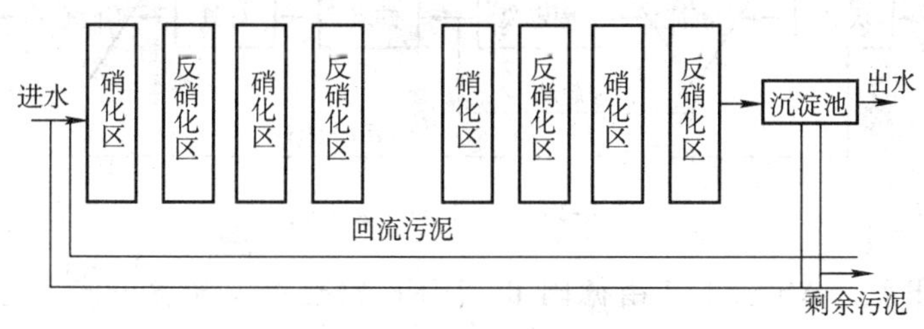

图 6-26　百乐克法工艺

百乐克（BIOLAK）工艺广泛适用于市政废水和工业废水的处理。在我国建成比较早的百乐克工艺城市污水处理厂是山东招远污水处理厂，其处理规模为 2×10^4t/d。百乐克工艺具有以下特点：①技术先进，处理效果好，出水稳定；②有效的曝气系统、节省动力消耗；③采用多级 A/O 系统，脱氮效果好；④设置生物脱磷区；⑤相对投资较低；⑥简单而有效的污泥处置；⑦操作简单、维修方便；⑧土地利用紧凑；⑨曝气时间相对较长。

(8) Phostrip 法　由于脱氮和除磷的工艺要求不同，脱氮需要低负荷、长泥龄，而除磷则正好相反，因此，为了克服在同一体系脱氮除磷的矛盾，出现了一些旁流除磷工艺。Phostrip 法（图 6-27）的关键是在常规的好氧活性污泥工艺中增设了厌氧放磷池和化学沉淀池，将生物和化学除磷结合起来，一部分回流污泥被分流到专门的除磷池进行磷的释放。含磷的上清液再通过石灰混凝沉淀处理。大部分磷以磷酸钙的形式沉淀去除，由于旁流除磷，所以工艺耐冲击负荷，缺点是工艺流程复杂，运行管理不便。

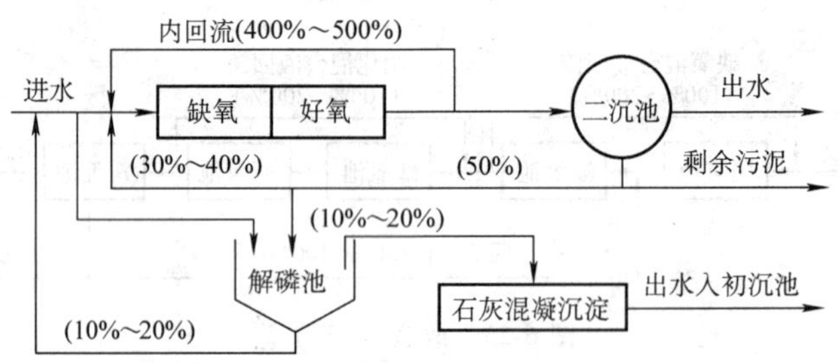

图 6-27　Phostrip 法工艺

(9) Dephanox 法　Dephanox 法的特点是在厌氧池与缺氧池之间增设一中间沉淀池和固定膜反应池，中间沉淀池的上清液在固定膜反应池进行硝化（图 6-28）。固定膜反应池的作用一方面是避免由于氧化作用而造成有机碳源的损失，另一方面，稳定系统的硝酸盐浓度。这样，被沉淀的污泥与固定膜反应池生成的硝酸盐一起进入后续的缺氧反应池，同时进行反硝化和摄磷。

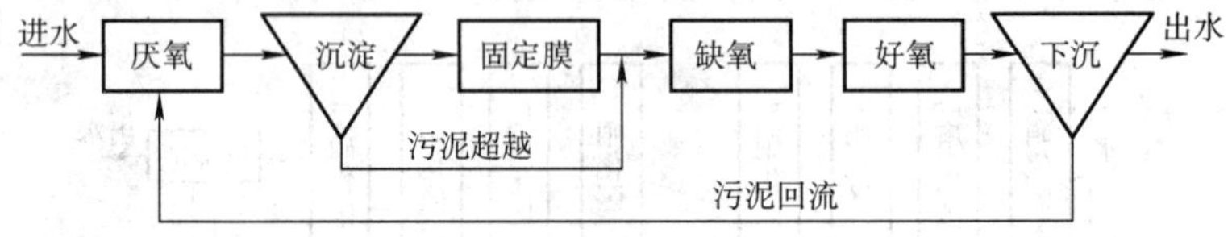

图 6-28　Dephanox 法工艺

(10) AB 法　AB 法工艺由德国 BOHUKE 教授首先开发。该工艺将曝气池分为高低负荷两段，各有独立的沉淀和污泥回流系统。高负荷段（A 段）停留时间约 20～40min，以生物絮凝吸附作用为主，去除 BOD 达 50% 以上。B 段与常规活性污泥法相似，负荷较低，泥龄较长（图 6-29）。

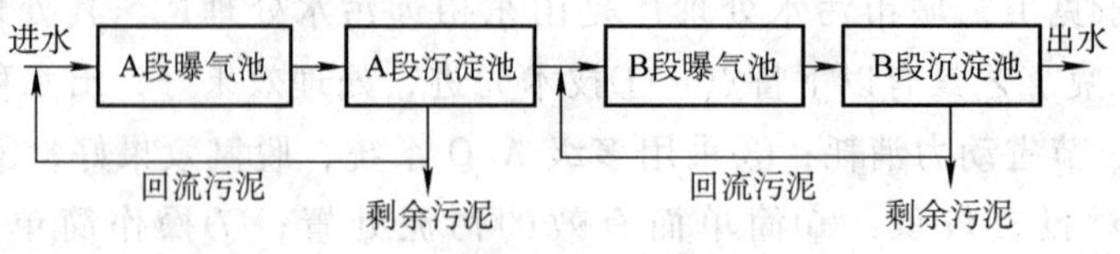

图 6-29　AB 法工艺

AB法A段效率很高，并有较强的缓冲能力，B段起到出水把关作用，处理稳定性较好。对于高浓度的污水处理，AB法具有很好的适用性，并有较高的节能效益。尤其在污泥处理采用消化和沼气利用工艺时，优势最为明显。AB工艺可以比传统活性污泥法节省工程投资15%～25%，节省占地10%～15%，降低运转费15%～25%，具有高效低耗、运行稳定、使用灵活和对旧工艺改造方便等优点。与此同时，AB法也存在不少问题：污泥产量较大，对于污水浓度较低的场合，B段运行较为困难，也难以发挥优势。AB法工艺对运行管理有较高的要求，尤其是污泥厌氧消化和沼气利用部分，目前国内成功运行的不多。

（11）序批式活性污泥法　序批式活性污泥法（Sequencing Batch Reactor，SBR工艺），是一种将初沉、反应和二次沉淀各工序放在同一反应器中进行，提供一种时间顺序上的污水处理。整个处理过程分为进水、反应、沉降、出水、闲置五个时期，具有构筑物简单、投资省、操作灵活、管理方便等优点。

（12）CASS法　CASS（Cyclic Activated Sludge System）工艺是序批式活性污泥法的改良技术，又称循环式活性污泥系统。CASS系统是一个间隙式反应器，在此反应器中活性污泥法过程按曝气和非曝气阶段不断地重复进行，将生物反应过程和泥水分离过程在一个池子中进行。

CASS法是一种“充水和排水”活性污泥法，废水按一定周期循环处理。CASS法每一个循环由下列各阶段组成：充水/曝气，充水/沉淀，撇水，闲置。CASS法的池子分三个区，即选择区、兼氧区、主曝气区。在选择区中，废水中的溶解性有机物质能通过酶反应机理而迅速去除，选择区以恒定容积，也可以变容积运行，多池系统的进水配水池也可用作选择区，回流污泥中的硝酸盐可在此选择区中得到反硝化，选择区的最基本功能是防止产生污泥膨胀，兼氧区内微量曝气，亦可调节为非曝气区进行缺氧除磷，主曝气区主要进行降解有机物和硝化，同时也进行着硝化-反硝化过程。仅经过CASS池、污水COD_{cr}、BOD_5、SS的去除率就分别达到79%、90%、89%。

与其他系统相比，CASS工艺具有操作简便、灵活和可靠的特点，它主要由生物选择器和可调容积式反应器两部分组成，在同一构筑物内完成生物降解、除磷脱氮、固液分离过程。该工艺充分利用了微生物生长的选择机理，减少了丝状菌的产生，同时提高了除磷脱氮的效率，从而可提高出水质而不增加运行费用。CASS工艺流程如图6-30所示。

（13）MSBR法　MSBR（Modified Sequencing Batch Reactor）是改良式序列间歇反应器，是根据SBR技术特点，结合传统活性污泥法技术研究开发的更为理想的污水处理系统。

1）MSBR法的机理为：原污水经格栅、沉砂池等预处理设施处理后首先进入

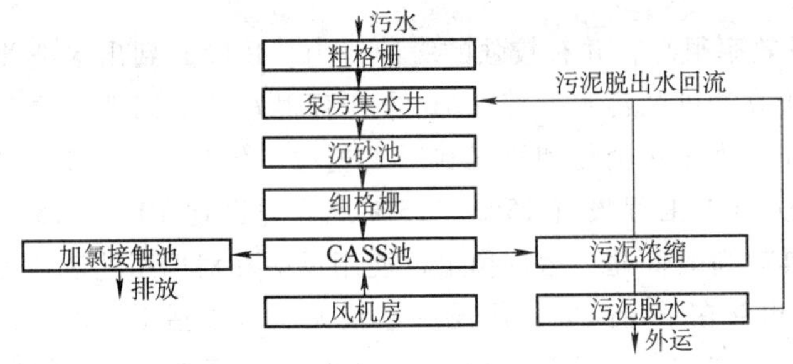

图 6-30　CASS 法工艺流程框图

厌氧池，同回流污泥混合并完成微生物的释磷后，混合液进入主曝气池。主曝气池是连续曝气供氧，在好氧环境中，微生物进行过量吸磷，同时在主曝气池完成有机物的降解和氨氮的硝化。然后混合液分别进入两个序批池 SBR1 和 SBR2。SBR1 和 SBR2 交替地充当反应池和沉淀池而处于反应阶段和沉淀出水阶段。反应阶段可以设置为缺（厌）氧搅拌、好氧曝气和静止沉淀三个过程，在此阶段完成脱氮过程。当 SBR1 处于反应阶段的前两个过程时，开启回流泵，形成“主曝气池 – SBR1 – 泥水分离池缺氧池 – 厌氧池（泥水分离池的上清液回流到主曝气池）”的污泥回流，回流混合液流经 SBR1 时，经历了缺氧搅拌和好氧曝气阶段，进行反硝化及进一步硝化，然后混合液进入缺氧区进一步反硝化，随后进入泥水分离池进行沉淀，经过泥水分离后，浓缩污泥进入厌氧池与原污水混合。而含硝酸盐氮的上清液被泵送入主曝气区。当 SBR1 进行上述反应时，SBR2 处于沉淀出水状态，主曝气池的混合液以进水流量进入 SBR2，在 SBR2 中沉淀下来的污泥在池底形成一个污泥悬浮层，对污水混合液起到过滤的作用，为污水经污泥层过滤后流出系统（图 6-31）。

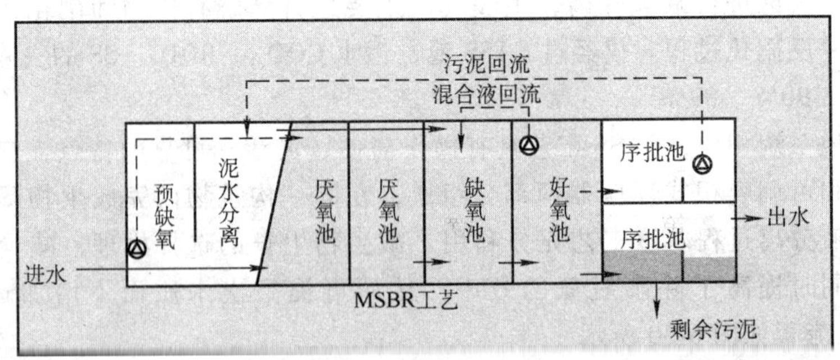

图 6-31　MSBR 工艺

2）MSBR 系统具有以下特点：①与其他生物除磷脱氮工艺相比，结构简单紧凑、占地面积小、土建造价低、自动化程度高；②MSBR 系统中的微生物完整地经历了厌氧、好氧、缺氧、沉淀四个阶段，除磷脱氮效果更好，有机物降解更为完全；③MSBR 系统独特的构造和流程安排为所需的优势菌种提供了最佳的生长环境，使系统处于高效运行状态，污泥产率较低。

（14）奥贝尔（Orbel）氧化沟法　氧化沟（Oxidation Ditch）又名氧化渠，因其构筑物成封闭的沟渠而得名。氧化沟法是活性污泥法的一种变形，20 世纪 50 年代始于荷兰，现广泛应用于世界各地。氧化沟法基建费用低、运行管理简单、处理效果好、耐冲击负荷大、可除磷脱氮。目前，应用到城市污水处理的氧化沟系列主要有卡鲁塞尔（Carrousel）型、奥贝尔（Orbel）型、双沟（D 型）、三沟（T 型）氧化沟。

奥贝尔（Orbel）氧化沟是氧化沟类型中的重要形式，此法起初是由南非的休斯曼构想，南非国家水研究所研究和发展的。随着高性能曝气转刷和转碟的开发应用，奥贝尔（Orbel）型氧化沟的应用更加广泛，一度成为我国城市污水处理的首选工艺。该工艺流程如图 6-32 所示。

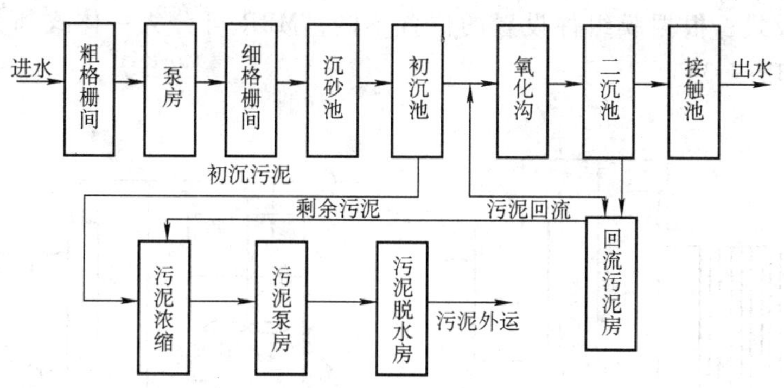

图 6-32　奥贝尔（Orbel）氧化沟工艺流程框图

（15）UNITANK（一体化活性污泥法）　UNITANK 法的思想、池子布置和运行方式与三沟式氧化沟相类似，但在池体构型、曝气方法、出水方式等方面有所不同。UNITANK 法一般由一矩形池子组成，内分三格，三格在水力上是连通的。池子外侧的两格即第一格和第三格交替作为曝气池和沉淀池，第二格则始终作为曝气池。在每一格池子中设置曝气装置，可以为表面曝气设备，也可以是鼓风曝气系统。在第一格和第三格中另需设置周边出水堰。由于受池子沉淀功能（即需要一定的池子表面积）的制约，一般一组 UNITANK 法的处理能力在 20000m^3/d 左右。

UNITANK 法采用矩形池形式，不需另设沉淀池，将生物处理和沉淀系统合为一体，布置紧凑，节省占地。在设备方面，该工艺省去了刮泥桥和污泥回流系统，采用固定堰槽出水，避免了水位损失和机械故障。此外，采用微孔曝气时有一定的节能效果。UNITANK 法也有不足之处：活性污泥浓度有所降低、泥水分离较难、工艺管道系统布置较为复杂、对管理操作的要求较高。

(16) 膜生物反应器　膜生物反应器（Membrane Bio - Reactor，MBR）是由生物处理系统和膜分离组件组合而成的一种新型高效的污水处理与资源化工艺。生物处理系统和膜分离组件的有机结合，使它与传统的废水生物处理方法相比有很大的优越性：污染物去除效率高，处理出水水质好（可去除细菌及病毒），可直接回用，污泥产率低，易于实现自动控制，操作管理方便等，而且 MBR 在城市污水和工业废水处理与回用等方面得到了应用。

MBR 对有机物的去除效果来自两个方面：一方面是生物反应器对有机物的降解作用，MBR 系统中生物降解作用增强；另一方面是膜对有机大分子物质的截留作用，大分子物质被截留在生物反应器内，获得比传统活性污泥法更多与微生物接触反应的时间，并有助于某些专性微生物的培养，提高有机物的去除率。

膜生物反应器的核心部件是膜组件，从材料上可以分有机膜和无机膜两大类；从构型上可以分为管式、框板式、卷式和中空纤维式；按膜过滤驱动方式分为压力式和抽吸式；根据膜组件设置的位置不同，MBR 可分为一体式和分置式两种（图 6-33 和图 6-34）。

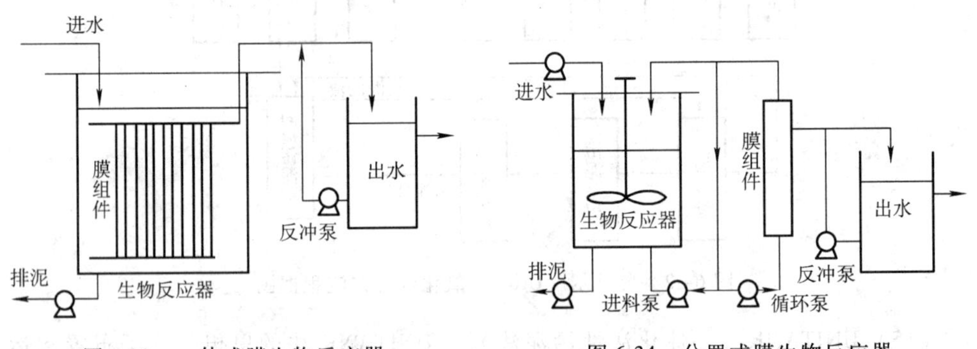

图 6-33　一体式膜生物反应器　　图 6-34　分置式膜生物反应器

(17) EM 法　EM（Effective Microorganisms，有效微生物群）技术治理废水是利用生物工艺学将自然界中主要的五大类有益菌（包括光合菌群、乳酸菌群、酵母菌群、革兰氏阳性放线菌群及发酵系的丝状菌群）有机地集合在一起，形成一个强大的功能群体，相互作用，相互促进，生成稳定而复杂的生态系统，并抑制有害微生物的生长繁殖，生成多种抗氧化物质，提高物体的生理活性机能。

激活后的 EM 经过驯化后在污水中迅速生长繁殖，能快速分解污水中的有机物，同时依靠相互间共生增殖及协同作用，代谢出抗氧化物，生成稳定而复杂的生态系统，并抑制有害微生物的生长繁殖，抑制含硫、氮等恶臭物质产生的臭味，激活水中具有净化水功能的原生动物、微生物及水生植物，通过这些生物的分解代谢、合成代谢使废水中的有毒、有害物质分解成水和二氧化碳等，最终使废弃物、泥浆和污泥基本消除，从而达到净化废水的目的。

5. 污水治理技术研究进展

就我国污水处理现状而言，污水处理技术市场需求还是比较大的，工业废水治理的发展方向开始转向全过程控制，污水治理技术总体向着资源化、集成化（基因工程与生物强化技术，物化生化耦合技术）、生态化、自动化发展。工业污水治理技术发展的重点在于降低能耗、改善出水水质、减少污泥量、简化与缩小处理构筑物的体积、减少占地、降低基建与运行费用、改善管理条件等。此外，多学科与理论的集成以及化工技术、生物技术、生态工程技术、计算机技术、遥控遥测技术等先进的技术手段也将越来越多地应用于污水治理，例如固定化细胞、光氧化法、脉冲电晕技术、超临界水氧化法、超声波技术等。

目前，难生物降解废水（农药生产废水、染料生产废水、焦化废水、印染废水、己内酰胺生产废水、炼油催化剂和聚合催化剂生产废水及各种各样的残液等）的处理是工业废水治理亟待解决的难题之一。膜生物反应器技术、超临界技术、电解技术、超重力技术、焚烧技术、湿式氧化技术、膜分离技术等新技术是解决这类污水治理问题的重要手段。

第5节　固体废物处理技术

1. 固体废物的分类

（1）工业固体废物　工业固体废物指在生产、经营活动中产生的所有固态的、半固态和除废水以外的高浓度液态废物，产品的生产过程就是废物的产生过程。

工业固体废物按危害状况可分为一般工业固体废物和危险废物，一般工业固体废物包括粉煤灰、冶炼废渣、炉渣、尾矿、工业水处理污泥、煤矸石及工业粉尘等；危险废物指易燃、易爆，具腐蚀性、传染性、放射性有毒有害废物，除固态废物外，半固态、液态危险废物在环境管理中通常也划入危险废物一类进行管理。

工业固体废物以产生的行业划分主要包括：

1）冶金废渣。主要指在各种金属冶炼过程中或冶炼后排出的所有残渣废物，如高炉矿渣、钢渣、各种有色金属渣、各种粉尘、污泥等。

2）采矿废渣。即各种矿石、煤的开采过程中产生的矿渣，数量极大，涉及的范围很广，如矿山的剥离废石、掘进废石、煤矸石、选矿废石、废渣、各种尾矿等。

3）燃料废渣。即燃料燃烧后所产生的废物，主要有煤渣、烟道灰、煤粉渣、页岩灰等。

4）化工废渣。即化学工业生产中排出的工业废渣，主要包括：硫酸矿渣、电石渣、碱渣、煤气炉渣、磷渣、汞渣、铬渣、盐泥、污泥、硼渣、废塑料以及橡胶碎屑等。

5）放射性废渣。在核燃料开采、制备以及辐照后燃料的回收过程中，排出的固体放射性废渣或浓缩的残渣。

6）玻璃、陶瓷废渣。

7）造纸、木材、印刷等工业废渣，包括刨花、锯末、碎木、化学药剂、金属填料、塑料、木质素。

8）建筑废材废渣。主要有金属、水泥、黏土、陶瓷、石膏、石棉、砂石、纸、纤维。

9）电力工业废渣。主要有炉渣、粉煤灰、烟尘。

10）交通、机械、金属结构等工业废材。主要有金属、矿渣、砂石、模型、陶瓷、边角料、涂料、管道、绝缘材料、粘接剂、废木、塑料、橡胶、烟尘等。

11）纺织服装业废料。主要有布头、纤维、橡胶、塑料、金属。

12）制药工业药渣等。

13）食品加工业废渣。主要有肉类、谷物、果类、菜蔬、烟草。

14）电器、仪器仪表等工业废料。主要有金属、玻璃、木材、橡胶、塑料、化学药剂、研磨料、陶瓷、绝缘材料等。

（2）工业固体废物对环境的污染

1）对土壤的污染。由于工业固体废物伴随生产和生活过程发生，所以它们的堆放必然会占用大量的土地，工业固体废物和农业争地的矛盾日益尖锐。大量有毒废渣在自然界的风化作用下，到处流失，对土壤造成污染。大量采矿废石堆积的结果，毁坏了农田和大片森林地带。由于冶炼废渣含有多种有毒物质，因此对土壤的危害也是严重的。这些有毒废渣长期堆存，可溶成分随雨水从地表向下渗透，向土壤转化，使土壤富集有害物质，以致渣堆附近土质酸化、碱化、硬化，甚至发生重金属和放射性等污染。

2）对水域的污染。工业废物除了通过土壤渗入地下水外，还可通过风吹、雨淋或人为因素进入地面水。工业废物在雨水的作用下，很容易流入江河湖海，造成水体严重污染与破坏。有些企业将工业废渣或垃圾直接倒入河流、湖泊或沿海海域中，造成更大污染。从世界范围来看，核能反应堆的废渣、核爆炸产生的散落物以及一些国家向深海投弃的放射性废物，已严重污染了海洋，海洋生物资源遭到极大破坏。

3）对大气的污染。工业废渣与垃圾在堆放过程中，在温度、水分作用下，某些有机物质发生分解，产生有害气体。如一些腐败的垃圾废物散发出腥臭味，造成对空气的污染；又如堆积的煤矸石经常发生自燃，火势一旦蔓延，则难以救护，并放出大量二氧化硫，污染环境。以微粒状态存在的废渣与垃圾，在大风吹动下，将随风飘扬，扩散至远处，既污染环境，影响人体健康，又会玷污建筑物、花果树木，危害市容与卫生。此外，在运输与处理工业废物的过程中，产生的有害气体和粉尘污染也是十分严重的。

总的来说，工业固体废物可以造成土壤、水体和空气的污染，而其中的危险废物可以对人类造成极大的危害，因此，必须采取措施，进行合理的管理与处理。

（3）工业固体废物的资源化 人类的矿产资源正在逐渐枯竭，被利用的资源转入到各种产品中，因此很多产品，包括工业固体废物将成为未来的矿产资源。对于我国这样人均资源占有仅为世界人均58%的资源贫乏的国家，如何以对环境友好方式回收再利用工业固体废物，将对可持续发展具有重要意义。我国工业固体废物资源的综合利用具有一定的技术基础，例如利用粉煤灰、污泥等生产建材、煤矸石发电、城市垃圾、有机污泥的堆肥化等，但是对于我国每年产生近30多亿吨的工业废物来说，如何开发高附加值、深度加工的产品，综合利用量大、面广的废物（如粉煤灰、煤矸石等），对于全面解决工业固体废物资源化问题具有重要意义。

（4）工业固体废物排放及处理情况 工业固体废物95%来自矿业、电力蒸汽热水生产和供应业、黑色金属冶炼及压延加工业、化学工业、有色金属冶炼及压延加工业、食品饮料及烟草制造业、建筑材料及其他非金属矿物制造业、机械电气电子设备制造业。工业固体废物的组成大致如下：尾矿29%、粉煤灰19%、煤矸石17%、炉渣12%、冶金废渣11%、危险废物1.5%、放射性废渣0.3%、其他废物10%。

我国工业固体废物的产生有鲜明的地域特点。华北、华东和东北三个沿海地区产生的固体废物占全国总量的71.09%。排放量最大的三个地区分别是华北、西南、中南，占全国固体废物排放总量的70.64%，其中华北地区固体废物排放量占全国总量的33.50%，排放率为8.52%；西南地区固体废物排放量占全国总量的19.37%，排放率为14.76%；华东地区排放率最低，为2.14%。

各省市区的固体废物产生和排放也都有自己的特点，主要由该地区的工业结构、工业发展水平和资源结构决定。如山西省是煤炭大省，产生量最大的固体废物是煤矸石、尾矿、粉煤灰、高炉渣和锅炉煤渣，占全省固体废物产生总量的86.82%；黑龙江省盛产煤炭和粮食，因而产生量最大的固体废物是煤矸石、尾矿、粉煤灰、锅炉煤渣、粮食及食品加工废物，占全省固体废物产生总量的90.45%；上海市产生量最大的固体废物是高炉渣、粉煤灰、锅炉煤渣、钢渣和工业粉尘，这五种废物产生量占全市固体废物产生总量的75.40%。

这些废物对环境造成的危害主要是占用土地，破坏山地环境；排放有毒气体，造成温室效应和臭氧层破坏；污染地下水，特别是有毒有机物、铬合金属化合物、有机金属化合物等渗入水源并流入河流湖泊、海洋和土壤，进入人类生物链，破坏生态环境，影响人类生存环境和健康。

这些废物现有处理方式主要是回填、堆存和建筑，并有少部分用于建筑材料。

用于建筑材料现主要有水泥混合材料如矿渣水泥（矿渣利用率20%～70%），粉煤灰水泥（粉煤灰利用率20%～40%），或者直接用粉煤灰或煤矸石替代黏土生产水泥熟料；混凝土掺和料如按国家规定掺入混凝土中粉煤灰水泥取代率不大于30%；利用尾矿、粉煤灰、煤矸石作为黏土烧结砖的原料制作实心砖或空心砖，或者生产混凝土小型空心砌块、地面砖以及复合墙板等。

这些常规研究方法，有的是低水平重复式研究，使工业固体废物的高技术利用一直没有突破性进展。

(5) 其他固体废物　固体废物的处理利用中最受关注的是城市生活垃圾、危险废物、医疗废物、电子废物和一般工业废物。目前我国尚有大量的电子废物急需处理，以实现回收利用。

1) 危险废物排放及处理情况。危险废物是指具有各种毒性、易燃性、爆炸性、腐蚀性、化学反应性和传染性的废物，分47大类共600多种，成分复杂，对生态环境和人类健康构成了严重威胁。被称为动植物和人类生存的“杀手”的废电池、废灯管和医院的特种垃圾，都列入了国家危险废物名录。

近年来，危险废物的产生量也呈现出逐年上升的趋势，医疗卫生机构和其他行业还产生放射性废物，社会生活中还产生了大量含镉、汞、铅、镍等重金属的废电池和日光灯管等危险废物。

由于我国危险废物的管理起步较晚，在管理法规、处理技术和处置设施的建设等方面均存在不足。突出表现在对危险废物的源头了解不清楚，危险废物的集中处置设施建设严重滞后，集中处理率低，大部分危险废物处于低水平综合利用、简单储存或直接排放状态，还有部分危险废物混入生活垃圾，给社会造成了巨大隐患。我国现有的危险废物安全处理处置设施的处置能力不到所需要处理废物量的5%，大部分危险废物的处理处置水平较低。

为解决当前危险废物处置能力不足造成的环境污染问题，2004年年初经国务院批复的《全国危险废物和医疗废物处置设施建设规划》，对于处置设施建设数量、规模、投资力度等都做了明确要求。《规划》要求：到2005年年底，建成功能齐全的综合性危险废物处置中心31个、医疗废物集中处置设施300个，改扩建31座省级放射性废物库。《规划》还对300多个边远县（旗）单独建立医疗废物处置设施提出了可行的意见。为保证规划目标的实现，国家计划投资153.7亿元支持项目工程的建设。这对于强化危险废物和医疗废物的管理起到了极大的促进作用。

为了推进危险废物处置产业化，国家将实行危险废物处置收费制度。根据国家有关部门的要求，各地将制定合理的危险废物处置收费标准，提高危险废物处置能力。危险废物处置收费（不包括放射性废物送储费）为经营服务性收费，其收费标准将按照补偿危险废物处置成本、合理盈利的原则核定。

2）医疗废物排放及处理情况。全国医疗废物的产生总量也在逐年上升，预计到2010年，医疗机构床位数将比2002年增加5%，医疗废物年产生量也将随之达到或超过68万t。

为了规范我国的医疗废物管理，国务院相继颁布了《医疗废物管理条例》和《全国危险废物和医疗废物处置设施建设规划》，国家环保总局等部门相继出台了一些与之相关的法律法规和技术标准，基本上覆盖了医疗废物的定义、分类、收集运送、包装标志、处理处置和储存等管理和处置环节。

3）城市生活垃圾排放及处理情况。随着经济和城市化水平的不断提高，生活垃圾正以5%~8%的速度逐年增长。2003年时全国共有垃圾处理厂575座，其中垃圾填埋场457座，垃圾焚烧厂70座，垃圾堆肥厂47座，分别处理垃圾约18.7万t/日、1.65万t/日和1.5万t/日，年处理总量达到7255万t，垃圾处理率占全年垃圾产生量的50%左右。

国债资金共安排垃圾处理项目359个，项目总投资245亿元，国债累计投入80多亿元，带动了地方政府和社会资金的投入。

4）家用电器废物排放及处理情况。家用电器废物为固体废物的一种。部分家用电器含有重金属、卤族化学物质等有毒有害物质，对人体健康及生活环境构成威胁。比如，电冰箱的制冷剂和发泡剂以及空调器的制冷剂都是破坏臭氧层的物质；废电视机的显像管属于易爆性废物；废弃的荧光屏、荧光灯以及水银高速继电器都含金属汞；废润滑油会污染环境；废旧线路板中含有的重金属会对水质和土壤造成严重危害；电视机和电脑显示器的外壳及涂料对人体的影响也很大。这些废弃家电如不经处理直接进入环境，其中的有毒有害物质将污染土壤和地下水，或通过植物、动物进入人们的生活。如果对这些废弃家电只进行简单的处理，处理不当也会对大气和水体等造成二次污染。

针对此现象，国内有些地区的有关部门已开展了废电器抵价回收活动。北京市中关村附近的一些商店就针对废旧电冰箱、洗衣机、个人计算机等进行收购，可以换取现金，或者在购买新产品时抵消部分价格。这种做法解决了某些废旧家用电器占地大的问题，同时也对这部分废旧物品进行了回收利用。但由于家用电器废物的种类繁多，各种废品的性质差异很大，目前尚无统一的处理处置办法。

目前对废旧家电产品较为通用的处理方法是局部拆解，然后对拆解的零部件进行分类利用，这样能更有效地进行再生利用。另外，对废家用电器拆解后的各部分进行处理的再生利用工厂数目正在增加，但总数并不多。目前，国内有些在进行拆解工作的工厂自动化程度和技术水平较低，加工程度和利用率也不高，远没有实现自动化的管理，所得产品的附加值低。而且目前的再生利用主要是针对某些零部件而言，尚没有形成成套的处理利用技术。

2. 固体废物处理技术与处理系统

(1) 固体废物处理技术　固体废物处理是指通过采用一定的实际手段将固体废物转变成适于运输、利用储存或处置的过程，常用的处理技术包括物理处理、化学处理、生物处理、热处理等。

物理处理是通过浓缩或相变改变固体废物结构，但不破坏固体废物组成的一种处理方法，包括压实、破碎、分选、增稠、干燥和蒸发等，主要作为一种预处理技术。

化学处理是采用化学方法破坏固体废物中的有害成分从而达到无害化，或将其转变成为适于进一步处理、处置的形态。由于化学反应条件复杂，影响因素较多，所以化学处理方法通常只用在所含成分单一或所含几种化学成分特性相似的废物处理方面。对于混合废物，化学处理可能达不到预期的目的。化学处理方法包括氧化、还原、中和、化学沉淀、固化等。

生物处理是利用微生物分解固体废物中可降解的有机物，从而达到无害化或综合利用。固体废物经过生物处理，在容积、形态、组成等方面均发生重大变化，因而便于运输、储存、利用和处置。生物处理方法包括好氧处理、厌氧处理和兼性厌氧处理。与化学处理方法相比，生物处理在经济上一般比较便宜，应用也相当普遍，但处理过程所需时间较长，处理效率有时不够稳定。

热处理是通过高温破坏和改变固体废物组成和结构，同时达到减容、无害化或综合利用的目的。热处理方法包括焚化、热解、湿式氧化以及焙烧、烧结等。

不管采用何种处理技术最终仍有一定量的物质残存，对这部分废物需要妥当地加以处置或投弃与人类生物圈相隔离的地方，特别是在处理废物过程中应避免二次污染的产生，对危险废物应确保不对人类产生危害。

不同的固体废物，其处理技术不尽相同。表 6-5 所示简略地列出了国内外固体废物处理技术现状与发展趋势。

表 6-5　国内外固体废物处理技术现状与发展趋势

废物种类	中国现状	国际现状	国际发展趋势
城市垃圾	填坑、送农村堆肥或回收利用、发展无害化处理	填坑、卫生填坑、焚烧、堆肥、海洋投弃	压缩、高压压缩填坑、堆肥、回收材料和能源、化学加工
矿业及工业废物	堆弃、填坑、综合利用、废品回收利用	填地、堆弃、焚烧、循环利用	循环及回收、化学加工
旧房拆迁及市政垃圾	堆弃、填坑、露天焚烧	堆弃、填坑、露天焚烧	回收利用、焚烧
施工垃圾	堆弃、露天焚烧	堆弃、露天焚烧	回收利用、焚烧

（续）

废物种类	中国现状	国际现状	国际发展趋势
污水处理场污泥	堆肥、制取沼气	填地、堆肥、制取沼气	堆肥、化学加工、制取沼气等
农业废物	农村燃料、饲料、建筑材料、回耕、堆肥、制取沼气、露天焚烧	回耕、焚烧、堆弃、露天焚烧、制取沼气等	堆肥、化学加工、制取沼气等
放射性及有害工业废渣	堆存、隔离堆弃、焚烧、化学固化	隔离堆存、陆地填筑、焚烧、固化、物理、化学、生物综合处理	陆地填筑、焚烧、固化、物理、化学、生物综合处理、回收利用

（2）固体废物处理系统　废物的种类很多，而且产量很大，对其整个处理过程应有系统的整体观念，也就是对固体废物应进行综合处理。如中小型企业常在一般城市中占有相当比重，如果将其产生的固体废物各自分散处理，则不但技术上不能满足要求，而且对经济投资和资源利用也是不合理的。因此，就一座城市整体，通盘考虑所产生的废物，进行全面的综合性处理很有必要。

1）综合处理方案设计。所谓综合处理就是将中小企业产生的各种废物集中到一个地点，根据废物的特征，把各种废物处理过程结合成一个系统，以便把各过程得到的物质和能量进行合理的集中利用。通过综合处理可对废物进行有效的处理，减少最终废物排放量，减轻对地区的污染，防止二次公害的分散化，同时还能做到总处理费用低、资源利用效率高。

要进行废物的综合处理，必须弄清废物产量随时间的变化状况，以便设计的处理方案适应废物负荷的变化幅度。通常，将各工厂排放的同样或类似的废物进行混合处理，并从收集方式上进行适当的改变。

设计废物综合处理方案时应注意：①调查了解工厂排放污染物的种类和数量及各污染物的允许排放标准。根据排放标准进行废物处理有正负两种效益。正效益是经过处理可减轻废物排放对生物学的不利影响，负效益是在处理过程中要消耗的能源和投资。这两方面得失应加以权衡，选择最适宜的方案，做到能源消耗较少、设备投资较小又能取得较大的环境效益。②重金属排放后，经过长时间扩散仍会造成一定危害，其含量都在 10^{-6}级微量，目前技术水平监测困难，处理技术也不过关，因此必须对其排放浓度严加控制。③综合处理应考虑资源化问题。为了提高资源化回收物的质量，需要增加设备投资和消耗能源，要求质量越高，消耗的能源也越多。另外，对于所回收产品有无市场以及回收物质能否用于再生产均要做深入的探讨。④对于设计处理废物设备投资费用只能进行估算，一般按实际处理费用乘上系数 1.6 来推算，总费用往往随处理能力增大而减少。

不宜采用混合处理的情况：①含有有害重金属的少量废物和不含重金属的大量废物，或者少量的高放射性废物和大量的低放射性废物不宜相混。可以就整个混合物按有害或有放射性废物进行高级处理。②过热易软化的废物和不易软化的废物不宜相混，因为在用回转窑处理时，前者会包裹后者形成大块，需要延长燃烧时间，如果前者灰分含量大时，还会形成很厚的灰尘，影响导热性，妨碍燃烧进行。③热熔性塑料和非热熔性塑料不宜相混，如用固定床燃烧炉处理时，热熔物会漏过炉床而燃烧，使炉子下部过热，容易烧坏炉床及其驱动装置，使它们变形、断裂或腐蚀。熔融物的炭化还会堵塞通风孔。当②、③两种情况废物中熔融物含量较少时，从经济观点出发，采用混合处理还是较有利的。④当废物中固体物质很多而进行混合处理时，由于在短时间内难以混匀，影响处理效果，故负荷会有很大波动。

宜采用混合处理方案的情况：①往含水率高而不能自燃的废物里混入高热值废物，可使整个混合物作为可自燃物，便于焚烧处理。②有的废物焚烧时会产生氨类碱性气体，有的废物焚烧时会产生氯化氢、二氧化硫之类酸性废气，如果这两类废物混合后进行焚烧处理就十分合理。

2）废物综合处理系统。类似于一般的工业生产系统，也有一些基本过程所组成，把由这些基本过程组成的总系统称为废物综合处理系统。

整个系统可包括固体废物的收集运输、破碎、分选等预处理技术，焚烧、热分解和微生物分解等转化技术和“三废”处理等后处理技术。预处理过程中，废物的性质不发生改变，主要利用物理处理的方法，对废物中的有用组分进行分离提取型回收。如对空瓶、空罐、设备的零部件、金属、玻璃、废纸、塑料等有用原材料提取回收。

转化技术是把预处理回收后的残余废物用化学的或生物学的方法，使废物的物理性质发生改变而加以回收利用。这一过程显然比预处理过程复杂，成本也较高。焚烧和热解以回收能源为目的，焚烧主要回收水蒸气、热水或电力等不能储存或随即使用型的能源，而热解主要回收燃料气、油、微粒状燃料等可储存或迁移型的能源。微生物分解主要使废物原料化、产品化而再生利用。

预处理过程和转化过程产生的废渣可用于制备建筑材料、道路材料或进行填埋等处置。

综上所述，固体废物处理系统由若干个过程所组成，每个过程有每个过程的作用。综合处理固体废物时，务必从整体出发，选择合适的处理技术及处理过程。

3. 固体废物的处置技术

（1）脱水技术　固体废物的脱水问题常见于城市污水与工业废水处理产生的污泥处理以及类似与污泥含水率的其他固体废物的处理。按所含成分的不同，需脱水处理的固体废物分为两大类：以无机物为主要成分的无机泥渣或沉泥，以有机物为主要成分的有机泥渣或污泥。冶金、建材等工业废水处理后的固体废物多属于前者，其特性是密度较大、含水率较低，易于脱水，但流动性较差，对设备和管道磨损严重。纺织、造纸、食品等工业废水和城市污水处理后的固体废物多属于后者，其特性是有机物含量高、容易腐败发臭、密度较小、含水率较高，呈胶体结构，不易脱水，但流动性较好，便于用管道输送。

凡含水率超过90%的固体废物，必须先脱水减容，以便于包装、运输与资源化利用。

1）水分的存在形式及脱除方法。污泥中所含的水分，按它的存在形式，可分为间隙水、毛细结合水、表面吸附水和内部水四种。如图6-35所示。

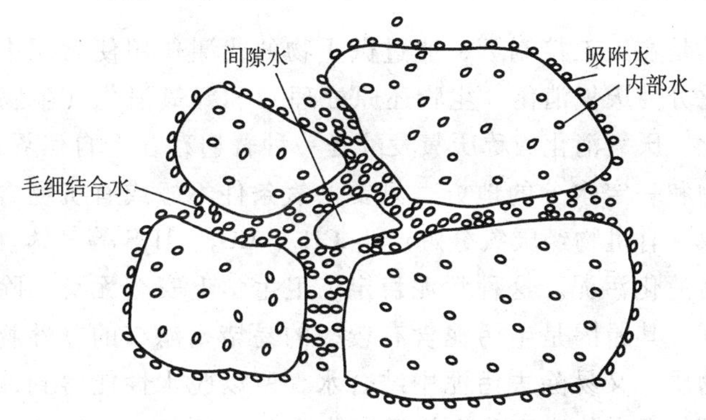

图6-35　污泥中水分的存在形式

由于间隙水（约占污泥水分的70%左右）不直接与固体颗粒结合，因而很容易分离，通常采用浓缩法分离。由毛细现象形成的毛细结合水（约占污泥水分的20%左右）受到液体凝聚力和液固表面附着力作用，要分离毛细结合水需要有较高的机械作用力和能量，可以用与毛细水表面张力相反的作用力，例如离心力、负压抽真空、电渗力或热渗力等，常用离心机、真空过滤机或高压压滤机来去除这部分水。表面吸附水（约占污泥水分的7%左右）的去除较难，不能用普通的浓缩或脱水方法去除，可用加热法脱除。存在于污泥颗粒内部的水（约占污泥水分的3%左右）与固体结合得很紧，用机械方法不能脱除，但可用高温加热法或冷冻法去除。

固体废物脱水方法概括起来主要有浓缩脱水、机械脱水和干燥等。不同的脱水方法，其脱水装置、脱水效果都有所不同，表6-6为固体废物常用的脱水方法及效果。

2）污泥的消化与调理。为了改善污泥脱水性能，提高机械脱水设备的处理能力，污泥浓缩或脱水前常常采用消化或化学调理等方法进行预处理。

表 6-6　固体废物常用的脱水方法及效果

<table>
<tr><th colspan="2">脱水方法</th><th>脱水装置</th><th>脱水后含水率（%）</th><th>脱水后状态</th></tr>
<tr><td colspan="2">浓缩脱水</td><td>重力浓缩、气浮浓缩、离心浓缩</td><td>95 ~ 97</td><td>近似糊状</td></tr>
<tr><td colspan="2">自然干化法</td><td>自然干化场、晒砂场</td><td>70 ~ 80</td><td>泥饼状</td></tr>
<tr><td rowspan="4">机械脱水</td><td>真空过滤</td><td>真空转鼓、真空转盘等</td><td>60 ~ 80</td><td>泥饼状</td></tr>
<tr><td>压力过滤</td><td>板框压滤机</td><td>45 ~ 80</td><td>泥饼状</td></tr>
<tr><td>滚压过滤</td><td>滚压带式压滤机</td><td>78 ~ 86</td><td>泥饼状</td></tr>
<tr><td>离心过滤</td><td>离心机</td><td>80 ~ 85</td><td>泥饼状</td></tr>
<tr><td colspan="2">干燥法</td><td>各种干燥设备</td><td>10 ~ 40</td><td>粉状、粒状</td></tr>
<tr><td colspan="2">焚烧法</td><td>各种焚烧设备</td><td>0 ~ 10</td><td>灰状</td></tr>
</table>

污泥的消化是在人工控制下，通过微生物的代谢作用使污泥中的有机物质稳定化。污泥消化分为厌氧消化（生物还原处理）和好氧消化（生物氧化处理）两种：①厌氧消化。厌氧消化或称厌氧发酵是一种普遍存在于自然界的微生物过程。凡是存在有机物和一定水分的地方，只要供氧条件不好或有机物含量多，都会发生厌氧发酵现象，有机物经厌氧分解产生 CH_4、CO_2、H_2S 等气体。经厌氧消化处理后的污泥称为消化污泥。这种污泥稳定，卫生学上安全无臭，除特殊情况外比生污泥脱水性好，其原因是生污泥含有较多的易堵塞滤布的黏性物质，而消化污泥减少了黏性物质，又易除去污泥中结合水，所以脱水性能得到改善。厌氧消化的微生物，按其最适宜的温度分为低温消化（5 ~ 15℃）、中温消化（30 ~ 37℃）、高温消化（50 ~ 55℃），温度的高低决定消化过程的快慢。一般中温消化需 24 ~ 30 天，高温消化只要一半时间。与中温消化相比，高温消化有病原菌、寄生虫卵杀灭率高，脱水性能好，挥发性酸易变为气体等优点。因此，有废热可利用或排放泥水本身温度相当高时，可采用高温消化法，不能利用废热时，通常采用中温消化法。图 6-36 为目前正在采用的两种厌氧消化工艺。②好氧消化。厌氧消化有不少优点并且操作容易、运转费用低。但厌氧消化建筑占地面积大，投资高（消化池投资常占全厂基建费用 1/3 以上），分离液呈褐色、悬浮物浓度高，BOD 高达数百到数千，消化系统易受生物变异影响，会产生恶臭等。好氧消化可避免厌氧消化的许多缺点，所以逐渐引起人们的重视。特别在处理容量较小，使用厌氧消化很不经济的情况下，往往采用好氧消化法。好氧消化可以看做是一种湿式快速堆肥化过程。图 6 37 为好氧消化池工艺示意图。

污泥调理方法主要有淘洗、化学调理、加热加压调理和冷冻熔融调理等。以往污泥的调理主要采用淘洗法和以石灰、铁盐、铝盐等无机混凝剂为主要添加剂的化学调理法。近年来，高分子混凝剂作为主要添加剂的化学调理以及加热加压调理、冷冻熔融调理也受到重视，特别是在污泥作为肥料再利用时，为了不使污

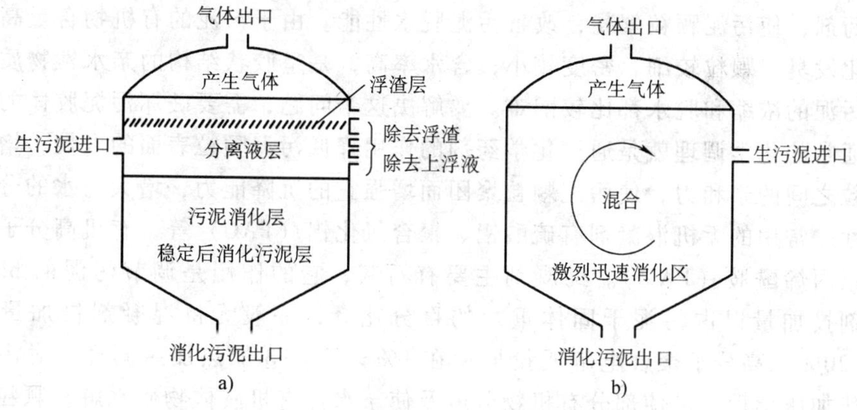

图 6-36　标准消化池及快速消化池工作原理图

a）标准消化池　b）快速消化池

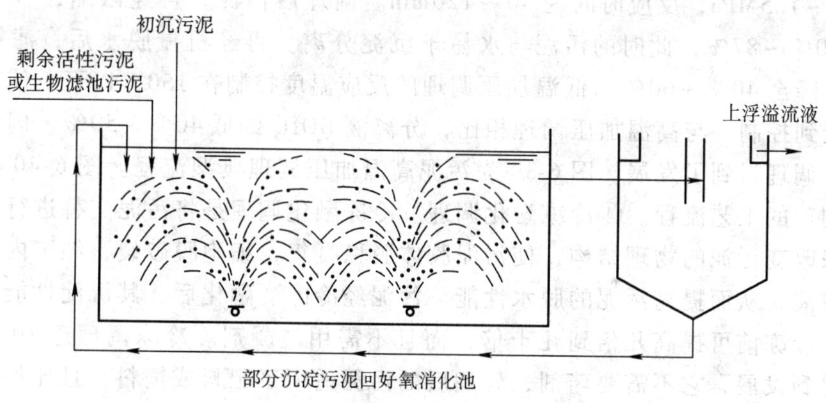

图 6-37　好氧消化池工艺示意图

泥中有效成分分解常采用冷冻熔融调理。在有液化石油气废热可供利用时，污泥调理又常用冷冻熔融法。但污泥调理工艺的选择，必须从污泥性状、脱水的工艺、有无废热可利用及整个处理、处置系统的关系等方面综合考虑。①污泥的淘洗。污泥的淘洗是将污泥与 3～4 倍污泥量的水混合而进行沉降分离的一种方法。污泥的淘洗和浓缩可分开进行，又可在同一池内进行。一般用废水处理后的出水来洗涤污泥。污泥淘洗的目的是降低污泥中的碱度和粘度，以节省混凝剂的用量，提高浓缩效果，缩短浓缩时间。污泥淘洗仅适用于消化污泥。经过淘洗的污泥，其碱度可从 2000～2500mg/L 降至 400～50mg/L，可节省 50%～80% 的混凝剂。所以，消化污泥不宜直接进行化学调理。污泥淘洗工艺可分为单级、二级或多级串联洗涤及逆流洗涤等多种形式，其中二级串联逆流洗涤效果最好，其工艺如图6-38所示。②化学调理。化学调理是在污泥中加入适量的混凝剂、助凝剂等化学药剂，使污泥颗粒絮凝，改善污泥脱水性能。由于污泥的有机物含量高，容易腐化发臭，颗粒较细，密度较小，含水率高，是呈胶状结构的亲水性物质，这使得污泥的浓缩和脱水都比较困难。要解决这个问题，需要破坏污泥胶体的稳定性，通常的化学调理就是通过化学药剂的作用降低污泥颗粒表面的电性，增大污泥颗粒之间的亲和力，使污泥颗粒聚团而增强它的沉降能力，增大与水的分离的可能性。常用的无机混凝剂有硫酸铝、聚合氯化铝（PAC）等，有机高分子混凝剂有聚丙烯酰胺（PAM）。助凝剂主要有石灰，它的作用是调节污泥的 pH 值。混凝剂投加量以占污泥干固体重量的百分比计，一般无机混凝剂投加量约为 7% ~20%，高分子聚合电解质投加量在 1% 以下。③加热加压调理。对污泥进行加热加压调理，可使部分有机物分解及使亲水性有机胶体物质水解，颗粒结构改变，从而改善污泥的浓缩与脱水性能。按加热温度不同，可分为高温加压调理和低温加压调理两种。高温加压调理是把污泥升温到 170 ~200℃，加压压力为 1.0 ~1.5MPa，反应时间为 40 ~120min。调理后污泥，再经浓缩，含水率可降至 80% ~87%，此时的污泥与水易于沉淀分离。再经机械脱水后，滤饼的含水率可降至 40% ~60%。低温加压调理的反应温度控制在 150℃以下，使有机物的水受到控制。与高温加压调理相比，分离液 BOD_5 约低 40% ~50%，因此，低温加压调理得到了发展。图 6-39 为污泥高温加压调理典型流程。图 6-40 为低温加压调理的工艺流程。④冷冻融化调理。冷冻融化调理是将污泥交替进行冷冻与融化来改变污泥的物理结构，使污泥胶体脱稳凝集，细胞膜破裂，细胞内部水分得到游离，从而提高污泥的脱水性能。污泥经冷冻、融化后，其沉淀性能与过滤速度比冷冻前可提高几倍到几十倍，而且不需用混凝剂。冷冻调理近 10 年内在国外得到发展，它不需要药剂，处理后的污泥适用于肥料或饲料，且比加热法处理节省能源。但在处理过程中要求缓慢冷冻，逐步把水排挤出来，形成大的冰晶体，融化时水容易和固体分离。如果快冷，则会形成小的冰晶体，融化时水会被固体重新吸收。图 6-41 为污泥的冷冻融化调理工艺流程。

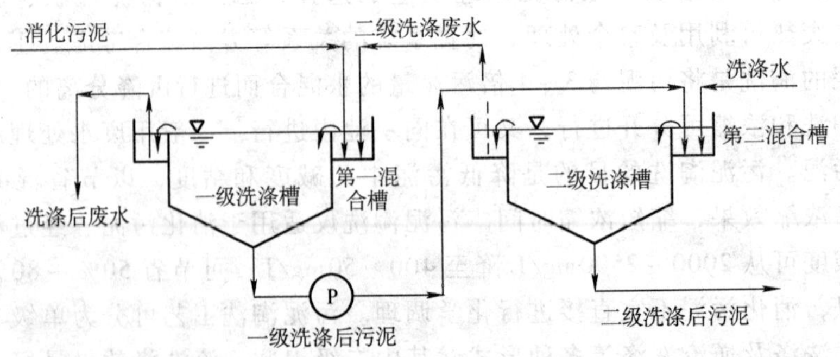

图 6-38　二级串联逆流洗涤装置

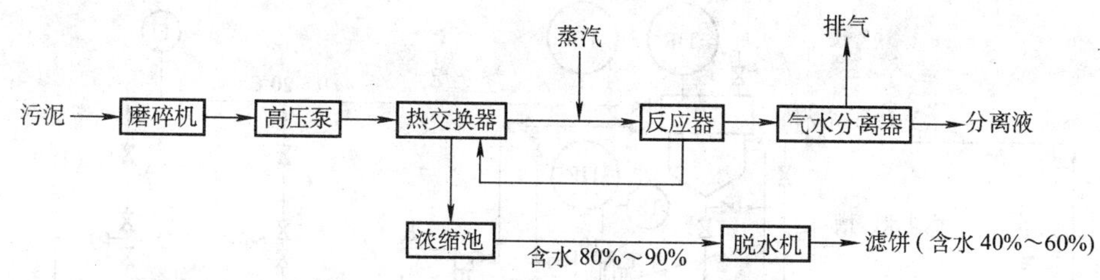

图6-39 污泥高温加压调理典型流程

3）浓缩脱水。污泥的浓缩脱水主要是为了去除污泥中的间隙水，缩小污泥的体积，为污泥的输送、消化、脱水、资源化利用等创造条件。浓缩后污泥含水率仍高达90%以上，可以用泵输送。

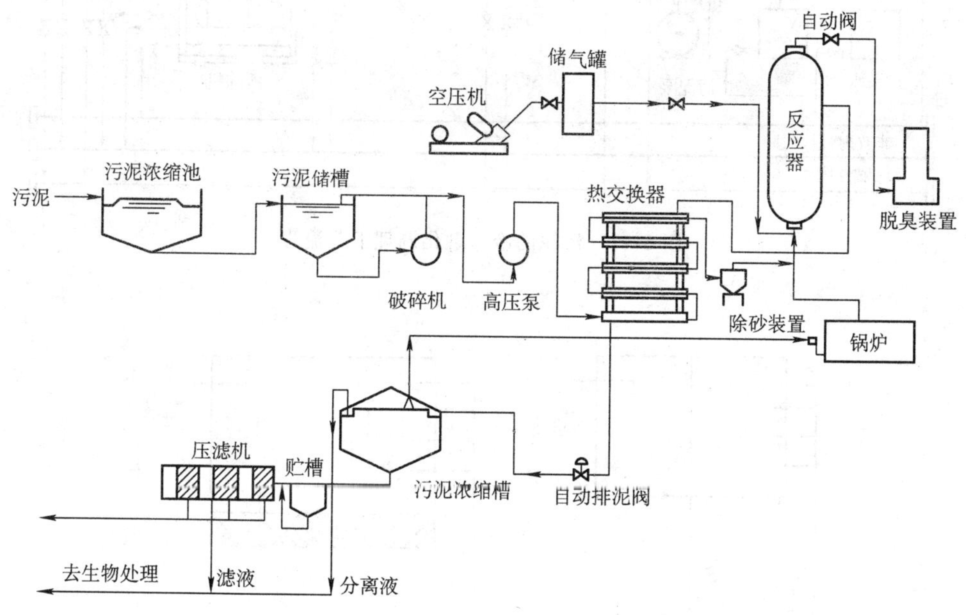

图6-40 低温加压调理工艺流程

① 重力浓缩。重力浓缩的构筑物称为浓缩池。按其运行方式可分为间隙式浓缩池和连续式浓缩池。前者用于小型处理厂或工业企业的污水处理厂，后者用于大中型污水处理厂。在给入污泥前必须先放空上清液，腾出池容。为此，在浓缩池不同高度上设有多个上清液排放管。图6-42为国内有些工厂采用的间隙式浓缩池示意图。连续式重力浓缩池结构类似于辐射式沉淀池。一般都是直径5～20m圆形或矩形钢筋混凝土构筑物。可分为带刮泥机与搅动栅、不带刮泥机、带刮泥机多层浓缩池三种。重力浓缩法操作简便，维修管理及动力费用低，但占地面积较大。

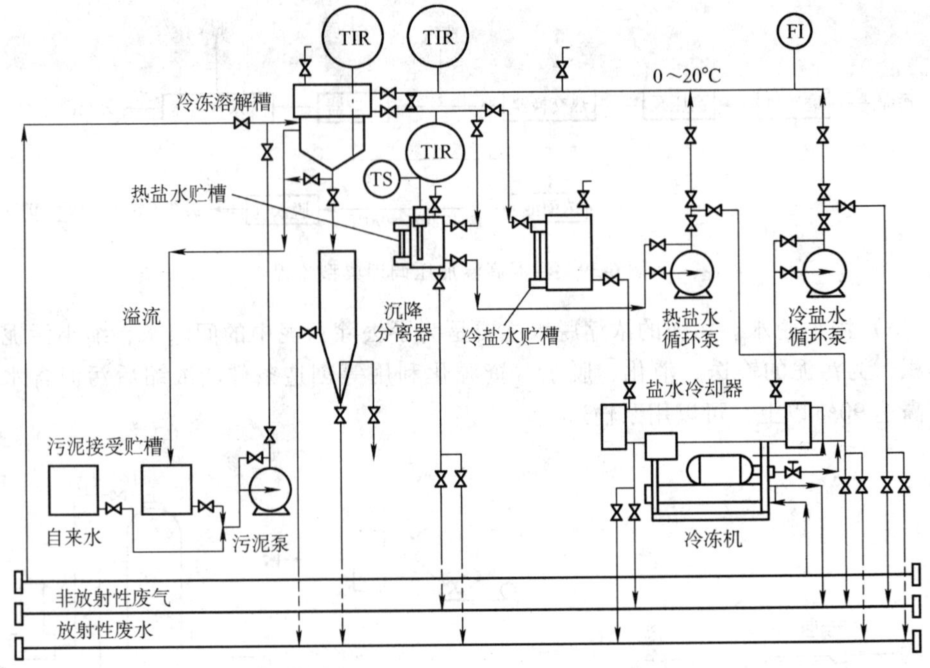

图 6-41　污泥的冷冻融化调理工艺流程

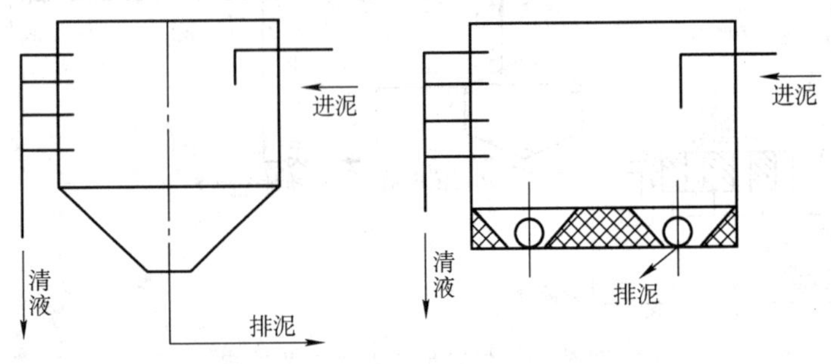

图 6-42　间隙式浓缩池示意图

② 气浮浓缩。气浮浓缩与重力浓缩正好相反，它是依靠大量微小气泡附着在污泥颗粒上，形成污泥颗粒 - 气泡结合体，进而产生浮力把污泥颗粒带到水表面，用刮泥机刮除的过程。澄清水部分从池底部排除，部分加压回流，混入压缩空气，通过容器罐，供给所需要的微小气泡。按气浮原理，气浮适宜的对象是疏水性污泥。与重力浓缩法相比，其速度为重力浓缩法的 1/3，占地较少，生成的污泥较干燥，表面刮泥较方便。但基建和操作费用较高，管理较复杂，运行费用约高 2 ~ 3 倍。图 6-43 为污泥气浮浓缩工艺流程。

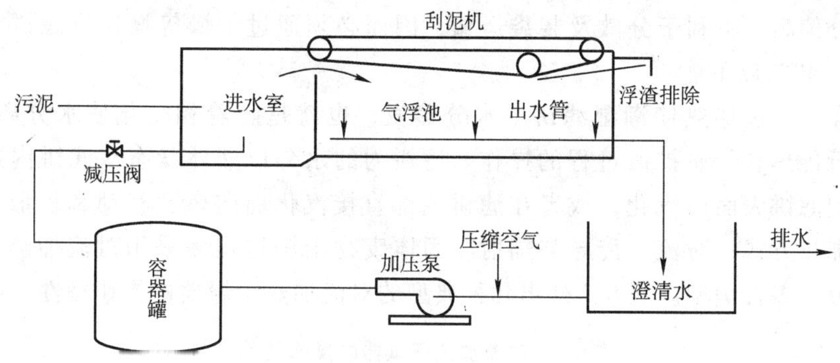

图 6-43 污泥气浮浓缩工艺流程示意图

③ 离心浓缩。这种方法是利用污泥中的固体颗粒与水的密度及惯性的差异，在高转速的离心机中，固体颗粒和水分别受到大小不同的离心力而被分离的过程。由于离心力远远大于重力，因此，其占地面积小，造价低，但运行与机械维修费用较高。

4）机械过滤脱水。机械过滤脱水是以过滤介质两边的压差为推动力，使污泥中的水分强制通过过滤介质成为滤液，固体颗粒被截流成为滤饼的固液分离操作。机械过滤脱水主要用于脱除污泥中毛细结合水和表面吸附水。在污泥机械脱水中，所用的过滤介质主要是滤布，包括棉、毛、丝、麻等天然纤维及由各种合成纤维制成的织物，以及由玻璃丝、金属丝等织成的网状物。

机械过滤脱水的主要方法有三种：①采取加压或抽真空将滤层内液体用空气或蒸汽排除的通气脱水法。②靠机械压缩作用的压榨法，它往往以浓度很高的污泥、半固体原料及滤饼为操作对象。③用离心力作为推动力除去料层内液体的离心脱水法。

过滤污泥的机械脱水设备按作用又可分为真空式、加压式与离心式三种：①真空过滤脱水机。真空过滤机是目前应用较多的机械脱水设备，它是在负压下操作的脱水过程。在含水固体废物脱水中，国内常用的是转鼓式真空抽滤机。真空抽滤是连续性操作，效率高，操作稳定，易于维修，适于各种污泥脱水。脱水后泥渣含水率为75% ~80%。缺点是运行费用高，建筑面积大，开放性操作，气味较大。②压滤机。压滤机是在外加一定压力的条件下使含水固体废物过滤脱水的操作，可分为间隙式与连续式两种。间隙式的典型压滤机为板框压滤机，连续型的为带式压滤机。③离心脱水机。利用离心力取代重力或压力作为推动力对污泥进行沉降分离、过滤及脱水的设备称为离心脱水机。离心脱水可连续进行，操作方便，可自动控制，卫生条件好，占地面积小。但污泥的预处理要求高，必须使用高分子聚合电解质进行化学调理。目前主要用于粗粒沉渣的脱水。

5）干燥。污泥脱水滤饼仍含有45% ~86%的水分，用做肥料或土壤改良剂回用时水分偏高，不利于分散及装袋运输，因而必须通过干燥等操作将滤饼水分降到20%～40%以下。

干燥是通过加热使潮湿滤饼中水分蒸发，也就是随着相变化使水分离出去，同时进行传热和传质扩散过程的操作。滤饼内的水分以液体状态从滤饼内边移动边扩散到滤饼表面而汽化，或者在滤饼内部直接汽化而向表面移动和扩散。干燥有三种加热方式：对流、传导与辐射。固体废物干燥过程多采用对流加热。对流加热又分为多种炉型。表6-7列出几种典型的对流加热干燥器的操作特性。

表6-7　对流加热干燥器的操作特性

类　型	操作特性
多膛转盘干燥器	待干燥的物料布撒于一组纵向排列的转盘的顶盘上，通过耙齿使物料逐级向下层转盘传送，高温气体由下向上流动
循环履带干燥器	待干燥的物料连续地布撒在网孔水平输送带上，使之通过逆向高温气流的水平干燥器
旋转筒干燥器	待干燥的物料连续地向慢速旋转的倾斜圆筒干燥器上端进料口供料，由下端引入高温气流
流化床干燥器	物料由上向下均匀撒布于垂向圆筒干燥器，高温气体由下向上吹入，使物料颗粒形成流态化
喷撒干燥器	待干燥的物料向干燥室喷撒为雾状下落，干燥介质可以顺流、逆流或错流引入

选择干燥器时须考虑下列因素：①物料干燥过程的基本参数，包括初始含水率、含水类型（结合水、非结合水或两者兼有）、最高干燥温度、干燥时间、干燥后的含水率。②操作特性，包括操作方式选择、能源与维修要求、噪声输出及水、空气污染控制要求等。③场地、空间、高度与通道等环境因素的要求。

在固体废物的干燥操作中，目前用得较多的是转筒干燥器和带式流化床干燥器。

（2）焚烧处理技术

1）焚烧处理技术的适用性与焚烧过程。焚烧处理是一种固体废物的高温热处理工艺。在800～1000℃的焚烧炉膛内，废物中的有机活性成分被充分的氧化，留下的无机成分成为熔渣被排出，从而使废物减容并稳定。焚烧处理由于占地面积少，全天候操作，适用性广，废物稳定效果好等优点而成为当前废物处理的主要方法之一。几乎所有的有机固体废物都可以用焚烧法处理，对于可燃性的无机固体废物也可用焚烧法处理，如煤矸石。对于无机－有机混合性固体废物，如果有机物是有毒有害物质，最好采用焚烧法处理。某些特定的有机性固体废物只适合于焚烧法处理，如医院带菌性废弃物，石油化工厂和塑料厂的含毒性中间副产物和焦状废渣。对于多氯联苯等高浓、高稳定性物质，目前最适宜的处理方法是高温焚烧法。

固体废物焚烧处理的目的之一是利用焚烧产生的热量。焚烧热的利用包括供热、发电和热电联供。

废物能否进行焚烧处理，主要取决于其可燃性及热值。几乎所有的有机固体废物和可燃性无机废物，只要其热值达到一定的数值，均可直接用焚烧处理。固体废物的热值是指单位质量的固体废物完全燃烧所释放出来的热量，一般以 kJ/kg 计。要使固体废物维持燃烧，则要求燃烧释放出来的热量足以提供加热废物到达燃烧温度所需要的热量和发生燃烧反应所必需的活化能。否则，便要添加辅助燃料才能维持燃烧。根据经验，城市垃圾的热值大于 3350kJ/kg 时，燃烧过程无需加辅助燃料，易于实现自燃烧。

可燃的固体废物基本上是有机物，由大量的碳、氢、氧元素组成，有些还含有氮、硫、磷和卤素等元素。这些元素在燃烧过程中与空气中的氧起反应，生成各种氧化物或部分元素的氢化物。如：①有机碳的焚烧产物是二氧化碳。②有机物中的氢的焚烧产物是水。③有机硫和有机磷，在焚烧过程中生成二氧化硫或三氧化硫及五氧化二磷。④有机氮化物的焚烧产物主要是气态的氮，也有少量氮氧化物。⑤有机氟化物的焚烧产物是氟化氢。若体系中氢的量不足以与所有的氟结合生成氟化氢，可能出现四氟化碳或二氟氧碳，除非有其他元素存在，如金属元素，它可与氟结合形成金属氟化物。添加辅助燃料（CH_4、油品）增加氢元素，可以防止四氟化碳或二氟氧碳生成。⑥有机氯化物的焚烧产物是氯化氢。当体系中氢量不足时，有游离的氯气产生，添加辅助燃料（天然气或石油）或较高温度的水蒸气（约 1100℃）可以减少废气中游离氯气的含量。⑦有机溴化物和碘化物焚烧后生成溴化氢及少量溴气以及元素碘。⑧根据焚烧元素的种类和焚烧温度，金属在焚烧以后可生成卤化物、硫酸盐、磷酸盐、碳酸盐、氢氧化物和氧化物等。

有害有机物，经焚烧处理后要求：主要有害有机组成物的破坏去除率应达到 99.9% 以上。

从工程技术的观点看，需焚烧的物料从送入焚烧炉起，到形成烟气和固态残渣的整个过程，可总称为焚烧过程。燃烧过程包括三个阶段：第一阶段是物料的干燥加热阶段；第二阶段是焚烧过程的主阶段，即真正的燃烧阶段；第三阶段是燃尽阶段，即生成固态残渣的阶段。三阶段并非界限分明，尤其是对混合废物之类的焚烧过程更是如此。

影响废物焚烧的主要因素包括：废物本身的性质、停留时间、温度、湍流度、空气过量系数及其他因素。其中停留时间、温度及湍流度称为“3T”要素，是反映焚烧炉性能的主要指标。

2）固体废物的焚烧设备。焚烧设备包括焚烧炉及其附属的供料斗、炉体、助燃器和出渣机等。目前世界上焚烧炉的型号已达200多种，其中较广泛应用炉型按燃烧方式可分为流化床焚烧炉、机械炉排焚烧炉和回转窑式焚烧炉等。

① 流化床焚烧炉。流化床焚烧炉是在炉内铺设一定厚度、一定粒度范围的石英石或炉渣，通过底部布风板鼓入一定压力的空气，将沙粒吹起、翻腾、浮动。流化床炉采用石英石作为热载体，蓄热量大，燃烧稳定性较好，燃烧反应温度均匀，很少局部过热。因此，能处理生活垃圾、有机污泥和有毒有害废液等废物种类，有害物质分解率高。流化床燃烧温度在800～900℃，过量空气系数小，氮氧化物生成量少，有害气体生成易于在炉内得到控制，是新一代“清洁”焚烧炉，极具发展前途。此外，流化床焚烧炉无运动部件，结构简单，故障少，投资维修费低。图6-44为流化床焚烧炉燃烧原理。

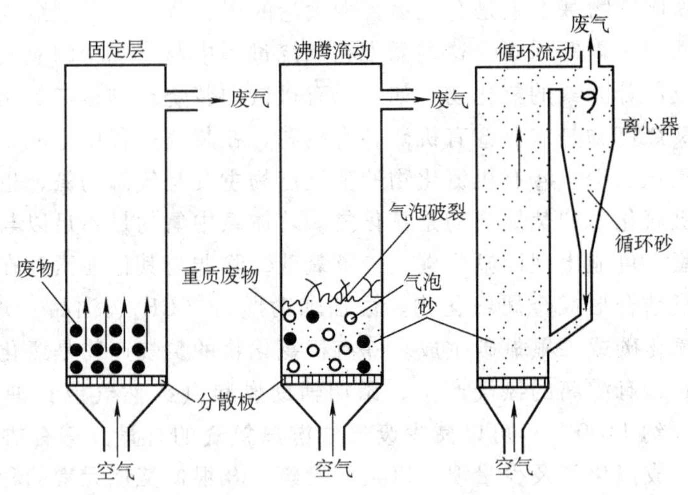

图6-44　流化床焚烧炉燃烧原理

② 机械炉排焚烧炉。机械炉排焚烧炉的心脏是焚烧炉的燃烧室及机械炉排，燃烧室几何形状（即气流模式）与炉排的结构及性能，决定了焚烧炉的性能及固体废物焚烧处理效果。这类焚烧炉发展历史最长，技术最成熟，应用实例也最多。炉排的主要作用是运送固体废物和炉渣通过炉体，还可以不断地搅动固体废物，并在搅动的同时使从炉排下方吹入的空气穿过固体燃烧层，使燃烧反应进行的更加充分。焚烧炉燃烧室内放置的一系列机械炉排，通常按其功能分为干燥段、燃烧段和燃尽段。各段的供应空气量和运行速度可以调节。图6-45为机械炉排炉的燃烧概念图。

③ 回转窑式焚烧炉。回转窑式焚烧炉形式是在圆柱形金属壳内砌筑耐火砖，水平安放稍有倾斜。通过炉体整体转动达到固体废物均匀混合并沿倾斜角度向出料端移动。根据燃烧气体和固体废物前进是否一致，回转窑式焚烧炉分为顺流、逆流两种。焚烧处理高水分固体废物时选用逆流炉，助燃器设置在回转炉前方（出渣口方）。而处理高挥发性固体废物时常用顺流炉。回转焚烧炉比其他炉型操

作弹性大，可以耐废物性状（粘度、水分）、发热量、加料量等条件变化的冲击，是处理多种混合固体废料的较好设备。另外，由于回转炉机械结构简单很少发生事故，能长期连续运转。但其热效率低，只有35%～40%左右。因此在处理较低热值固体废物时，必须加入辅助燃料。回转窑式焚烧炉可处理多种物料，如污泥、各种塑料、废树脂、硫酸沥青渣、城市垃圾等。回转窑式焚烧炉需配备二次燃烧室，废物在回转窑炉内分解气体产生可燃气体，其中未燃烧的可燃气体在二次燃烧室内达到完全燃烧。图6-46为逆流式回转炉。

（3）热解技术

1）热解是一种古老的工业化生产技术，该技术最早应用于煤的干馏，所得到的焦炭产品主要作为冶炼钢铁的燃料。20世纪70年代初期，热解技术开始用于固体废物的资源化处理。热解在工业上也称为干馏，是利用有机物的热不稳定性，在无氧或缺氧条件下使有机物受热分解成分子量较小的气态、液态和固态物质的过程。

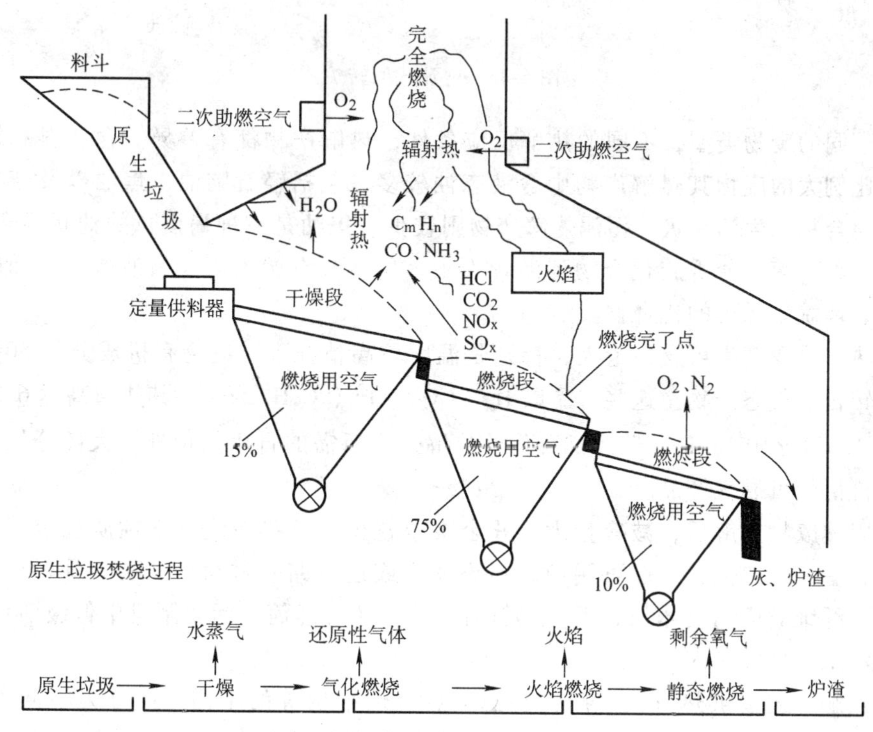

图6-45 机械炉排炉的燃烧概念图

固体废物的热解过程是一个复杂的化学反应过程，包括大分子键的断裂、异构化等化学反应。热解过程中，其中间产物存在两种变化趋势，它们一方面有从大分子变成小分子甚至气体的裂解过程，一方面又有小分子聚合成较大分子的聚合过程。

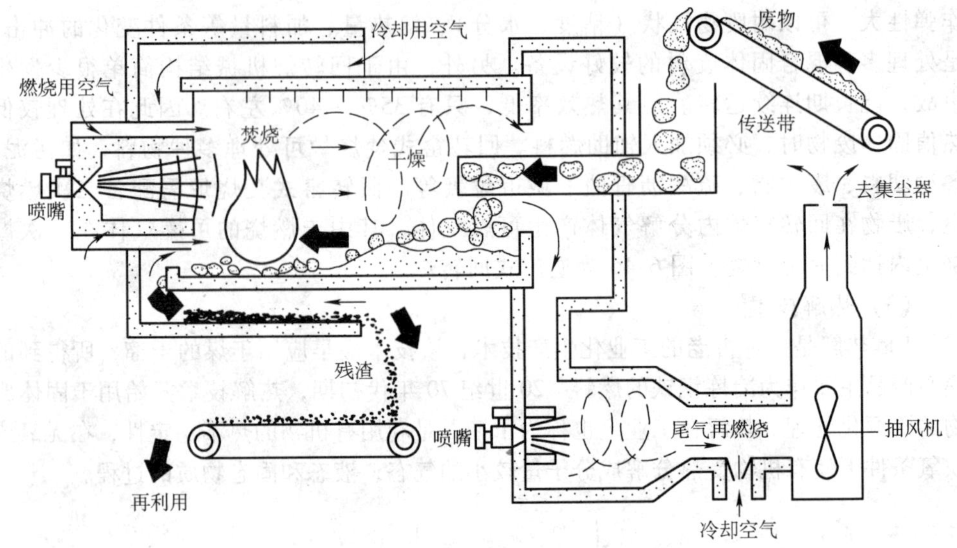

图 6-46 逆流式回转炉

不同的废物类型，不同的热解反应条件，热解产物都有差异。含塑料和橡胶成分比例大的废物其热解产物中含液态油较多，包括轻石脑油、焦油以及芳香烃油和混合物。生活垃圾、污泥热解产物则较少。焦油是一种褐黑色的油状混合物，从苯、萘、蒽等芳香族化合物到沥青为主，另外含有游离碳、焦油酸、焦油碱及石蜡、环烷、烯类的化合物。

热解过程产生可燃气量大，特别是温度较高情况下，废物有机成分的 50% 以上都转化成气态产物。这些产品以 H_2、CO、CH_4、C_2H_6 为主，其热值高达 $6.37\times10^3\sim1.021\times10^4$ kJ/kg。除少部分供给热解过程所需的自用热量外，大部分气体成为有价值的可燃气产品。

固体废物热解后，减容量大，残余炭渣较少。这些炭渣化学性质稳定，含炭量高，有一定热值，一般可用做燃料添加剂或道路路基材料、混凝土骨料、制砖材料。纤维类废物（木屑、纸）热解后的渣，还可经简单活化制成中低级活化碳，用于污水处理等。

热解工艺按供热方式、产物状态、热解炉结构等的不同，可分为不同类型。按热解温度不同，分为高温热解、中温热解和低温热解。按供热方式不同，分为直接（内部）供热和间接（外部）供热。按热解炉的结构不同，分为固定床、流化床、移动床和旋转炉等。按热解产物的聚集状态不同，可分为汽化方式、液化方式和碳化方式。按热解与燃烧反应是否在同一设备中进行，热解又分为单塔式和双塔式。但热解工艺通常按热解温度或供热方式分类。

影响热解过程的主要因素有：温度、加热速率、反应时间等。另外，废物成分、反应器的类型及作为氧化剂的空气供氧程度等，都对热解反应过程产生影响。温度是热解过程最重要的控制参数，它的变化对产品产量、成分比例有较大影响。在较低温度下，油类含量相对较多，随着温度升高，气体产量成正比增长。加热速率对生成产品成分比例影响较大。通常在较低和较高的加热速率下热解产品气体含量高。反应时间是指反应物料完成反应在炉内停留的时间。它与物料尺寸、物料分子结构特性、反应器内的温度水平、热解方式等因素有关，并且它又会影响热解产物的成分和总量。

2）热解反应器。一个完整的热解工艺包括进料系统、反应器、回收净化系统、控制系统等几部分。其中反应器部分是整个工艺的核心，热解过程就在反应器中发生。不同的反应器类型往往决定了整个热解反应的方式以及热解产物的成分。反应器主要根据燃烧床条件及内部物流方向进行分类。燃烧床有固定床、流化床、旋转炉、分段炉等。物流方向指反应器内物料与气体相向流向，有同向流、逆向流、交叉流。

① 固定床反应器。在固定燃烧床反应器中，维持反应进行的热量是由废物部分燃烧所提供的。由于采用逆流式物流方向，物料在反应器中滞留时间长，保证了废物最大程度地转换成燃料。同时，由于反应器中气体流速相应较低，在产生的气体中夹带的颗粒物质也比较少。固体物质损失少，加上高的燃料转换率，则将未汽化的燃料损失减到最少，并且减少了对空气污染的潜在影响。但固定床反应器也存在一些技术难题，如有黏性的燃料诸如污泥和湿的固体废物需要进行预处理，才能直接加入反应器。未粉碎的燃料在反应器中也会使气流成为槽流，使汽化效果变差，并使气体带走较大的固体物质。另外，由于反应器内气流为上行式，温度低，含焦油等成分多，易堵塞气化部分管道。图 6-47 为固定燃烧床热解反应器。

② 流化床反应器。在流化床中，气体与燃料同流向相接触。由于反应器中气体流速高到可以使颗粒悬浮，使得固体废物颗粒不再像在固定床反应器中那样连续地靠在一起，反应性能好，速度快。在流化床的工艺控制中，要求废物颗粒本身可燃性好。还在未适当汽化之前就随气流溢出，另外，温度应控制在避免灰渣熔化的范围内，以防灰渣熔融结块。流化床适应于含水量高或含水量波动大的废物燃料，且设备比固定床的小，但流化床反应器热损失大，气体中不仅带走大量的热量而且也带走较多的未反应的固体燃料粉末。所以在固体废物本身热值不高的情

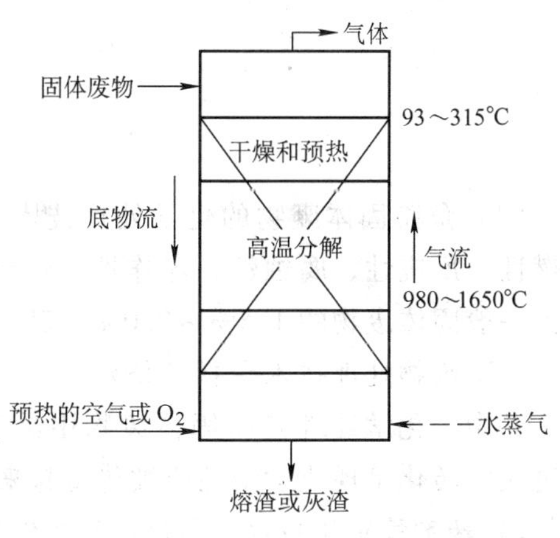

图 6-47　典型的固定燃烧床热解反应器

况下，尚须提供辅助燃料以保持设备正常运转。图 6-48 为流化床反应器。

③ 回转炉。回转炉的主要设备为一个稍为倾斜的圆筒，它慢慢地旋转，因此可以使废料移动通过蒸馏容器到卸料口。蒸馏容器由金属制成，而燃烧室则是由耐火材料砌成。分解反应所产生的气体一部分在蒸馏容器外壁与燃烧室内壁之间的空间燃烧，这部分热量用来加热废料。因为在这类装置中热传导非常重要，所以分解反应要求废物必须破碎较细，尺寸一般要小于 5cm，以保证反应进行完全。此类反应器产生的可燃气热值较高，可燃性好。图 6-49 为回转炉反应器。

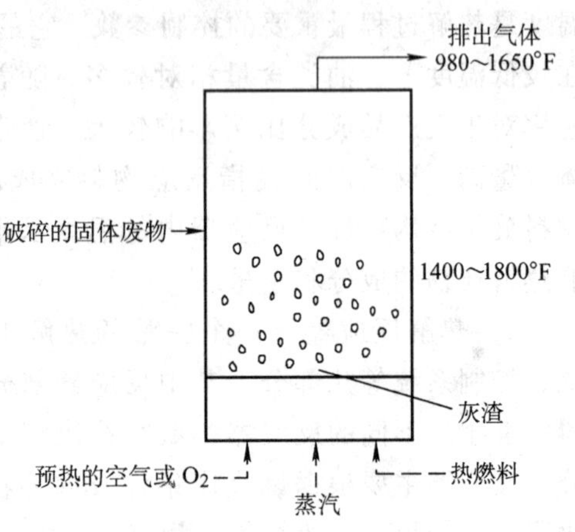

图 6-48　流化床反应器

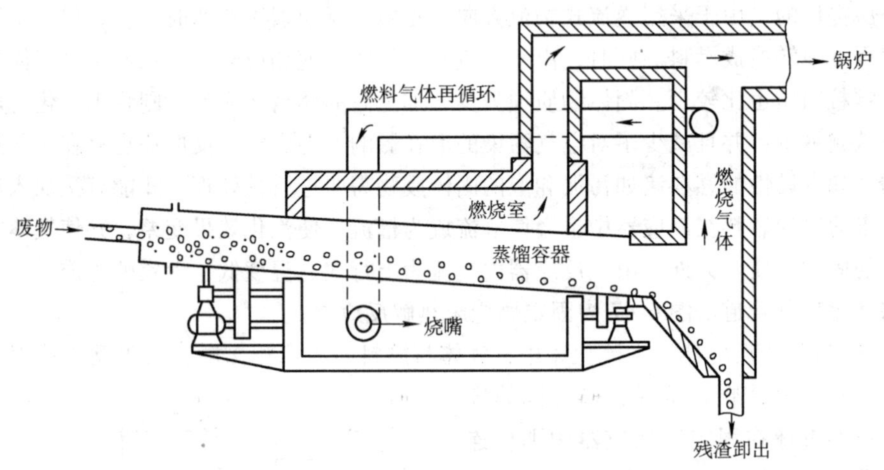

图 6-49　回转炉反应器

（4）危险固体废物的化学处理技术　危险固体废物泛指具有放射性、毒性、易燃性、反应性、腐蚀性、爆炸性、传染性等特征的废物。这类固体废物的数量约占一般固体废物的 1.5%～2.0%，其中大约一半为化学工业固体废物。

危险废物处理技术包括焚烧法、化学处理法、生物处理法、海洋投弃和填埋等。其中，化学处理是指固体废物中易于对环境造成严重后果的有毒有害成分，通过化学转化呈现化学惰性或被包裹起来以便运输、利用和处置。

1）药剂稳定化技术。通过药剂的作用，将危险废物中的有毒有害污染物转变成低溶解性、低迁移率及低毒性的物质过程，称为药剂稳定化过程。

① 中和。中和是最普遍、最简单的处理酸性废渣或碱性废渣的技术。酸、碱性废渣主要产生于化工、冶金、电镀与金属表面处理等工业中，这类废渣直接排入环境极易对土壤和水体造成危害。酸性泥渣常用碱性中和剂（表6-8），碱性泥渣则宜采用硫酸或盐酸中和。多数情况下，同一城市或地区，通常既有产酸性泥渣，又有产碱性泥渣的产业，通过设计者的调查与协调，使之互为中和剂，以达到最经济有效的中和处理效果。中和反应设备可以采用罐式机械搅拌或池式人工搅拌方式，前者多用于大规模中和处理，而后者多用于间断的小规模处理。

表6-8 常用碱性中和剂

类别	中和剂及化学成分
碱性矿物	石灰石、大理石、白云石、石灰
碱性废渣	电石渣、石灰软水站废渣、炉灰渣、硼泥渣、碱性耐火泥

② 沉淀。沉淀就是借助于沉淀剂的作用，使废物中的目的组分（重金属离子）选择性地呈难溶化合物形态沉淀析出的过程。沉淀剂的选择除要考虑经济因素外，还应使沉淀剂对目的重金属离子具有较高的选择性，并使生成的沉淀物具有最低的溶度积。常用的沉淀技术包括水解沉淀、硫化物沉淀、碳酸盐沉淀等。除部分碱金属和个别碱土金属之外，大多数金属氢氧化物都是难溶化合物，因此可通过水解沉淀稳定废物中重金属离子。水解沉淀通常只需用酸（碱）调整废物悬浮液的pH值，而各种难溶盐沉淀除要求一定的pH值外，还需添加沉淀剂。如绝大多数金属硫化物的溶度积均很小，因此可以用硫化物沉淀的形式来稳定废物中的重金属离子。除硫化物外，还有许多金属盐难溶于水，也可用来稳定废物中的重金属离子。沉淀过程所用设备很简单，主要是机械搅拌槽。为了加快沉淀速度，沉淀过程常在高于室温的条件下进行。

2）固化技术。固化处理技术是利用物理或化学方法将危险固体废物固定或包容在惰性固体基质内，使之呈理化学稳定性或密封性的一种无害化处理方法。固化处理机理十分复杂，目前尚在研究和发展中。危险废物经过固化处理，终端产物中有害成分的渗透性和溶出率大大降低，因而可安全方便地进行运输、资源化利用或处置。

① 水泥固化。水泥是一种无机胶结材料，经过水化反应后可生成坚硬的水泥固化体，将砂、石等添加料牢固地凝结在一起，因此，常用水泥作为废物固化剂使用。水泥最适用于固化无机废物，尤其是含重金属离子的污泥。固化时，水泥与污泥中的水分发生水化反应生成凝胶，将有害污泥颗粒分别包容，并逐步硬化形成水泥固化体，也被称为混凝土。污泥中的重金属离子会由于水泥的高pH值作用而生成难溶的氢氧化物或碳酸盐沉淀。某些重金属离子也可以固定在水泥机体的晶格中，从而有效地防止重金属离子的浸出。水泥固化法对含高毒性重金属废

物的处理特别有效，固化工艺和设备比较简单，设备和运行费用低，水泥原料和添加剂便宜易得，对含水量较高的废物可以直接固化，固化产品经过沥青涂覆能有效地降低污物浸出，固化体的强度、耐热性、耐久性均好，产品适于投海处置，有的产品可作路基或建筑物基础材料。水泥固化产品一般都比废物原体积增大1.5～2.0倍，固化体中污物的浸出率比较高，须作涂覆处理。

② 石灰固化。石灰固化是用石灰作基材，以粉煤灰、水泥窑灰作添加剂，专用于处理含有硫酸盐或亚硫酸盐类泥渣的一种方法。此法是基于水泥窑灰和粉煤灰含有活性氧化铝和二氧化硅，因而能同石灰在有水存在的条件下发生反应生成对硫酸盐、亚硫酸盐起凝结硬化作用的物质，最终形成具有一定强度的固化体。石灰固化法适于处理钢轨、机械工业酸洗钢铁部件时排出的废水和废渣、电镀工艺产生的含重金属污泥，以及由于采用石灰吸收烟道气或石油精炼气而产生的泥渣等。石灰固化法使用的添加剂本身是废物，来源广、成本低、操作简单，不需要特殊设备，被处理的废物不要求完全脱水，在常温下操作，没有尾气处理问题。但石灰固化产品比原废物的体积和重量增加较大，易被酸性介质侵蚀，要求表面进行涂覆。

③ 热塑性材料固化。热塑性材料固化法是用热塑性物质作固化剂，在一定温度下将废物进行包裹处理。热塑性物质在常温下呈固态，高温时变成黏液，故可用于包裹废物。目前，固化处理应用的热塑性材料有沥青、石蜡、聚乙烯、聚丁二烯等。目前，在各种热塑性固化基材中以沥青的利用较为普遍，有关沥青固化法的研究进展也比较快。此种方法一般要求先将废物脱水，再同沥青在高温下混合。也可以将废物与沥青共同加热脱水，再冷却、固化。热塑性材料固化法所得产品的空隙降低，污染物浸出率低于水泥固化法和石灰固化法，干废物对固化基材的掺和量从1∶1～2∶1，可以减少容器费和运输费以及最终处置费，固化基材对溶液或微生物具有强浸蚀性，固化体不需作长时间的养护。热塑性固化材料是热的不良导体，蒸发过程的热效率低，废物中含有大量的水分时，蒸发过程会有起泡现象。气泡破碎易污染空气。含量大的废物需先冷冻、融解或离心脱水处理。由于基材具有可燃性，故不宜处理高放射性废物。热塑性材料价格昂贵，操作复杂，设备费用高，对于在高温下易分解的废物，有机溶剂以及强氧化性废物不宜使用。

④ 有机物聚合固化。有机物聚合固化法是将一种有机聚合物的单体与湿废物或干废物在一个容器或一个特殊设计的混合器里完全混合，然后加入一种催化剂搅拌均匀，使其聚合、固化。在固化过程中，废物被聚合物包胶，通常使用的有机聚合物主要有脲醛树脂和不饱和聚酯。用有机聚合物固化法，在常温下操作时，添加的催化剂数量很少，终产品体积比其他固化法小。此法能处理干渣，也能处理湿泥浆，固化体不可燃，掺和废物比例高，固化体密度小。有机聚合物固化法

属物理包胶法，不够安全，有时包胶剂要求用强酸性催化剂，因而在聚合过程中会使重金属熔出，并要求使用耐腐蚀设备，某些有机聚合物能被生物降解，固化物老化破碎后，污染物可能再进入环境。此法要求操作熟练，在最终产品处置前都应有容器包装。

⑤ 自胶结固化法。自胶结固化法是将大量硫酸钙或亚硫酸钙的废物，在控制的条件下煅烧到部分脱水至产生有胶结作用的硫酸钙或半水硫酸钙状态，然后与某些添加剂混合成稀浆，凝固后生成像塑料一样硬的透水性差的物质。此法原理是基于亚硫酸钙半水化合物具有最终形成类似于含有两个结晶水的硫酸钙的固化物。自胶结固化法使用的添加剂是现场可以取得的石灰、水、泥灰、粉煤灰等废料，其凝结硬化时间短，产品具有良好的操作性能，而且性质稳定，加入添加剂量只有总混合物的10%左右，对处理的废物不需完全脱水。

⑥ 玻璃固化。利用制造陶瓷或玻璃的成熟技术，将废物在高温下煅烧成氧化物，再与加入的添加剂煅烧、熔融、烧结，成为硅酸盐岩石或玻璃体。对于含重金属污泥的玻璃固化处理，要求添加玻璃化所需的硅质材料。玻璃固化法处理效率最好，固化体中有害元素的浸出率最低，固化废物的减容大。由于烧结过程需要在800～1200℃下进行，会有大量有害气体产生，其中含有挥发金属，要求有尾气处理系统。同时，由于在高温下操作，会给工艺带来一系列困难，使处理成本增高。

参 考 文 献

[1] 能源技术展望［M］．张阿玲，原鲲，石琳，等译．北京：清华大学出版社，2009.

[2] 吴国盛．科学的历程［M］．北京：北京大学出版社，2002.

[3] 李廉水，杜占元．2004 中国制造业发展研究报告［C］．北京：科学出版社，2004.

[4] 张文彬，宋焕斌．21 世纪矿业可持续发展问题与对策［J］．昆明理工大学学报，1998，23（2）：11-19.

[5] 白旻．资源环境约束下中国工业化模式的转换与制度创新［D］．沈阳：东北财经大学硕士论文，2005，12.

[6] 唐咸正．国土资源开发利用状况对产业结构的影响［J］．资源·产业，1999，5：13-17.

[7] 赵洁心，等．我国矿产资源开发利用现状与可持续发展探讨［J］．经济管理，2006，5：1-3.

[8] 景跃军．中国矿产资源与经济可持续发展研究［J］．人口学刊，2002，5：13-17.

[9] 李秋元，郑敏，王永生．我国矿产资源开发对环境的影响［J］．中国矿业，2002，11（2）：47-51.

[10] 宋新宇．我国矿产资源现状与可持续发展战略［J］．大自然探索，1997，59（1）：27-32.

[11] 张言海，张文艺．21 世纪我国矿产资源实现可持续开发利用战略问题探讨［J］．吉林地质，2000，6：27-30.

[12] 刑立亭，徐征和，王青．矿产资源开发利用与规划［M］．北京：冶金工业出版社，2008.

[13] 何强，井文勇，王翊亭．环境学导论［M］．3 版．北京：清华大学出版社，2004.

[14] 马光，等．环境与可持续发展导论［M］．2 版．北京：科学出版社，2006.

[15] 刘震炎，张维竞．环境与能源科学导论［M］．北京：科学出版社，2005.

[16] 郎铁柱，钟定胜．环境保护与可持续发展［M］．天津：天津大学出版社，2005.

[17] 马润水，樊彩霞，刘明强．从世界水资源概况看我国农业节水发展重点［J］．中国水运，2008.10，8（10）：67-68.

[18] 王金南，葛察忠，张勇，等．中国水污染防治体制与政策［M］．北京：中国环境科学出版社，2003.

[19] 闻哲．中国水资源情势不容乐观［N］．人民日报海外版，2009.2.21（3）.

[20] 陈黎．苏州水资源可持续利用研究［D］．南京林业大学，2008.

[21] 蔡劲松．中国水资源危机：并非危言耸听［N］．中国财经报，2009.2.10（5）.

[22] 郭大本．世界资源性缺水原因和解决途径［J］．黑龙江水专学报，2008.3，35（1）：60-65.

[23] 孙颔．中国农业自然资源与区域发展［M］．南京：江苏科学技术出版社，1994.

[24] 刘小珉，罗康隆．水资源紧缺需持久对策［N］．农民日报，2009.4.8（3）．

[25] 陆书玉，栾胜基，朱坦．环境影响评价［M］．北京：高等教育出版社，2001.

[26] 陈英旭．环境学［M］．北京：中国环境科学出版社，2001.

[27] 郑丹星，冯流，武向红．环境保护与绿色技术［M］．北京：化学工业出版社，2002.

[28] 陆光正．环境能源学雏议［J］．能源研究与利用，1999，(4)：58-60.

[29] 杨文培，严向军，丁祖荣．能源－经济－环境系统的可持续发展研究［M］．杭州：浙江大学出版社，2007.

[30] 金南，曹东，杨金田，等．能源与环境：中国 2020［M］．北京：中国环境科学出版社，2004.

[31] 中华人民共和国环境保护部污染物排放总量控制司．燃煤电厂 SO_2 总量减排核查核算［R］．2008.

[32] 中国天气网．NOAA：南极臭氧空洞面积略小于北美洲［P/OL］．2009，11. http：//weather. news. sina. com. cn/news/2009/1126/49075. html.

[33] 崔凤，任希锋．环境能源危机与中国新型工业化道路［J］．辽东学院学报（社会科学版），2007.10，9（5）：38-43.

[34] 左玉辉，孙平，柏益尧．能源－环境调控［M］．北京：科学出版社，2008.

[35] 岑可法，邱坤赞，朱燕群．中国能源与环境可持续发展问题的探讨（一）［J］．发电设备，2004，(5)：245-250.

[36] 岑可法，邱坤赞，朱燕群．中国能源与环境可持续发展问题的探讨（二）［J］．发电设备，2004，(6)：325-331.

[37] 国民经济和社会发展九五计划和 2010 年远景目标纲要［P/OL］．1995. http：//www. sdpc. gov. cn/fzgh/ghwb/gjjh/W020050614801667778911. pdf.

[38] 姚伟龙，邢涛．中国能源状况与发展对策分析［J］．能源研究与信息，2006，22（4）：5-11.

[39] 谢企华．实现中国钢铁工业的可持续发展［J］．宝钢技术，2005，(1)：1-5.

[40] 马凯．生态型汽车产业集群研究及实证——以上海国际汽车城为例［D］．上海：同济大学，2007.

[41] 胡茶根，桂国庆，谢世坤，等．面向环境、能源和材料的绿色制造方法实施［J］．煤矿机械，2007.3，28（3）：107-09。

[42] 王昌文．汽车业实现节能减排应转变方式［J］．汽车工业研究，2008，(1)：41-42.

[43] 安桂华．安桂华研究员谈“十一五”期间表面工程的发展机遇［J］．中国表面工程，2006.2，19（1）：51.

[44] 王小兰．解读几种先进制造模式［J］．消费导刊，2008，(2)：166-167.

[45] 梁培志，李志刚．结合几种先进制造模式论我国制造业发展中应注意的问题［J］．CAD/CAM 与制造业信息化，2005，(Z1)：13-15.

[46] 路甬祥．坚持科学发展推进制造业的历史性跨越——2007 年 11 月 4 日在中国机械工程学会年会上的主旨报告［J］．设备管理与维修，2008，(1)：4-8.

[47] 吴新涛．重视能源与环境的协调发展［J］．能源与环境，2004，(1)：65-66.

[48] 徐绍峰．中国能源状况与经济社会可持续发展分析［J］．经济论坛，2005，(7)：8-11.

[49] 李连仲．我国的能源安全与可持续发展［J］．红旗文稿，2004，(18)：18-22.
[50] 吴秀山．能源资源与能源技术——中国21世纪可持续发展的关键环节之一［J］．科技进步与对策，2003，(7)：174-75.
[51] 中华人民共和国国务院新闻办公室．中国的能源状况与政策［J］．时政文献辑览，2008：18-25.
[52] 杨强．大型超临界循环流化床锅炉的发展和应用［J］．华电技术，2008，(4)．
[53] 李洁，曹子栋，段宾，等．浅谈我国的IGCC型洁净煤发电技术［J］．节能，2008，(11)．
[54] 王大中．21世纪中国能源科技发展展望［M］．北京：清华大学出版社，2007.
[55] 黄素逸，王晓墨．能源与节能技术［M］．2版．北京：中国电力出版社，2008.
[56] 黄素逸，王晓墨．节能概论［M］．武汉：华中科技大学出版社，2008.
[57] 王斌斌，仇性启．高效传热技术的研究现状及进展［J］．工业加热，2006，35（4）：48-51.
[58] 刘乾，刘阳子．管壳式换热器节能技术综述［J］．化工设备与管道，2008，45（5）：16-20.
[59] 李安军，邢桂菊，周丽雯．换热器强化传热技术的研究进展［J］．冶金能源，2008，27（1）：50-54.
[60] 方书起，祝春进，吴勇，牛青川，赵银峰．强化传热技术与新型高效换热器研究进展［J］．化工机械，2004，31（4）：240-253.
[61] 由宏君．热管技术的应用进展［J］．四川化工，2005，8（3）：47-50.
[62] 张利红，张杰，郭建宁，等．热管在空调排风能量回收中的应用［J］．可再生能源，2009，27（1）：103-106.
[63] 肖立业，林良真．超导电力技术即将带来电力工业的革命［J］．物理，2000，29（3）：131-140.
[64] 杨军．超导电性的研究及应用［J］．现代物理知识，2009，16（5）：28-31.
[65] 张颖，陈浩乾．超导电性及其材料的应用与进展［J］．广东化工，2008，35（12）：74-77.
[66] 廖湘彧．超导简史［J］．现代物理知识，2009，17（5）：52-54.
[67] 林德华，佟存柱，张杰，等．超导理论与应用研究的最新进展［J］．重庆大学学报：自然科学版，2002，25（8）：142-144.
[68] 杨天信，谢毅立，胡来平，等．我国高温超导技术研究现状［J］．中国电子科学研究院学报，2008，3（2）：122-127.
[69] 林汝谋，金红光，蔡睿贤．燃气轮机总能系统及其能的梯级利用原理［J］．燃气轮机技术，2008，21（1）：1-12.
[70] 金红光．热力循环及总能系统学科发展战略［J］．中国科学院，2006，21（4）：313-319.
[71] 李晓黎，陈祖胜．特高压直流输电技术发展综述［J］．广西电力，2009（1）：23-26.
[72] 王璋保．节能——我国能源可持续发展的重要组成部分［J］．工业加热，2001，(2)：1-5.

[73] 杭雷鸣．我国能源消费结构问题研究［D］．上海：上海交通大学，2007.
[74] 陈履安，刘家仁．“煤变油”技术及其开发利用概述［J］．贵州地质，2006，23（3）：168-175.
[75] 祝有海．加拿大马更些冻土区天然气水合物试生产进展与展望［J］．地球科学进展，2006，21（5）：513-520.
[76] 吴必豪，马开义，陈邦彦，等．西太平洋天然气水合物矿藏找矿远景刍议［J］．矿床地质，1998，17（增刊）：741-744.
[77] 姚伯初．南海北部陆缘天然气水合物初探［J］．海洋地质与第四纪地质，1998，18（4）：11-18.
[78] 张明慧．煤炭清洁生产和利用的经济分析及对策研究［D］．太原理工大学，2002.
[79] 刘保林．近零排放煤利用关键技术与系统集成研究［D］．北京交通大学，2006.
[80] 龚欣，于遵宏，王辅臣，等．水煤浆气化技术在中国的应用及其进展［J］．节能与环保，2001，（5）：21-23.
[81] 王淑红，宋海斌，颜文．全球与区域天然气水合物中天然气资源量估算［J］．地球物理学进展，2005.12，20（4）：1145-1154.
[82] 钱伯章，朱建芳．天然气水合物：巨大的潜在能源［J］．天然气与石油，2008.8，26（4）：47-53.
[83] 中国科学院天然气水合物研究新进展［J］．天然气地球科学，2006，17（3）：2-3.
[84] 江怀友，乔卫杰，钟太贤，等．世界天然气水合物资源勘探开发现状与展望［J］．中外能源，2008.12，13（6）：19-25.
[85] 史斗，郑军卫，张蕾春．天然气水合物研发最新进展和前沿技术［P/OL］，http：//www.gas-hydrate.org.cn/
[86] 张洪涛，张海启，祝有海．中国天然气水合物调查研究现状及其进展［J］．中国地质，2007.12，34（6）：953-961.
[87] 熊颖，王宁升，丁咚，等．天然气水合物的应用技术［J］．天然气与石油，2008.8，26（4）：12-15.
[88] 中国科学院．2006高科技发展报告［C］．北京：北京科学出版社，2006.
[89] 吴治坚．新能源和可再生能源的利用［M］．北京：机械工业出版社，2006.
[90] 李传统．新能源与可再生能源技术［M］．南京：东南大学出版社，2005.
[91] 欧阳予．先进核能技术研究新进展［J］．自然杂志，2006，28（3）：137-142.
[92] 顾忠茂．核能与先进核燃料循环技术发展动向［J］．现代电力，2006，23（5）：89-94.
[93] 朱相丽．世界光伏发电产业的现状及原材料的发展趋势［J］．新材料产业，2008，11：36-39.
[94] 倪明江，等．太阳能光热光电综合利用［J］．上海电力，2009，1：2-3.
[95] 金晓雷，王培红．太阳能热发电及其聚光装置的现状与比［J］．上海电力，2009，1：19-22.
[96] 宿建峰，李和平，贠小银，等．太阳能热发电技术的发展现状及主要问题［J］．华电技术，2009，31（4）：78-82.

[97] Schlarich J. The solar chi mney : Elect ricity f rom t hesun [M] . Germany : Maurer C , Geislingen , 1995.
[98] E. Bilgen , J . Rheault . Solar chimney power plants forhigh latitudes [J] . Solar Energy 79 (2005) 449-458.
[99] 李京光，等．太阳能热发电技术研究现状 [J]．中国电力教育，2008 年研究综述与技术论坛专刊：601.
[100] 高嵩，等．太阳能热发电系统分析 [J]．华电技术，2009，1：71-73.
[101] 卢峰，等．太阳能热风发电关键技术综述 [J]．华东电力，2006，3：1-3.
[102] 孟浩，等．我国太阳能利用技术现状及其对策 [J]．中国科技论坛，2009，5：96-98.
[103] 中华人民共和国环境保护部，中华人民共和国国家统计局，中华人民共和国农业部．第一次全国污染源普查公报 [R]．2010.
[104] 王艳芳．低温等离子体协同催化净化废气的研究进展 [J]．现代商贸工业，2008. 4，20 (4)：240-241.
[105] 郭外青，林玉霞，陈聪龙．工业窑炉废气治理的探讨 [J]．能源与环境，2004，(3)：57-59.
[106] 郑丹星，冯流，武向红．环境保护与绿色技术 [M]．北京：化学工业出版社，2002：96-121.
[107] 陈英旭．环境学 [M]．北京：中国环境科学出版社，2001：217-255.
[108] 羌宁．城市空气质量管理与控制 [M]．北京：科学出版社，2003.
[109] 季学李，羌宁．空气污染控制工程 [M]．北京：化学工业出版社，2005.
[110] 李守信，宋剑飞，李立清等．挥发性有机化合物处理技术的研究进展 [J]．化工环保，2008，18 (1)：1－4.
[111] 刘金英．膜生物反应器处理废气 [D]．大连：大连理工大学，2007.
[112] 裴冰．活性炭吸附净化低浓度甲苯气体工艺改进研究 [D]．上海：同济大学，2008.
[113] 赵莉．光催化氧化同时脱硫脱硝的实验研究 [D]．北京：华北电力大学，2007.
[114] 张泽志，颜阳，杨发忠等．环境保护领域中微波能的应用进展研究 [J]．云南化工，2005. 6，32 (3)：41-49.
[115] 杨发忠．微波能在多环芳烃降解中的应用研究 [D]．昆明：云南师范大学，2005.
[116] 雷宇．中国人为源颗粒物及关键化学组分的排放与控制研究 [D]．北京：清华大学，2008.
[117] 姜雨泽，宋荣杰．火电厂除尘技术的发展动态研究 [J]．环境科学与技术，2008. 8-31 (8)：60-64.
[118] 李彦春，王志宏，汪立飞．城市污水处理技术探讨 [J]．四川环境，2001，20 (1)：40-42，52.
[119] 尹军，陈雷，等．城市污水的资源再生及热能回收利用 [M]．北京：化学工业出版社，2003.
[120] 郑召宏，徐琼华．国内城市污水处理工艺综述 [J]．海岸工程，2004. 3，23 (1)：

83-90.

[121] 钱群，朱鸣跃，余荧昌．城市污水生物脱氮除磷技术［J］．交通部上海船舶运输科学研究所学报，2000.12，23（2）：129-134.

[122] 苗纪伟，何群彪，周增炎，等．倒置 A^2/O 工艺在城市污水处理中的生产性应用［J］．河南师范大学学报（自然科学版），2004.3，32（1）：56-59.

[123] 上海市环境保护局．废水生化处理［M］．上海：同济大学出版社，2002.

[124] 张悦，姚念民．我国城市污水处理新工艺［J］．节能与环保，2001，（4）：14-17.

[125] 黄甦．AB 工艺在城市污水处理中的应用前景［J］．甘肃环境研究与监测，1999，12（2）：49-51.

[126] 张可方，张朝升，方茜，等．序批式活性污泥法处理城市污水试验研究［J］．工业废水与用水，2002，33（2）：18-20.

[127] 喻泽斌，王敦球，张学洪．城市污水处理技术发展回顾与展望［J］．广西师范大学学报（自然科学版），2004.6，22（2）：81-87.

[128] 任洁，顾国维．MSBR 系统的特点及其除磷脱氮的机理分析［J］．给水排水，2002，（1）：22-24.

[129] 岳宝，徐亚同，等．城市污水处理新工艺概述［J］．上海化工，2002，（3、4）.

[130] 沈光范．城市污水处理厂的污泥处理和处置［J］．中国环保产业，2003，（4）：9-11.

[131] 张本兰，江跃林，裴健等．无污泥 SBR 法处理城市污水［J］．中国环保产业，2001，（2）：31-32.

[132] 白韬光．城市污水处理技术及其发展［J］．机电设备，2003，（3）：38-42.

[133] 王凯军．可持续发展的新型、高效城市污水处理技术探讨［J］．给水排水，2005，31（2）：32-35.

[134] 雷灵琰，张雁秋，赵跃民．生物脱氮技术研究的新进展［J］．江苏环境科技，2003.9，16（3）：43-46.

[135] 方苹，范伟平，沈珈琦，等．氨氮脱除的生物技术研究进展［J］．南京工业大学学报，2003.9，25（5）：107-110.

[136] 单学敏，孙咏红，田妍．膜生物反应器在废水处理中的应用［J］．辽宁化工，2004.6，33（6）：356-359.

[137] 鲁南，普红平．膜生物反应器废水处理新技术［J］．昆明理工大学学报（理工版），2004.2，29（1）：100-103.

[138] 陈旭东，杨景亮、李再兴，等．膜生物反应器处理废水的研究及应用［J］．河北工业科技，2004，21（1）：41-44.

[139] 郑祥，魏源送，樊耀波，等．膜生物反应器在我国的研究进展［J］．给水排水，2002，28（2）：105-110.

[140] 朱凌云，张勤．膜生物反应器技术探讨［J］．重庆建筑大学学报，2004.02，26（1）：85-88.

[141] 曹娴，王国成．EM 技术在工业废水治理上的应用［J］．内蒙古农业科技，2007，（4）：111-113.

[142] 杨再鹏．化学工业废物治理技术研发趋向［J］．化工环保，2009，29（1）：1-4.

[143] 中国环境保护产业协会固体废物处理利用委员会．我国固体废物处理利用行业发展状况．中国环保产业，2005（12）：39－41.

[144] 王立久．我国工业固体废物的高技术研究进展［J］．世界科技研究与发展，2004（2）：17－18.

[145] 宋立岩，等．我国工业固体废物的管理及资源化探讨［J］．云南环境科学，2005，（12）：35－37.

[146] 杨慧芬．固体废物处理技术及工程应用［M］．北京：机械工业出版社，2003.